T0092585

BLACKIE
BOOKS

EL INFINITO PLACER DE LAS MATEMÁTICAS

ALESSANDRO MACCARRONE

EL INFINITO PLACER DE LAS MATEMÁTICAS

Dibujos de Luis Paadín

El infinito placer de las matemáticas es un proyecto de Blackie Books

Idea original: Blackie Books
Conceptualización y desarrollo: Alessandro Maccarrone
Coordinación: Laia Longan

Diseño y maquetación: Luis Paadín
Impresión: Liberdúplex
Impreso en España

Calle Església, 4-10
08024, Barcelona
www.blackiebooks.org
info@blackiebooks.org

Primera edición en esta colección: marzo de 2024
ISBN: 978-84-10025-39-4
Depósito legal: B 21697-2023

A zia Pupa,
a mis padres Carmen y Francesco,
a mis hijos Martina y Gian

La matematica non sarà mai il mio mestiere.
ANTONELLO VENDITTI

ÍNDICE

A MODO DE INTRODUCCIÓN

El infinito es un poema de Giacomo Leopardi que habla sobre un cerro con un arbusto que obstaculiza la vista del paisaje. Desde allí, el poeta se imagina lo que puede haber tras el matorral y esto lo sumerge en pensamientos sobre la inmensidad del espacio y la eternidad del tiempo, hasta acabar *naufragando* en aquel *mar*. Para todos los que estudiamos en la escuela italiana, *El infinito* es una piedra angular de nuestra formación cultural y emocional.

Efectivamente, como mi apellido sugiere, soy de ascendencia italiana, pero he vivido toda la vida en la ciudad de Barcelona. Esta combinación —bastante común, por cierto— se debe a una feliz coincidencia sucedida en la primavera de 1976 y digna de un episodio de *Vacaciones en el mar*. Por aquellos días, Carmen Heredia Pérez-Agudo, funcionaria, puericultora y residente en Barcelona, estaba con unas amigas de crucero por el Mediterráneo. En el mismo barco viajaba también Francesco Maccarrone, estudiante romano de derecho y joven batería de la orquesta de jazz *old time* que amenizaba las veladas en el salón de cubierta. Lo que sucedió a continuación es fácil de imaginar, así que me ahorraré los detalles y diré, simplemente, que cuatro años más tarde, un 7 de abril a las cuatro de la madrugada, nacía en Barcelona el que firma este libro: Alessandro-Pablo Maccarrone Heredia, *profesor Maccarrone* para los amigos.

Así empezó mi periplo por el mundo, con una identidad híbrida, indefinida y un tanto desubicada: italiano en Barcelona y *spagnolo* en Roma. Ahora bien, mi italianidad se habría diluido si mi padre no hubiera ejercido sobre mí una gran influencia musical y futbolística o si mis dos progenitores no hubieran tenido la feliz idea de inscribirme a la *Scuola Statale Italiana di Barcellona*.

Recuerdo perfectamente mi primer día de escuela: era el 15 de septiembre de 1983. Cuando mi madre se despidió desde la puerta del aula que daba al patio de la torre de la calle Setantí que todavía hoy alberga el centro de estudios italianos, decidí celebrar mi incipiente vida de estudiante con una sonora pataleta y una desagradable vomitona. Tras la tempestad llega siempre la calma y, con la calma, la solución a los problemas. La mía acudió en forma de un *¿quieres jugar conmigo?* emitido por otro niño de tres años que, desde aquel día, se convertiría en amigo inseparable, compañero de juegos, confesiones amorosas, inquietudes políticas y algún intento infructuoso de escribir poesía de la experiencia.

La escuela italiana era exigente y rigurosa a la par que cercana y familiar. Conocías a todo el mundo y todo el mundo te conocía a ti. Por eso, aunque no había grupos de WhatsApp, todo lo que hacías acababa llegando a oídos de tus padres. Como aquel día, a la salida del colegio, en que las otras madres no paraban de acercarse a la mía para decirle lo deliciosa que era su *mousse* de limón. Mi madre no recordaba haber preparado *mousse* para nadie ni tampoco haber compartido la receta, pero de entrada, se limitó a responder con una sonrisa agradecida. Sin embargo, cuando incluso la maestra se sumó a las felicitaciones, ya no pudo aguantar más y le preguntó de dónde había sacado la receta. Entonces, la maestra le respondió que había sido yo quien la había dictado en clase como parte de una actividad de la asignatura de lengua. Esa fue, probablemente, mi primera experiencia docente, con tan solo siete años.

A mi madre le debo muchas cosas: el gusto por el orden, la capacidad de organización, la resiliencia... y también mis dotes culinarias, que inauguré, precisamente, con la famosa *mousse* de limón: *una lata de leche condensada, el zumo de tres limones y 400 gramos de nata montada; mezclar todo con la batidora, y poner en el congelador; sacar un rato antes de consumir.* La primera vez que la preparé fue en casa de mis abuelos en Castelldefels. Lo había dejado todo preparado antes de irme a dormir, para que la *mousse* estuviera a punto para el desayuno. Pero al despertar y abrir el congelador, me encontré con que mi obra de arte había desaparecido. Desolado, aguardé en silencio que alguien más despertara y me diera una explicación. Cuando, por fin, mis tías salieron del letargo, confesaron que la noche anterior habían vuelto de fiesta algo perjudicadas y que en un ataque de hambre nocturno se habían zampado hasta la última gota de aquella *mousse* deliciosa. Obviamente, sentí cierta frustración por no poder gozar de mi primera producción gastronómica, pero la decepción dio paso de inmediato al orgullo por mis recién descubiertas aptitudes culinarias.

Con los años acabaría descubriendo que la *mousse* no estaba deliciosa, sino agria, y que mis tías decidieron tirarla por el desagüe para evitar mi más que probable desilusión. Sin embargo, la feliz ignorancia de lo sucedido instaló en mí la convicción de que el futuro me deparaba grandes cosas en el sector de la restauración. De manera que, a partir de ese momento, a la clásica y recurrente pregunta de *¿qué quieres ser de mayor?* yo siempre respondía que *cocinero.* Costó bastante que cambiara de opinión y el principal responsable de ello fue mi padrino, el hermano de mi padre, *zio Ilio.*

En efecto, además de a la escuela, la música y el fútbol, mi italianidad a distancia se debe a la influencia de mis tíos y primos italianos. Solíamos ir a Roma a ver a la familia una o dos veces al año. Mis visitas preferidas eran las de verano, cuando nos instalábamos un mes en la casa de Lavinio, el pueblo costero donde desembarcó Eneas al llegar a la península itálica. Los de Lavinio eran los clásicos veraneos lentos y ociosos que tanto evocamos ahora en tiempos de hiperconectividad y redes sociales. El plan era sencillo: tras una mañana de playa y una comida copiosa, las tardes transcurrían poco a poco jugando a cartas o tocando la guitarra alrededor de la mesa del café.

La sobremesa era también el momento en que *zio Ilio* ayudaba a mis primos a repasar las asignaturas que tenían pendientes para septiembre. A veces era griego, a veces latín e incluso hubo un verano en que mi primo tuvo que recuperar historia del arte. Pero la mayor parte de las veces, la asignatura suspendida eran las matemáticas. A mí me encantaba asistir a la lección y observar aquel lenguaje arcano que expresaba conceptos abstractos y todavía inaccesibles. Aquellos símbolos extraños se me antojaban una puerta de entrada al misterioso y fascinante mundo de los adultos y yo me moría de ganas de acceder a él cuanto antes. De modo que supliqué a *zio Ilio* que compartiera también conmigo sus conocimientos científicos y matemáticos.

Para mi sorpresa, no tuve que insistir demasiado. Mi tío era un gran abogado, pero siempre había querido estudiar física. Había crecido en una época en que las presiones familiares pesaban más que los deseos a la hora de escoger el futuro profesional y había visto frustradas sus expectativas científicas. Por eso le encantó mi propuesta de adoctrinamiento consentido. Al darme clases de física y matemáticas, mataba dos pájaros de un tiro: proyectaba sobre mí su pasión científica con la esperanza de que yo siguiera los pasos que él no había podido seguir; y, al mismo tiempo, me quitaba de la cabeza aquella absurda idea (según su parecer) de hacerme cocinero.

Así fue como aprendí que *a+a* no es igual a *b*, que la fórmula del azúcar es $C_6H_{12}O_6$ y que los átomos están formados por electrones, neutrones y protones, y que estos, a su vez, están formados por *quarks*. Lo cierto es que no me enseñó mucho más, pero tampoco hizo falta. Aquello fue suficiente para que experimentara mi primera dosis de *infinito*.

A decir verdad, la ciencia y las matemáticas no eran algo nuevo para mí. Eran materias que me interesaban y se me daban bien en la escuela. Pero lo que las conversaciones con mi tío desencadenaron fue algo más profundo y más simple. Ya no solo me interesaban la ciencia y las matemáticas, ya no solo quería aprenderlas: ahora quería formar parte de ellas. Yo que no era bueno dibujando, que me sentía más bien torpe en los deportes y aún más torpe en el amor, de repente veía frente a mí algo en lo que podía destacar y con lo que podía construir mi identidad.

Para completar el cuadro, por aquellos años conocí a otro de mis amigos imprescindibles, un romano con aires parisinos, que me inició en el noble arte de los videojuegos y la ciencia ficción. Con él descubrí todos los secretos de *Star Wars* y me pasé horas jugando a *The Legend of Zelda* (por cierto, una de las mejores maneras que conozco de desarrollar el pensamiento estratégico).

Realmente lo tenía todo para convertirme en un auténtico *nerd*, un Sheldon Cooper con algunos años de antelación. Y sin embargo, la historia no fue del todo así. La verdad es que yo era un tipo bastante normal (en el sentido estadístico del término): me gustaban algunas cosas frikis, pero también me tragaba todas las series insustanciales de los 90; no era el rey de la popularidad, pero nunca me faltaron los amigos; y aunque era una persona *de ciencias*, me sentía, igualmente, una persona *de letras*. Esto último, se lo debo, sobre todo, a *zia Pupa*, la hermana de mi padre.

Si los veranos en Lavinio eran maravillosos, las semanas santas en Roma tampoco se quedaban cortas. Roma es una ciudad increíble en primavera: el buen tiempo, la luminosidad y la vegetación exuberante son el marco perfecto para pasear entre las maravillas arquitectónicas de la ciudad. Pero a mí, lo que realmente me gustaba de esas vacaciones romanas era pasarme horas en la casa de via Meropia mirando la televisión, comiendo *merendine* y leyendo durante horas estirado en el sofá. *Zia Pupa* era la que me proporcionaba los libros. En su habitación, tenía una librería que ocupaba de un extremo al otro de la pared. Yo me sentaba en la cama y contemplaba todos aquellos volúmenes aún por comenzar, mientras mi tía me hablaba de elfos y hobbits, de un curioso personaje llamado *Qfwfq* o de dos empleados que jugaban un silencioso ajedrez en un café del sur. Allí aprendí a amar las novelas, los cuentos y la poesía y allí decidí que algún día, de algún modo y con algún pretexto, escribiría un libro.

De manera que, entre intereses científicos e inquietudes literarias, fueron pasando los años. Mis buenos resultados académicos me valieron pronto el título de empollón, a pesar de que yo repetía, una y otra vez, que prácticamente no estudiaba. Y la verdad es que no mentía. Vivía de renta de lo que entendía en clase y los únicos deberes que hacía eran los de matemáticas porque me entretenían. No obstante, a pesar de no invertir demasiadas horas en mi propio estudio, sí que lo hacía en el de los demás. Me gustaba ayudar a mis compañeros porque eso me hacía sentir útil e importante. Además, el esfuerzo por explicar algo a otra persona conseguía que yo también lo comprendiera mejor. Así que poco a poco las peticiones de ayuda se fueron haciendo más frecuentes hasta convertirse en una auténtica rutina.

Las mejores reuniones de estudio eran las que organizábamos la víspera de un examen de matemáticas. Nuestro profesor era poco imaginativo y cada cierto tiempo repetía los mismos enunciados. Como nosotros lo sabíamos perfectamente, al acercarse el día del examen pedíamos a los alumnos mayores que nos dieran los enunciados de otros años y, una vez los conseguíamos, nos encerrábamos toda la tarde en casa de un amigo con el objetivo de resolver conjuntamente los ejercicios. Bueno, aquel era el plan inicial, pero la ejecución nunca era tan perfecta. Empezábamos todos juntos a las cuatro de la tarde, pero hacia las cinco y media perdíamos a los primeros efectivos que, con la excusa de un descanso, se quedaban enganchados a la consola el resto de la tarde. Poco a poco se iban produciendo más y más bajas hasta que solo quedábamos tres o cuatro irreductibles intentando obtener todas las soluciones. Cuando llegaba la hora de cenar, los desertores encargaban unas pizzas para compensarnos por su abandono, aunque, por supuesto, no nos eximían de pagar nuestra parte. Una vez con el estómago lleno, los irreductibles volvíamos a ponernos manos a la obra, mientras los demás fregaban los platos o languidecían en el sofá. Solíamos acabar el trabajo alrededor de la medianoche, momento en el cual algunos iniciaban un peregrinaje de regreso a la mesa, mientras otros ocupábamos su lugar desparramados sobre el sofá. Entonces, daba inicio un eficiente proceso de producción en cadena en el que se elaboraban copias de todos los ejercicios, destinadas a permanecer ocultas hasta que cada uno escogiera el momento adecuado para sacarlas a la luz y dar el cambiazo, al día siguiente, durante el examen. El plan solía tener un alto índice de éxito y muchos fueron aprobando las matemáticas de esta manera. Dudo que aprendieran demasiado, pero lo cierto es que estos encuentros clandestinos contribuyeron a consolidar un fuerte sentimiento de grupo entre nosotros.

Con el paso de los años, me di cuenta de que, además de una gratificación personal disfrazada de altruismo, mis dotes como profesor particular podían reportarme también algunos ingresos económicos. Así que empecé a dar clases de refuerzo. Al principio eran pocas horas con uno o dos alumnos a los que ayudaba a hacer los deberes. Poco a poco fui ganando popularidad, me especialicé en matemáticas y física y acabé montando un negocio nada despreciable. El primero y último de mi vida. La clientela era muy diversa, pero todos tenían algo en común: aborrecían las matemáticas porque no les veían ningún sentido. Ante ese escenario, me convencí de que no servía de nada ofrecer atajos a corto plazo, ya que eso no hacía más que posponer el problema. Por eso evitaba siempre los trucos mecánicos y las reglas mnemotécnicas y, cada vez que un alumno me decía que solo quería saber cómo se resolvía un ejercicio y que le daba igual entender el porqué, yo le replicaba, inflexible, que no hay matemáticas sin comprensión. La mayoría me miraban con una expresión atónita y se resignaban a seguir con lo que les había encargado. Sin embargo, también hubo quien captó el mensaje porque fue precisamente uno de esos alumnos quien me vino a buscar, años después, convertido en director editorial, y me propuso que escribiera un libro de matemáticas. Pero no adelantemos acontecimientos. Por aquellos tiempos, todavía tenía muchas cosas que aprender para poder escribir un libro.

Unas cuantas las aprendí en la universidad. La elección de la carrera fue una de esas historias que dan muchos giros para acabar de vuelta al punto de partida. Desde las tardes de Lavinio con *zio Ilio*, yo había mantenido la convicción de que me dedicaría a la física. Pero al pasar al instituto empecé a estudiar latín y me planteé virar hacia filología clásica. El año siguiente, estudié química y vi muy claro que no me dedicaría jamás a la química. En el último año, cuando la decisión se aproximaba, llegaron los cantos de sirena de las salidas profesionales y algunos me intentaron convencer de que hiciera ingeniería. Pero, como era previsible, acabé volviendo a mi primer amor. Por encima de otras cosas, yo quería comprender cómo funciona el universo y quería hacerlo en el idioma que me resultaba más natural: las matemáticas. Por eso me apunté a física en la Universidad de Barcelona.

No es ahora el momento de explicar todo lo que aprendí en la facultad. Eso ya lo haré en este libro y en los que vendrán. En cambio, sí que diré algo sobre lo que viví fuera de las aulas. Los años universitarios fueron también años de una intensa militancia política: los años del *no a la guerra*, del *otro mundo es posible* y del *somos millones y el planeta no es vuestro*. Aunque sabíamos que perderíamos, estábamos convencidos de que teníamos la razón y la poesía. La verdad es que la época de militancia me trae recuerdos agridulces. Por un lado, aprendí mucho en términos organizativos, dialécticos y culturales y conocí a personas magníficas que fueron un ejemplo de compromiso y lucidez. Pero también comprobé que en la vida de partido, a menudo se invierten las prioridades y se subordinan la honestidad y el rigor a la defensa de posturas apriorísticas poco fundamentadas.

En cualquier caso, la universidad fue un poco como salir a mar abierto. Allí descubrí que mi mundo anterior había sido muy pequeño y que, había muchos otros bichos raros como yo, que querían comprender el universo con los ojos de las matemáticas. Así fue como surgió un grupo de físicos y físicas que se acabaron convirtiendo en una segunda familia para mí.

Como en toda familia, cada miembro desempeñaba un rol particular. Había un meteorólogo naturista y soñador, un electrónico pragmático y resolutivo, un heavy empeñado en ganar dinero con la física, un físico-filósofo con aires neoyorquinos y una historiadora de la física con acento de Menorca. En medio de una fauna tan variopinta, yo me veía también ante la tesitura de definir mi propia identidad. Por un lado, quería ser *el profesor*, eso lo tenía claro desde hacía muchos años, desde las clases particulares y desde las tardes de estudio en grupo... Quizás, incluso, desde el día en que expliqué la receta de la *mousse* de limón a mis compañeros de siete años. Pero también quería ser algo más. Quería ser de los que estudian las leyes fundamentales de la naturaleza, de los que empujan los límites del conocimiento un paso más allá. Por eso, para satisfacer ambos anhelos, empecé el doctorado en física teórica.

Inicialmente, me orienté hacia la física de partículas elementales. Pretendía estudiar los neutrinos solares, unas partículas subatómicas que se producen en el Sol y que se transforman en su viaje hacia la Tierra. Sin embargo, tras algunos estudios preliminares, nos dimos cuenta de que el efecto que queríamos estudiar era poco más que irrelevante. Así que cambié de tema y de director de tesis y de las partículas elementales pasé a la relatividad y los *agujeros negros*. Parecía que había alcanzado por fin el summum de la autorrealización: me pagaban por estudiar física y, si todo iba bien, en unos años, sería profesor. Además, había escogido una especialidad con altas dosis de matemáticas y trabajaba con teorías tan increíbles que parecían sacadas de un libro de ciencia ficción. Y sin embargo, seguía faltándome algo.

Cada vez que alguien me preguntaba a qué me dedicaba, no conseguía pasar de algun titular sensacionalista y grandilocuente:

—Estudio la interpretación microscópica de los agujeros negros en el marco de la teoría de cuerdas.

—Ah, agujeros negros, qué interesante, ¿como el del centro de nuestra galaxia?

—No exactamente, estudio agujeros negros menos realistas, que viven en un espacio-tiempo de cinco o más dimensiones porque tienen más simetría y eso simplifica la solución de las ecuaciones.

Lo sé, suena fascinante, pero lo cierto es que la conversación derivaba pronto en tópicos y generalidades porque la complejidad matemática de mi trabajo era una barrera infranqueable. Por aquel entonces, aún no era capaz de explicar de manera accesible todos aquellos conceptos abstractos y envidiaba las investigaciones más tangibles, pero igual de interesantes, de mis otros amigos doctorandos: «Yo estudio cómo se comportan las capas de aire en las cuencas fluviales cuando hace buen tiempo»; «Yo desarrollo dispositivos electrónicos que intentan reproducir el sentido del olfato»... Por no hablar de los que no eran físicos: «Yo investigo el papel de las imágenes en los rituales de posesión de las culturas amazónicas.»

Además de las dudas existenciales, tenía que lidiar también con problemas materiales: el final de mi beca de investigación se aproximaba y necesitaba encontrar pronto una forma alternativa de ganarme la vida. Así que decidí dejar en suspenso el doctorado (lo acabé ocho años después) y puse rumbo directo a la docencia.

Y lo cierto es que en eso sigo. Durante los últimos quince años me he dedicado a la enseñanza. He sido profesor universitario, profesor de secundaria, formador de docentes y creador de contenidos educativos. Esto me ha llevado a interesarme por la didáctica de la ciencia y las matemáticas y, tal y como me pasaba cuando era estudiante, el esfuerzo por explicar determinados conceptos me ha ayudado a entenderlos mucho mejor. Lo más interesante de este viaje ha sido descubrir que la física y las matemáticas no solo son infinitas en extensión, sino también en profundidad, y que en las cuestiones más básicas y cotidianas se esconde una gran riqueza, complejidad y belleza.

Un día, cuando ya llevaba un tiempo como profesor, llegué a la conclusión de que no tenía por qué limitarme a explicar cosas interesantes a mis alumnos de secundaria. Podía hablar de física con mis hijos en la sobremesa o jugar con ellos a multiplicar matrículas de camino a la escuela; y también podía intentar que mi mujer superara, por fin, su ancestral aversión a las matemáticas. De hecho, no tenía por qué detenerme en el círculo de personas más cercanas: podía dirigirme a cualquiera que tuviera ganas de aprender. Fue así como me adentré en el mundo de la divulgación científica.

Empecé a dar cursos en librerías y centros culturales y a contar historias de física y matemáticas en mis redes sociales. Además de pasármelo bien, sentía que contribuía a la alfabetización científica y, de este modo, recuperaba mis viejas inquietudes militantes, no desde la renuncia al rigor, sino precisamente desde su defensa. La verdad es que el asunto no se me daba del todo mal, pero jamás se me habría ocurrido escribir un libro si alguien no me lo hubiera propuesto. Y aquí es donde entra en escena cierto director de cierta editorial que había sido víctima de mis clases particulares algunos años atrás.

Una tarde de otoño del 2018, aquel viejo conocido me citó en sus oficinas para hacerme una propuesta. Allí estaba también la que acabaría siendo mi editora y entre los dos me explicaron que querían publicar un libro de matemáticas y que creían que yo era la persona idónea para escribirlo. Estuvimos comentando un buen rato lo absurdo que resulta que la incultura matemática esté normalizada o incluso bien vista, mientras que nadie presume de no tener ni idea de historia o de cometer errores ortográficos. Aunque todo el mundo conoce la relevancia social de las matemáticas, eso no parece ser suficiente para interesarse por ellas. Por eso nuestro libro tenía que ir un paso más allá.

Mi amigo sugirió que la clave estaba en el placer. Había que conseguir que la gente disfrutara leyendo matemáticas, pensando en matemáticas, hablando sobre matemáticas. Nos puso como ejemplo una tarde de su adolescencia en que tenía que analizar *El infinito* de Giacomo Leopardi. La tarea se le estaba haciendo pesada e incluso aburrida, hasta que su padre lo cogió por banda y le explicó todos los secretos del poema. Aquella conversación se le había quedado grabada en la memoria y no solo le sirvió para obtener una buena nota, sino que le hizo experimentar, por primera vez, el intenso placer de la literatura. El libro que yo iba a escribir tenía que conseguir lo mismo, pero con las matemáticas.

Obviamente, ante una propuesta tan atractiva, no podía hacer más que aceptar. De modo que empecé a hacer pruebas y más pruebas variando el tono, el estilo y el formato y poco a poco fuimos afinando la idea. Sin embargo, para llegar a la concreción final tuvo que entrar en escena otro de los protagonistas de la obra: Luis Paadín, el ilustrador que ha dado vida a estas páginas. El día que vimos el texto ilustrado por fin comprendimos cómo iba a ser el libro. Y también conocimos al que sería el guía y narrador del mismo, el *profesor Maccarrone*, un pariente cercano del que firma estas líneas, que el bueno de Luis tuvo la idea de convertir en un logotipo, hecho a partir de un 6 y un 4, que iréis encontrando en las páginas del libro.

Así que esta es, en esencia, la historia del libro que estás a punto de leer.

Un libro que recorre algunas de las ideas esenciales de las matemáticas.

Un libro en el que intento tomar de la mano al lector y no soltarlo hasta que haya aprendido alguna cosa.

Un libro dirigido a gente como mi hermano, el músico, o mi hermana, la filósofa.

Un libro para contribuir, modestamente, a un mundo más justo, más libre y más racional.

Un libro que espero que transmita la misma pasión por las matemáticas que me transmitió *zio Ilio* a mí.

Un libro que me habría gustado encontrar en la inmensa librería de *zia Pupa*.

Un libro que no es más que un arbusto sobre un cerro para experimentar el infinito placer de las matemáticas.

HOJA DE RUTA

•

Antes de empezar la lectura, te recomiendo que leas las siguientes indicaciones para acabar de situarte.

En primer lugar, has de saber que este es un libro de matemáticas básicas. En él, reconocerás muchos de los temas que estudiaste en los primeros años del instituto. Sin embargo, que sean matemáticas básicas no significa que sean fáciles o poco interesantes: a menudo, en las cuestiones más elementales se esconden las preguntas más sugerentes.

El libro está formado por 17 capítulos independientes, así que puedes leerlos en el orden que prefieras. En las portadillas encontrarás resumidos los conceptos que se abordan. Cada capítulo afronta una de las grandes ideas matemáticas que cualquier persona debería dominar para ejercer una ciudadanía plena.

En efecto, en el mundo actual, las matemáticas no solo son necesarias para resolver situaciones prácticas, sino también para procesar la información que recibimos y para tomar decisiones con sentido crítico. Además, la ciencia, que nos explica el universo, y la tecnología, que nos ayuda a moldearlo, se expresan, de forma natural, en el lenguaje de las matemáticas. Y por si esto fuera poco, debes saber que una mirada matemática bien afinada nos permite contemplar, a nuestro alrededor, un tipo de belleza inaccesible para el resto de los sentidos.

Desarrollar el pensamiento matemático no solo consiste en conocer una lista de conceptos, sino también en dominar varios procesos mentales. Hay que saber resolver problemas, demostrar afirmaciones, razonar lógicamente y representar ideas abstractas de manera tangible. En este libro hay algo de todo eso y también se establecen muchas conexiones entre las matemáticas y otros ámbitos culturales, como la física, el deporte o la literatura.

Las explicaciones avanzan sin pausa, pero sin prisa, para no dejar a nadie por el camino. Si en algún momento te parece que el ritmo es un poco lento, no te confíes, no vaya a ser que te haya pasado inadvertido algún matiz importante. Y si, en cambio, en algún punto sientes que pierdes el hilo de la explicación, te invito a dejarte llevar por el flujo de la lectura, ya que probablemente acabes reenganchándote un poco más adelante.

No esperes encontrar tratamientos exhaustivos ni detalles demasiado técnicos. Este libro se centra sobre todo en el significado de los conceptos. Por ejemplo, no creo que aquí aprendas a resolver cualquier tipo de ecuación, pero espero que te quede claro qué son las ecuaciones y por qué son tan relevantes.

Las ideas que aparecen en el libro se basan en múltiples referencias de la didáctica y la divulgación de las matemáticas y también en mi experiencia personal como investigador, docente, padre y ciudadano. Todo ello configura una visión personal de las matemáticas que espero que te resulte atractiva y, sobre todo, que te estimule a seguir leyendo, pensando y hablando de matemáticas sin ningún otro motivo que el infinito placer de hacerlo.

CAPÍTULO

1

UNO, DOS, MUCHOS

Contamos, ordenamos, calculamos, pero ¿entendemos realmente el significado de los números?

— CON LA PRESENCIA DE —

PIAGET

GOLDBACH

NILSSON

EN ESTE CAPÍTULO:

- Reflexionaremos sobre el funcionamiento de nuestro sistema de numeración y repasaremos otros sistemas de numeración que han existido a lo largo de la historia.
- Exploraremos sistemas de numeración en base no decimal que se utilizan en el ámbito informático.
- Definiremos y clasificaremos los números naturales y analizaremos las relaciones que hay entre ellos.
- Estudiaremos el significado del mínimo común múltiplo y del máximo común divisor y algunas de sus aplicaciones.

«Descubiertos nuevos planetas a seis mil millones de años luz; en un año ha habido setenta millones de desplazados; la tasa de incidencia es de doscientos casos por cada cien mil personas.» Números, números y más números. Nos acechan por todas partes y en cualquier momento del día. Nos alertan, nos ubican, nos permiten establecer comparaciones, en ocasiones nos maravillan y en muchas otras nos dejan indiferentes.

Vivimos en una sociedad muy tecnificada, pero también extremadamente cuantificada. Asociar un número a un fenómeno es quizá la principal manera que tenemos para valorarlo. Y, sin embargo, a menudo se nos escapa el sentido último de los números. Tal vez porque son demasiado grandes o demasiado pequeños en relación con nuestra experiencia cotidiana; o porque nos faltan referencias con las cuales compararlos y nos sentimos perdidos como en medio de un océano; o quizás, simplemente, porque infravaloramos las sutilezas asociadas al propio concepto de número.

Tengo un amigo antropólogo que hace años viajó a la Amazonia venezolana para investigar y documentar el culto a una divinidad local, María Lionza. Estuvo allí varios meses, conviviendo con distintos grupos, filmando sus rituales y hablando con sus protagonistas. Tiene una colección de vídeos y fotografías que le encanta compartir conmigo cuando voy a visitarlo, y mientras los miramos, hablamos de aquello de lo que pueden hablar un antropólogo especializado en culturas amazónicas y un físico enamorado de las matemáticas: los sistemas de numeración en cada cultura.

Me cuenta que muchos de los pueblos de la región amazónica solo disponen de palabras para designar los primeros números. Los Baniwa, por ejemplo, ubicados en la cuenca del río Negro, en la frontera entre Colombia, Brasil y Venezuela, utilizan *Patsialu* para el uno, *Enaba* para el dos, y a partir de ahí, *Srúpeli* para indicar *muchos*. Un sistema muy económico, pero aparentemente bastante confuso, al menos para nosotros. Sobre todo, porque probablemente no se trate de una mera cuestión de léxico. Normalmente, cuando nos faltan las palabras para referirnos a un cierto concepto es porque en realidad no disponemos de él. Es decir, que los Baniwa no solo dicen *uno, dos, muchos,* sino que construyen sus razonamientos matemáticos a partir de esas cantidades. Probablemente, en su contexto ecológico y social esta numeración resulte operativa; en el nuestro, evidentemente, no lo sería.

En general, los sistemas numéricos esconden una complejidad mucho mayor de la que habitualmente imaginamos. De hecho, tendemos a asociar los números con los signos que se utilizan para representarlos: 11, 6, 2013, etc. Pero en realidad son algo más que un conjunto de símbolos: son un concepto abstracto que nos habla de una cierta propiedad de los objetos reales. Nos sirven para razonar y para relacionar entre sí objetos muy distintos y, como muchos otros conceptos abstractos, se pueden representar de maneras diversas. Por supuesto, con nuestro sistema de cifras, pero también con otros símbolos, con dibujos o con formas. Todas esas representaciones son convenciones accidentales, productos de la historia y de la geografía cultural. En cambio, los números son universales. Y también es universal el problema de comprenderlos. Así que no creo que tú quieras ser menos.

ORDENAR, CLASIFICAR, CONSERVAR

A menudo recibo mensajes de amigos y amigas que me piden consejo sobre cómo introducir la numeración y el cálculo a sus hijos de cuatro o cinco años. «¿Conoces alguna aplicación o algún juego para ir practicando? Yo no tengo ni idea de mates y no quiero que a él le pase lo mismo.» Personalmente, debo reconocer que aprender las bases de las matemáticas me parece una de las cuestiones más difíciles de acompañar. De ahí mi admiración por los maestros y maestras, que son capaces de llevar a cabo este trabajo, en las primeras etapas de la escolarización.

El concepto de número es una cima que se alcanza tras haber escalado toda una montaña, que suele quedar escondida bajo las nubes. Para contar y para calcular es necesario dominar antes una serie de operaciones mentales básicas, que habitualmente damos por sentadas pero que no son en absoluto obvias para un infante.

En primer lugar, hay que ser capaz de ordenar un conjunto de objetos siguiendo una secuencia lógica: por ejemplo, del más bajo al más alto o del más ligero al más pesado. Esto permitirá, más tarde, ordenar distintos conjuntos del menos numeroso al más numeroso.

También hay que saber clasificar, es decir, agrupar objetos con base en una característica común: el color, la forma, el peso, etc.

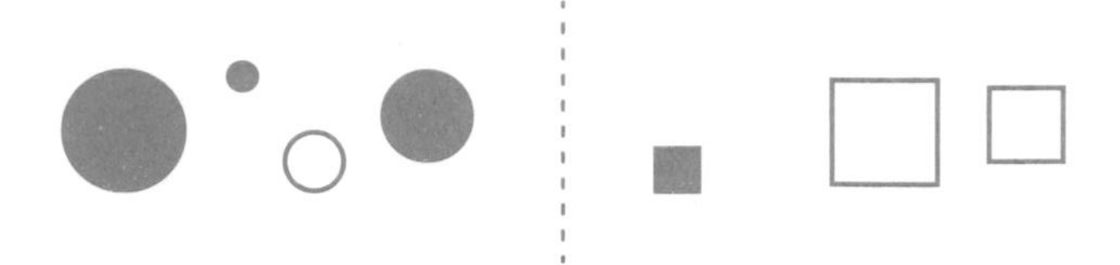

De hecho, en el propio acto de contar se produce implícitamente una clasificación entre los elementos ya contados, por una parte, y los elementos pendientes de contar, por la otra. Los niños que aún no dominan esta operación a menudo cuentan dos veces un mismo elemento o se dejan elementos sin contar. Por otro lado, el propio concepto de número es en sí mismo una característica que se puede utilizar para clasificar. Podemos meter en un mismo saco los siete colores del arco iris, los siete magníficos o los siete pecados capitales, ya que todos ellos comparten la propiedad de estar formados por *siete* elementos.

Además de las de ordenar y clasificar, se necesita otra habilidad: la conservación.

Si colocas ante un niño pequeño dos hileras con la misma cantidad de objetos bien alineados entre sí y le preguntas en cuál de las dos hay más elementos, seguramente te responderá que hay los mismos en ambas. Si a continuación separas entre sí los objetos de una de las dos hileras, de manera que ocupen una longitud mayor, y repites la pregunta, es posible que te diga que ahora hay más en la fila más larga. Incluso puede que reconozca que hay siete en cada renglón, pero aun así crea que uno es más numeroso que el otro. El resultado cambia con niños más mayores.[1] Esta capacidad de comprender que el número de objetos no varía, aunque lo haga su disposición o su aspecto, es lo que se llama *conservación*, y sin ella no se pueden abordar las operaciones numéricas, que implican juntar o separar elementos de distintos conjuntos.

En lo que a ti se refiere, estoy convencido de que hace años que ordenas, clasificas y sabes perfectamente que las cantidades se conservan. Simplemente pretendía hacerte algo más consciente de la complejidad que se esconde tras un concepto aparentemente tan intuitivo como el de número. Una mala comprensión del mismo durante los primeros años de edad suele ser el inicio de una relación tortuosa con las matemáticas.

REPRESENTAR

En definitiva, el de número es uno de esos conceptos escurridizos que todo el mundo conoce pero que no es tan fácil definir rigurosamente. Los números no son algo real, con una entidad física y tangible, sino ideas abstractas que existen en nuestra mente, pero que utilizamos para describir situaciones reales.

Para plantear la cuestión de manera más formal, podemos decir que dos conjuntos contienen el mismo número de objetos si podemos relacionarlos, uno a uno, sin que ningún elemento quede desemparejado. Por ejemplo, todos los conjuntos que se puedan relacionar elemento a elemento con los días de la semana tendrán

---

1 Este es uno de los experimentos que llevó a cabo el psicólogo suizo Jean Piaget, a partir de los cuales elaboró su teoría del desarrollo cognitivo. Cabe decir que estudios posteriores cuestionan o matizan algunas de las conclusiones de Piaget, por ejemplo, Bever, T. y Mehler, J. (1967), «Cognitive Capacity of Very Young Children», *Science*, vol. 158, núm. 3797, pp. 141-142.

la misma cantidad de objetos. Por lo tanto, diremos que a todos ellos les corresponde un mismo número, que, en este caso, llamamos *siete*. Para representar la cantidad *siete*, podríamos escoger cualquier conjunto con siete elementos: podríamos dibujar siete samuráis, siete cabritas o siete notas musicales; o algo más sencillo, como siete piedras o siete marcas sobre un hueso.

Precisamente hay un famoso hueso que, según algunos historiadores, es el primer testimonio de la capacidad humana de contar: el Hueso de Ishango. Se encontró en la actual República Democrática del Congo y data del Paleolítico Superior, aproximadamente del 20 000 a. C. Mide unos diez centímetros y tiene una serie de muescas talladas, que parecen estar indicando un número.

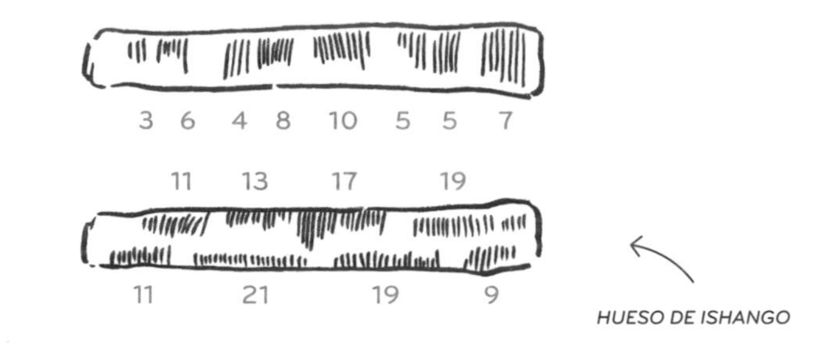

Estas marcas se parecen mucho a las que hacemos para anotar la puntuación de un juego: tantos palitos, tantos puntos. Claro que, cuando el número se hace muy grande, esto de los palitos se vuelve poco práctico, porque para saber cuántos son, hay que contarlos otra vez uno a uno. Por eso acostumbramos a ir agrupando los palitos de manera regular, por ejemplo, de cinco en cinco, para que luego el recuento resulte más ágil.

Los sistemas de numeración en las antiguas culturas mediterráneas funcionaban de una manera parecida. En Egipto se utilizaban palitos para los números del uno al nueve, pero para el diez existía un símbolo distinto con forma de arco. Dos arcos significaban veinte; tres arcos, treinta, y así sucesivamente. Había también símbolos distintos para indicar cien, mil, y así hasta un millón.

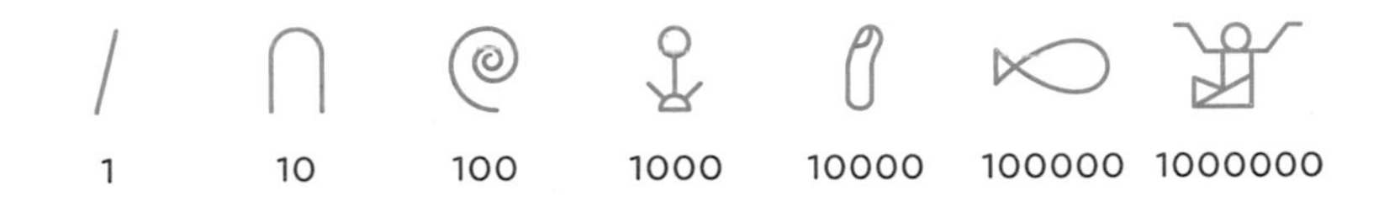

Entonces, para leer un número cualquiera, había que contar cuántas veces aparecía cada símbolo e ir sumando las cantidades correspondientes. Por eso se trataba de un sistema de numeración *aditivo*. Por ejemplo, para escribir el número mil doscientos treinta y uno se dibujaba una flor, dos cuerdas, tres arcos y un palito.

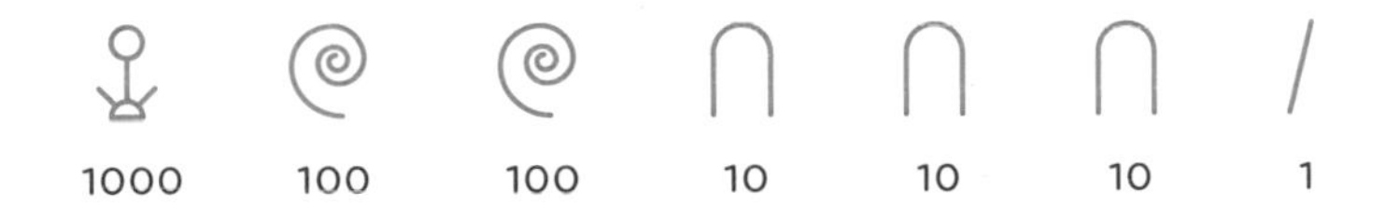

El sistema romano, bastante más conocido, tenía un funcionamiento híbrido. En parte también era aditivo: III es igual a *uno más uno más uno*, es decir, a tres; XX es *diez más diez*, es decir, veinte; MCL es *mil más cien más cincuenta*, es decir, mil ciento cincuenta, etc.

I	V	X	L	C	D	M
1	5	10	50	100	500	1000

Pero existen también otras reglas. Por ejemplo, no se pueden escribir más de tres símbolos iguales seguidos. Y si un símbolo se escribe a la izquierda de otro mayor que él, su valor se resta en lugar de sumarse: IX es *diez menos uno*, es decir, nueve, y XL es *cincuenta menos diez*, es decir, cuarenta.

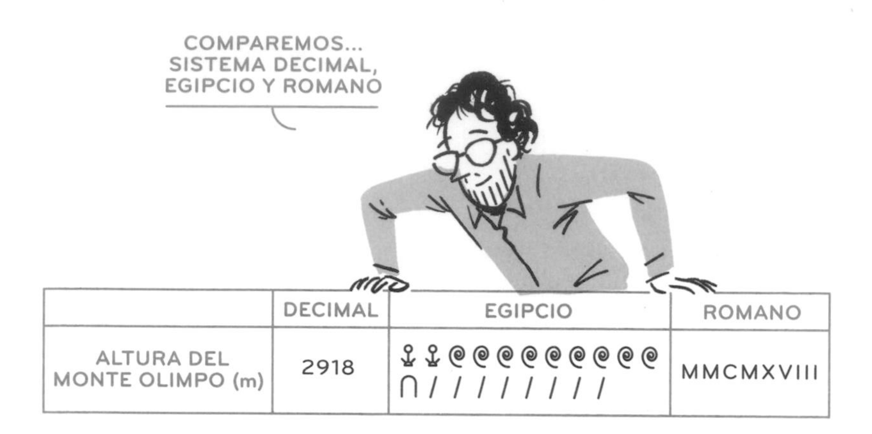

	DECIMAL	EGIPCIO	ROMANO
ALTURA DEL MONTE OLIMPO (m)	2918	𓆼𓆼𓍢𓍢𓍢𓍢𓍢𓍢𓍢𓍢𓍢 𓎆𓏺𓏺𓏺𓏺𓏺𓏺𓏺𓏺	MMCMXVIII

Aunque estos sistemas de numeración pueden parecer sencillos e incluso divertidos, estarás de acuerdo conmigo en que el nuestro resulta mucho más compacto y manejable. ¿Sabes dónde reside su secreto? En la posición. Sí, tal y como lo lees, para que el tamaño no importe, hay que dominar la posición.

Nosotros también utilizamos distintos símbolos[2] —0, 1, 2, 3, 4, 5, 6, 7, 8, 9— pero la cuestión clave es que el valor de dichos símbolos cambia según la posición que ocupan al escribir un número: cuanto más a la izquierda, mayor es su valor. Por eso decimos que se trata de un *sistema de numeración posicional.*[3]

LO MÁS BÁSICO

Además de posicional, el nuestro es también un *sistema decimal*, es decir, un sistema *en base diez*. La base es el número que indica

---

2 Probablemente hayas oído alguna vez que tienen su origen en la India y que llegaron a Europa a través de la cultura árabe, por eso se conocen como *números indoarábigos*.

3 El nuestro no es el único sistema de este tipo que ha existido a lo largo de la historia. El sistema de numeración babilónico también era posicional, igual que el maya o el chino. De hecho, se especula con que el sistema indio podría haber tenido sus orígenes precisamente en China.

por cuánto se multiplica el valor de una cifra cada vez que saltamos una posición hacia la izquierda. En base diez, una cifra que ocupe la primera posición mantiene su valor, por ejemplo, siete; en la segunda posición tiene su valor multiplicado por diez, por ejemplo, setenta; en la tercera posición, su valor multiplicado por diez dos veces, es decir, por cien, por ejemplo, setecientos; y así sucesivamente.

$7 \cdot 10 \cdot 10 \cdot 10 = 7000$ → 7777 ← $7 \cdot 10 = 70$

$7 \cdot 10 \cdot 10 = 700$ → 7777 ← 7

La base también indica cuántos símbolos distintos se necesitan para expresar cualquier número. Imagina, por ejemplo, que te da por contar cañas de bambú: tienes un símbolo para decir que aún no hay ninguna, el 0; un símbolo para la primera caña, el 1, otro para la segunda, el 2, y así sucesivamente hasta el 9. Para la décima caña ya no utilizas un nuevo símbolo, sino que formas un fajo con ellas y las consideras una entidad única. Por lo tanto, en lugar de decir que tienes diez cañas, puedes decir que tienes 1 fajo y 0 cañas sueltas, por eso, en el sistema decimal, el número diez se representa con un 1 seguido de un 0.

Al añadir una nueva caña, tendrás 1 fajo y 1 caña, es decir, 11 cañas. Cuando llegues a veinte, formarás un segundo fajo y así tendrás 2 fajos y 0 cañas sueltas, es decir, 20. A medida que vas añadiendo cañas, las vas agrupando de diez en diez, hasta que llegas al décimo fajo. Entonces decides atar entre sí todos los fajos para formar un panel de bambú. Ahora tienes 1 panel, 0 fajos y 0 cañas sueltas. Con la siguiente caña, tendrás 1 panel, 0 fajos y 1 caña suelta y, a partir de aquí, creo que ya te imaginas cómo seguirá el conteo. Por eso solo necesitamos diez símbolos, porque cuando se nos acaban, simplemente creamos una nueva agrupación de orden superior.

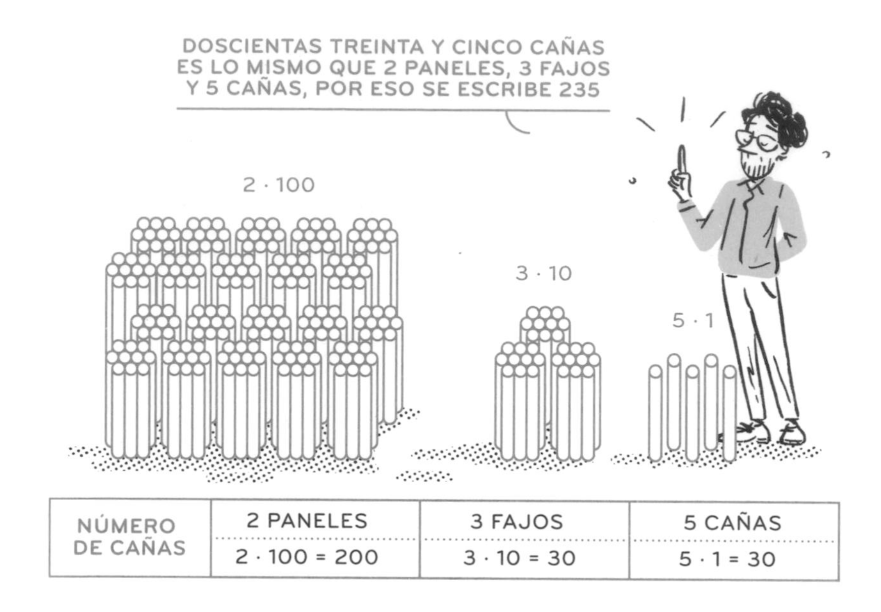

NÚMERO DE CAÑAS	2 PANELES	3 FAJOS	5 CAÑAS
	2 · 100 = 200	3 · 10 = 30	5 · 1 = 30

El número diez nos resulta especialmente cómodo porque es el número de dedos que tenemos en las manos, pero podemos decidir hacer agrupaciones con otras cantidades, por ejemplo, de dos en dos. Ahora, en lugar de cañas, imagina que cuentas piedras preciosas. De entrada tienes una: 1. Cuando consigues la siguiente, en lugar de dejar las dos sueltas, decides meterlas en un sobre, por lo tanto, ahora tienes 1 sobre y 0 piedras sueltas. Luego encuentras una tercera piedra y, por el momento, la dejas suelta: 1 sobre y 1 piedra suelta. Al hacerte con la cuarta piedra, la metes también en un sobre junto con la anterior, y entonces guardas los dos sobres dentro de una bolsa, con lo cual, tus cuatro piedras constituyen 1 bolsa, 0 sobres y 0 piedras sueltas. A medida que vas aumentando tu pequeño tesoro, vas siguiendo el mismo procedimiento: dos piedras son un sobre, dos sobres son una bolsa y cuando tienes dos bolsas, las metes en una caja.

Igual que hacías con las cañas de bambú, a medida que el número de elementos va aumentando, los vas agrupando en *paquetes* de orden cada vez mayor.

CAJA 8 PIEDRAS	BOLSA 4 PIEDRAS	SOBRE 2 PIEDRAS	PIEDRA 1 PIEDRA	TOTAL PIEDRAS
			1	UNA
		1	0	DOS
		1	1	TRES
	1	0	0	CUATRO
	1	0	1	CINCO
	1	1	0	SEIS
	1	1	1	SIETE
1	0	0	0	OCHO
1	0	0	1	NUEVE
1	0	1	0	DIEZ

La diferencia está en el número de elementos que utilizas para realizar las agrupaciones. En el caso del bambú, los *paquetes* eran de diez: diez cañas eran un fajo y diez fajos, un panel. Ahora, los *paquetes* son de dos: dos piedras son un sobre, dos sobres son una bolsa y dos bolsas, una caja. Dicho de otra manera, estás utilizando un sistema *en base dos* o *binario.* Si en el sistema decimal cada salto de posición equivalía a multiplicar por diez (unidades, decenas, centenas, etc.), en el sistema binario cada salto corresponde a multiplicar por dos: la primera cifra representa unidades; la segunda, parejas; la tercera, cuartetos, y así sucesivamente.

Si escribimos 10 en sistema binario, no nos referimos al número diez, sino al número dos, y 100 no es cien, sino dos veces dos, esto es, cuatro.[4] Probablemente, esta manera de expresar cantidades no te resulte en absoluto natural, ya que tenemos muy interiorizado el sistema decimal. De hecho, los propios nombres con los que

4 En internet puedes encontrar diversas calculadoras que te permiten pasar automáticamente del sistema binario al decimal y viceversa, por ejemplo, la del siguiente enlace: https://www.rapidtables.com/convert/number/hex-to-decimal.html

designamos los números suelen estar adaptados a dicho sistema: la expresión *doscientos cuarenta y cinco* nos dice, sutilmente, que hay *dos grupos de cien*, *cuatro grupos de diez* y *cinco unidades*.

A pesar de ser poco intuitivo, el sistema binario tiene algunas virtudes, que lo hacen particularmente adecuado para determinadas aplicaciones. Fíjate en que en base dos solo necesitas dos símbolos para expresar cualquier cantidad, el 0 y el 1. Esto encaja a la perfección con el funcionamiento físico de las computadoras. Toda la tecnología digital se basa en dos tipos de señales —*pasa corriente/no pasa corriente*; *hay luz/no hay luz*—, de manera que resulta natural asociar a cada uno de esos dos estados un 1 o un 0, respectivamente. En una computadora, todas esas señales se codifican en series de ceros y unos, que luego se interpretan debidamente mediante el código binario y se convierten en letras, sonidos y colores.

Cabe decir que el binario no es el único sistema numérico que se emplea en el mundo de la informática. Tal vez alguna vez hayas querido personalizar el color de un texto o de una imagen desde el ordenador y hayas visto que cada color tiene asignado un código bien preciso, que puede incluir cifras y letras. En realidad se trata de un número expresado en el *sistema hexadecimal*, es decir, en *base dieciséis*.

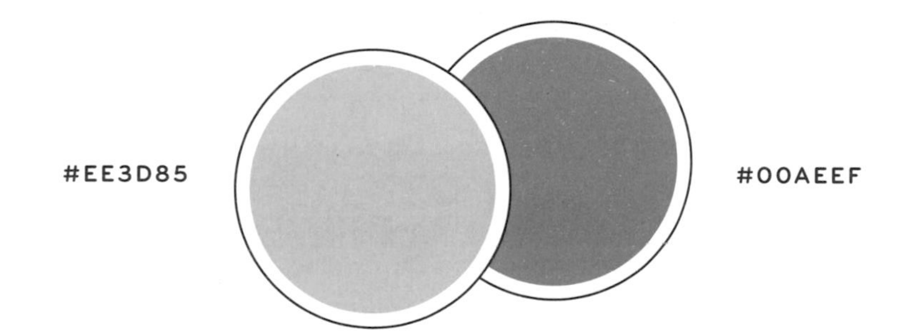

En este sistema, cada salto de posición corresponde a multiplicar por dieciséis y, por lo tanto, hacen falta dieciséis símbolos. Por esto, para representar los números del diez al quince, se utilizan las seis primeras letras del abecedario.

DECIMAL	1	2	3	4	5	6	7	8	9	10	11	12	13	14	15
HEXADECIMAL	1	2	3	4	5	6	7	8	9	A	B	C	D	E	F

Ahora, un uno seguido de un cero no representa ni un diez ni un dos, sino un grupo de dieciséis unidades, y un uno seguido de dos ceros son dieciséis agrupaciones de dieciséis, esto es, doscientas cincuenta y seis unidades.

DECIMAL	16	17	18	...	31	32	33	...	47	...	255	256	...
HEXADECIMAL	10	11	12	...	1F	20	21	...	2F	...	FF	100	...

Eso significa que con solo dos dígitos es posible expresar todos los números desde el cero hasta el doscientos cincuenta y cinco, lo cual resulta especialmente práctico para codificar la gama cromática. En efecto, los colores de un ordenador se basan en el sistema RGB (*red*, *green*, *blue*). Cualquier color se forma a partir de los tres colores primarios, rojo, verde y azul, combinados en distintas proporciones. Cada uno de ellos puede tener una intensidad que va, precisamente, de cero a doscientos cincuenta y cinco. El código de seis dígitos que caracteriza a cada color esconde en realidad tres códigos expresados en sistema hexadecimal: las dos primeras cifras indican la intensidad de rojo; las dos centrales, la intensidad de verde, y las dos últimas, la intensidad de azul.

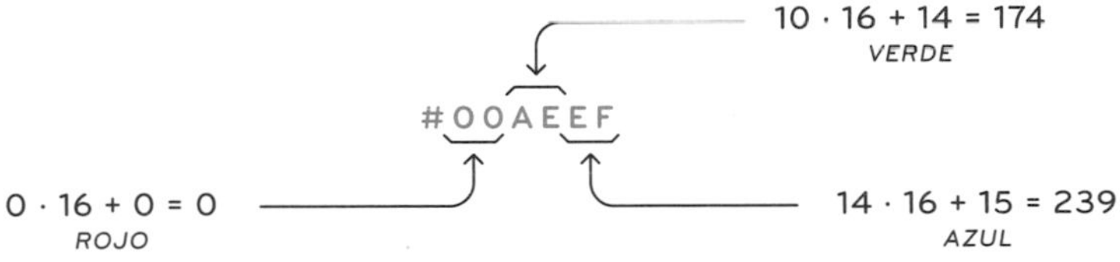

$10 \cdot 16 + 14 = 174$
VERDE

#00AEEF

$0 \cdot 16 + 0 = 0$
ROJO

$14 \cdot 16 + 15 = 239$
AZUL

De esta manera, con solo seis cifras es posible codificar más de dieciséis millones de colores.

NATURALES Y DIVERSOS

Ahora que ya hemos hablado sobre cómo se pueden representar los números, vamos a preguntarnos qué tipos de *especímenes* podemos encontrarnos. Los números más básicos, y los primeros que surgen históricamente, son los *números naturales*: el 1, el 2, el 3, etc. Con ellos podemos etiquetar y ordenar un conjunto de elementos (edificios, vehículos, cursos escolares, etc.), por lo tanto, sirven para determinar la *posición*. También los podemos utilizar para contar cuántos objetos de un cierto tipo tenemos, por ejemplo, la cantidad de frutos que hemos almacenado al fondo de la cueva o la cantidad de billetes que guardamos bajo el colchón. En este caso desempeñan la función de describir el *tamaño* de dichos conjuntos.

Existe cierta controversia entre la comunidad matemática sobre si el 0 es o no es un número natural. Hay quien defiende que contar e indicar los objetos que hay es una necesidad natural, mientras que contar lo que no hay no lo es tanto. Efectivamente, muchos de los antiguos sistemas de numeración, como el romano o el egipcio, no disponían del cero. Sin embargo, las teorías modernas sobre números naturales sí que tienden a incluirlo entre sus filas. En el fondo estamos ante una cuestión de convención, donde lo más importante siempre es mantenerse coherente hasta el final.

A pesar de su apariencia sencilla y familiar, los números naturales se pueden clasificar de muchas maneras distintas. Por ejemplo, si un número se puede dividir entre dos de forma exacta, decimos que es *par* y, en caso contrario, que es *impar*. Esta clasificación resulta muy práctica, por ejemplo, para diferenciar los edificios de una y otra acera de una calle o los asientos a uno y otro lado del pasillo en un teatro. Pero hay propiedades mucho más originales: si un número se lee igual de izquierda a derecha que de derecha a izquierda es un *número palíndromo*, como el año 2002 o 1991. Cuando llegue el próximo, yo ya me habré convertido en polvo. También hay *números ondulados*, que tienen la forma *ababab*, como el año 2020 o como 313, el número de matrícula del coche del Pato Donald.

Los números también pueden tomar distintas formas. Al multiplicar cualquier número natural por sí mismo, obtenemos un *número cuadrado.*

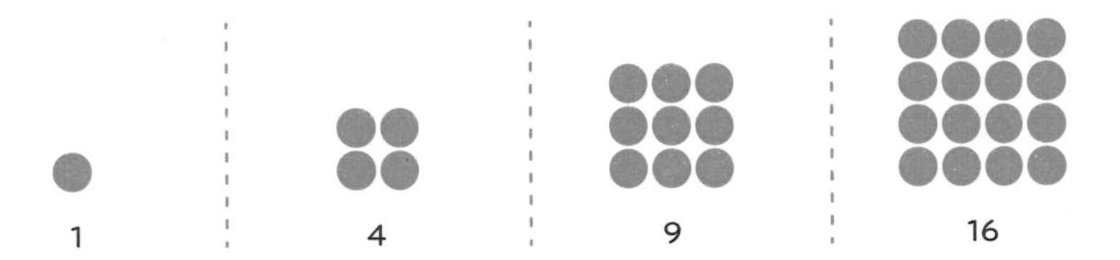

Y a los números imposibles de cuadrar siempre podemos darles forma de rectángulo. Por ejemplo, con el seis podemos formar dos filas de tres o tres filas de dos, que en realidad son la misma figura girada un cuarto de vuelta. También podemos formar un rectángulo de una fila y seis columnas y otro de una columna y seis filas.

6

Dependiendo del número que escojamos, habrá más o menos posibilidades. Con el 12 o el 30, la cantidad de rectángulos aumenta, mientras que con el 3 o con el 5 solo se pueden formar rectángulos de una fila o de una columna.

De hecho, hay unos cuantos números más a los que les ocurre lo mismo que al 3 y al 5, por ejemplo, al 7, al 11 o al 13. ¿Qué tienen todos ellos en común?

Para responder a esta pregunta debemos aclarar antes qué indica cada uno de los rectángulos. Que el seis se pueda representar con dos filas y tres columnas significa que se puede dividir de manera exacta entre dos y entre tres. Por eso decimos que el seis es *múltiplo* de dos y de tres o, equivalentemente, que tanto el dos como el tres son *divisores* del seis. Por supuesto, cualquier número se puede dividir siempre entre uno y entre sí mismo, lo cual da lugar a un rectángulo de una fila o de una columna. Por lo tanto, si con un cierto número únicamente podemos construir estos dos tipos de rectángulos, entonces dicho número solo es divisible entre uno y entre sí mismo, y se conoce como *número primo*. En cambio, los números que tienen también otros divisores, y con los que se pueden construir más rectángulos, se llaman *números compuestos*. El 2, el 3, el 19 o el 73 son números primos, mientras que el 6, el 9, el 15 o el 77 son números compuestos.

Todos los números pares, excepto el dos, son compuestos, ya que, además de poderse dividir entre uno y entre sí mismos, también se pueden dividir entre dos.[5] ¿Y qué ocurre con el 1? Podría parecer que se ajusta a la definición de número primo, puesto que solo es divisible entre sí mismo y entre uno. Lo que ocurre es que, en este caso, *sí mismo* y *uno* no son cantidades diferentes. Hemos dicho que los números primos tienen solo dos divisores, mientras que el uno únicamente se tiene a sí mismo. Por eso, aunque hasta el siglo XIX se consideraba que el uno era un número primo, actualmente hay un amplio consenso de que no lo es. Obviamente, tampoco podemos decir que sea un número compuesto. Así que el

---

5 El matemático de la antigua Grecia Eratóstenes de Cirene desarrolló un método sistemático para hallar todos los números primos menores que un número dado. La idea básica es ir tachando de una lista los múltiplos de dos, los múltiplos de tres y así sucesivamente y comprobar qué números quedan sin tachar.

uno se escapa de esta clasificación, no es ni primo ni compuesto. No hay duda de que se trata de un número singular.

NÚMEROS ELEMENTALES

¿Por qué se habla tanto de números primos? La razón es que son los constituyentes básicos de los números naturales, igual que los electrones y los quarks son los constituyentes básicos de la materia. Vamos a ver qué significa esta afirmación.

Cualquier número compuesto se puede escribir como multiplicación de dos de sus divisores. Por ejemplo, el número 12 es igual a 2·6 o a 3·4. Es posible que, a su vez, algunos de los divisores también sean números compuestos y que, por lo tanto, también se puedan descomponer.

Por ejemplo, el número 6 es igual a 2·3 y el número 4 es igual a 2·2. Si vamos aplicando descomposiciones sucesivas, acabamos llegando a una multiplicación que está formada únicamente por números primos y que no depende del camino que hayamos escogido. Esta descomposición en números primos nos muestra los elementos más esenciales del número 12.

Igual que toda la materia está constituida por unas pocas partículas elementales, con los números primos se pueden construir todos los números naturales. Cualquier número puede escribirse como producto de números primos y lo más sensacional es que esta descomposición es única. Esta afirmación constituye el *teorema fundamental de la aritmética* y se conoce desde hace más de dos mil años.[6] Gracias a ella, la descomposición en números primos se convierte en una especie de DNI o ADN de cada número. Por ejemplo, solo hay un número que esté formado por dos *doses* y un *tres*, y este es el doce, tal y como acabamos de ver.

MÍNIMO COMÚN DIVISOR...

Estoy seguro de que en alguna ocasión habrás oído a alguien hablar del *mínimo común divisor*. Por ejemplo, en alguna frase del tipo *los partidos deberían sentarse a negociar y alcanzar el mínimo común divisor entre sus propuestas*. Con estas palabras se intenta decir que las formaciones políticas deberían ponerse de acuerdo en todo aquello que comparten. Sin embargo, la expresión no es demasiado afortunada. Aunque, estrictamente, no es incorrecto expresar *mínimo común divisor*, en realidad se trata de un concepto con poco sentido matemático. Si tomas dos números cualesquie-

6 En la antigüedad, el matemático griego Euclides enunció este teorema por primera vez. Sin embargo, su demostración presentaba algunos problemas y hubo que esperar al año 1800 para que el alemán Karl Friedrich Gauss proporcionara una demostración completa.

ra, su mínimo común divisor siempre vale uno, ya que todos los números son divisibles entre uno y no hay ningún otro divisor menor que este.[7] En cambio, el *máximo común divisor* tiene algo más de jugo.

Imagina, por ejemplo, que estás tranquilamente en tu taberna de la antigua ciudad de Tarraco y que te llegan dos largas ristras de salchichas. En una hay 72 piezas de carne y en la otra, 60. Quieres formar con ellas ristras más pequeñas, de manera que en todas haya el mismo número de salchichas, sin que te sobre ninguna. Obviamente, podrías hacer ristras de una salchicha o de dos salchichas: todas ellas serían iguales y no sobraría nada. Sin embargo, te preguntas si las ristras podrían ser más largas y, si es así, cuánto más.

Lo que estás buscando es un número que sea divisor tanto de 72 como de 60, pero que sea lo más grande posible, y este es, precisamente, el máximo común divisor de ambos. Si escribes la lista de divisores de estos dos números, verás que hay unos cuantos que se repiten y que el mayor de todos ellos es el 12. Así que ya lo tienes, debes cortar ristras de doce salchichas: obtendrás seis a partir de la ristra de 72 y cinco a partir de la de 60.

DIVISORES COMUNES

DIVISORES DE 72	1	2	3	4	6	8	9	12	18	24	36	72
DIVISORES DE 60	1	2	3	4	5	6	10	12	15	20	30	60

MAYOR DE LOS DIVISORES COMUNES

Buscar divisores comunes entre dos números es algo así como indagar qué ingredientes comparten. Efectivamente, si descompones las dos cantidades anteriores a partir de sus divisores primos, verás que algunos de ellos se repiten.

7 Dividir entre cero es imposible, tal y como puedes comprobar con la calculadora.

$$72 = \underbrace{2} \cdot \underbrace{2} \cdot 2 \cdot \underbrace{3} \cdot 3 \qquad 60 = \underbrace{2} \cdot \underbrace{2} \cdot \underbrace{3} \cdot 5$$

MÁXIMO COMÚN DIVISOR

$$2 \cdot 2 \cdot 3 = \underline{12}$$

El dos y el tres son divisores comunes, ya que forman parte del ADN de ambos números. También lo son el cuatro y el seis, pues en ambas descomposiciones podemos individuar dos doses o un dos y un tres. Y si cogemos absolutamente todo lo que aparece repetido en una y otra descomposición, entonces obtenemos el doce, que es el máximo común divisor de 60 y 72.

... Y MÁXIMO COMÚN MÚLTIPLO

Puestos a hablar de conceptos absurdos, también podemos interesarnos por el *máximo común múltiplo*. Un múltiplo común de dos números es cualquier otro número que sea simultáneamente múltiplo de los dos anteriores. Por ejemplo, el 6 es un múltiplo común del 2 y del 3, pero también lo son el 12, el 18, el 24, el 60 o el 3600. En realidad, no hay límite, los múltiplos de un número son ilimitados, ya que podemos ir multiplicando por números cada vez mayores. Así que, si vamos probando, siempre encontraremos nuevos múltiplos comunes mayores que los anteriores. Por lo tanto, es imposible encontrar un múltiplo común insuperablemente alto, es decir, no existe el máximo común múltiplo. En cambio, siempre hay un *mínimo común múltiplo*.

Imagina que el médico te ha recomendado ir a las termas al menos una vez a la semana: un rato de palestra, a continuación, *caldarium*, *tepidarium*, *frigidarium* y de vuelta a casa. Como es un plan que no te apetece demasiado, has convencido a una amiga para que se apunte ella también. El inconveniente es que tenéis agendas distintas y no podéis acudir con la misma regularidad. Tú te has propuesto ir cada dos días y ella cada tres. Así que, tras haber coincidido el día de la inscripción, tú vuelves dos días después y no la encuentras. Ella no acude hasta el día siguiente, cuando ya han pasado tres días desde que os inscribisteis, pero entonces eres tú quien no ha ido. Regresas el cuarto día y tampoco está, pero cuando vuelves a ir, dos días después, por fin volvéis a coincidir. Han pasado seis días desde que os apuntasteis, para ti es la tercera visita a las termas, y para ella es solo la segunda, pero como seis días son múltiplo tanto de tus dos días como de sus tres, las matemáticas os han vuelto a reunir.

A partir de ese momento, el ciclo se repetirá: habrá algunos días en que no os veréis, pero cada seis días volveréis a encontraros, es decir, tras doce días desde la inscripción, tras dieciocho días, etc. Todos ellos, 6, 12, 18, son múltiplos comunes de 2 y de 3, y el menor de todos ellos es, obviamente, el seis. El mínimo común múltiplo parece fácil de encontrar, ya que seis no es más que el resultado de multiplicar dos por tres. Sin embargo, tras unos meses, compruebas que la solución no siempre es tan directa.

Resulta que ya te encuentras mejor y decides reducir el ritmo y acudir a las termas cada seis días en lugar de cada dos. Por su parte, tu amiga anda ahora bastante ocupada y solo puede ir una vez cada nueve días. Para saber cada cuánto coincidiréis, decides proceder igual que antes y multiplicar entre sí ambos números. Al hacerlo, te desmoralizas bastante, ya que seis por nueve es igual a cincuenta y cuatro, y eso significa que pasaréis casi dos meses sin encontraros. Sin embargo, cuando solo han pasado dieciocho días desde la última vez que coincidisteis, entras a las termas y te la encuentras allí, en medio de la sala, haciendo sus estiramientos.

Tras la sorpresa inicial, te das cuenta de que tiene todo el sentido del mundo: dieciocho es múltiplo de seis y de nueve, y además es menor que el cincuenta y cuatro que habías pronosticado. Puedes comprobar que no hay ningún otro múltiplo común de seis y de nueve que sea menor que dieciocho, así que se trata de su mínimo común múltiplo, lo cual significa que tu amiga y tú coincidiréis cada dieciocho días.

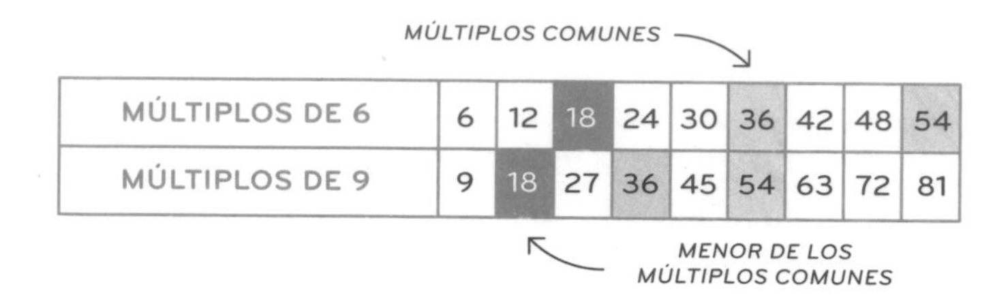

MÚLTIPLOS DE 6	6	12	18	24	30	36	42	48	54
MÚLTIPLOS DE 9	9	18	27	36	45	54	63	72	81

¿Por qué en este último ejemplo el mínimo común múltiplo no se obtiene multiplicando directamente ambos números? La respuesta, de nuevo, está en el ADN numérico. Para que un número sea múltiplo de otro, debe contener todos sus *componentes básicos*. Como seis es igual a dos por tres, eso significa que sus múltiplos deben contener, al menos, un dos y un tres. De manera análoga, los múltiplos de nueve deben contener, al menos, dos treses. Por lo tanto, para tener un múltiplo común de ambos, lo mínimo que hay que tener es un dos y dos treses, lo cual da como resultado, precisamente, dieciocho. Una manera de pensar en ello es imaginar que un tres ejerce de pluriempleado, ya que sirve para reproducir tanto el seis como el nueve.[8]

$6 = 2 \cdot 3 \qquad 9 = 3 \cdot 3$

MÍNIMO COMÚN MÚLTIPLO

$2 \cdot 3 \cdot 3 = 18$

- -

$6 = 2 \cdot 3 \qquad 9 = 3 \cdot 3$

~~MÍNIMO~~ COMÚN MÚLTIPLO

$2 \cdot 3 \cdot 3 \cdot 3 = 54$

---

8 Cuando dos números no tienen ningún factor en común, se dice que son *coprimos* o *primos entre sí*. Por ejemplo, 10 y 21 son coprimos, a pesar de no ser números primos. El mínimo común múltiplo de dos números coprimos se obtiene directamente multiplicándolos, mientras que su máximo común divisor siempre es igual a uno.

ÚTILES Y MISTERIOSOS

Más allá de termas y de salchichas, la descomposición en números primos es lo que permite que puedas enviar mensajes desde tu móvil de forma segura, ya que se encuentra en la base de los actuales métodos de encriptación. Descomponer números de dos o tres cifras es algo bastante sencillo tras algo de práctica. Con cuatro o cinco cifras, el proceso se alarga, pero es un objetivo abordable si dispones de tiempo suficiente o de unas mínimas nociones de programación. Sin embargo, a medida que la cantidad de cifras va aumentando, la tarea se vuelve ardua y tediosa.

El número 28, por ejemplo, es 4·7, que a su vez es 2·2·7, lo cual ya es una multiplicación de números primos. El proceso ha sido bastante rápido. En cambio, si te propongo que descompongas el número 56 653 lo pasarás bastante peor. No podrás dividirlo entre 2, ni entre 3, ni entre 5, ni entre 7. Tampoco entre 11, ni entre 13, ni entre 17. De hecho, no lo conseguirás con ninguno de los primeros cuarenta números primos, tendrás que esperar al que ocupa la posición número cuarenta y uno, que es el 181. Obtendrás como resultado de la división 313, que resulta que también es un número primo. Así que el *ADN* de este número de cinco cifras es bastante más exótico que los anteriores: 56 653 = 181 · 313.

Si quieres que alguien pase un mal rato, busca en internet una lista de números primos de cuatro cifras, escoge dos de ellos, multiplícalos, apunta el resultado y pídele a esa persona que lo descomponga. Lo tendrás entretenido durante un buen rato. Y si haces lo mismo, pero con dos números primos de setecientos dígitos cada uno, ningún humano ni ningún ordenador[9] conseguirá descomponer nunca el resultado que obtengas al multiplicarlos.

---

9 Me refiero a los ordenadores *tradicionales*. Los ordenadores cuánticos, mucho más potentes, pueden factorizar fácilmente números mucho mayores. Para profundizar en este tema, te recomiendo el capítulo 15 del libro *Cuántica* de Philip Ball (Turner, 2018), el capítulo 15 del libro de David Jou, *Introducción al mundo cuántico* (Pasado & Presente, 2013) o la tercera parte del libro *Cuántica* de José Ignacio Latorre (Ariel, 2017).

Pues bien, la encriptación de la información a través de internet se basa en este hecho: si alguien intercepta un mensaje e intenta descifrarlo, necesitará descomponer un número formado por dos números primos indecentemente largos.

Este parece un buen motivo para seguir buscando números primos cada vez mayores. Aunque no disponemos de una fórmula general para encontrar todos los números primos existentes,[10] sí que hay algunos procedimientos que facilitan dicha pesquisa. En el momento en que escribo estas palabras, el mayor número primo conocido tiene, ni más ni menos, que 24 862 048 dígitos. Se lo conoce con el bonito nombre de M82589933. La *M* viene de Mersenne, el matemático y filósofo francés que, en el siglo XVII, introdujo un tipo de números, llamados precisamente *números de Mersenne*, que son buenos candidatos a números primos. Nuestro *campeón* es uno de ellos y se descubrió a través de un proyecto de computación distribuida en el que usuarios de todo el mundo comparten la potencia de cálculo de sus ordenadores para comprobar si un cierto candidato es o no un número primo.[11]

En realidad, estos números primos gigantes obtenidos mediante ordenadores son mucho mayores de los que se utilizan para la encriptación. Así que te mentiría si te dijera que la motivación para buscarlos es, sobre todo, práctica. Entonces, ¿por qué lo hacemos?

Quizá simplemente por el mero hecho de explorar y de descubrir; o tal vez porque igual que nos interesa conocer mejor los constituyentes fundamentales de la materia, también queremos sa-

---

10 En 1859, el matemático alemán Bernhard Riemann formuló una hipótesis, conocida como *hipótesis de Riemann*, que, de ser cierta, permitiría conocer cómo se distribuyen los números primos entre el resto de los números. Para más información puedes consultar «La hipótesis de Riemann: El gran reto pendiente» de Pilar Bayer en el número 8 de la revista *Mètode* (2018). Disponible en: https://ojs.uv.es/index.php/Metode/article/view/8903.

11 Me refiero al proyecto Great Internet Mersenne Prime Search (GIMPS), fundado en 1996, con el que se han descubierto 17 primos de Mersenne. El programa para participar en el proyecto se puede descargar en el enlace https://www.mersenne.org/

ber más cosas de esos *números elementales*. De hecho, en el campo de las matemáticas existen distintos problemas no resueltos relacionados con los números primos, por ejemplo, el de la famosa *conjetura de Goldbach*,[12] según la cual cualquier número par distinto de 2 puede expresarse como la suma de dos números primos. El cuatro es *dos más dos*, el seis es *tres más tres*, el ocho, *cinco más tres*, y el diez, *cinco más cinco*. Si pruebas con números no demasiado altos, encontrarás siempre alguna manera de satisfacer esta conjetura.[13]

Sin embargo, que algo funcione unas cuantas veces no significa que vaya a hacerlo siempre, ni en matemáticas ni en la vida. Si encontráramos un solo caso en el que no se cumpliera la afirmación, esta ya no se podría considerar cierta y habría que refutarla o restringir su ámbito de validez. Aunque de entrada parezca que, si muchos números pares se pueden expresar como la suma de dos primos, entonces todos lo harán, mientras no lo demostremos se trata solo de una *conjetura*, es decir, de una afirmación que se supone cierta pero que hasta la fecha no ha sido probada ni refutada.

12 En 1742 el matemático prusiano Christian Goldbach propuso una versión algo distinta de esta conjetura. Fue el también matemático Leonhard Euler quien la reformuló en los términos en los que actualmente la conocemos.

13 En el siguiente enlace tienes una aplicación que permite comprobar la conjetura de Goldbach para un número cualquiera de tu elección: https://www.docirs.cl/algoritmo_golbach.asp

La conjetura de Goldbach es uno de los problemas más antiguos de la teoría de números que sigue todavía sin demostrar. Parte de su belleza reside en el contraste entre la simplicidad de su enunciado y la extrema dificultad para demostrarlo. Por eso ha suscitado interés más allá de las fronteras de la investigación y ha servido de inspiración para numerosas obras literarias y cinematográficas.[14]

La de Goldbach no es la única conjetura sobre números primos aún por demostrar. También está, por ejemplo, la de los *números primos gemelos*, que son aquellos que solo se diferencian en dos unidades, como el 3 y el 5, o el 11 y el 13. Tal y como dice el escritor italiano Paolo Giordano en su novela *La soledad de los números primos*, se trata de números cercanos entre sí, pero no lo suficiente para llegar a tocarse de verdad. Se cree que existen infinitas parejas de primos gemelos, pero, de nuevo, falta alcanzar la certeza que solo una demostración rigurosa podría proporcionar.

Aunque los números surgen para dar respuesta a necesidades cotidianas, a medida que nos adentramos en sus misterios van despertando nuestro interés y nuestra curiosidad por ellos mismos. Es como si dispusiéramos de un artilugio que nos permitiera realizar una determinada tarea pero que con cada uso nos fuera desvelando nuevas e inesperadas funcionalidades. A la larga, acabaríamos dedicando la misma atención a comprender su funcionamiento que a emplearlo en cuestiones prácticas concretas.

---

14 Por ejemplo, en la novela *El tío Petros y la conjetura de Goldbach*, de Apostolos Doxiadis (Ediciones B, 2005) o en la película *La habitación de Fermat*, dirigida por Luis Piedrahita y Rodrigo Sopeña (Notro Films, 2007).

Para entender cómo funciona un aparato podemos analizar las piezas que lo componen, mientras que para comprender mejor el universo numérico podemos recurrir también a sus constituyentes básicos, que son los números primos. Los esfuerzos por investigar los números primos se parecen a los que desde hace más de dos mil años hemos dedicado a comprender la composición última de la materia. Hemos construido un acelerador de 27 km de longitud, repleto de potentes imanes, a una temperatura de 273 grados bajo cero, para poner a prueba nuestros modelos sobre las partículas elementales.[15] De manera parecida, hemos puesto a trabajar conjuntamente más de doscientos mil ordenadores de todo el mundo para encontrar el mayor número primo conocido hasta el momento.

¿Hasta dónde podemos llegar con esta búsqueda? La respuesta es que tan lejos como queramos, ya que hace más de dos mil años que el matemático griego Euclides demostró que los números primos son en realidad infinitos. ¿De qué sirve entonces seguir persiguiéndolos si nunca los alcanzaremos por completo? Como solía decir el escritor Eduardo Galeano, las utopías sirven para eso, para seguir caminando.[16]

---

15 Estoy hablando del Gran Colisionador de Hadrones (LHC, por sus siglas en inglés), el enorme acelerador de partículas situado cerca de la ciudad de Ginebra.

16 Galeano, E., *Las palabras andantes*, Siglo XXI (2003).

CAPÍTULO

2

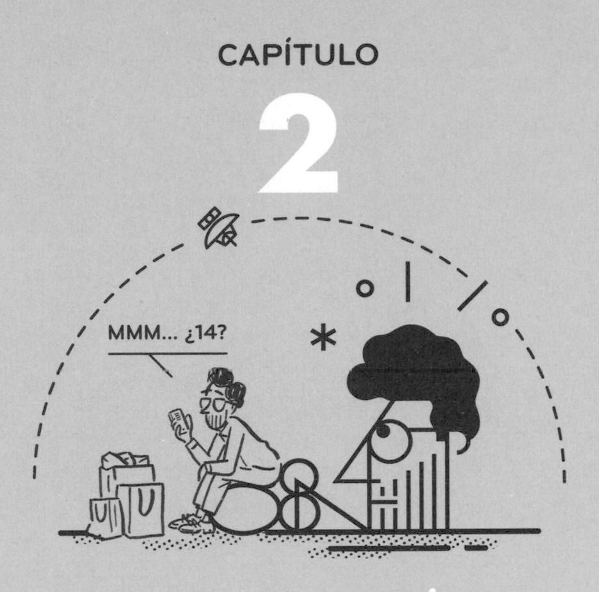

A MANO Y A MÁQUINA

Para jugar, para comprar, para poner un satélite en órbita... con papel y lápiz, mentalmente o con calculadora... necesitamos comprender las operaciones básicas.

— CON LA PRESENCIA DE —

EUGENIO

CH. BROOKER

UNA AMIGA DEL WSP

EN ESTE CAPÍTULO:

- Estudiaremos el significado de las operaciones matemáticas y de sus propiedades.
- Desarrollaremos estrategias para el cálculo mental.
- Representaremos las operaciones matemáticas de maneras diversas y visuales.
- Estableceremos criterios para escoger el sistema de cálculo más adecuado a cada situación.
- Conoceremos las convenciones existentes para escribir las operaciones en una calculadora.

•

¿Dependemos demasiado de las máquinas? ¿Los ordenadores nos vuelven más estúpidos? ¿La tecnología mejora nuestras vidas o es un instrumento más de explotación? En una sociedad tan tecnificada como la nuestra, este tipo de inquietudes se hacen cada vez más patentes. No es de extrañar, pues, que las veamos reflejadas en obras artísticas, relatos literarios o series televisivas.

Probablemente la serie tecnológica por antonomasia sea *Black Mirror*, que en cada uno de sus episodios nos sorprende con una nueva distopía, asociada al uso desmesurado y acrítico de algún dispositivo o aplicación. Uno de mis capítulos preferidos es uno que nos muestra una sociedad en la que las relaciones sentimentales se han dejado en manos de un algoritmo, que decide con quién y durante cuánto tiempo deben emparejarse los protagonistas.

El debate sobre el poder de los algoritmos es complejo y trasciende lo estrictamente tecnológico, ya que los códigos informáticos están diseñados por personas y organizaciones que responden a determinados intereses. No obstante, aunque consiguiéramos algún día que los algoritmos fueran completamente neutrales, tampoco sería una buena idea dejarnos guiar ciegamente por ellos.

Hace algunos años, cuando trabajaba en el sector editorial, un día me tocó acompañar a un comercial a una de sus visitas. Al salir de la oficina, cada uno con su coche, quedamos en que yo le seguiría. Vi que tomaba un camino distinto al que yo habría escogido, pero pensé que al estar acostumbrado a moverse por la ciudad a esas horas, debía de saber cuáles eran las calles más transitadas y querría evitarlas. Sin embargo, al cabo de un rato, cogió una salida que iba en dirección completamente opuesta a donde nos dirigíamos. Así que le llamé y le pregunté si no se había dado cuenta de que íbamos por mal camino. Me dijo que sí, que ya lo veía, pero que el navegador le estaba diciendo que fuera por ahí. Evidentemente, la máquina había cometido un error y tuvimos que dar marcha atrás. Si no le llego a avisar, aún seguiríamos en carretera.

El debate sobre cuánto espacio habría que conceder al uso de la tecnología también se traslada al ámbito de las matemáticas. ¿Tiene sentido seguir aprendiendo a resolver operaciones que se pueden realizar con una calculadora cuando todos llevamos una en nuestro dispositivo móvil? Ya nadie calcula raíces cuadradas a mano, ¿por qué hacerlo con las sumas o con las divisiones? ¿Realmente una calculadora puede hacerse cargo al completo de nuestras necesidades de cálculo? ¿Y qué haremos si la máquina tiene algún pequeño fallo? ¿Quién lo detectará? ¿Otra máquina? ¿Y quién vigila a la máquina que vigila a la máquina que vigila...?

Seguramente todas estas preguntas tienen actualmente una respuesta distinta a la que habríamos dado hace cien años y a la que daremos dentro de un siglo. Lo que hoy en día parece más sensato es que habría que desarrollar una cierta capacidad de cálculo, pero esta no debería consistir únicamente en dominar determinados algoritmos abstractos y mecánicos, sino, sobre todo, en entender el significado de las operaciones y en disponer de estrategias variadas adecuadas a cada contexto y necesidad.

OPERACIONES

Operar significa, en su acepción más general, «llevar a cabo algo». En una *operación* quirúrgica se realizan una serie de acciones sobre un cuerpo humano o animal; una *operación* bancaria moviliza activos económicos; una *operación* de paz afecta a territorios, infraestructuras y personas, y en ocasiones no es más que una *operación* militar encubierta. En general, una operación afecta y modifica aquello sobre lo que actúa. Una *operación matemática* actúa sobre números y da, como resultado, un nuevo número.

El ejemplo más obvio y habitual es el de la *suma* o *adición*. Cuando reunimos los elementos de dos o más conjuntos en uno solo, sus cantidades se suman. Pueden ser las setas que hemos recogido en distintos cestos o el dinero que un grupo de compañeros de viaje aporta a un bote común. La suma se puede representar como desplazamientos sucesivos sobre una recta. Si primero das dos pasos y luego cinco más, al final te has desplazado siete pasos respecto al punto de partida.

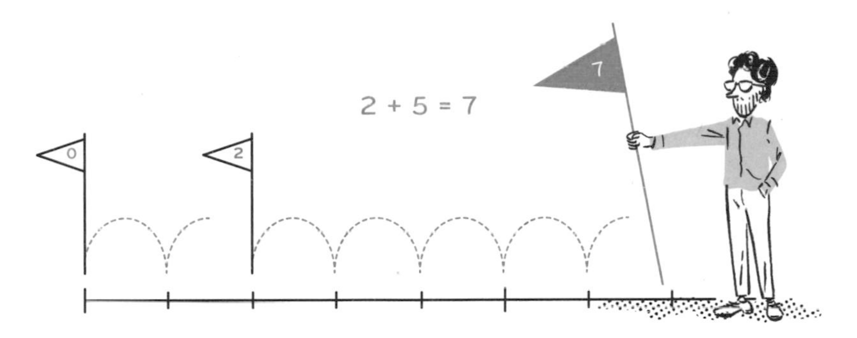

Para sumar varias veces una misma cantidad recurrimos a la *multiplicación*. Cuando escribimos 4·6 estamos diciendo que hay que sumar cuatro veces el seis: 6+6+6+6.

Ahora bien, si para obtener el resultado nos dedicamos a sumar repetidamente, no habremos ganado nada. Para que multiplicar suponga un ahorro de tiempo y energía, debemos tener automatizadas algunas multiplicaciones básicas entre números bajos, a partir de las cuales construir luego otras más complicadas. Me estoy refiriendo aquí a las archiconocidas...

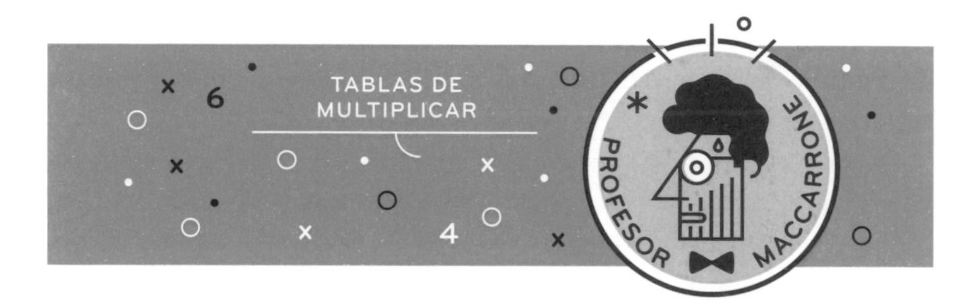

Todo el mundo se acuerda de cuando estudió las tablas de multiplicar. Hay quienes las recuerdan con simpatía, como algo divertido, y quienes las vivieron como una pesadilla. A mí, personalmente, me hacen pensar en aquel chiste en que un estudiante se encuentra a otro y le pregunta «¿qué haces?» y este le responde: «Pues aquí, estudiando las tablas de multiplicar». Entonces, el primero replica: «¿De memoria?», y el otro le contesta: «No, no, comprendiéndolas, comprendiéndolas».[1] Aunque la historia pueda arrancarnos una sonrisa, contiene mucha más verdad de lo que podría parecer.

A pesar de su carácter memorístico, las tablas de multiplicar se pueden aprender dándoles sentido. Se te puede olvidar cuánto es 7·4, pero si tienes claro que una multiplicación es una suma repetida y recuerdas que 6·4 es igual a 24, deducirás que solo hay que añadir 4 unidades más para obtener que 7·4 es igual a 28. Además, hay tablas que se pueden deducir a partir de otras: la tabla del cuatro es el doble de la del dos, la del seis es el doble de la del

1 Este chiste es una adaptación de otro del humorista catalán Eugenio, en el cual lo que se memoriza no son las tablas de multiplicar, sino las Páginas Amarillas.

tres, etc. Sea como sea, conocer con soltura las tablas de multiplicar sigue siendo actualmente un requisito para adquirir agilidad en el cálculo mental y para procesar con rapidez la información matemática a la que estamos expuestos a diario.

COMBINACIONES

A veces no nos interesa contar el número de objetos que tenemos, sino de cuántas formas podemos combinarlos. Por ejemplo, ¿de cuántas maneras distintas te puedes vestir con cuatro camisetas y dos pantalones?

Como con cada una de las cuatro camisetas te puedes poner uno de los dos pantalones, basta con multiplicar cuatro por dos.

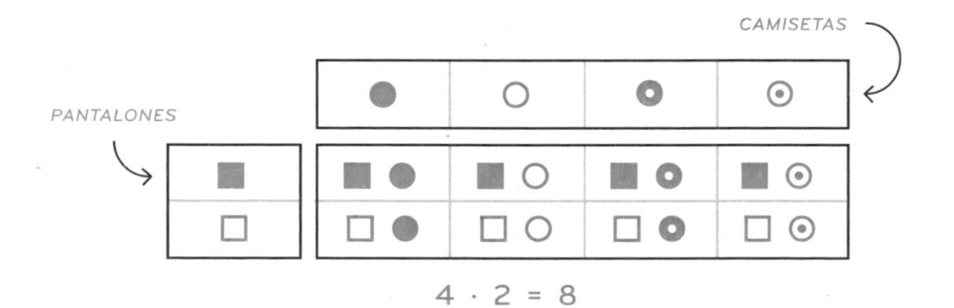

Si ahora añadimos también dos chaquetas distintas que queden bien con todo, las posibilidades se duplican de nuevo: puedes combinar cada uno de los modelos anteriores con una de las dos chaquetas...

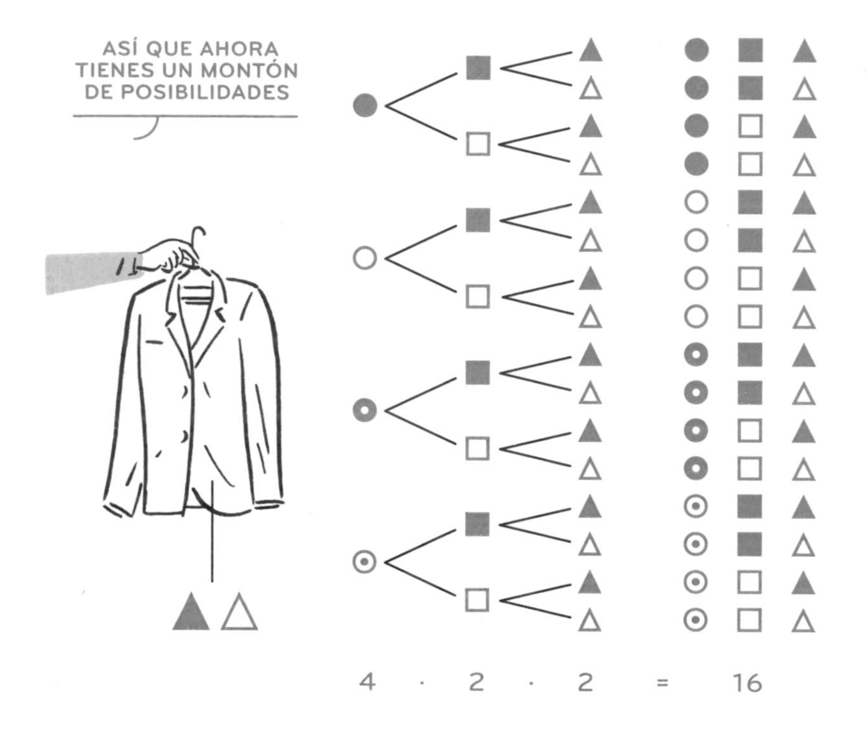

Parece que para calcular de cuántas formas podemos combinar los elementos de dos o más conjuntos, hay que multiplicar el número de elementos que hay en cada uno. Sin embargo, si te pregunto de cuántas maneras puedes calzarte si tienes tres pares de zapatos y dos pares de sandalias, no multiplicarás dos por tres, sino que me dirás que tienes cinco posibilidades. Es decir, en este caso sumas los elementos de ambos conjuntos en lugar de multiplicarlos. La razón es que ahora las opciones son mutuamente excluyentes: no puedes llevar zapatos y sandalias al mismo tiempo, te pondrás zapatos *o* sandalias. En cambio, antes te ponías camiseta *y* pantalones. A la hora de contar, parece que la *o* nos conduce a una suma y la *y* a una multiplicación.

SUMAR PARA MULTIPLICAR

¿Y qué ocurre si queremos combinar tres pares de zapatos, dos pares de sandalias y cuatro pantalones? Los zapatos y las sandalias son mutuamente excluyentes, mientras que cada tipo de calzado se puede combinar con cada uno de los pantalones. Tenemos una *o* y una *y*, así que primero habrá que sumar y después multiplicar:

$$4 \cdot (3 + 2) = 4 \cdot 5 = 20$$

EL PARÉNTESIS INDICA QUE PRIMERO HAY QUE CALCULAR LO QUE HAY DENTRO Y LUEGO EL RESTO

Aunque también podríamos haberlo hecho de otra manera. Podríamos haber empezado calculando las combinaciones de zapatos y pantalones, por un lado, y las de sandalias y pantalones, por el otro, y luego haberlas sumado:

$$4 \cdot 3 + 4 \cdot 2 = 12 + 8 = 20$$

Como es de esperar, en ambos casos obtenemos el mismo resultado. Esto es un reflejo de la *propiedad distributiva*, que establece que es equivalente multiplicar un número por el resultado de una suma que multiplicar dicho número por cada uno de los sumandos y luego sumar los resultados.

PROPIEDAD DISTRIBUTIVA

$$a \cdot (b + c) = a \cdot b + a \cdot c$$

Esta propiedad resulta muy útil para multiplicar entre sí cantidades grandes. Por ejemplo, si quieres saber cuántas horas hay en una semana, debes multiplicar 7·24, pero en lugar de hacerlo directamente, resulta más cómodo descomponer el 24 en una suma de dos números que sean fácilmente multiplicables: 24=20+4. Entonces, como acabamos de ver, podemos multiplicar primero cada uno de estos sumandos por 7 y luego sumar ambos resultados.

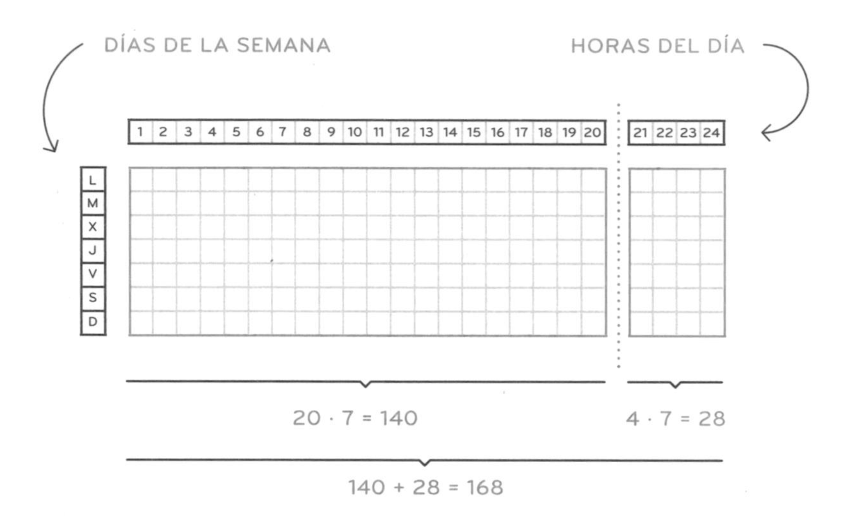

Si los dos factores que multiplicamos son números grandes, se pueden descomponer ambos, multiplicar cada uno de los sumandos del primero por cada uno de los sumandos del segundo y, finalmente, sumar todos los resultados. Si practicas un poco esta técnica, ganarás agilidad al multiplicar mentalmente.

Quizás opines que esta manera de multiplicar es excesivamente lenta y aparatosa y prefieras el método tradicional en columna. Siempre que alguien me plantea esa objeción le respondo que tiene razón, pero que es aún más rápido utilizar una calculadora. Entonces, esa misma persona me replica que no sea tan radical, que hay que saber resolver las operaciones básicas a mano, porque si no, no se entienden.

Es cierto que una calculadora es una especie de caja negra: realiza una función bien determinada, pero no tenemos ni idea de lo que ocurre dentro de ella. Introducimos los valores y la operación que queremos realizar y, como por arte de magia, obtenemos la respuesta. Pero si somos honestos, la mayoría de algoritmos que se han enseñado en las escuelas durante los últimos cien años tampoco son demasiado diáfanos. También son cajas negras, que, en lugar de ser automáticas, son de accionamiento manual. Es cierto que son más eficientes que el procedimiento de descomposición que acabamos de utilizar, pero no se acaba de entender por qué funcionan hasta que ya se lleva bastante tiempo utilizándolos. Y, sin embargo, el argumento para enseñar esos algoritmos es precisamente que sirven para comprender el significado de las operaciones. Todo resulta al final un poco paradójico, ¿no te parece?

ESTRATEGAS DEL CÁLCULO

Los algoritmos tradicionales de cálculo parecen quedarse a medio camino: no son tan rápidos como una calculadora ni tan transparentes y comprensibles como otros métodos. No quiero decir con esto que no haya que aprenderlos, pero no debería ser el primer paso ni, sobre todo, el único. Lo ideal es disponer de distintas estrategias de cálculo y desarrollar el criterio para decidir cuál de ellas nos conviene emplear en cada circunstancia. Para operaciones largas y con muchas cifras podemos utilizar la calculadora. En cambio, en muchas situaciones cotidianas convendrá que seamos ágiles operando mentalmente.

Antes de arrancar conviene dedicar unos instantes a observar el conjunto y a diseñar una estrategia eficiente. De entrada contamos con un par de propiedades que podemos aplicar según nos convenga: la *propiedad conmutativa,* que establece que el orden de los sumandos no altera el valor de la suma; y la *propiedad asociativa,* que nos dice que si sumamos más de dos números, no importa por qué pareja empecemos. Ambas propiedades se cumplen también en el caso de la multiplicación.

PROPIEDAD CONMUTATIVA

$$a + b = b + a$$
$$a \cdot b = b \cdot a$$

PROPIEDAD ASOCIATIVA

$$(a + b) + c = a + (b + c)$$
$$(a \cdot b) \cdot c = a \cdot (b \cdot c)$$

Ante una operación como 8+37+12, conviene empezar por el primer y el último término, ya que eso da un resultado redondo que luego es fácil de sumar al término restante: 8+37+12=8+12+37= 20+37=57. Fíjate en que acabamos de utilizar la propiedad conmutativa. En cambio, en una multiplicación como 76·4·25, nos ayudará evaluar primero la segunda multiplicación: así obtendremos un 100, que siempre es cómodo de multiplicar por cualquier otra cosa: 76·4·25=76·100=7600. En este caso hemos apelado a la propiedad asociativa.

Otra buena estrategia de cálculo consiste en descomponer las cantidades antes de sumarlas. Por ejemplo, 37+53 es lo mismo que 30+7+50+3. La propiedad conmutativa nos permite intercambiar el orden de los sumandos: 30+50+7+3; y la propiedad asociativa nos permite realizar las sumas en el orden que prefiramos: 30+50+7+3=80+10=90.

Además de las propiedades de las operaciones, hay muchas otras estrategias de las que podemos echar mano y que se basan en las relaciones entre los números: multiplicar por diez equivale a añadir un cero; multiplicar por cinco es como multiplicar por diez y dividir entre dos, etc.

Aunque todos estos procedimientos puedan parecer largos y engorrosos, a base de practicarlos se convierten en mecanismos automáticos que aplicamos sin darnos cuenta y que nos ayudan a ser más eficientes en el cálculo mental. Seguro que tú también tienes tus propios trucos que has ido desarrollando con los años y con la práctica. Te animo a compartirlos con las personas de tu entorno y a escuchar también los suyos. Aunque te suene un poco friki, quizá te lleves una sorpresa y acabes teniendo una conversación útil e interesante.

APROXIMADAMENTE

En ocasiones solo nos interesa tener una idea orientativa del valor de una cierta cantidad. En ese caso podemos realizar aproximaciones que hagan el cálculo más abordable. Por ejemplo, si quieres saber por cuánto te ha salido una escapada de fin de semana y tienes anotados los gastos en una libreta, puedes redondear los números para que sea más sencillo sumarlos.

CONCEPTO	PRECIO	PRECIO APROXIMADO
TREN	72,80 €	70 €
ALOJAMIENTO	98 €	100 €
CENA 1	12,60 €	10 €
COMIDA 1	18,90 €	20 €
CENA 2	17,15 €	20 €
COMIDA 2	21,40 €	20 €

Los importes se pueden aproximar al alza o a la baja o, utilizando una terminología más rigurosa, *por exceso* o *por defecto*. De esta manera te aseguras de que en cada caso la diferencia entre el número aproximado y el exacto sea lo más pequeña posible: 98 está más cerca de 100 que de 90; mientras que 21,40 se parece más a 20 que a 30. Este tipo de aproximación, que busca minimizar el error cometido, recibe el nombre de *redondeo*.[2]

2 Si la cifra siguiente a la primera que queremos mantener es un 5, también se suele aproximar por exceso.

Otro tipo de aproximación menos precisa es el *truncamiento*, que consiste simplemente en descartar las cifras que no nos interesan, sin preocuparnos de su valor ni del error que cometemos. Esto requiere poco esfuerzo mental y de ello se aprovechan las ofertas comerciales. ¿Por qué crees, si no, que hay tantos precios acabados en 95 o en 99? Si un libro vale 7,95 euros, como los decimales no son más que céntimos, casi ni te fijas en ellos, así que solo retienes el siete. Luego, cuando intentas recordar el precio, piensas «unos siete euros»: truncamiento efectuado. En cambio, resulta obvio que ese libro vale prácticamente ocho euros, que es el número que obtienes si redondeas. Ya ves que ejercitarse en la práctica del redondeo sirve para que, si hemos de cometer errores, al menos estos no sean demasiado grandes.

CONTROL+Z

Volviendo a los ordenadores, debo reconocer que si hay algo que me encanta de ellos es la posibilidad de deshacer la última acción realizada con tan solo apretar en el teclado *Control+Z*. ¿Borras un párrafo por error? *Control+Z*. ¿Insertas una imagen y se te descuadra todo el texto? *Control+Z*. ¿Te gustaba más el color que había antes, pero no recuerdas cuál era? *Control+Z*. Siempre digo que si pudiera tener un superpoder, escogería el de *Control+Z*, para poder deshacer cualquier error cometido en la vida real.

Las operaciones matemáticas también tienen su propio *Control+Z*: otra operación que permite deshacer su efecto, es decir, una *operación inversa*. Por ejemplo: si para añadir sumamos, para quitar restamos. Si el disco duro de tu ordenador tiene una memoria de 500 gigas y ya has ocupado 200 de ellos, utilizarás una resta para determinar cuántos te quedan libres: 500-200=300. Efectivamente, 300 es lo que hay que sumarle a 200 para recuperar los 500 originales.

Sin embargo, restar no solo sirve para sustraer, sino también para calcular diferencias. Por ejemplo, si el ordenador de tu amigo tiene 400 gigas de disco duro y quieres saber cuánto mayor es tu memoria, también realizarás una resta: 500-400=100. En el fondo, en este caso también buscas qué número hay que sumar a 400 para obtener 500, pero ahora no puedes decir que estés quitando nada, simplemente hay dos cantidades que estás comparando.

A la hora de restar también podemos aplicar distintas estrategias para agilizar el cálculo. Por ejemplo, no hace falta que lo restemos todo de golpe, sino que podemos ir haciéndolo paso a paso. Un día, entregas 100 euros para pagar un libro que vale 28 euros; entonces, para calcular el cambio mentalmente, restas primero 25 euros y luego los 3 euros restantes: 100-28=100-25-3=75-3=72 €. Esto funciona bien porque tienes automatizado que 25 y 75 suman 100. En otra ocasión vas conduciendo y todos tus acompañantes se han quedado dormidos, así que, para distraerte, vas calculando cuánto os queda para llegar a vuestra destinación. En ese momento lleváis recorridos 87 km de los 235 km que tiene todo el trayecto, así que decides empezar restando las unidades, pero en dos tiempos: primero 5 km y luego 2 km: 235-5=230, 230-2=228 km. Ahora, para restar los 80 km, te resulta más cómodo partirlos en 20 km y 60 km: 228-20=208, 208-60=148 km.

También hay situaciones en que la mejor manera de restar es sumar, puesto que, al fin y al cabo, la resta y la suma son operaciones inversas. Por ejemplo, si estás leyendo un libro de 312 páginas y vas por la 285, para saber cuánto te falta puedes ir añadiendo páginas a las que ya has leído hasta alcanzar el total: si sumas 15 ya tienes 300, y, entonces, solo hace falta añadir 12 más para llegar a las 312. Por lo tanto, en total, te faltan 15+12=27 páginas para acabar el libro. Me parece un procedimiento bastante más ágil que poner los dos números en columna y restarlos con el algoritmo tradicional. Puede incluso ser más rápido que levantarte, encontrar el móvil, desbloquearlo, abrir la aplicación de la calculadora y obtener con ella el resultado.

RESTAR MUCHAS VECES

La multiplicación también tiene su *Control+Z* particular, es decir, su propia operación inversa. Se trata de la división. Dividir un cierto número entre otro significa buscar un tercer número que, multiplicado por el segundo, dé como resultado el primero.

$$18 : 3 = 6 \longleftrightarrow 6 \cdot 3 = 18$$

Si multiplicar se puede entender como una suma repetida, entonces ¿dividir consiste en restar muchas veces? Efectivamente, así es, aunque esa no sea la manera en que se acostumbra a presentar la división en las escuelas. Lo más habitual es que te digan que hay unos cuantos caramelos (nueces, en la versión saludable) y que debes repartirlos entre unas cuantas personas. Si hay 18 caramelos y 3 personas, habrá 6 para cada una, ya que seis multiplicado por tres es igual a dieciocho.

Pero en lugar de repartir los caramelos (o las nueces) entre un número fijo de personas, podríamos decidir agruparlos en paquetes de tres en tres. ¿Cuántos de ellos podrías formar? Aquí también se produce un reparto, pero el planteamiento es diferente. Antes sabíamos entre cuántas personas íbamos a repartir los elementos y queríamos conocer cuántos le correspondían a cada una; en cambio, ahora se da la situación opuesta: sabemos cuántos elementos van en cada paquete, pero ignoramos cuántos paquetes habrá. Una manera de determinarlo es ir formando paquetes de uno en uno, es decir, ir restando tres caramelos del conjunto de dieciocho y contar cuántas veces podemos hacer esto. Quizás estés pensando: «Vaya manera de complicarse la vida; lo que buscamos es un número de paquetes que, multiplicado por los tres caramelos de cada paquete, dé como resultado dieciocho, y eso, de nuevo, equivale a realizar una división». Tienes toda la razón, y eso nos confirma que, efectivamente, la división también se puede entender como una resta repetida.

$$
\left.\begin{array}{r}
18 - 3 = 15 \\
15 - 3 = 12 \\
12 - 3 = 9 \\
9 - 3 = 6 \\
6 - 3 = 3 \\
3 - 3 = 0
\end{array}\right\} \text{RESTAMOS 6 VECES 3} \rightarrow 18 : 3 = 6
$$

De hecho, restar puede ser una buena estrategia para resolver algunas divisiones. Imagina, por ejemplo, que tienes que realizar urgentemente una copia de seguridad de tu disco duro y que en la única tienda que has encontrado abierta solo tienen lápices de memoria de 16 gigas. Aunque es mucho menos de lo que necesitas, te tendrás que conformar con eso. ¿Cuántos te harán falta?

Tus archivos ocupan exactamente 198 gigas, de manera que necesitas determinar cuántas veces cabe el 16 en el 198. De entrada te das cuenta de que vas a necesitar más de diez memorias, porque 10 veces 16 es 160, así que colocas esas diez memorias en el carrito y restas mentalmente los 160 gigas de los 198. Ahora debes preocuparte de los 38 restantes.

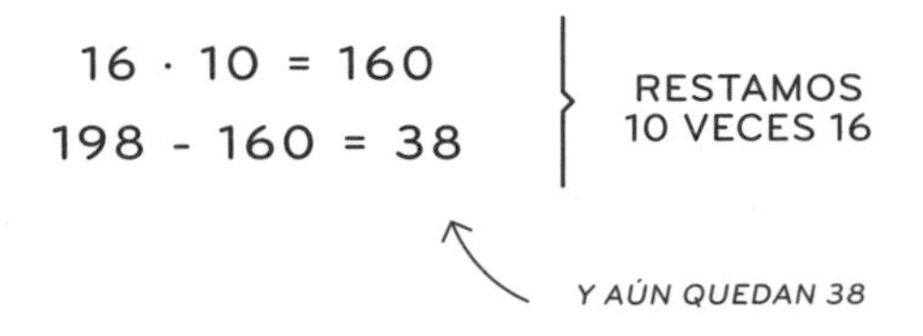

El doble de 16 es 32, con lo que, si añades dos memorias más, puedes restar 32 gigas de esos 38 y ya solo te quedarían 6 más.

$$16 \cdot 2 = 32$$
$$38 - 32 = 6$$

RESTAMOS 2 VECES 16

Y TODAVÍA QUEDAN 6

Eso significa que, en total, llenarás doce lápices de memoria y necesitarás uno más que solo ocuparás parcialmente. En este caso decimos que la división no es exacta y a la cantidad sobrante —esos 6 gigas— la llamamos *resto* o *residuo.*

$$198 : 16 = 12 \rightarrow R = 6$$

RESTO O RESIDUO

En cualquier caso, tanto si se calcula a mano como a máquina, es importante tener presente que una división puede tener distintos significados, porque de lo contrario ciertas operaciones carecerán de sentido. Por ejemplo, ¿qué significado puede tener la división 7:0,5? Evidentemente, no se puede repartir una cantidad entre media persona. En cambio, sí que podemos plantearnos cuántas raciones de media pizza se obtienen a partir de siete pizzas, es decir, cuántas veces cabe media pizza en siete pizzas. La calculadora te dará (casi) siempre una respuesta, pero eres tú quien debe saber lo que le quieres preguntar.

OPERACIONES RELACIONADAS

Si hay algo del mundo digital que ha contribuido decididamente al interés por las matemáticas es sin duda la cantidad de enigmas y de retos que periódicamente se hacen virales y que dinamizan los chats familiares o de amigos. Por ejemplo, aquellos en que debemos deducir el valor de una serie de dibujos a partir del resultado de unas operaciones. Estos juegos son un buen ejemplo para poner en práctica las relaciones entre las operaciones. En este que te acaban de enviar, la primera línea te dice que la suma de tres cerditos debe ser igual a quince. Eso es lo mismo que decir que un cerdito multiplicado por tres es igual a quince, o, equivalentemente, que cada cerdito es igual a quince dividido entre tres, esto es, cinco.

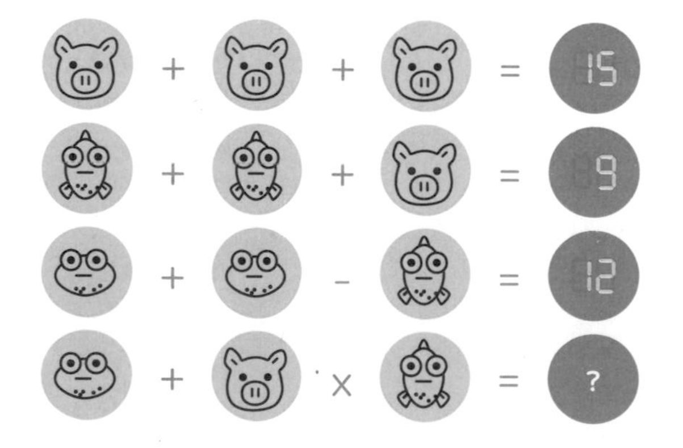

En la segunda operación aparecen dos tipos de objetos: el pez, que aún no sabemos cuánto vale, y el cerdito, cuyo valor acabamos de descubrir. Dos peces y un cerdito deben sumar nueve; por lo tanto, la contribución conjunta de ambos peces debe ser una cantidad que, sumada a cinco —el valor del cerdito—, dé como resultado nueve. Dicho de otra manera, para obtener el valor de los dos peces, debemos restar de las nueve unidades el valor del cerdito: 9–5=4. Y si dos peces valen cuatro, entonces cada uno debe valer la mitad de cuatro, que es dos.

Y una vez tenemos el pez, podemos ir a por la rana. Según la tercera línea, si al valor de dos ranas le quitamos el valor de un pez, nos quedan doce unidades. Visto de manera inversa, eso significa que, si a las doce unidades les sumamos las dos unidades correspondientes al pez, obtenemos lo que valen dos ranas: 12+2=14. A partir de aquí basta con dividir catorce entre dos para determinar que cada rana es igual a siete.

Ya has llegado a la última fila y aquí no hay nuevos animales, así que, en principio, lo que queda debería ser fácil. Realizas la operación rápidamente porque quieres responder en primer lugar en tu grupo, pero antes de enviar el resultado, revisas bien los cálculos porque no quieres hacer el ridículo. Y suerte que lo has hecho, porque enseguida detectas un error. Con las prisas no te habías fijado en que en la última fila hay una suma y una multiplicación. En cambio, a ti te había parecido que había que sumarlo todo y por eso ibas a contestar 14, ya que 7+5+2=14.

Mientras respiras con alivio, suena el móvil porque alguien ya ha enviado una respuesta. Frunces el ceño con aire de indignación y piensas que te da mucha rabia haber tardado tanto en responder por haber querido ir demasiado rápido. Enciendes el móvil, lees la respuesta y sonríes: «14». ¡Ajá! Otro que ha caído en la trampa. Así que todavía hay partido. Vuelves al problema y realizas las operaciones una tras otra: siete de la rana y cinco del cerdito son doce y doce multiplicado por dos, que es el valor del pez, es igual a 24. ¡Ya lo tienes! Así que escribes: «No, en la última fila hay una suma y una multiplicación, así que el resultado es 24». *Enviar.* Aguardas unos minutos a que llegue el reconocimiento del resto de competidores, pero en lugar de eso, otra amiga replica: «Incorrecto, es 17, por cuestión de jerarquía».

CUESTIÓN DE JERARQUÍA

Efectivamente, cuando en una misma expresión se combinan distintas operaciones, las multiplicaciones se deben evaluar antes que las sumas, así que 7+5·2=7+10=17. Este trato prioritario forma parte de una convención más amplia, que se conoce como *jerarquía de las operaciones* y que establece en qué orden deben realizarse distintas operaciones en función de cómo estén escritas. Puede parecer algo arbitrario, pero en realidad es una manera de facilitar la comunicación y de evitar *accidentes*, igual que cuando circulas por carretera.

Si llegas a un cruce al mismo tiempo que otro coche que viene por la calle perpendicular y no hay ninguna señal, ¿quién pasará primero? El que venga por la derecha. Parece lo más natural del mundo y, sin embargo, es una simple convención, una norma arbitraria. En el Reino Unido, por ejemplo, sucedería lo contrario. Si quisiéramos, podríamos decidir que cada cual pasara cuando le diera la gana, pero no resultaría ni práctico ni seguro. Tener unas normas viarias comunes nos ayuda a mejorar la circulación y a evitar accidentes de tráfico.

Cuando compartimos información por escrito, ocurre algo parecido. La presencia de ambigüedades puede dar lugar a situaciones divertidas, como la de este menú que me ofrecieron un día en un restaurante. ¿Qué se supone que podía pedir? ¿Me estaban diciendo que de primero había burrata sí o sí, y que de segundo debía escoger entre el risotto y el tartar? ¿O lo que significaba era que podía escoger entre tomar dos platos —la burrata y el risotto— o un solo plato —el tartar—? Tal y como estaba redactado era imposible saber lo que uno podía o no podía pedir.[3]

En el caso de las expresiones matemáticas, si fueran únicamente para consumo propio, podríamos utilizar el convenio que prefiriéramos. Bastaría con ser coherentes con nosotros mismos. Las dificultades aparecerían al comunicar nuestros cálculos a otra persona que utilizara un criterio distinto. Si fuera alguien cercano, podríamos hablar, explicarnos y resolver cualquier ambigüedad que surgiera. ¿Pero qué ocurre si queremos publicar nuestros cálculos en un artículo, en un manual de instrucciones o donde sea, para que cualquier otra persona, en cualquier otro momento

---

3 Este ejemplo está basado en un caso real publicado en Twitter por el matemático riojano Eduardo Saenz de Cabezón el 25 de mayo de 2019: https://twitter.com/edusadeci/status/1132236157574668289.

y lugar, pueda entenderlos y reproducirlos? Por eso utilizamos un convenio común, conocido como *jerarquía de las operaciones* y formado por una serie de reglas:

I

La multiplicación y la división tienen prioridad respecto a la suma o a la resta.

$$5 + 12 \cdot 2 = 5 + \underbrace{12 \cdot 2} = 5 + 24 = 29 \quad ✓$$

EN LUGAR DE

$$5 + 12 \cdot 2 = \underbrace{5 + 12} \cdot 2 = 17 \cdot 2 = 34 \quad ✗$$

II

Las potencias tienen prioridad respecto a la multiplicación o a la división.

$$2 \cdot 3^2 = 2 \cdot \underbrace{3^2} = 2 \cdot 9 = 18 \quad ✓$$

EN LUGAR DE

$$2 \cdot 3^2 = \underbrace{2 \cdot 3}^2 = 6^2 = 36 \quad ✗$$

III

Las operaciones entre paréntesis tienen prioridad sobre el resto y si hay distintos paréntesis siempre se resuelven de dentro hacia fuera.

$$\underbrace{(5 + 12)} \cdot 2 = 17 \cdot 2 = 34$$

$$\underbrace{(2 \cdot 3)}^2 = 6^2 = 36$$

Estas reglas son, en el fondo, algo arbitrario, una simple decisión humana motivada por razones históricas y prácticas. Podríamos decidir que ninguna operación tuviera prioridad sobre otra y que hubiera que indicar siempre con paréntesis lo que quisiéramos calcular en primer lugar. Si bien es cierto que en ese caso no habría que memorizar tanta norma, la escritura se volvería bastante más engorrosa.

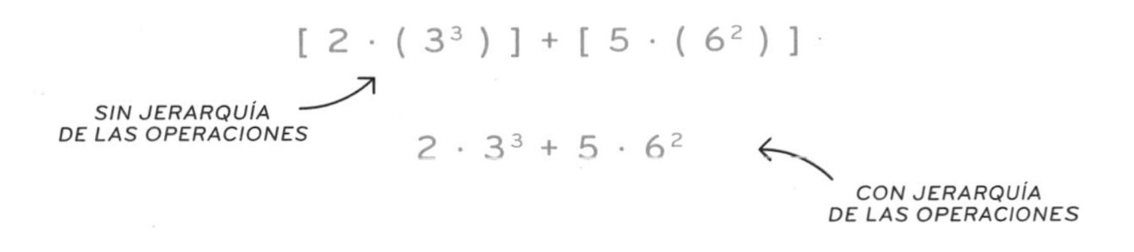

DESEMPATE

Aunque parezca mentira, la jerarquía de las operaciones puede dar lugar a apasionados debates, como aquel que se produjo en las redes sociales el día en que a alguien se le ocurrió preguntar por el resultado de la expresión 8:2(2+2).

De entrada parecen unas operaciones inofensivas; lo único que podría generar cierta confusión es que entre el primer dos y el paréntesis no haya ningún símbolo. Cuando esto ocurre, se sobreentiende que se trata de una multiplicación. Aclarado esto, puedes empezar a calcular. El paréntesis te indica que, en primer lugar, hay que evaluar la suma, con lo cual obtienes: 8:2·(2+2)=8:2·4. Una vez aquí, ya no tienes tan claro por dónde debes continuar. Por lo que sabes, la multiplicación y la división son igual de prioritarias. Entonces, ¿cuál habría que aplicar primero? Quizá se trate solo de una dificultad aparente y en este caso el orden sea completamente irrelevante. Al fin y al cabo, si tuvieras dos multiplicaciones seguidas, podrías escoger cuál de las dos evaluar primero, gracias a la propiedad asociativa. Sin embargo, cuando lo compruebas, te das cuenta de que, con una división seguida de una multiplicación, esto no funciona:

$$(8 : 2) \cdot 4 = 4 \cdot 4 = 16$$

SI EVALÚAS PRIMERO
LA DIVISIÓN

$$8 : (2 \cdot 4) = 8 : 8 = 1$$

SI EVALÚAS PRIMERO
LA MULTIPLICACIÓN

El resultado final sí que depende del orden en que apliques estas operaciones, de manera que hay que tomar una decisión. Lo que establece la jerarquía de las operaciones es que, en este tipo de situaciones, hay que evaluar las operaciones de izquierda a derecha. Por lo tanto, en nuestro ejemplo, primero va la división y luego la multiplicación, y el resultado correcto es dieciséis. Aunque *resultado correcto*, sin más, quizá sea un veredicto demasiado tajante. Prefiero decir que dieciséis es el resultado que se ajusta a la convención actual.

Si la respuesta parece estar tan clara, ¿por qué se generó tanta polémica alrededor de esta operación? Por un lado, había quien utilizaba cierta regla mnemotécnica de nombre PEMDAS (Paréntesis, Exponenciación, Multiplicación y División, Adición y Sustracción) e interpretaba, erróneamente, que la multiplicación tiene siempre prioridad respecto a la división. Otros argumentaban que como el paréntesis debe calcularse primero, esto implica también al dos que lo multiplica, cuando, en realidad, la prioridad solo afecta al interior del paréntesis y no a su entorno.

MI CALCULADORA NO ME ENTIENDE

Solemos tener una confianza ciega en las calculadoras, sin embargo, cuando le hablamos a una máquina, también se pueden producir problemas de comunicación. Supón, por ejemplo, que has de instalar una conexión a internet y en una ferretería te ofrecen un paquete de 12 cables de 18 metros por 324 €. Para comparar este precio con otras ofertas que has visto te interesa conocer el precio por metro. Para obtenerlo, primero debes multiplicar los 12 cables por los 18 metros que mide cada uno y así sabrás cuántos metros te ofrecen en total. Luego, solo hará falta dividir el precio total entre esa cantidad de metros.

Como tienes algo de prisa, lo escribes todo de golpe en la calculadora: primero el 324, luego la tecla de división, luego el 12, a continuación la tecla de multiplicación y, finalmente, el 18. Pulsas el igual y, para tu sorpresa, obtienes un resultado que no tiene ningún sentido: 486.

¿Cómo es posible que un metro de cable cueste más que todos los cables juntos? Evidentemente, ha habido un error. Quizá lo hayas tecleado mal, pero repites una y otra vez exactamente la misma secuencia de instrucciones y obtienes todo el rato el mismo resultado. Lo que ha pasado en realidad es que lo que la calculadora ha entendido no es lo que tú querías calcular.

Hay muchos tipos distintos de calculadoras y cada una tiene sus particularidades, pero podemos distinguir fundamentalmente dos clases: las ordinarias y las científicas. Las primeras son aquellas que permiten realizar las cuatro operaciones básicas y poco más. Funcionan de manera *secuencial*, es decir, van evaluando las operaciones a medida que las vamos introduciendo. Por lo tanto, si escribes 324, después el signo de división y luego el 12, antes de que escribas nada más ya habrá calculado que el resultado de esa operación es 324:12=27 y, entonces, cuando aprietes el signo de multiplicación y añadas el 18, calculará 27·18, que vale, efectivamente, 486. Para calcular el precio por metro con esta calculadora, deberías multiplicar primero 12·18, con lo cual sabrías que, en total, hay 216 metros de cable, y luego ya podrías dividir los 324 euros entre esa cantidad: 324:216=1,5 €. Otra opción equivalente sería dividir sucesivamente primero entre doce y luego entre dieciocho. Aunque esto no te parezca del todo intuitivo, si lo piensas bien, tiene bastante sentido. Dividir el precio total entre doce te permite saber cuánto cuesta cada cable y, al dividir este importe entre los dieciocho metros que mide cada cable, obtienes el coste de un metro:

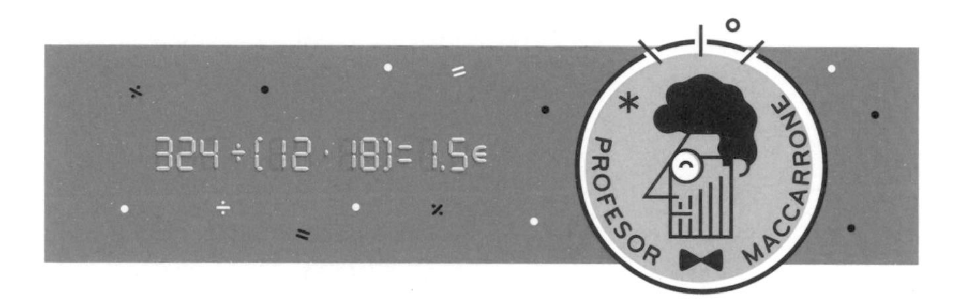

Por otro lado, las calculadoras científicas son *jerárquicas*, es decir, efectúan las operaciones aplicando las normas de las que tanto hemos hablado. Por eso, si escribes primero una división y luego una multiplicación, al tratarse de dos operaciones con el mismo orden de prioridad, las realizará de izquierda a derecha y volverá a darnos un resultado erróneo: 324:12·18=27·18=486 €. Estas calculadoras también permiten añadir paréntesis, con los cuales puedes encerrar la multiplicación para asegurarte de que esta se evalúe antes que la división: 324:(12·18)=324:216=1,5 €

En general, siempre conviene ir con cierta precaución a la hora de utilizar cualquier calculadora, pues incluso entre las calculadoras científicas existen diferencias. En algunas, para calcular una raíz cuadrada primero hay que introducir el número y luego darle a la tecla con el símbolo de raíz, mientras que en otras hay que hacerlo al revés. Las hay que permiten introducir líneas de fracción, que actúan, de facto, como un agrupador, igual que un paréntesis. Así que lo mejor es que, cada vez que tengas una nueva calculadora entre manos, dediques algo de tiempo a familiarizarte con ella: haz pruebas con cálculos simples cuyo resultado conozcas para comprobar cómo funciona y, a partir de ahí, sabrás cómo debes escribir las operaciones para que la máquina te haga caso.

Me parece remarcable que los acertijos matemáticos de más éxito en redes sociales sean aquellos que resultan ambiguos y que suscitan divergencia de opiniones. Quizá se deba al gusto por la polémica que se destila en esos lares, pero creo que también es una muestra de que las matemáticas nos interpelan cuando nos sentimos invitados a participar en ellas. De hecho, creo que parte de la mala prensa de las matemáticas reside en el hecho de que se suelen presentar como una especie de verdad revelada e indiscutible. Si reforzásemos la idea de que son también un producto humano, histórico y cultural, probablemente se reduciría la aversión y el miedo que muchas personas sienten hacia ellas.

Además de este rechazo visceral, actualmente también existe una cierta creencia de que en plena era digital, cuando todo el mundo lleva una calculadora en el bolsillo, las habilidades de cálculo son cada vez menos necesarias. Me recuerda bastante a aquella otra moda que defiende que hoy en día no hace falta adquirir demasiados conocimientos porque *todo está en internet*. Claro que hay datos anecdóticos que nunca vamos a necesitar y que, por lo tanto, no hace falta que memoricemos. Pero nuestras ideas no se construyen en el vacío, sino que se forman a partir de la información que hemos *instalado* previamente en el cerebro. Si disponemos de más *piezas*, podremos establecer más conexiones y más sólidos, profundos y perdurables serán nuestros razonamientos.

Con el cálculo sucede algo parecido. No hay duda de que las calculadoras y ordenadores ofrecen una eficiencia con la que es imposible competir. Precisamente por eso hay que aprender a utilizarlos correctamente. Pero me parecería un terrible error que delegásemos por completo nuestra capacidad de cálculo en las máquinas. Saber cómo se realizan las operaciones y entrenar el cálculo mental son habilidades que nos ayudan a adquirir un sentido numérico, muy necesario para procesar la gran cantidad de información matemática que recibimos cada día. Necesitamos ese sentido para mantenernos alerta frente a datos inverosímiles, o para establecer relaciones entre las cantidades que nos vamos encontrando y extraer conclusiones a partir de ellas. No sería operativo tener que recurrir a una calculadora cada vez que leyésemos o escuchásemos un valor numérico.

Tal vez la cosa cambie cuando tengamos un dispositivo integrado en el cerebro que vaya calculándolo todo en tiempo real. Aunque ¿quién sabe qué terribles e inquietantes efectos secundarios podría tener algo así? Charlie Brooker[4], si me estás leyendo, aquí tienes un buen argumento para un próximo capítulo de *Black Mirror*.

4 Creador de la serie *Black Mirror*.

CAPÍTULO

3

PROFUNDIDADES NUMÉRICAS

Las necesidades humanas nos empujan a traspasar las fronteras de los números naturales y a sumergirnos en las profundidades de los números negativos.

— CON LA PRESENCIA DE —

FRANKLIN

COULOMB

FIBONACCI

EN ESTE CAPÍTULO:

- Nos encontraremos con magnitudes físicas que pueden crecer en dos sentidos: positivo y negativo.
- Reconoceremos las semejanzas y las diferencias entre los números positivos y los números negativos.
- Unificaremos los números positivos, los números negativos y el cero en el conjunto de los números enteros.

«La gente ha olvidado quiénes somos, Donald, exploradores, pioneros, no cultivadores.» Así se lamenta Cooper, piloto de la NASA encarnado por Matthew McConaughey, en el porche de su casa, junto a su suegro, poco antes de embarcarse hacia un nuevo sistema planetario, más allá de un agujero de gusano. La frase resume bien el dilema existencial que nos plantea la película de Christopher Nolan *Interstellar*.

En realidad no hace falta acudir a la ciencia ficción para toparnos con estas ansias de descubrimientos: la historia humana es también una historia de exploraciones. Exploraciones de continentes remotos habitados por pueblos ignotos; de latitudes extremas y gélidas, que nadie ha alcanzado antes; y de cumbres elevadas e inaccesibles. También es una historia de exploraciones hacia abajo, de descensos a los misterios de las profundidades marinas.

Aunque hay que reconocer que los fondos oceánicos son aún unos grandes desconocidos. Conocemos con más detalle la superficie de Marte que la de nuestros océanos y solo hemos fotografiado alrededor de un 5 % de los suelos marinos, que ocupan más de dos terceras partes de la superficie del planeta. Existen dificultades técnicas para alcanzar las grandes profundidades, pero el principal motivo de que tengamos esta asignatura pendiente es que los proyectos oceanográficos no despiertan el mismo interés, ni reciben los mismos recursos, que las misiones espaciales.

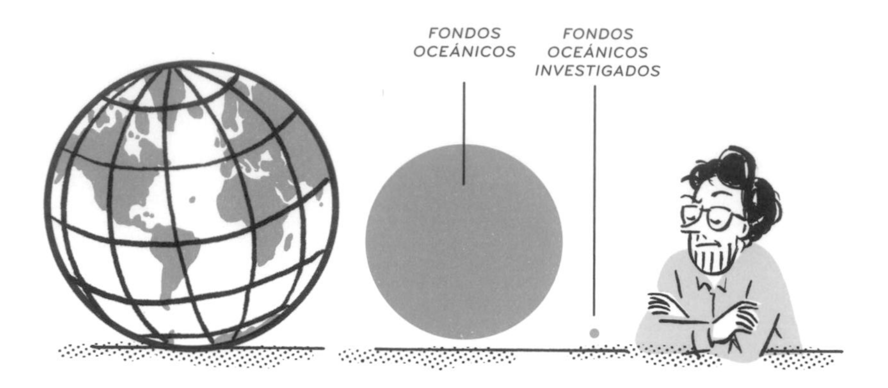

Al descender bajo el nivel del mar, no solo accedemos a nuevas regiones geográficas, sino también a un nuevo dominio numérico: el conjunto de los números negativos. Siempre que nos adentramos en un territorio desconocido, conviene que estemos preparados para encontrar fenómenos nuevos e inesperados. Por eso, para no sentirnos completamente desorientados, debemos aprender también a reconocer todo aquello que nos resulte familiar. Así que, con esta actitud de curiosidad atenta y precavida, te invito a atravesar conmigo la frontera que nos conduce a un nuevo conjunto numérico.

BAJO CERO

Muchas veces, al expresar el valor de una determinada magnitud, lo hacemos respecto a un cierto punto de referencia preestablecido. La altitud de un punto de la Tierra la medimos respecto al nivel del mar; la temperatura, respecto al punto de congelación del agua; y el tiempo histórico, respecto al nacimiento de Jesucristo. Por supuesto, todas ellas son elecciones arbitrarias: existen otros calendarios que empiezan a contar los años en otro momento; también hay distintas escalas de temperatura que no escogen el agua como sustancia de referencia; y, por supuesto, podríamos medir alturas respecto a la fosa de las Marianas, la depresión marina más profunda conocida, situada a 11 km bajo el nivel del mar. En cualquier caso, una vez escogemos un punto de referencia, automáticamente estamos decidiendo dónde situamos el cero.

Imagina que estás a los mandos de un dron anfibio con el que te propones medir la temperatura a distintas altitudes. Lo has programado para que realice medidas automáticamente cada cincuenta metros de altura. Empieza a 280 m y va bajando: 230 m, 180 m, 130 m, 80 m, 30 m... Está a punto de producirse el momento más espectacular de toda la misión: el dron se sumergirá en el agua e invertirá el sentido de movimiento de sus hélices para propulsarse en sentido descendente. Sin embargo, antes de alcanzar ese clímax épico, el dron enciende una luz roja de emergencia, emite un pitido breve y quejoso, y se precipita sobre la superficie lisa y centelleante del mar.

Tras el estrepitoso fracaso te apresuras a revisar el manual de instrucciones del aparato para entender qué ha podido fallar. Después de revisar los componentes, el montaje y el proceso de puesta en marcha, encuentras una cláusula escondida entre la letra pequeña de las «Advertencias» que apunta al origen del desastre. Al parecer, tu nuevo y reluciente dron es en realidad un modelo antiguo que solo admite *números naturales*. Eso lo explica todo: cuando el artilugio se encontraba a 30 m de altura y ha intentado calcular la siguiente posición a la que debía desplazarse, se ha encontrado con una operación prohibida:

```
30 - 50 = ???
```

Efectivamente, si tienes treinta euros en el monedero, no puedes pagar cincuenta en efectivo; y si a tu teléfono móvil le quedan treinta minutos de batería, no puedes mantener una conversación durante cincuenta minutos. De entrada parece imposible restar una cantidad grande de una cantidad pequeña.

No obstante, el caso de tu dron es algo distinto al de los ejemplos anteriores. Es cierto que para restar cincuenta metros de treinta metros hay que atravesar la frontera del cero, que en este caso corresponde a la superficie marina. Sin embargo, eso no debería ser un problema, ya que, precisamente, se trata de un dron anfibio. Por lo tanto, el aparato debería haber descendido treinta metros y, entonces, haberse sumergido veinte metros bajo el nivel del mar. La dificultad estriba en cómo traducir numéricamente eso de *bajo el nivel del mar.*

Si un día vas a buscar tu nuevo coche a un concesionario y te dicen que se encuentra en la planta número 3, probablemente subirás tres pisos para ir a buscarlo. Pero cuando hayas dado unas cuantas vueltas entre despachos, cubículos y salas de reuniones sin rastro del vehículo, quizá pienses que los garajes suelen encontrarse bajo tierra, que seguramente se trataba del tercer subterráneo y que la planta no era la número 3, sino la número -3. Es muy habitual entrar en un ascensor y ver escritos números con un signo menos delante, que indican los pisos que se encuentran bajo la planta baja. Así que puedes utilizar la misma estrategia para comunicarle a tu dron que debe descender veinte metros bajo el nivel del mar: la nueva altitud de destino debe ser de -20 m.

El problema es que el dichoso aparato solo trabaja con números naturales, que no admiten ningún signo delante. Afortunadamente, tras buscar en distintos foros de internet, consigues descargar una actualización de *software* que, entre otros parches, incluye un módulo de *números negativos*. Un número negativo es cualquier número menor que cero y se representa con un signo - delante de la cantidad. En contraposición, los números mayores que cero se denominan *números positivos.*

Con los nuevos ajustes, ya puedes retomar tu campaña experimental. La situación es exactamente la misma que en el primer intento. El dron está programado para tomar medidas de temperatura cada cincuenta metros, pero ahora también a alturas negativas. Así que comienza de nuevo a 280 m de altura y empieza a bajar: 230 m, 180 m, 130 m, 80 m, 30 m... Una gota fría de sudor recorre tu espalda al recordar el desastre de la última vez, pero ahora la nave responde tal y como esperas y sigue sin problemas su descenso: -20 m, -70 m, -120 m, etc.

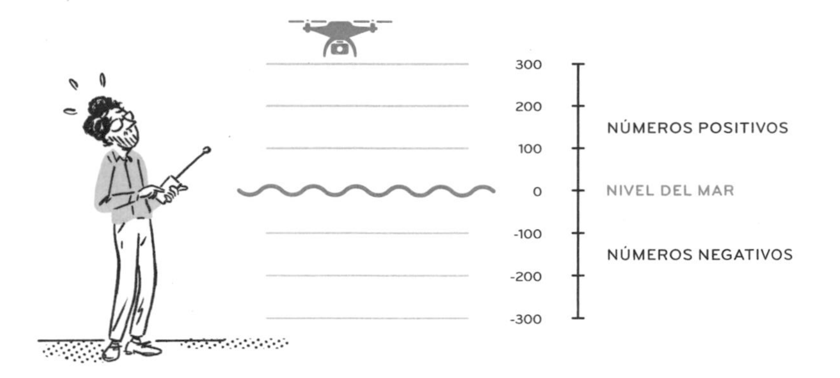

ALICIA A TRAVÉS DEL CERO

Si no hubieras instalado esa actualización, no solo habrías tenido problemas cerca del agua, sino también a altitudes elevadas. En ese caso, por culpa de las bajas temperaturas. En efecto, cuanto mayor es la altura sobre el nivel del mar, más frío hace. En un día de primavera, se calcula que, a unos 3000 m, la temperatura ronda los 0 °C. Ahora imagina que el dron alcanza esa cota y sigue subiendo. La temperatura seguirá descendiendo hasta 1 °C bajo cero, 2 °C bajo cero, etc. O, dicho de otra manera, -1 °C, -2 °C, etc. De nuevo, sin la posibilidad de usar números negativos, la máquina habría colapsado.

Los contextos en los que necesitamos expresar cantidades menores que cero son muy diversos. Algunos son apasionantes, como los viajes submarinos o las expediciones polares. Otros, en cambio, resultan más bien prosaicos e indeseables, como ese momento, hacia fin de mes, en que nos acercamos al cajero y comprobamos que tenemos un saldo negativo. En un cuaderno contable, los ingresos se consignan con números positivos y los gastos con números negativos. Si el balance total es un número negativo, significará que no solo no hemos ganado ni un euro, sino que aún nos quedan deudas por pagar.

Los números negativos suelen vincularse con las necesidades comerciales. El matemático indio Brahmagupta se considera el primero en haberlos presentado de manera sistemática, en el siglo VII d. C., en su obra *Brāhmasphutasiddhānta*. En ella se refiere a los números positivos como *fortunas*, a los negativos como *deudas* y al cero como *la nada*. Sin embargo, el conocimiento de los números negativos se remonta a muchos siglos atrás. En la antigua China se empleaba un sistema de numeración con varillas de dos colores: las rojas representaban los números positivos y las negras, los números negativos. Curiosamente, hoy en día, los números rojos indican precisamente todo lo contrario.

NÚMEROS POSITIVOS

0	1	2	3	4	5	6	7	8	9
	I	II	III	IIII	IIIII	⊤	⊤I	⊤II	⊤III

AQUÍ SALEN PINTADOS DE AZUL
PERO IMAGÍNATELOS EN ROJO

NÚMEROS NEGATIVOS

0	-1	-2	-3	-4	-5	-6	-7	-8	-9
	I	II	III	IIII	IIIII	⊤	⊤I	⊤II	⊤III

En Europa, los números negativos los introdujo Leonardo da Pisa, *Fibonacci*, en su *Liber abaci*. Aunque la obra del italiano es de 1202, tuvieron que pasar aún muchos siglos para que los negativos se consideraran números de pleno derecho. Para matemáticos de la talla de Cardano, Descartes o Pascal, se trataba de valores absurdos e imposibles, meros símbolos sin significado real, puesto que no tenía sentido restar de cero una cantidad positiva. La frontera que había que atravesar en ese caso era de índole conceptual.

La idea de número está, en principio, muy vinculada a una realidad material: contamos objetos reales y tangibles, que podemos agrupar, separar y distribuir. Por eso cuesta aceptar que se le pueda quitar algo a la nada o que se pueda operar con objetos que, en lugar de estar, faltan. Para ampliar las fronteras del concepto de número se debe realizar un esfuerzo de abstracción. Podemos imaginar que un número no es una representación directa de objetos físicamente existentes, sino una medida de algún tipo de propiedad que puede crecer en dos sentidos opuestos: hacia la derecha o hacia la izquierda, hacia arriba o hacia abajo, hacia el futuro o hacia el pasado, hacia el calor o hacia el frío, hacia la riqueza o hacia el endeudamiento. Esta es una concepción *relativa* del concepto de número, ya que depende siempre de un punto de referencia, es decir, de la posición del cero.

Para considerar los números negativos y positivos en pie de igualdad podemos representarlos todos sobre una línea recta. Primero marcamos el cero y, a continuación, los números negativos a un lado —normalmente a la izquierda— y los positivos al otro —normalmente a la derecha—. El valor de un número prescindiendo de su signo se conoce como *valor absoluto* y nos indica a qué distancia se encuentra un número respecto al cero, independientemente de si está por encima o por debajo. Para referirnos al valor absoluto de un número concreto, lo escribimos entre dos barras verticales: $|-7| = 7$. Dos números situados en la recta en posiciones simétricas respecto al cero tienen el mismo valor absoluto, pero distinto signo, y se conocen como *números opuestos*. Los números naturales, junto a sus opuestos negativos, forman el conjunto de los *números enteros*.

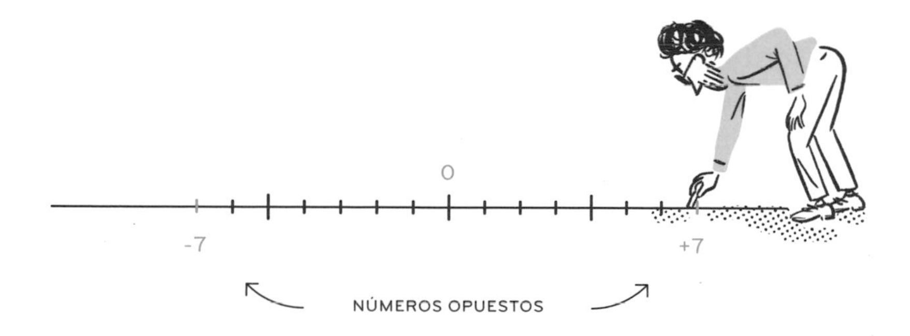

Al adentrarnos en la región de los números negativos nos ocurre como a Alicia al atravesar el espejo: aunque al principio las cosas parezcan funcionar tal y como estábamos acostumbrados, enseguida notamos que algunas reglas del juego han cambiado. De entrada, los números negativos están organizados de manera que lo grande puede parecer pequeño y lo pequeño, grande. Por ejemplo, ¿qué temperatura es mayor, una de -25 °C o una de -12 °C? La primera está más alejada de los 0° C, ¿pero significa eso que es mayor? Si se tratara de temperaturas positivas, no habría demasiada duda: a 25 °C hace más calor que a 12 °C, por lo tanto, esa es la temperatura mayor. En cambio, ¿cuándo hará más calor —o menos frío, si lo prefieres— a -25 °C o a -12 °C?

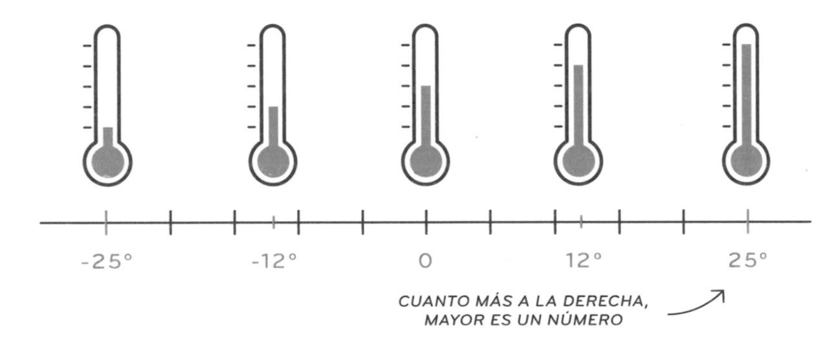

Al representar los números positivos y negativos sobre una misma recta, no solo establecemos un origen de referencia común —el cero—, sino que también definimos una orientación, es decir, un cierto sentido en el que las cantidades crecen, el cual suele apuntar hacia la derecha. Eso implica que, cuanto mayor sea un número, más a la derecha se ubicará. Obviamente, cualquier número positivo es mayor que cualquier número negativo. Y si comparamos dos números negativos, el criterio sigue siendo el mismo: es mayor el que está más a la derecha, esto es, el que tiene el valor absoluto menor y, por lo tanto, se encuentra más cerca del cero. Así que ya podemos afirmar, sin miedo a equivocarnos, que -12 °C es una cantidad mayor que -25 °C.

SUMAR UNA DEUDA ES RESTAR UNA FORTUNA

Las sorpresas más allá del cero no han hecho más que comenzar. Como acabamos de ver, en el mundo negativo lo grande puede parecer pequeño y lo pequeño, grande, pero además sucede que, a veces, cuando uno intenta sumar, puede acabar restando.

Cuando uno suma dos cantidades, lo más natural es esperar que el resultado sea mayor que ambas. Por ejemplo, cuando a los 500 euros que tienes bajo el colchón les sumas los 200 que tienes en el banco, obtienes 700 euros, valor claramente superior a los dos anteriores.

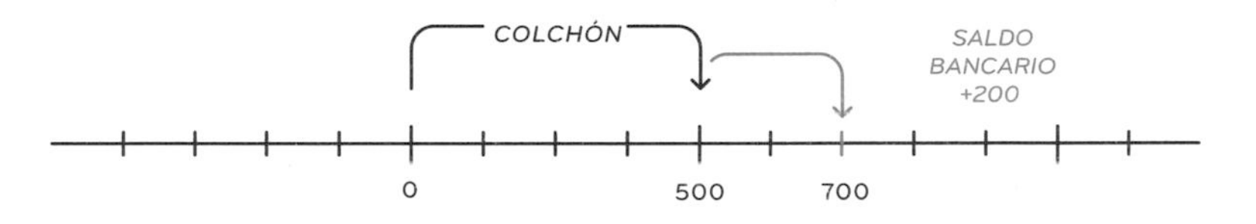

Sin embargo, al mes siguiente ocurre algo bien curioso: cuando añades tu saldo bancario a los 500 euros del colchón, obtienes una cantidad inferior: 400 euros. ¿Qué ha sucedido? Muy sencillo, resulta que te han cargado unos cuantos recibos de golpe y te has quedado con un saldo negativo de –100 euros en la cuenta.

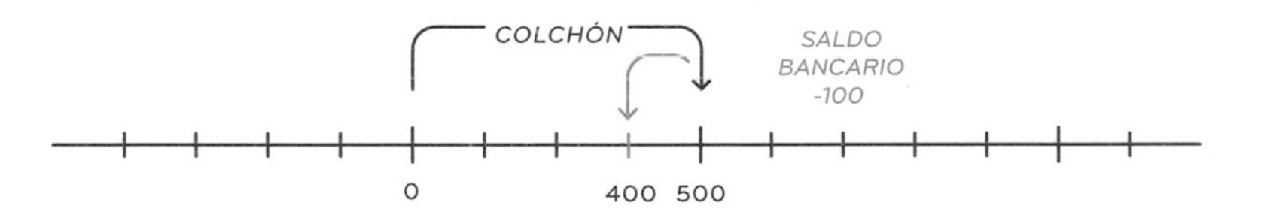

Quizá me digas que eso no tiene nada de extraordinario, que en realidad lo que hemos hecho ha sido restar a los quinientos euros que tenías en casa los cien euros que deberías ingresar para dejar de tener un descubierto. Y yo te responderé que por supuesto, pero que también puedes interpretar que tienes dos cantidades repartidas entre el banco y el colchón, que cada mes las sumas y que una de esas cantidades, a veces, por desgracia, es negativa. Y si en lugar de discutir hasta la madrugada buscamos una síntesis de nuestros respectivos puntos de vista, concluiremos que, a efectos prácticos, sumar -100 es lo mismo que restar 100. Es decir, que sumar un número negativo es equivalente a restar su número opuesto, que es positivo.

Puede parecer una simple cuestión de punto de vista, pero hay muchas ocasiones en que las cantidades negativas aparecen en pie de igualdad con las positivas y podemos sumarlas o restarlas entre ellas. Por ejemplo, en algunos juegos de mesa. Uno de mis preferidos es El rey de los dados. Consiste en conseguir ciertas combinaciones al lanzar seis dados: cuatro números iguales; una escalera; que todos los números sean pares, etc. A partir de la combinación que obtienes, ganas cartas que te proporcionan puntos positivos. Cuanto más improbable es la combinación, mayor es la puntuación de la carta. Por supuesto, la suerte no siempre acompaña y si, tras intentarlo tres veces, no consigues ninguna de las combinaciones disponibles, debes robar una carta de penalización con un bonito número negativo.

Vamos a jugar una partida. En la primera ronda, has conseguido una carta de cinco puntos, mientras que, en la segunda, has sido más prudente y te has conformado con una de dos puntos. En total llevas siete puntos. Al llegar a la tercera ronda, decides ir a por todas e intentar una combinación casi imposible. Lamentablemente, la hazaña te sale mal y te acabas quedando con una carta que vale -3 puntos. Si ahora vuelves a sumar el valor de todas tus cartas, resulta que has retrocedido: cinco puntos, más dos puntos, más esos menos tres puntos dan un total de cuatro puntos. De nuevo puedes pensar que añades una cantidad negativa o que restas una positiva, pero estarás de acuerdo conmigo en que, físicamente, no has perdido ninguna carta, sino que lo que has hecho ha sido añadir una nueva carta cuyo valor es negativo.

SUMAR -3
ES EQUIVALENTE
A RESTAR 3

$$5 + 2 + (-3) = 5 + 2 - 3 = 4$$

POR CONVENCIÓN NUNCA SE ESCRIBEN
DOS SIGNOS SEGUIDOS, ASÍ QUE PARA
SUMAR UN NUMERO NEGATIVO LO
ENCERRAMOS ENTRE PARÉNTESIS

A pesar del revés recibido, no debes desanimarte. A la jugadora de tu derecha aún le ha ido peor: tiene un −4 y un −1. Los suma y exclama: «¡Qué bien, ya tengo cinco puntos!» y, con una sonrisa irónica, añade: «Lástima que sean negativos».

$$-4 + (-1) = -5$$

Efectivamente, si a cuatro puntos negativos les añades otro punto negativo, obtienes un total de cinco puntos negativos, es decir, −5 puntos. Fíjate en que, en este caso, los valores absolutos —el 4 y el 1— se han sumado, ya que dos cantidades negativas se refuerzan. Esto hace que el resultado de la suma sea menor que el valor de los dos sumandos: todo en orden al otro lado del espejo. Por suerte para tu amiga, en la tercera ronda por fin consigue una combinación ganadora y añade una carta de tres puntos positivos a su montón. Entonces, actualiza el recuento y concluye que ahora tiene -2 puntos, una cantidad todavía negativa, pero mayor que la anterior.

$$-4 + (-1) + 3 = -2$$

Vaya baile de números: en ocasiones sumamos y en otras parece que restemos; a veces el resultado es positivo y a veces es negativo.

Quizá valga la pena repasar, una a una, todas las situaciones que podemos encontrarnos. Si sumamos dos números positivos, obtenemos un nuevo número positivo superior a los dos anteriores: en palabras de Brahmagupta, dos fortunas sumadas dan siempre una fortuna aún mayor. Esta es la suma más habitual en nuestra vida cotidiana. Si sumamos dos números negativos, el resultado también es negativo y además inferior a los dos anteriores: dos deudas sumadas dan una deuda mayor, lo cual significa que somos más pobres aún. A efectos prácticos, lo que hacemos es sumar los valores absolutos de ambos números y añadirle al resultado el signo negativo.

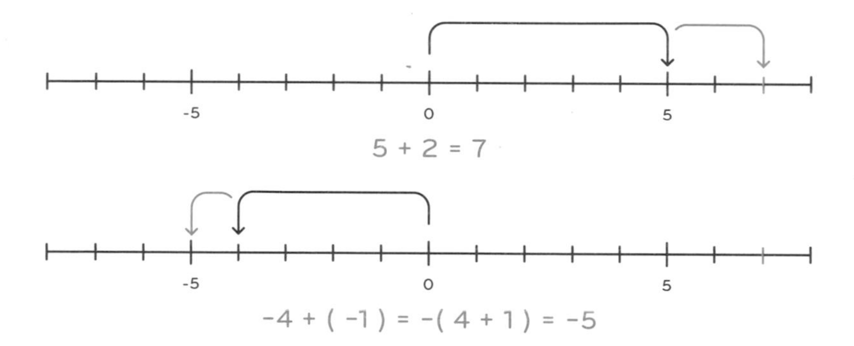

¿Y qué ocurre cuando sumamos números negativos y positivos? Dos fortunas se refuerzan y lo mismo ocurre con dos deudas; en cambio, una deuda y una fortuna se contrarrestan. Si el importe de la fortuna es mayor que el de la deuda, nos quedaremos con una fortuna menor que la inicial. Sin embargo, si el importe de la deuda es mayor que el de la fortuna, seguiremos endeudados, pero no tanto como antes

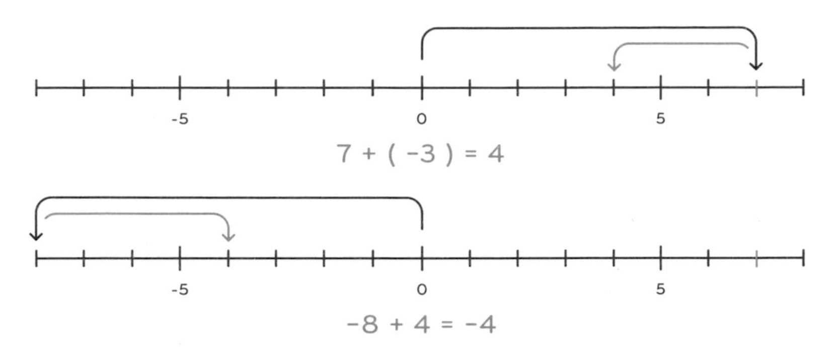

Resumiendo, para sumar dos números de distinto signo, debemos restar sus valores absolutos y fijarnos en cuál de ellos es mayor. Si *gana* el positivo, el resultado será positivo, mientras que, si *gana* el negativo, el resultado será también negativo.

RESTAR UNA DEUDA ES SUMAR UNA FORTUNA

Ahora que nos hemos puesto al día con la suma, seguro que te estarás preguntando qué ocurre con la resta. Hace un rato, ya viste que restar una cantidad positiva era equivalente a sumar una negativa: podías pensar que restabas 100 euros a los 500 euros que tenías bajo el colchón o que les sumabas un saldo de -100 euros. En su libro, Brahmagupta nos dice que «una fortuna restada del cero es una deuda.» Y justo después, añade que «una deuda restada del cero es una fortuna.» ¿Significa eso que restar un número negativo es lo mismo que sumar uno positivo?

Para comprobarlo, volvamos a El rey de los dados. La partida ha acabado y ahora os toca contar los puntos obtenidos. En realidad tú ya sabes cuál es el resultado final, porque has ido haciendo el recuento mentalmente en cada ronda: 42 puntos para ti y 46 para tu amiga. Así que, desgraciadamente, has quedado en segundo lugar por cuatro miserables puntos. Eso es un completo desastre porque habíais acordado que quien ganara escogería el menú para la cena y resulta que el plato preferido de tu amiga es la pizza con piña. En otras circunstancias respetarías escrupulosamente el veredicto, pero ¿en serio, piña en la pizza? Eso no puedes tolerarlo de ninguna manera. Así que aprovechas un momento en que nadie te mira para dejar caer sobre el regazo una de las cartas y, rápidamente, la escondes bajo las piernas para que nadie la vea. Casualmente, se trataba de una carta de penalización de -5 puntos.

Rápidamente actualizas tu marcador mental: al quitarte una carta de encima debes restar los puntos de esa carta a tu puntuación. En este caso debes restar -5 puntos de los 42 que tenías, es decir, debes restar un número negativo. Si con esa terrible carta tenías 42 puntos, eso significa que el resto de cartas sumaban 47. Por lo tanto, sacártela de encima es lo mismo que sumar 5 puntos a tu puntuación. Parece que, efectivamente, restar un número negativo es equivalente a sumar un número positivo y, gracias a ello, ninguna pizza con piña va a estropearte esta agradable velada.

Recuerda que la resta no solo sirve para sustraer, sino también para calcular diferencias entre cantidades. Por ejemplo, para saber cómo ha variado la temperatura de una ciudad en dos días sucesivos, puedes restar la temperatura del primer día de la del segundo día. Si ayer estábamos a 15 °C y hoy a 18 °C, la variación de temperatura ha sido de 3 °C, ya que 18–15=3. En cambio, si un día estamos a 20 °C y al día siguiente a 14 °C, entonces la variación será de

−6 °C, porque 14−20=−6. Fíjate en que las temperaturas de ambos días son positivas y, sin embargo, el cambio es negativo. Una variación positiva refleja un aumento y una variación negativa, una disminución, independientemente de cuáles sean los signos de las cantidades que estamos comparando.

LAS MÚLTIPLES REPRESENTACIONES DE UN NÚMERO ENTERO

En El rey de los dados se puede totalizar la misma cantidad de puntos de muchas maneras diferentes. Si un jugador tiene cinco puntos positivos y uno negativo, y otro jugador, siete positivos y tres negativos, acabarán los dos empatados a cuatro puntos. Esto nos sugiere que un mismo número se puede representar de muchas maneras distintas.

Imagina que te regalan un juego que consta de muchas fichas iguales, con las que puedes construir distintas cantidades. Para representar el número 7, juntas siete fichas; para representar el número 4, juntas cuatro fichas, y así sucesivamente. Lo cierto es que se trata de un juego un poco aburrido, de manera que pronto acaba abandonado en el fondo de un armario. Pero entonces, otro día te regalan una extensión del juego que contiene otro tipo de fichas. Para diferenciarlas decides llamar fichas *negativas* a las nuevas y fichas positivas a las viejas. Ahora ya puedes construir dos tipos de cantidades distintas.

Además, la extensión incluye también una nueva regla: una ficha positiva y una negativa se neutralizan entre sí y, por lo tanto, se pueden eliminar del tablero. Esta norma también se puede aplicar al revés: siempre que quieras podrás añadir una ficha positiva y una negativa al tablero sin alterar la cantidad representada, ya que su efecto conjunto es equivalente a no añadir nada. Por lo tanto, con las nuevas fichas no solo podemos construir una nueva familia de números, sino que, además, ahora cualquier número, ya sea de los *viejos* o de los *nuevos*, se puede construir de muchas maneras diferentes combinando los dos tipos de fichas.

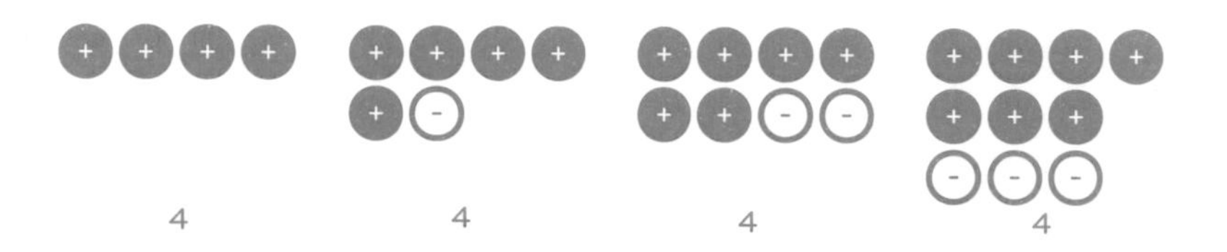

El número cuatro se puede representar con cuatro puntos positivos, pero también con cinco puntos positivos y uno negativo o con seis positivos y dos negativos, etc.

Estas representaciones resultan especialmente cómodas para realizar operaciones. Sumar dos cantidades corresponde a reunir las fichas correspondientes. Si en el resultado final hay fichas positivas y negativas, estas se neutralizarán mutuamente, tal y como nos indica la regla del juego.

2 + 4 → ●● + ●●●● → ●●●●●● → 6

(-5) + (-2) → ○○○○○ + ○○ → ○○○○○○○ → -7

6 + (-1) → ●●●●●● + ○ → ●●●●●∅ + ∅ → 5

3 + (-5) → ●●● + ○○○○○ → ∅∅∅ + ∅∅∅○○ → -2

Por otro lado, restar se puede entender como sustraer un cierto número de fichas de un determinado conjunto. En algunos casos, esto resulta muy sencillo.

4 - 2 → ●●●● - ●● → ●●∅∅ - ∅∅ → 2

-5 - (-1) → ○○○○○ - ○ → ○○○○∅ - ∅ → -4

Pero en muchos otros nos encontraremos con que parece que no tenemos suficientes fichas del tipo necesario. Cuando esto ocurra, siempre podremos añadir parejas de fichas opuestas, que no alteren el valor de la cantidad pero que nos proporcionen el material necesario para efectuar la sustracción.

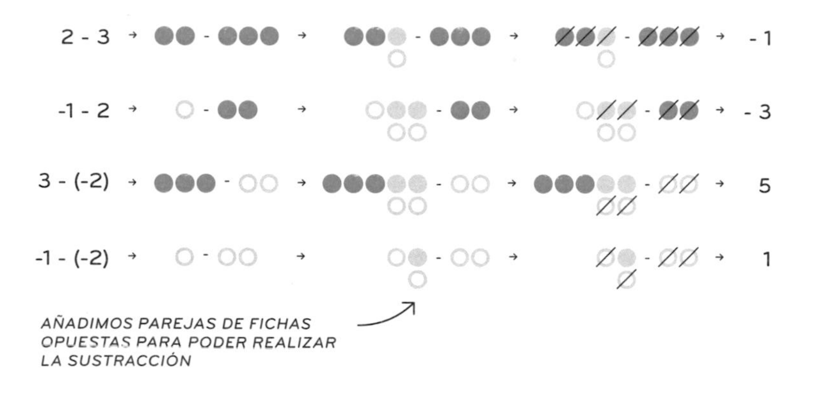

Te recomiendo que practiques este método con distintos ejemplos para acabar de comprender su funcionamiento. No es un procedimiento demasiado operativo para manejar cantidades grandes, pero ayuda a entender el funcionamiento de las operaciones entre números positivos y negativos.

LOS OPUESTOS SE ATRAEN

¿Y qué ocurre con la multiplicación o la división? Es relativamente sencillo imaginar que juntamos o separamos deudas y fortunas, pero cuesta un poco más plantearse qué puede querer decir multiplicar dos deudas o dividir una deuda entre una fortuna. Hay diversos contextos reales en los que aparecen los números negativos y cada uno de ellos es más o menos práctico para visualizar algunas de sus propiedades. Para la multiplicación, en lugar de cuestiones económicas, te recomiendo algo más electrizante.

Los fenómenos eléctricos son conocidos desde la antigüedad. Ya en el 600 a. C., el filósofo griego Tales de Mileto observó que, al frotar un trozo de ámbar, este era capaz de atraer trozos de hojas secas. La palabra griega para ámbar era *elektron*, de donde se deriva el nombre *electricidad*. A lo largo de los siglos se descubrieron otras sustancias capaces de producir fenómenos parecidos y algunas de ellas se convirtieron en objetos de entretenimiento. En el siglo XVIII se descubrió que existen dos tipos de electricidad: uno si frotamos ámbar y otro si frotamos, por ejemplo, vidrio. Dos trozos de vidrio electrizados —hoy en día, diríamos cargados— se repelen, igual que dos trozos de ámbar. En cambio, uno de vidrio y uno de ámbar se atraen. Fue Benjamin Franklin quien elaboró una teoría según la cual la electricidad era algún tipo de fluido que podía trasladarse de un cuerpo a otro. Cuando un objeto tenía un exceso de fluido, su electricidad era positiva, y cuando tenía una carencia, su electricidad era negativa.

Más de dos siglos después, nuestro modelo para la electricidad se ha vuelto más detallado y preciso, pero seguimos utilizando la idea de cargas positivas y negativas. La carga eléctrica es una propiedad que tienen determinadas partículas, como los electrones o los protones, que componen todos los átomos.

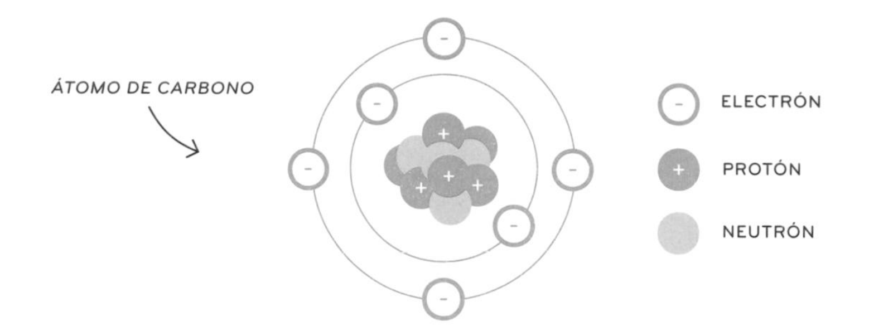

Los protones se encuentran en el núcleo y tienen carga positiva; los electrones se mueven alrededor del núcleo y poseen una carga de igual valor absoluto que la del protón, pero negativa. Es decir, ambas cargas tienen valores opuestos. En un átomo hay tantos protones como electrones, que se mantienen unidos gracias a la fuerza eléctrica entre sus cargas.

El átomo de hidrógeno tiene un protón y un electrón; el de hierro, veintiséis protones y veintiséis electrones; el de uranio, noventa y dos y noventa y dos. Esto hace que las cargas se compensen entre ellas y que los átomos sean globalmente neutros.

Y al ser neutros los átomos, también lo somos los seres humanos y todo el universo. Aunque estemos llenos de cargas eléctricas, tenemos aproximadamente tantas de un tipo como del otro, y por eso no notamos sus efectos a nivel macroscópico.

En ocasiones, los átomos pueden ganar o perder algún electrón. Entonces se deshace el empate y aparece una carga eléctrica neta. Esos átomos desequilibrados se llaman *iones*. Si hay un exceso de electrones, se trata de iones negativos; mientras que, si faltan electrones, hay más protones y, por lo tanto, son iones positivos. Eso es lo que les ocurre a los átomos del ámbar o del vidrio cuando los frotamos, y de ahí que se atraigan o se repelan.

Para calcular la fuerza eléctrica entre dos cuerpos, se multiplican las cargas. Al multiplicar dos cargas positivas se obtiene un número positivo. Como sabemos que dos cargas positivas se repelen, concluimos que una fuerza repulsiva se considera positiva. Ahora bien, dos cargas negativas también se repelen. Esto significa que el producto de dos números negativos también es positivo. En cambio, dos cargas de signo opuesto se atraen. Si una fuerza de repulsión es positiva, una fuerza de atracción es negativa. Por lo tanto, el producto de dos números de signo opuesto es siempre negativo.

Todo esto no es una demostración rigurosa, sino un simple ejemplo para dar sentido a la famosa regla de los signos:

(+) · (+) = (+)	(+) : (+) = (+)
(−) · (−) = (+)	(−) : (−) = (+)
(+) · (−) = (−)	(+) : (−) = (−)
(−) · (+) = (−)	(−) : (+) = (−)

Esta regla, que de entrada podría parecer arbitraria, garantiza que todo encaje a la perfección al combinar cantidades positivas y negativas. De hecho, se parece mucho a otra regla, quizá más cercana y familiar, que tiene que ver con los números pares e impares. La suma de dos números pares o de dos números impares siempre es par; en cambio, la suma de un número par y de un número impar es impar. Si asociamos los números pares con los positivos y los impares con los negativos, entonces podemos ver que esta regla sigue el mismo tipo de patrón que la de los signos.

PAR + PAR = PAR	PAR + IMPAR = IMPAR
IMPAR + IMPAR = PAR	IMPAR + PAR = IMPAR

Como pasa siempre al otro lado del espejo, las cosas funcionan de manera diferente, pero no dejan de resultarnos familiares.

A estas alturas (o *bajuras*) ya podemos afirmar que hemos ampliado las fronteras de nuestro mapa numérico. Partíamos del conjunto de los números naturales, los que se utilizan para contar y ordenar {1, 2, 3...} y, siguiendo la ruta de la resta, hemos descubierto a sus opuestos negativos: {..., −3, −2, −1}. Hemos analizado las semejanzas y las diferencias entre el nuevo y el viejo *mundo* y hemos establecido una serie de reglas, que son válidas para todos ellos. Por ese motivo podemos unificar todo el territorio conocido en un único dominio: el conjunto de los *números enteros* {..., –4, –3, –2, –1, 0, 1, 2, 3, 4, ...}, que se indica con la letra Z.[1] En él, destaca la antigua *provincia* de los números naturales, que, *naturalmente,* indicaremos con la letra N.

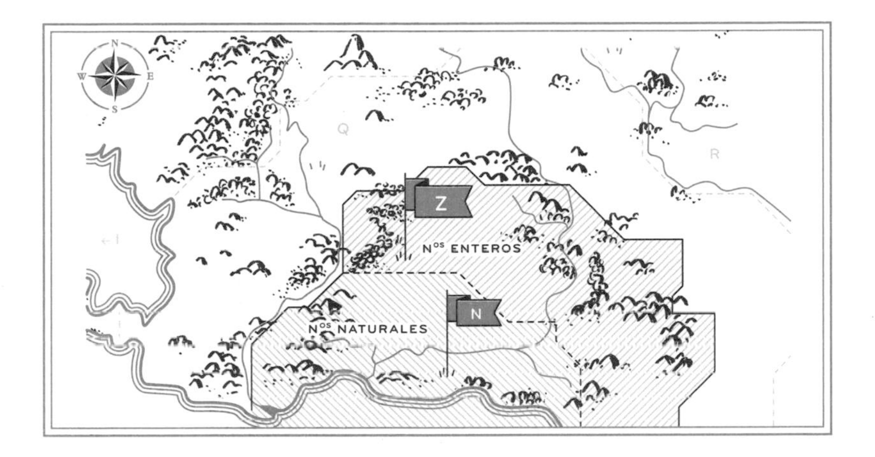

El nuestro ha sido, sobre todo, un viaje intelectual, que nos ha llevado a ampliar el concepto de número. A medida que las necesidades humanas se vuelven más complejas, aparecen también nuevas exigencias matemáticas. Del concepto tangible y absoluto de los números naturales hemos pasado a otro más relativo que parece decirnos que una misma cantidad puede tener dos caras, dos reversos, uno positivo y uno negativo.

Pero más allá de las necesidades prácticas, hay algo más que nos empuja a explorar y a adentrarnos en territorios desconocidos: el deseo de conocimiento, la emoción de alcanzar lo que no habíamos alcanzado antes, la curiosidad por comprobar hasta dónde podemos llegar. Las matemáticas y las ciencias no pueden quedar

---

1 El uso de la letra Z para designar los números enteros tiene su origen en la palabra alemana *zahl*, que significa «número».

reducidas a su componente aplicada, resultaría terriblemente empobrecedor. Hay un deseo humano primordial que nos empuja simplemente a comprender.

En la misma conversación de la película *Interstellar* que citábamos al principio, Cooper acaba sentenciando: «Antes mirábamos hacia arriba soñando con qué lugar ocuparíamos entre las estrellas. Ahora miramos hacia abajo, angustiándonos con qué lugar ocuparemos entre el polvo». Mantener vivo el anhelo de conocimiento puede ser una buena manera de evitar que suceda algo así.

CAPÍTULO

4

A MEDIDA

**Si quieres medir con precisión,
tu mejor aliada es una fracción.**

— CON LA (ACALORADA) PRESENCIA DE —

FAHRENHEIT

CELSIUS

KELVIN

EN ESTE CAPÍTULO:

- Constataremos la importancia de disponer de unidades de medida universales.
- Descubriremos que entre dos cantidades enteras existen infinitas cantidades no enteras, que se pueden expresar con fracciones.
- Comprenderemos el significado de las operaciones con fracciones.
- Exploraremos la relación entre las fracciones y los números decimales.
- Contemplaremos el extenso conjunto de los números reales y ubicaremos en él los números racionales e irracionales.

•

Siempre me ha llamado la atención la historia de cómo en 1999 un pequeño malentendido entre la NASA y uno de sus proveedores informáticos provocó un accidente valorado en 125 millones de dólares. La agencia estadounidense había lanzado, a finales de 1998, la sonda espacial *Mars Climate Orbiter*, que tenía como objetivo estudiar la atmósfera y el clima de Marte. Tras nueve meses y medio de viaje, el 23 de septiembre de 1999 a las nueve de la mañana, el aparato inició las maniobras para entrar en órbita alrededor del planeta rojo. Pocos minutos después se perdía el contacto por radio, y ya nunca volvería a restablecerse.

Las investigaciones posteriores descubrieron que la causa principal del desastre había sido un desajuste entre las unidades de medida empleadas por los distintos equipos informáticos encargados de dirigir la misión desde la Tierra. El programa responsable de calcular los impulsos del motor empleaba el sistema anglosajón de medidas, basado en pies, millas y libras; en cambio, las variaciones en la trayectoria, provocadas por dichos impulsos, se predecían mediante otro programa, que expresaba las magnitudes en unidades del Sistema Internacional: metros y kilogramos. Esto provocó que la nave se acercara a la superficie marciana más de lo previsto y que, probablemente, acabara desintegrándose debido a la fricción con la atmósfera.

Resulta sorprendente que, en un ámbito científico de primerísimo nivel como el de las misiones espaciales, puedan producirse errores de este tipo. Y más en una sociedad tan globalizada como la nuestra, en la que, cada vez más, se tiende a adoptar estándares comunes que faciliten la comunicación y el trabajo conjunto. Sin embargo, en lo que se refiere a unidades de medida, aún existen ciertas resistencias a utilizar un único sistema común: si bien a escala global se usa como referencia el Sistema Internacional de Unidades, en un país de tanto peso internacional como Estados Unidos sigue teniendo mucha implantación el llamado *sistema anglosajón*.

Una de las razones que puede explicar la resistencia al cambio en esta materia es que la relación entre las unidades de ambos sistemas no resulta demasiado intuitiva: por ejemplo, una milla equivale a 1,609344 km. Si para pasar de una unidad a la otra solo hubiera que multiplicar por dos o por diez, probablemente resultaría más fácil relacionar las cantidades expresadas de una u otra manera. En cambio, al estar relacionadas mediante un número con tantas cifras decimales, el salto entre ambas unidades no resulta tan inmediato.

Ahora bien, 1,609344 es un número de pleno derecho, como lo son el 2 o el 10. Es cierto que los números enteros nos resultan más cercanos y comprensibles y que, para contar objetos, tenemos suficiente con ellos, pero, a la hora de *medir*, es muy habitual que debamos recurrir también a cantidades no enteras, como mitades, tercios o décimos. Por ello, vale la pena que dediquemos un rato a comprenderlas y a conocer todas las maneras en que podemos representarlas.

MEDIR ES COMPARAR

Medir es una acción que realizamos cotidianamente, casi sin darnos cuenta de ello. Seguro que alguna vez te has encontrado, en el salón de tu casa, pensando en cómo podrías redistribuir los muebles para ganar espacio. Quizás ahora mismo te estés preguntado si esa mesa cabría en aquella pared, al lado de la estantería. Como solo se trata de especulaciones, no te molestas en ir a buscar la cinta métrica de la caja de herramientas, sino que utilizas tus manos para contar cuántos palmos necesitas para abarcar la mesa y cuántos para completar el espacio vacío de la pared.

Esta operación tan mundana y aproximada es un perfecto ejemplo de medición, que te permite asignar un número a la longitud de la mesa (6 palmos), otro número al hueco de la pared (5 palmos y medio) y aceptar con resignación que esa maravillosa remodelación que ya visualizabas en tu cabeza tendrá que esperar un poco más. Para obtener esos números no has hecho otra cosa que comparar: has comparado la longitud de la mesa con la de tu palmo; y has hecho otro tanto con el hueco de la pared. Esas medidas te han permitido comparar indirectamente la longitud del mueble y la del tramo de pared donde te habría gustado colocarlo.

Como no quieres renunciar a ese amplio salón que te habías imaginado, se te ocurre que podrías pedirle a tu primo que te cambie la mesa. Crees recordar que la suya es algo más pequeña que la tuya. Pero antes de movilizar a media familia para el traslado debes asegurarte de que, efectivamente, su mesa sí que cabe en el espacio disponible de tu pared. Así que decides llamarle y pedirle que, por favor, la mida.

Tu primo acepta un poco a regañadientes, porque lo acabas de despertar de la siesta. Te deja un momento en espera y al cabo de unos segundos te responde que «ocho». A lo que tú replicas: «¿Ocho qué?». Por supuesto, una medición no tiene sentido si no va acompañada de la unidad correspondiente, es decir, de aquello que hemos utilizado como patrón de comparación. «Ocho baldosas», dice él, cosa que te indigna y te tranquiliza a partes iguales. Pero, como quieres conseguir el intercambio, no te interesa ponerte a discutir con él, así que, muy amablemente, le solicitas que repita la medida, pero ahora utilizando palmos. Y entonces llega, por fin, una buena noticia: su mesa mide solo cinco palmos.

Tras un primer momento de satisfacción te asalta una nueva duda: tu primo es un tipo corpulento, alto y robusto, y sus manos no desentonan con el resto de su cuerpo. Así que su palmo debe de ser más largo que el tuyo. Su mesa equivale a cinco de sus palmos, pero no sabes a cuántos de los tuyos, que son los que has empleado para medir el espacio de la pared. Por lo tanto, no te queda más remedio que ir a por la cinta métrica y pedirle a tu primo que haga lo mismo; solo así dispondréis de un patrón común, que os permita comparar vuestras medidas sin ambigüedades.

Aunque este breve vodevil pueda parecerte algo absurdo, no está demasiado alejado de lo que ha venido sucediendo durante una buena parte de nuestra historia. En efecto, las primeras unidades de medida que se utilizaron se basaban en lo que había más a mano: las partes del cuerpo, objetos cotidianos o fenómenos propios de la actividad social. En la antigua Grecia y en la antigua Roma se usaban el *dedo*, el *codo*, el *pie* o el *paso* para medir las longitudes, o los *estadios* si estas eran mayores; los sumerios empleaban el *cuenco* o la *vasija* para medir capacidades y la *guardia* para el tiempo; y en la antigua India la referencia básica para medir el peso eran los granos de trigo y de arroz.

Para que estas medidas resultaran útiles y prácticas, hubo que estandarizarlas. Por ejemplo, para el codo se tomaba uno en particular como referencia, por ejemplo, el del faraón, y se compartía con toda la población mediante barras de piedra o de madera que desempeñaban la función de reglas rudimentarias. En el museo del Louvre se conserva una de ellas, que corresponde al reinado de Tutankamón.[1] Pero incluso sobre esta pieza aparecen indicados dos tipos de codos egipcios: el *codo real*, equivalente a unos 52 cm, y el codo común, de unos 45 cm. Y si cambiamos de ubicación y de período encontraremos codos de todo tipo: el codo persa, de 50 cm; el griego, de 46 cm; el romano, de 44 cm; o el árabe, de 64 cm. Bueno, en realidad, ese era el *codo árabe de Omar*: el *codo árabe Negro* era de 54 cm.

Más allá de las dificultades técnicas y de las confusiones que se producían, esta falta de patrones comunes podía ser también fuente de engaños y de abusos. Hasta el siglo XIX, aún existían en España algunas unidades de medida de ámbito local. Por ejemplo, la *vara*, que se empleaba en la compraventa de tejidos, correspondía a una longitud distinta según el lugar. En Alicante, una vara equivalía a unos 912 mm, mientras que, en Zaragoza, tan solo a unos 772 mm. Imagina lo conveniente que podía resultar comprar el material en una ciudad y venderlo en la otra.

---

1 Se trata del Codo de Maya, hallado en la tumba de Maya, figura pública relevante durante el reinado del faraón Tutankamón.

Disponer de un sistema de unidades comunes no es solo una cuestión de comodidad práctica, sino también de democracia. No es de extrañar, pues, que la Asamblea Nacional francesa impulsara el establecimiento de un sistema de unidades comunes bien definidas en 1790, tan solo un año después de la Revolución. Aunque los subsiguientes acontecimientos políticos retrasaron la extensión de dicho sistema al conjunto de países europeos, a la larga, el proceso de industrialización, los intereses comerciales y las necesidades de la investigación científica forzaron que se acabara imponiendo.

Durante un tiempo, las unidades se definieron a partir de patrones que se habían fabricado especialmente. Por ejemplo, el metro correspondía a la distancia entre dos muescas de una barra de iridio y platino almacenada bajo ciertas condiciones físicas en la Oficina Internacional de Pesos y Medidas de París.[2] No obstante, con el paso de los años se consideró que no era una buena idea depender de un objeto material, que podía desaparecer o deteriorarse, así que se optó por emplear, como referencias, constantes físicas universales que no cambiasen y que dieran lugar a definiciones

2 La Oficina Internacional de Pesos y Medidas es un organismo con sede en París cuyo cometido es mantener la uniformidad de las medidas en todo el mundo, tomando como referencia el Sistema Internacional de Unidades de Medida.

más precisas. Por eso, hoy en día el metro se define oficialmente como la distancia que la luz recorre en 1/299 792 458 segundos. Así que la próxima vez que quieras medir una mesa y te dé cierta pereza ir a buscar la cinta métrica, quizá te ayude pensar en los esfuerzos, discusiones y horas de trabajo que han hecho falta para que tu primo y tú podáis comparar vuestras mediciones usando un patrón común.

MÁS QUE UNO, PERO MENOS QUE DOS

Medir, por lo tanto, consiste en contar. En concreto, lo que contamos es la cantidad de unidades a las que equivale la magnitud que deseamos medir.

Para determinar la capacidad de un bidón de agua, contamos cuántos recipientes de un litro o de un galón podemos rellenar con su contenido; para conocer el peso de una sandía, la colocamos en uno de los platos de una balanza y, en el otro plato, vamos colocando patrones de peso —kilogramos, libras, etc.— hasta alcanzar el equilibrio y, entonces, contamos cuántos de ellos nos han hecho falta; para medir la anchura de las baldosas que decoran la pared de tu cocina, cuentas cuántas veces cabe, en una de ellas, tu patrón de longitud preferido: el palmo de tu mano.

Sin embargo, aunque parece un procedimiento sencillo, a menudo sucede que el recuento no se puede efectuar de forma exacta. Por ejemplo, si colocas tu palmo sobre una baldosa y aún te sobra un poco por recubrir, pero al colocar el segundo palmo te pasas de largo, significa que la anchura no mide ni un palmo ni dos, sino alguna cantidad comprendida entre uno y dos, esto es, un *número no entero* de palmos. Normalmente, dirías que la baldosa mide «un palmo y un poco más», o «algo menos de dos palmos», pero si quieres determinar el tamaño de manera precisa, necesitas recurrir a una *subunidad* de tu patrón de referencia.

La subunidad más simple que puedes utilizar es la mitad de un palmo, lo cual también se puede expresar como *medio* palmo o 1/2 de palmo. Aunque se trate de una longitud menor que una unidad, también se puede utilizar para expresar longitudes mayores que esta. Por ejemplo, si para abarcar tu baldosa necesitaras un palmo entero y medio palmo más, dirías que mide *un palmo y medio* o, equivalentemente, *tres medios palmos*.

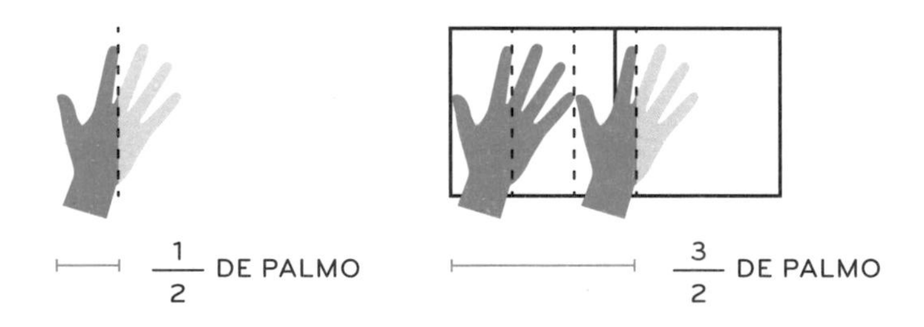

Sin embargo, en tu cocina, el medio palmo tampoco te saca del aprieto porque la baldosa mide más de un palmo, pero menos de un palmo y medio. Así que vas a tener que utilizar otra subunidad.

Si en lugar de dividir el palmo en dos partes, lo divides en tres partes, cada una de ellas corresponde a un tercio de palmo y resulta que esa es precisamente la cantidad que te faltaba para recubrir tu baldosa. Eso significa que esta mide exactamente un palmo y un tercio o, equivalentemente, cuatro tercios de palmo, ya que un palmo entero es lo mismo que tres tercios de palmo.

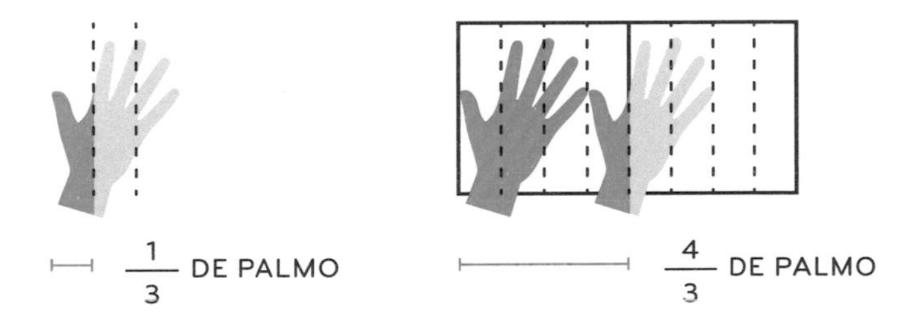

En general, dependiendo del número de partes en que dividas la unidad tendrás uno u otro tipo de subunidad. Como has visto, para expresar una cantidad en términos de una cierta subunidad, solemos utilizar una *fracción.* El número bajo la línea es el *denominador* e indica cuántas de las subunidades escogidas hacen falta para completar una unidad; el número sobre la línea es el *numerador* y especifica a cuántas de esas subunidades equivale la magnitud que hemos medido.

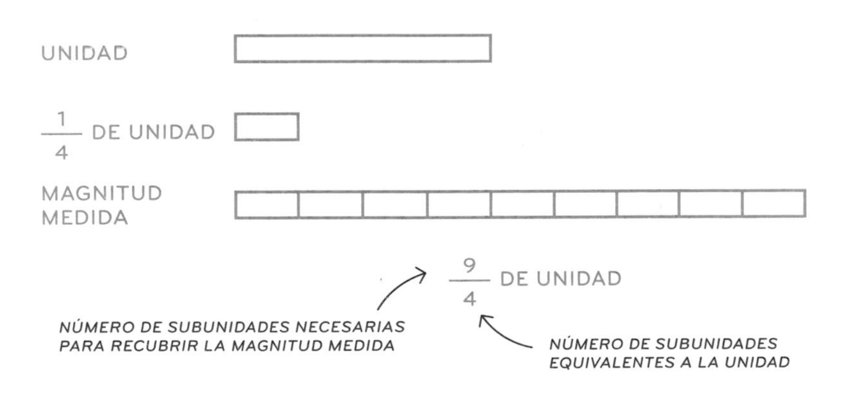

MISMA CANTIDAD, INFINITAS REPRESENTACIONES

Las fracciones son el instrumento idóneo para representar cantidades no enteras. Sin embargo, un número entero también puede presentarse bajo forma de fracción. Ya hemos visto que un palmo es lo mismo que dos mitades o que tres tercios de palmo; del mismo modo, dos horas son lo mismo que ocho cuartos de hora. En general, siempre que el numerador sea un múltiplo del denominador, la fracción estará indicando un número entero.

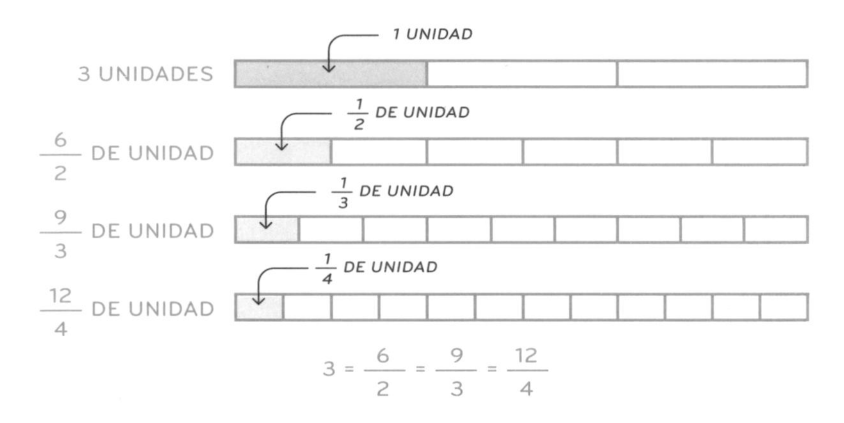

Como ves, a base de utilizar subunidades diferentes, podemos expresar cualquier número entero de infinitas maneras distintas. Lo mismo sucede con cualquier cantidad no entera: a partir de una determinada fracción podemos encontrar infinitas fracciones de apariencia distinta, pero de valor equivalente. El punto clave es que, si usamos subunidades de menor tamaño, pero tomamos más de ellas, podemos acabar obteniendo la misma cantidad. Es como cuando te ofrecen una cuarta parte de una pizza y tú respondes que solo quieres la mitad de ese trozo, que es un octavo de pizza, pero, al cabo de un rato, te acabas comiendo también el otro pedazo, con lo cual esos dos octavos son lo mismo que ese cuarto de pizza que, de entrada, te había parecido excesivo.

Si cambiamos a unas subunidades dos veces más pequeñas y queremos que el valor de la cantidad expresada no varíe, debemos tomar el doble de esas subunidades; si las subunidades son tres veces más pequeñas, habrá que tomar el triple de ellas; y así sucesivamente. Eso implica que, si multiplicamos el denominador y el numerador de una fracción por un mismo número, la nueva fracción que obtenemos es completamente equivalente a la anterior. Cuando realizamos esta operación, decimos que hemos *amplificado* la fracción original. Viceversa, si lo que hacemos es dividir el numerador y el denominador entre un mismo número entero —siempre que esto sea posible—, entonces habremos *simplificado* la fracción. Cuando una cantidad está expresada con el mínimo número de subunidades posible, es decir, con las subunidades de mayor tamaño posible, decimos que la fracción es *irreducible*, lo cual significa que ya no puede simplificarse más.

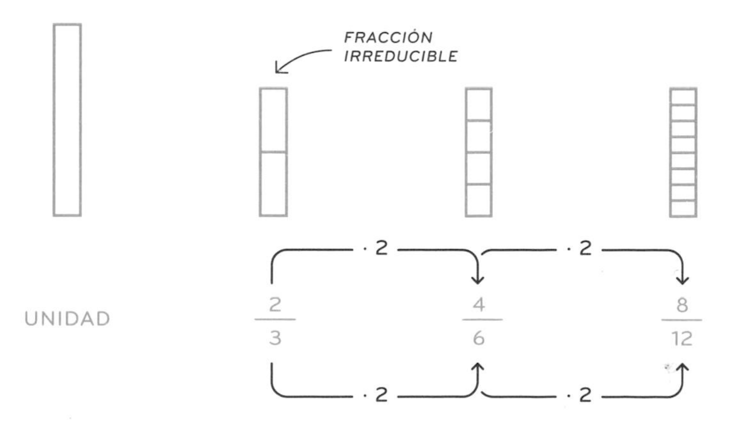

PUESTOS A COMPARAR

Escoger una u otra subunidad adquiere importancia cuando queremos comparar distintas magnitudes. Es lo mismo que sucede si, por ejemplo, quieres saber si hace más calor en una ciudad europea donde están a 27 °C o en una de Estados Unidos donde están a 70 °F. Para comparar ambas temperaturas, primero deberás expresarlas en unidades comunes: o bien las dos en grados Fahrenheit, o bien las dos en grados Celsius.

A la hora de comparar dos fracciones sucede algo parecido. Si ambas están expresadas mediante subunidades del mismo tipo no tendrás ningún problema, ya que cuantas más de esas subunidades haya, mayor será la cantidad total correspondiente: 5⁄4 de hora es más tiempo que 3⁄4 de hora y 7⁄10 de segundo son más que 4⁄10 de segundo. Dicho de otra manera, si dos fracciones tienen el mismo denominador, es mayor la que tiene el numerador más grande.

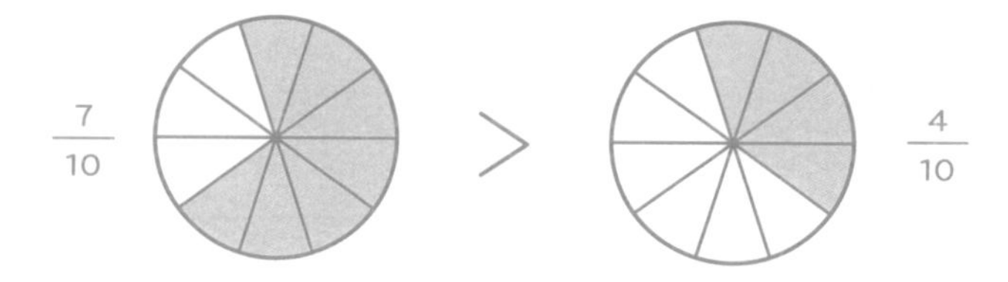

Si las dos fracciones están expresadas en subunidades distintas, la cosa empieza a complicarse. Aun así, hay situaciones en las que la comparación puede resultar bastante inmediata. Por ejemplo, si te ofrecen un bote de pintura de 2⁄3 de litro y uno de 2⁄5 de litro por el mismo precio, apuesto a que te quedarás con el primero. En efecto, sabes que un quinto es una subunidad más pequeña que un tercio y que, por lo tanto, dos quintos también serán una cantidad menor que dos tercios. Si dos magnitudes equivalen a una misma cantidad de subunidades, será mayor aquella que esté expresada en subunidades de mayor tamaño. En otras palabras, si dos fracciones tienen el mismo numerador, es mayor la que tiene el denominador más pequeño.

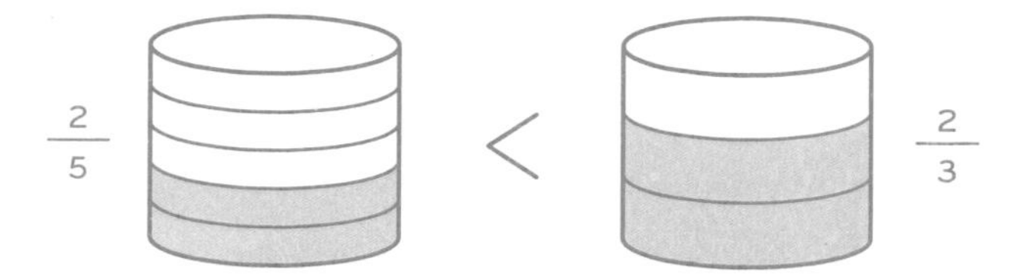

Por desgracia, hay situaciones en que, para comparar dos o más fracciones, no nos queda más remedio que transformarlas. Por ejemplo, si lees que se han descubierto dos nuevos planetas, cuyas masas equivalen, respectivamente, a $\frac{1}{3}$ y a $\frac{2}{7}$ de la masa de la Tierra, ¿cuál de ellos es más masivo? Es cierto que en la primera fracción tienes menos subunidades que en la segunda —una frente a dos—, pero los tercios son subunidades de mayor tamaño que los séptimos. ¿Cuál de los dos hechos tiene más peso? Para descubrirlo debes buscar otras fracciones equivalentes con las que puedas establecer una comparación más directa.

Una opción es igualar el número de subunidades consideradas, es decir, igualar los numeradores. La fracción $\frac{1}{3}$ es equivalente a $\frac{2}{6}$, ya que tomamos el doble de trozos, pero estos son dos veces más pequeños. Ahora, ambas magnitudes corresponden a un mismo número de subunidades —*dos* sextos y *dos* séptimos— y, como un sexto es mayor que un séptimo, podemos afirmar que la masa del primer planeta es mayor que la del segundo.

También podríamos haber decidido igualar el tamaño de las subunidades, lo cual equivale a igualar los denominadores de ambas fracciones. La fracción $\frac{1}{3}$ es equivalente a $\frac{7}{21}$, ya que tomamos siete veces más trozos, pero estos son siete veces más pequeños; por otro lado, $\frac{2}{7}$ es equivalente a $\frac{6}{21}$, ya que tomamos tres veces más trozos, pero estos son tres veces más pequeños. Ahora, ambas cantidades están expresadas a partir de un mismo tipo de subunidades y, por consiguiente, será mayor aquella que esté formada por más subunidades: $\frac{7}{21}$ es mayor que $\frac{6}{21}$, lo cual reafirma que $\frac{1}{3}$ es mayor que $\frac{2}{7}$ y que el primer planeta es el más masivo. Si bien este segundo método ha resultado algo más laborioso que el primero, nos permite obtener fácilmente una información que antes no teníamos: el primer planeta supera al segundo en tan solo 1⁄21 de la masa terrestre.

OPERAR CON SUBUNIDADES

Las cantidades no enteras también se pueden sumar y restar como lo hacemos con las cantidades enteras. Efectivamente, si a tres cuartos de hora les sumas tres cuartos de hora más, tendrás seis cuartos de hora, que es lo mismo que una hora y media; y si en una garrafa de agua hay nueve quintos de litro y te bebes dos quintos, te quedarán todavía siete quintos de litro. Las subunidades del mismo tipo se suman y se restan como si se tratara de unidades.

Las cantidades no enteras también pueden tener signo. Es lo que ocurre cuando medimos magnitudes que pueden ser positivas o negativas, como la carga eléctrica, algo bastante habitual al estudiar el increíble mundo de las partículas subatómicas. En este contexto se suele tomar como unidad de carga eléctrica la carga de los protones, las partículas que residen en los núcleos atómicos. Durante la segunda mitad del siglo XX se descubrió[3] que los protones no son, en realidad, partículas elementales, sino entidades compuestas por otras partículas más fundamentales: los *quarks*. Hoy sabemos que existen distintos tipos de quarks y que los más ligeros son el *quark up* y el *quark down*.

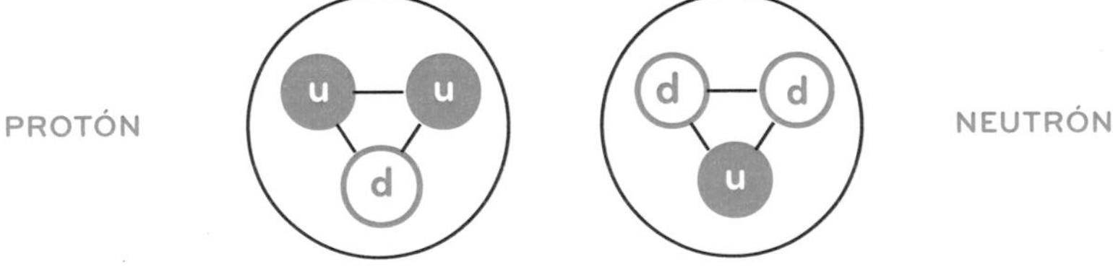

3 En 1964 los físicos Murray Gell-Mann y George Zweig propusieron de manera independiente la existencia de los quarks. Su descubrimiento experimental se produjo cuatro años más tarde en el Stadford Linear Accelerator Center (SLAC), en Estados Unidos.

Un protón está formado por dos *quarks up* y por un *quark down*.[4] Eso significa que su carga eléctrica debe repartirse entre esos tres componentes. Lo más cómodo sería suponer que se trata de un reparto equitativo y que cada *quark* aporta un tercio de la carga. Pero en realidad hay muchas otras posibilidades, ya que tenemos entre manos dos tipos de *quarks* y nadie nos garantiza que ambos tengan la misma carga eléctrica. Podría ser que los *quarks up* fueran neutros y que toda la carga la proporcionara el *quark down*. O que este último fuera el que no tuviera carga y que cada uno de los *quarks up* aportara ½ de la carga del protón. Todas estas opciones encajarían matemáticamente, pero ninguna de ellas es cierta: la realidad es que cada *quark up* tiene una carga igual a ⅔ de la carga del protón, mientras que la carga del *quark down* es la tercera parte de la del protón, pero negativa, es decir, vale -⅓. Estos valores garantizan que la suma de las cargas de los tres *quarks* sea igual a uno: ⅔ + ⅔ + (-⅓) = 3/3 = 1.

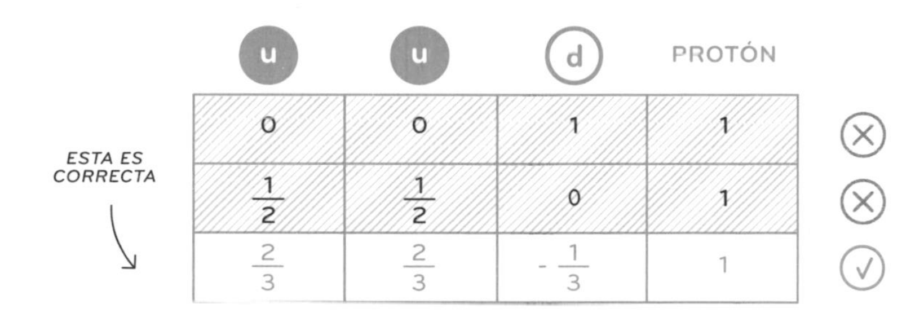

	u	u	d	PROTÓN	
	0	0	1	1	✗
	$\frac{1}{2}$	$\frac{1}{2}$	0	1	✗
ESTA ES CORRECTA	$\frac{2}{3}$	$\frac{2}{3}$	$-\frac{1}{3}$	1	✓

En los núcleos atómicos también habitan los neutrones, partículas parecidas a los protones, pero eléctricamente neutras. Los neutrones también están formados por *quarks*, en este caso por un *quark up* y dos *quarks down*. Esto asegura que, a pesar de estar

4 En realidad, la estructura interna de protones y neutrones es bastante más compleja: Villatoro, F. R., «La masa de un protón, la masa de sus quarks y la energía cinética de sus gluones», *La ciencia de la mula Francis*, 30 de abril de 2012: https://francis.naukas.com/2012/04/30/la-masa-de-un-proton-la-masa-de-sus-quarks-y-la-energia-cinetica-de-sus-gluones/

compuesto por partículas con carga, el neutrón acabe teniendo una carga nula, ya que ⅔ + (-⅓) + (-⅓) = 0.

Al comprobar cómo se ajustan las piezas que forman el puzle de la materia, es fácil que se apodere de nosotros una cierta sensación de equilibrio, como si nos encontrásemos ante una pieza musical perfecta, en la que todas las notas ocupan la posición necesaria para que todo suene de la manera más armoniosa posible. Paradójicamente, encajar los tiempos de las notas musicales en una partitura puede requerir más esfuerzo que sumar las cargas eléctricas de los constituyentes básicos de la materia.

En el lenguaje musical existen distintas figuras que representan la duración de una nota. La figura de referencia es la *redonda* o *entera*, a la cual se le asigna el valor de una unidad de tiempo. Una blanca es la mitad de una redonda y, por lo tanto, vale ½; una negra es la mitad de una blanca, y, por lo tanto, ¼ de una redonda; y así sucesivamente.

REDONDA	𝅝	1
BLANCA	𝅗𝅥	$\frac{1}{2}$
NEGRA	♩	$\frac{1}{4}$
CORCHEA	♪	$\frac{1}{8}$

También existen distintos tipos de compases, que son los fragmentos de tiempo en los que se organiza una composición musical. Si las notas son las letras de la música, los compases son las palabras.

En un compás *tres por cuatro*, que se representa ¾, caben tres cuartas partes de una unidad de tiempo, por ejemplo, tres negras: ¼ + ¼ + ¼ = ¾. Pero también podrías rellenarlo con una blanca y una negra, ya que una blanca equivale a dos negras y un medio es lo mismo que dos cuartos: ½ + ¼ = 2⁄4 + ¼ = ¾.

En general, si quieres sumar y restar cantidades no enteras, antes has de expresarlas todas con un mismo tipo de subunidades. Es lo mismo que haces cuando quieres sumar una distancia en kilómetros y una distancia en millas: conviertes los kilómetros en millas o las millas en kilómetros.

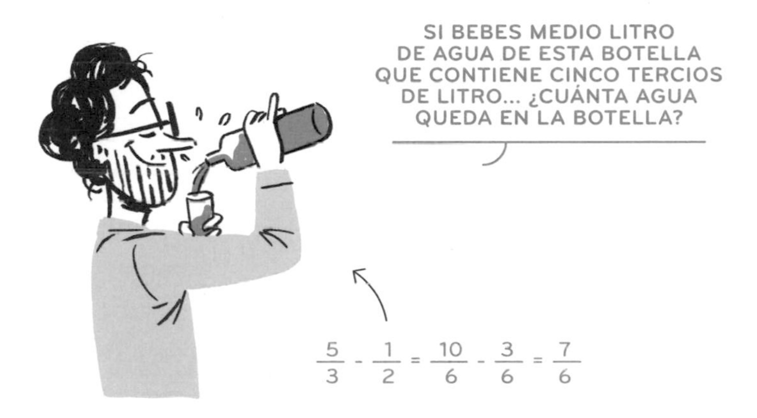

La suma y la resta no son las únicas operaciones que podemos realizar con números no enteros. Como sabes, para sumar varias veces una misma cantidad, es más eficiente utilizar una multiplicación: si compras un paquete de cuatro garrafas de agua de cinco litros cada una, tendrás un total de 4·5=20 litros de agua. Para sumar repetidamente cantidades no enteras haremos lo mismo, la única diferencia será que, en lugar de multiplicar el número de unidades, multiplicaremos el número de subunidades. Por ejemplo, si en otro paquete hay cuatro botellas de agua de 5⁄3 de litro cada una, tendrás cuatro veces cinco subunidades de un tercio, lo cual da un total de veinte subunidades de un tercio:

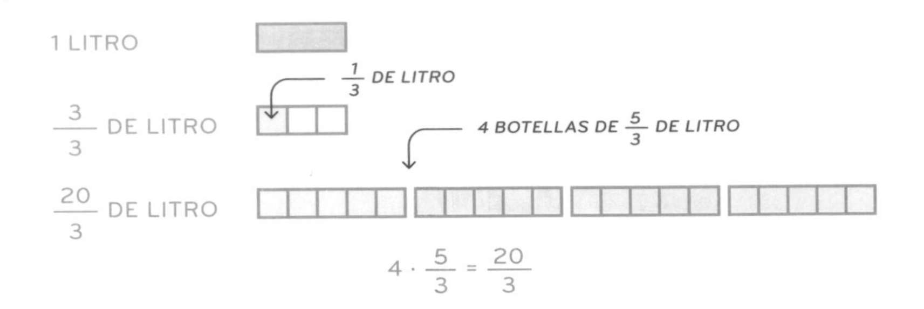

Ahora imagina que toda esa agua es para compartirla con un amigo con el que te vas de vacaciones. Entonces, a cada uno os corresponden la mitad de subunidades, es decir $^{10}/_{3}$ de litro. Eso significa que el número de subunidades también se puede dividir.

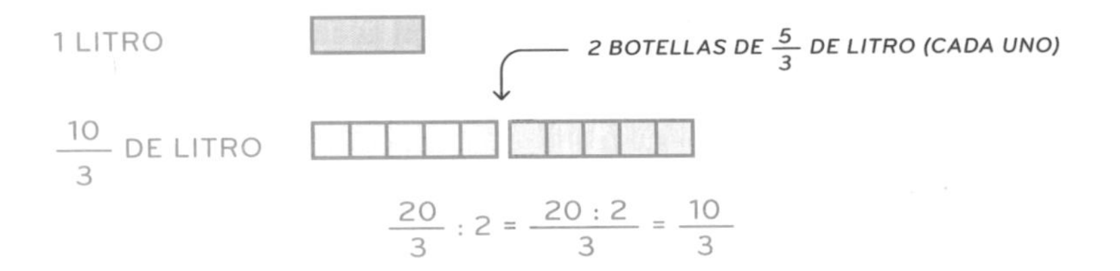

¿Pero qué ocurre si el número de subunidades disponibles no se puede repartir de manera exacta? Por ejemplo, si al llegar el último día de vuestra escapada queda una sola botella de $^{5}/_{3}$ de litro, ¿cuál es la cantidad exacta de agua que le corresponde a cada uno? Una manera de plantearlo es imaginar que os vais repartiendo a medias cada tercio de litro: la mitad de un tercio es un sexto, la mitad de dos tercios son dos sextos y así sucesivamente, hasta que cada uno tenga cinco sextos de litro.

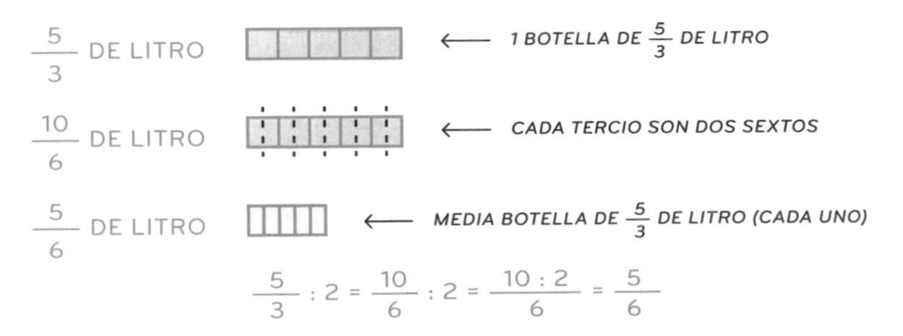

NÚMEROS QUE MODIFICAN

Después de todas estas operaciones vamos a detenernos un momento a reflexionar sobre los distintos significados de los números que aparecen en ellas. Por ejemplo, cuando multiplicas por cuatro los cinco litros de una garrafa de agua, esas dos cantidades no representan lo mismo. El cinco indica el valor de una magnitud, la capacidad de la garrafa, mientras que el cuatro modifica dicho valor. Es decir, un número puede representar la medida de una magnitud o puede servir para modificar otras medidas.

Los números no enteros también se pueden emplear para modificar otras cantidades: además de poder duplicar o triplicar una magnitud, también podemos multiplicarla por siete cuartos o por cinco octavos. Lo único que necesitamos saber es cómo modifica un número no entero a otro número.

Por ejemplo, imagina que enciendes una vela de 20 cm y que, cuando la apagas, solo han sobrevivido sus dos quintas partes. ¿Cuánto mide ahora la columna de cera? Una manera de plantearlo es pensar que la unidad de referencia es la magnitud que se ve modificada, en este caso, la longitud de la vela. Entonces, para saber cuánto vale su quinta parte, simplemente debes dividir esa longitud entre cinco, de manera que ⅕ de 20 cm, son 20:5=4 cm. Como la parte de la vela que sigue en pie equivale a dos de esos quintos, puedes concluir que aún te quedan 8 cm de cera por derretir.

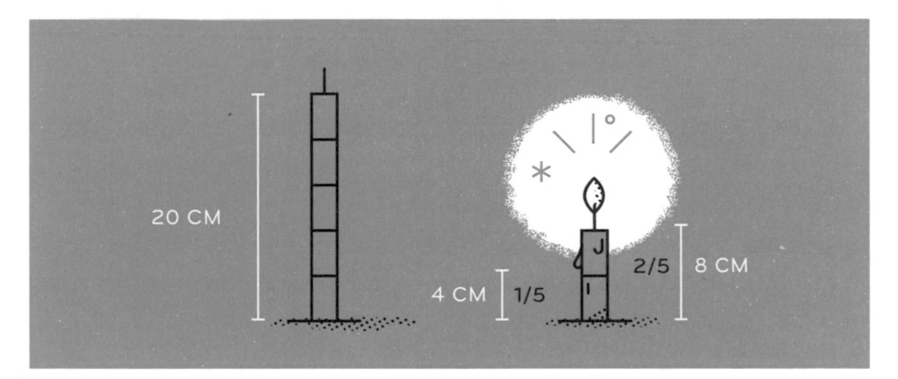

Como ves, a efectos prácticos, multiplicar una cantidad por una fracción equivale a dividirla entre el denominador y a multiplicarla por el numerador.

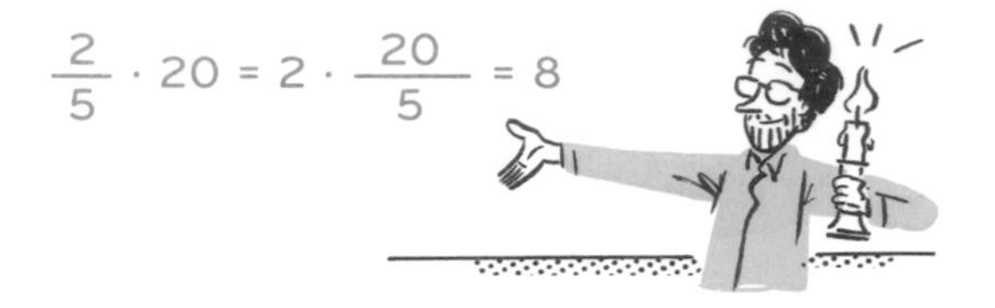

FRACCIONES PARA REPARTIR

Una fracción es algo así como una palabra polisémica, que puede tener distintos significados. Ya has utilizado fracciones para expresar medidas de magnitudes; también para modificar otras cantidades; ahora comprobarás que, además, son el instrumento adecuado para llevar a cabo un buen reparto.

Imagina que acabas de atracar un banco. Tus tres cómplices y tú os habéis llevado, en total, siete lingotes de oro de 1 kg. Una vez a salvo en vuestro escondite, podéis dedicaros a repartiros, tranquilamente, el botín.

Como hay 7 kg de oro y sois 4 personas, de entrada, cada uno coge uno de los lingotes y lo pone a buen recaudo. Ahora viene la parte interesante: quedan 3 kg de oro por repartir y seguís siendo 4 personas.

Afortunadamente, no sois unos delincuentes de tres al cuarto, que dan sus golpes con prisas y de cualquier manera, sino que contáis con un arsenal de instrumentos de última generación, entre ellos, una cortadora láser, que os permite partir los lingotes con la máxima precisión posible. Así que tomáis dos de los lingotes sobrantes, los dividís en dos partes y cada miembro de la banda se queda con una de esas mitades. Ahora, en tu maletín ya hay un kilo y medio de oro y solo queda un kilo más sobre la mesa. El último lingote no tenéis más remedio que cortarlo en cuatro trozos iguales y, con ese cuarto de kilo por cabeza, dais por finalizado el reparto. En total, has obtenido 1 kg, ½ de kg y ¼ de kg. Como en un kilo hay cuatro cuartos de kilo y en una mitad, dos cuartos, puedes expresar esa cantidad como 7⁄4 de kg.

Lo interesante es que esa fracción puede interpretarse de dos maneras distintas. Por un lado, nos está indicando una cantidad no entera de kilos, expresada a partir de la subunidad ¼ de kg. Pero, por otro lado, resulta que 7 eran precisamente los objetos a distribuir y 4 las personas destinatarias, así que la fracción también está representando el propio reparto: si hubiera 9 lingotes en lugar de 7, a cada uno de los 4 ladrones le tocarían 9⁄4 de kg, y si fueran 7 lingotes, pero 8 ladrones, la *ración* sería de ⅞ de kg. Si hubiera 12 lingotes para 4 personas, también podríamos expresar el resultado del reparto como 12⁄4 de kg, aunque en este caso resultaría más natural calcular la división y decir que son 3 kg por persona. En cambio, en los otros casos es como si dejáramos indicada una división que no es exacta.

En la práctica, para realizar un reparto preciso solemos utilizar aparatos de medida, que se basan en una cierta unidad: las balanzas en kilos, las cintas métricas en metros, etc. Aunque esos aparatos también nos permiten medir subunidades, no podemos escoger la que más nos convenga en cada momento: ahora tercios, ahora séptimos, ahora octavos, etc. Lo más habitual es que podamos medir décimas de unidad, centésimas de unidad, etc. Por ejemplo, en una cinta métrica verás marcados también decímetros, centímetros y milímetros. Cuando, para repartir, vamos dividiendo, sucesivamente, en diez partes las unidades y subunidades restantes, decimos que se trata de un *reparto decimal.*

Para ver cómo funciona exactamente rebobinemos unos cuantos minutos. Tus tres cómplices y tú os encontráis en vuestra guarida, a punto de iniciar el reparto de los 7 kg de oro. Igual que antes, empezáis cogiendo un lingote cada uno, con lo cual, ya tienes 1 kg. De nuevo, os sobran tres lingotes, pero ahora, en lugar de hacer mitades y cuartos, decidís dividirlos en diez partes cada uno, de manera que obtenéis 30 trozos de 1/10 de kg, que podéis seguir repartiendo. Cada uno de vosotros coge 7 de esos trozos y, como 4·7=28, sobran dos trozos sin repartir sobre la mesa.

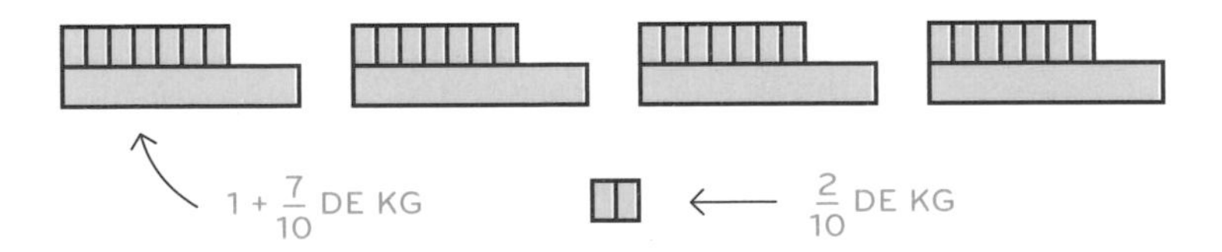

Para poder seguir con el reparto dividís cada uno de los décimos sobrantes en diez pedazos más pequeños. Sobre la mesa, hay, ahora, 20 trocitos, cada uno de los cuales es la décima parte de la décima parte de un kilo, esto es, $\frac{1}{100}$ de kg.

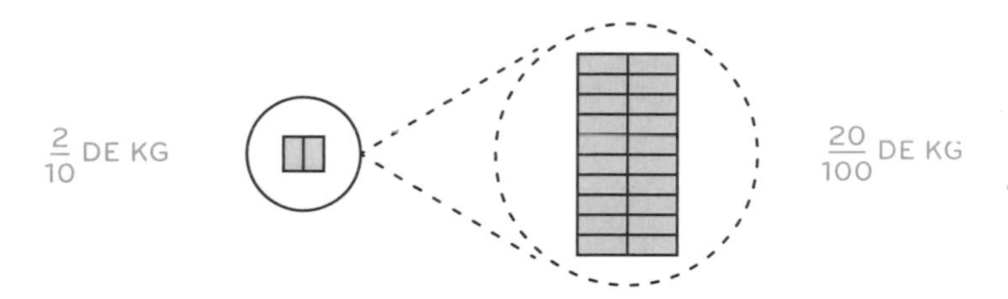

Veinte centésimos de kilo se pueden repartir de manera exacta entre cuatro personas, así que colocáis cinco de esos trocitos en cada maletín y dais por concluido el reparto. Ya puedes efectuar el recuento de tus ganancias: en tu maletín hay 1 kg, $\frac{7}{10}$ de kg y $\frac{5}{100}$ de kg de oro.

En realidad, nuestro sistema de numeración nos permite escribir una cantidad como esa de manera más compacta. Igual que indicamos las agrupaciones de diez o de cien unidades anotando la cifra correspondiente en la segunda o en la tercera posición a la izquierda de las unidades, podemos indicar las décimas o las centésimas partes a la derecha de la unidad, separadas por una coma. De modo que 0,1 es lo mismo que $\frac{1}{10}$ y 0,01 es lo mismo que $\frac{1}{100}$. Por lo tanto, tras el robo, la huida y el reparto te marchas a casa con un botín de 1,75 kg de oro. Esta forma de expresar cantidades no enteras es lo que llamamos...

Realmente ha sido una suerte que fuerais cuatro cómplices y no tres, porque, aunque en ese caso te habría tocado una cantidad mayor, el reparto podría haberse eternizado. De entrada, os habríais repartido seis de los siete lingotes, tomando dos cada uno. Luego, habríais dividido en diez partes el lingote restante y habríais cogido tres de ellas cada uno, con lo cual ya tendrías 2 kg y 3⁄10 de kg o, equivalentemente, 2,3 kg.

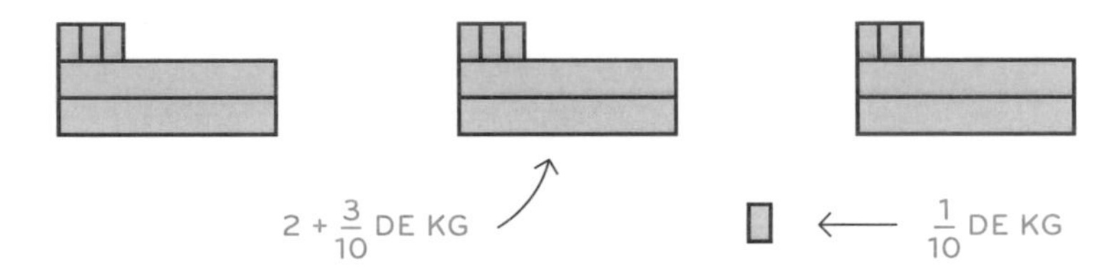

Aún quedaría un trozo por repartir, así que tendríais que cortarlo de nuevo en diez trozos más pequeños y seguir con el reparto.

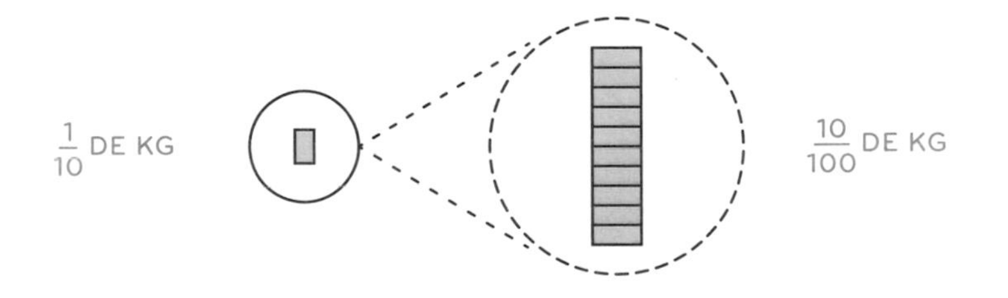

Entonces cada uno se llevaría 3⁄100 de kg más, con lo que acumularías 2,33 kg de oro. Sin embargo, la cosa no acabaría ahí, ya que seguiría sobrando 1⁄100 de kg, con el que volveríais a formar diez partes más, de las que cogeríais tres por cabeza para que volviera a sobrar una, que habría que volver a dividir, y así hasta el infinito.

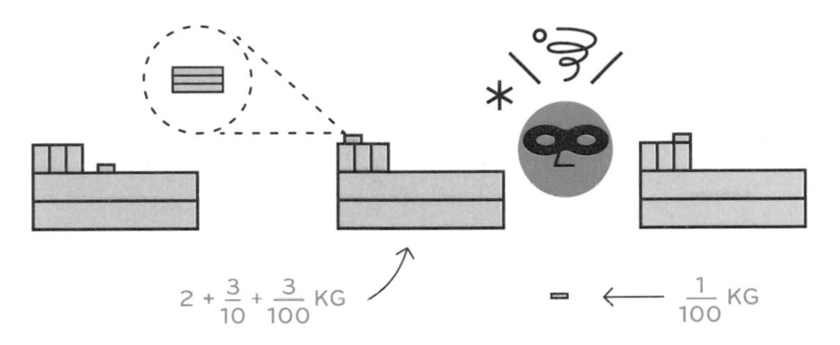

En este caso resulta imposible llevar a cabo el reparto decimal de manera exacta en un número finito de pasos: siempre quedará algo por repartir. Por eso, al expresar el resultado en forma de número decimal, aparecen infinitos treses después de la coma.

Los números con una o más cifras decimales que se repiten indefinidamente reciben el nombre de...

La parte que se repite es el *período* y, para indicarlo, se le suele dibujar una barra encima.

SIN LÍMITE NI ORDEN

Como hemos visto, podemos obtener distintos tipos de números como resultado de un reparto. Cuando la cantidad de objetos es un múltiplo de la cantidad de personas, el resultado es un número entero, como cuando en una partida de dominó cada uno de los 4 jugadores roba 7 fichas de las 28 que hay en la caja y no sobra ninguna. En cambio, cuando la cantidad de objetos no es divisible entre la cantidad de personas, aparecen cifras decimales. Si el reparto se puede llevar a cabo en un número finito de pasos, las cifras tras la coma también serán limitadas y obtendremos un *número decimal exacto*; en cambio, si el reparto no tiene fin, el resultado es un número periódico con infinitos dígitos repitiéndose cíclicamente después de la coma.

Sin embargo, hay un tipo de número que nunca podrás obtener al efectuar un reparto: uno que esté formado por infinitas cifras decimales pero que no se repitan periódicamente. ¿Significa, entonces, que un número como ese solo puede existir en nuestra imaginación y que no tiene ninguna relevancia en el mundo real? Ya debes de figurarte que, de ser así, no te habría hecho la pregunta. Solo hace falta que des una vuelta para encontrarte a un individuo de esa calaña.

Me refiero a una vuelta completa, como la que describen los puntos de una circunferencia. Para dibujar una solo necesitas un compás. Fija la apertura, clava la punta en lo que será el *centro* de la circunferencia y traza un giro completo con el lápiz que hay en el otro brazo. ¡Ya tienes tu circunferencia!

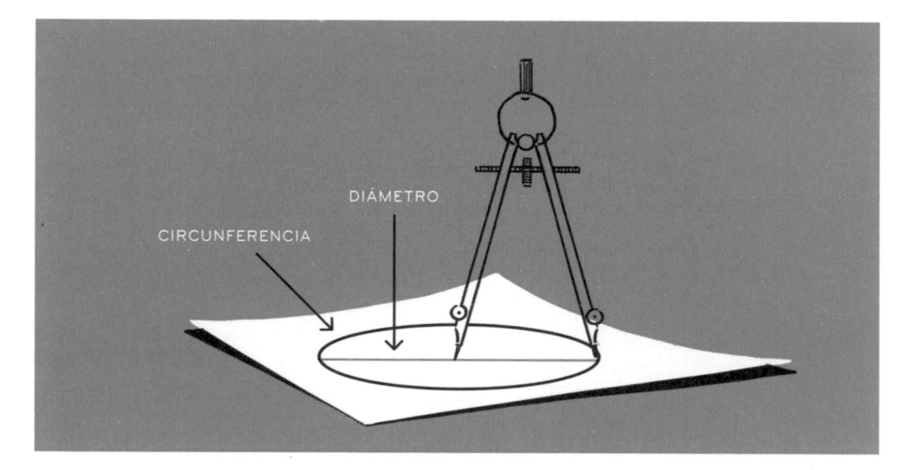

Si unes dos puntos opuestos, obtendrás su *diámetro*, un segmento que pasa por el centro y que mide exactamente el doble de la apertura que has utilizado para el compás.

Obviamente, a mayor apertura, más largo es el diámetro y más larga es la circunferencia. De hecho, existe una relación fija entre la longitud de ambas líneas: la circunferencia mide, aproximadamente, el triple que el diámetro. Pero solo aproximadamente, ya que, en realidad, es algo más larga. ¿Cuánto más, exactamente?

Pongamos que tomamos el diámetro como unidad de medida. Entonces, la circunferencia mide más de tres diámetros, pero menos de cuatro, es decir, una cantidad no entera de diámetros. A estas alturas, eso no debería suponer ningún problema: simplemente debes buscar alguna subunidad del diámetro que te permita abarcar de manera exacta la longitud de la circunferencia, tal y como hiciste con tu palmo y las baldosas. Sin embargo, aunque parezca un plan sin fisuras, no es tan fácil llevarlo a la práctica. Aunque lo intentes, no lo conseguirás usando mitades de diámetro, ni tercios, ni cuartos; tampoco con quintos ni con sextos. Cuando lo intentes con séptimos de diámetro, tendrás la sensación de que, por fin, lo has logrado, ya que la longitud de la circunferencia es prácticamente igual a $22/7$ de diámetro. Sin embargo, de nuevo, el encaje es tan solo aproximado.

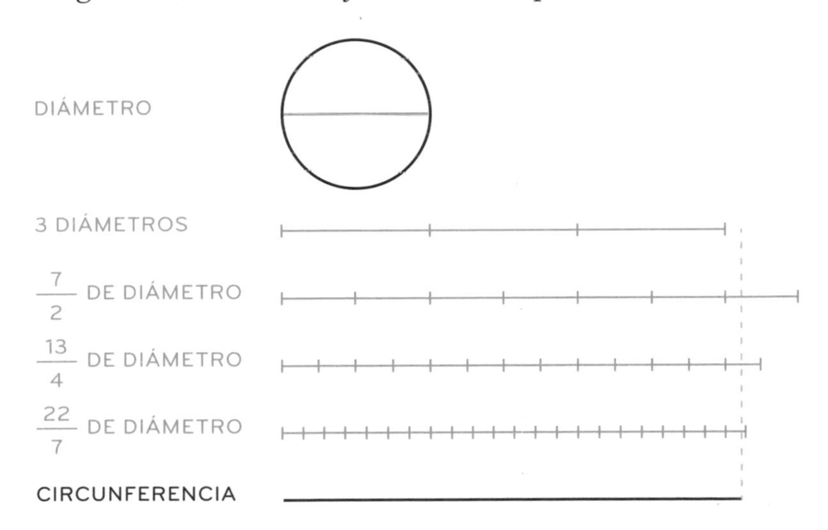

Por mucho que busques, jamás encontrarás ninguna subunidad del diámetro que se ajuste perfectamente a la circunferencia. Por eso se dice que ambas magnitudes son *inconmensurables*. Eso implica que, al escoger el diámetro como unidad, no puedas expresar la longitud de la circunferencia en forma de fracción ni, por lo tanto, como número decimal exacto o como número periódico. El número que relaciona la longitud del diámetro y la de la circunferencia es de una naturaleza diferente. Se le conoce como *número pi* y se simboliza mediante la correspondiente letra griega, π. Su valor aproximado es de 3,14, igual que el de la fracción $22/7$, pero, en realidad, está formado por infinitas cifras decimales que no siguen ningún tipo de patrón.

π = 3,141592653589793238462643383279502884
19716939937510582097494459230781640628
620899862803482534211706798214808651328
230664709384460955058223172535940812...

Aunque, claro está, es imposible llegar a conocer por completo el número π, cada año se calculan más y más de sus decimales mediante procedimientos numéricos que ejecutan potentes ordenadores. En el momento de escribir estas líneas, el récord está en 62,8 billones de decimales. Fue obtenido en agosto de 2021 por una supercomputadora de la Universidad de Ciencias Aplicadas de los Grifones, en Suiza, que estuvo trabajando durante más de 108 días seguidos. Y, sin embargo, es posible que, ahora mismo, mientras sostienes el libro entre tus manos, ese récord ya se haya superado.

Hay muchas otras cantidades relevantes que se comportan como el número π. Si dibujas un cuadrado cuyo lado mida un metro, tampoco podrás expresar la longitud de su diagonal —el segmento que une dos vértices opuestos— en forma de fracción, y su expresión decimal también estará formada por infinitas cifras sin ningún orden. Y lo mismo le sucede al número que, históricamente, se ha asociado con la belleza, el equilibrio y la proporción: el *número áureo.*[5] Todos ellos son ejemplos de *números irracionales,* mientras que todos aquellos que sí se pueden expresar en forma de fracción, enteros o no enteros, positivos o negativos, son los *números racionales.* Unos y otros conviven plácidamente en el amplio conjunto de los...

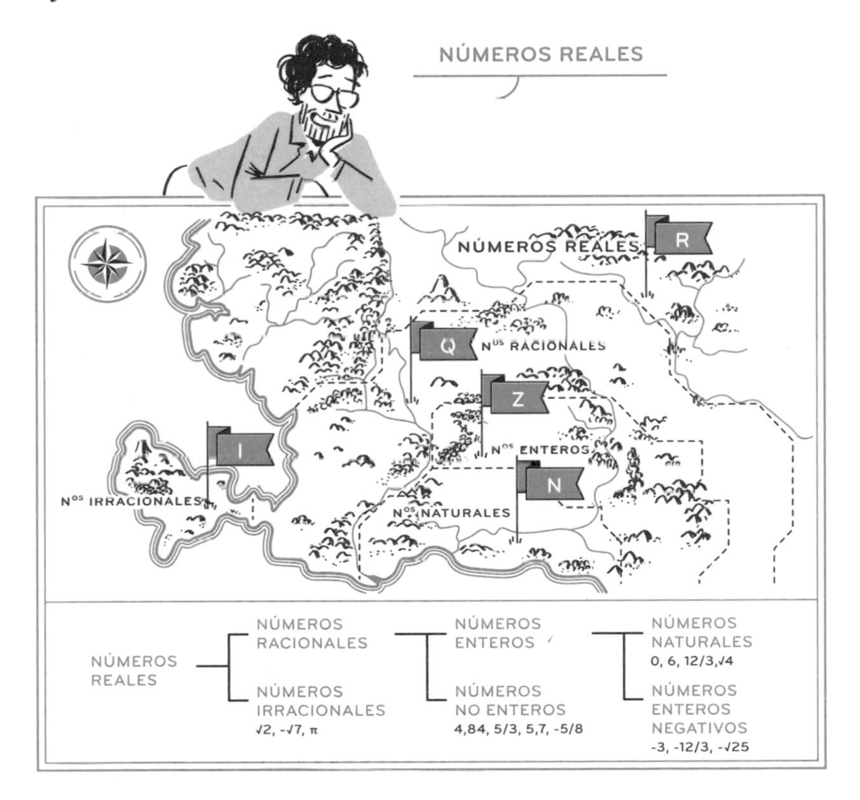

5 Hablaremos de él en el capítulo 8, «Decisiones proporcionadas.»

46

El resultado de una medida se puede expresar siempre mediante distintos tipos de unidades. Por ejemplo, para una distancia puedes escoger metros, kilómetros, millas o años luz, dependiendo de cuál sea el contexto físico o cultural. Lo importante es que en todo momento tengas claro cuál de ellas estás utilizando, no vaya a ser que acabes tú también perdiendo en el espacio una sonda interplanetaria valorada en millones de dólares.

Con los números sucede algo parecido: una misma cantidad puede adoptar distintas representaciones. De nuevo, eso no cambia la entidad del número en sí, sino solo su apariencia. Vale lo mismo $\frac{1}{4}$ que $\frac{2}{8}$ o que $\frac{25}{100}$, y esto último, a su vez, se puede escribir también como 0,25. Cambian los *disfraces,* pero el *personaje* siempre es el mismo. Por supuesto, según las necesidades, será más útil utilizar una representación u otra. En general, solemos preferir los números decimales a las fracciones: es mucho más habitual decir que alguien mide 1,75 metros que $\frac{7}{4}$ de metro, aunque se trate exactamente de la misma cantidad. Esto se debe, en parte, al uso generalizado de las calculadoras, pero también al hecho de que las operaciones con fracciones no siempre nos resultan intuitivas. No obstante, a veces, los números decimales no son la elección más adecuada.

Recuerdo un día que estaba preparando un examen de matemáticas y pensé que estaría bien anotar, junto a cada cuestión, la puntuación correspondiente. Como había tres preguntas, cada una debía valer la tercera parte de los diez puntos totales, es decir, $\frac{10}{3}$ de punto. Me imaginé, entonces, la cara de desconcierto de mis estudiantes al leer esas puntuaciones sobre el papel; sería mejor que las expresara en números decimales. Diez tercios de punto son tres puntos enteros más un tercio, es decir $3{,}\overline{3}$ puntos. Un número periódico tampoco resulta demasiado intuitivo, así que pensé en aproximarlo y escribir, simplemente, un 3,3. Sin embargo, eso habría desatado una avalancha de protestas al instante, ya que las tres actividades habrían sumado solo 9,9 en lugar del riguroso 10. La mala noticia era que, aunque decidiera mantener los valores exactos, la suma tampoco parecía cuadrar, ya que $3,\overline{3}+3,\overline{3}+3,\overline{3}=9,\overline{9}$. ¿Dónde había ido a parar la cantidad que faltaba para llegar a los diez puntos?

En realidad, a ninguna parte. El valor de una cantidad no puede depender de cómo la representemos. Si $^{10}/_{3}$ es exactamente lo mismo que $3,\overline{3}$, entonces el triple de lo primero, es decir, $^{30}/_{3}$ o, equivalentemente, 10, debe ser igual al triple de lo segundo. Así que, por mucho que te estalle la cabeza al leer esto, $9,\overline{9}$ debe ser exactamente igual a 10, que, a su vez, también es igual a $^{30}/_{3}$. Fíjate cuántas maneras diferentes de *vestir* a un mismo número.

Ya lo sabes, si alguna vez te ponen un $9,\overline{9}$ en un examen, no se te ocurra ir a reclamar quc tc suban la nota. Como mucho, puedes aprovechar para reivindicar que el uso de fracciones no siempre está tan mal.

CAPÍTULO

5

NO HAY NÚMEROS GRANDES, SINO OPERACIONES PEQUEÑAS

Hay algunas magnitudes demasiado grandes o demasiado pequeñas que nos cuesta imaginar e incluso representar. Por eso recurrimos a las potencias.

— CON LA PRESENCIA DE —

FERMI

PLANCK

ARQUÍMEDES

EN ESTE CAPÍTULO:

- Estimaremos cantidades desconocidas relacionadas con fenómenos físicos, sociales o cotidianos.
- Expresaremos cantidades muy grandes o muy pequeñas con la ayuda de las potencias.
- Comprobaremos las ventajas de las potencias para agilizar el cálculo.
- Calcularemos raíces cuadradas de forma aproximada.
- Propondremos nuevas operaciones con resultados inimaginablemente grandes.

Siempre recordaré mi primer día en la facultad de Física. El profesor de la primera asignatura nos dedicó unas palabras sobre las virtudes de la carrera que habíamos escogido y sobre lo cotizados que andaban los físicos a nivel laboral. Tras finalizar aquella soflama, que el centenar de debutantes escuchamos con cierta incredulidad, nos repartió unas fotocopias con los problemas de la asignatura. Fue leer la primera pregunta y olvidar de golpe el desconcierto por el discurso anterior. El enunciado decía algo así: «¿Cuántos afinadores de piano hay en Chicago?». Todos sabíamos que aquel no iba a ser un curso fácil y que los sólidos conocimientos adquiridos durante la secundaria pronto mostrarían sus limitaciones. Pero nos esperábamos ejercicios sobre poleas, planos inclinados y proyectiles. ¿Qué tenían que ver unos afinadores de piano con todo aquello? Y, sobre todo, ¿cómo era posible responder a la pregunta de forma exacta sin disponer de más datos? Esa fue mi primera experiencia con un *problema de Fermi*.

Los problemas de Fermi[1] son preguntas en las que se nos pide que estimemos una cierta cantidad desconocida sin contar con toda la información necesaria. No solo nos faltan datos numéricos, sino que tampoco queda claro cuáles vamos a necesitar ni qué procedimiento debemos aplicar. Para hallar una respuesta, hay que

---

1 Los problema de Fermi reciben este nombre porque fue el físico italiano Enrico Fermi quien popularizó este tipo de preguntas.

realizar suposiciones que tengan cierto sentido e ir construyendo un razonamiento que nos conduzca a una solución aproximada.

En lo que se refiere a los afinadores, podemos suponer que en Chicago viven unos tres millones de personas y que una de cada cien personas tiene un piano en casa. Eso significa que hay un total de 3 000 000/100=30 000 pianos. También parece razonable asumir que cada piano necesita ser afinado una vez al año. Por lo tanto, si consideramos que un año tiene aproximadamente cincuenta semanas, hay unos 30 000/50=600 pianos que afinar por semana. ¿Cuál es el volumen de trabajo que puede asumir un afinador? Pongamos que se puede encargar de tres pianos al día y, en consecuencia, de unos quince a la semana. Entonces harán falta unos 600/15=40 afinadores para cubrir las necesidades de la ciudad.

Probablemente, tú no escogerías los mismos valores, o quizá seguirías un razonamiento distinto y, por lo tanto, obtendrías un resultado diferente. Pero, y esta es la clave, si tanto tus estimaciones como las mías son realistas y razonables, nuestras respuestas no deberían ser demasiado dispares. No deberías obtener ni 5 ni 2000, sino quizás 30, 50 o incluso 100. En este tipo de problemas, lo principal no es el resultado exacto, sino su orden de magnitud, es decir, su tamaño aproximado: ¿hablamos de decenas?, ¿de centenas?, ¿o de millones?

Existen múltiples ejemplos de problemas de Fermi: ¿Cuántos pelos tienes en la cabeza? ¿Cuántos aviones están sobrevolando ahora mismo el océano Atlántico? ¿Cuántos átomos hay en el universo? Y, sobre todo, ¿cuántas personas comprarán este libro?

En los casos que tienen que ver con escalas extremas, como las del universo o las del mundo microscópico, a la incertidumbre propia del problema debemos añadirle la dificultad para expresar cantidades muy grandes o muy pequeñas. Eso puede provocar que los cálculos se vuelvan engorrosos o que se nos pierda un cero por alguna parte. Por eso conviene disponer de herramientas para representar dichas cantidades de una manera compacta e inteligible.

Esto es lo que tuvo que hacer Arquímedes hace más de dos mil años. El mismo Arquímedes de la palanca, de la flotabilidad y de los espejos gigantes para derrotar a flotas enemigas. En su obra *El arenario* se planteó la siguiente pregunta: «¿Cuántos granos de arena harían falta para llenar el universo entero?». Sin duda, un buen problema de Fermi. Hay que tener en cuenta que en aquella época se creía que el universo era mucho menor de lo que hoy sabemos. Pero, aun así, debía tratarse de una cantidad enorme de granos de arena. Una cantidad que no podía expresarse con el sistema de numeración griego en uso.

Así que el primer problema al que Arquímedes tuvo que enfrentarse fue el de cómo expresar números muy grandes. Para ello, desarrolló un sistema de numeración propio que le permitía indicar cantidades enormes, tan grandes como el número de granos de arena que cabrían en el universo, incluso mucho mayores. El mayor de todos los números que llegó a imaginar equivalía a un uno seguido de ochenta mil billones de ceros. Pero no te confundas, no me refiero al número *ochenta mil billones*, que sería largo pero abordable, sino a un número con esa cantidad de ceros, sin duda, extremadamente mayor.

En general, siempre que nos apartamos de nuestras escalas cotidianas, aparecen cantidades tan enormes o tan diminutas que se escapan de nuestra intuición y que no sabemos ni siquiera cómo pronunciar. Entonces, ¿cómo vamos a preguntarnos lo que sea sobre ellas? Lo primero que necesitamos son maneras de representar esos números, de hacerlos tangibles, de trasladarlos a nuestro tamaño y de convertirlos en algo que podamos manipular. Tal y como estás a punto de comprobar, gracias a las *potencias* podemos representar el universo entero en un pequeño trozo de papel.

UNA OPERACIÓN POTENTE

¿Cómo podríamos conseguir un número de nueve dígitos usando tan solo dos dígitos? Sé que se parece a aquel chiste que decía: «¿Cómo meterías cuatro elefantes en un seiscientos? Dos delante y dos detrás». Pero en este caso, en cambio, la pregunta va en serio. Te daré una pista: puedes utilizar operaciones para expresar ese número. Por ejemplo, podrías escribir 9+9, que es lo mismo que 18; o 9·9, que es 81. Sin embargo, en ninguno de ambos casos ganas demasiado: usas dos dígitos y obtienes un número de dos dígitos. Ya puestos, sería mejor escribir 99, que es mayor que los dos anteriores. Y usar una resta o una división aún sería peor negocio. Necesitamos una operación de una potencia legendaria.

Cuenta la leyenda que, un día de Navidad, un padre pidió a su hija de diez años que lo ayudara a preparar la mesa de la comida. Iban a ser veinte personas. La niña hizo su trabajo con tal entrega y esmero que el padre quiso recompensarla de la manera que ella deseara. La pequeña llevaba días queriendo comerse unos cuantos caramelos, así que pidió a su progenitor que pusiera dos dulces en un plato, cuatro en el plato de su derecha, ocho en el siguiente y así sucesivamente, doblando cada vez la cantidad anterior, hasta haber rellenado los veinte platos. El padre accedió sin problemas. «Por suerte, compré una bolsa grande para estas vacaciones, así que tendré de sobra», se dijo. Sin embargo, todavía no llevaba ni la mitad de platos cuando se dio cuenta de que había caído en una trampa y de que no habría tenido suficientes caramelos para satisfacer el deseo de su hija ni aunque hubiera comprado todas las bolsas del supermercado.

Veamos, por ejemplo, cuántos caramelos debería colocar en el plato número diez. Para ello analizaremos qué ocurre con los primeros platos e intentaremos encontrar un patrón que nos sirva para todos los demás.

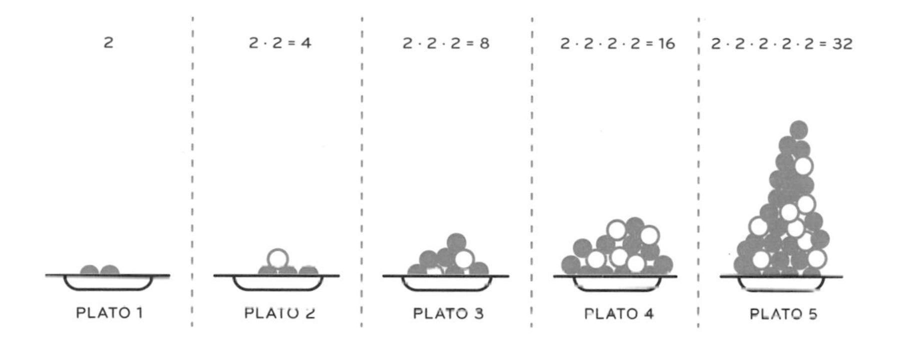

Para saber directamente el número de caramelos que hay que colocar en un determinado plato, debemos multiplicar tantos doses como indique la posición del plato en cuestión: para el tercer plato debemos multiplicar tres doses; para el cuarto, cuatro, etc. Por lo tanto, para el décimo plato tenemos que multiplicar diez veces el dos:

$$2 \cdot 2 \cdot 2 \cdot 2 \cdot 2 \cdot 2 \cdot 2 \cdot 2 \cdot 2 \cdot 2$$

Te dejo que compruebes cuál es el resultado con tu propia calculadora. Y, sobre todo, que experimentes en tus propias carnes lo tediosa que puede llegar a ser la repetición de la misma operación una y otra vez hasta llegar a diez. ¡Imagínate cómo estaremos en el último plato!

Si quisiéramos sumar diez veces un mismo número, no escribiríamos diez veces la misma operación, sino que utilizaríamos una multiplicación.

$$2 + 2 + 2 + 2 + 2 + 2 + 2 + 2 + 2 + 2 = 10 \cdot 2 = 20$$

Cuando en lugar de una suma lo que se repite es una misma multiplicación, podemos realizar una *abreviación* parecida mediante el uso de una *potencia*.

$$2 \cdot 2 \cdot 2 \cdot 2 \cdot 2 \cdot 2 \cdot 2 \cdot 2 \cdot 2 \cdot 2 = 2^{10}$$

ESTO SE LEE DOS ELEVADO A DIEZ

Una potencia es la multiplicación de una misma cantidad repetida un determinado número de veces. Está formada por dos números. Primero se escribe el número que se debe multiplicar, que se llama *base*. A continuación, escribimos en forma de superíndice el número de veces que hay que multiplicar la base, que recibe el nombre de *exponente*.

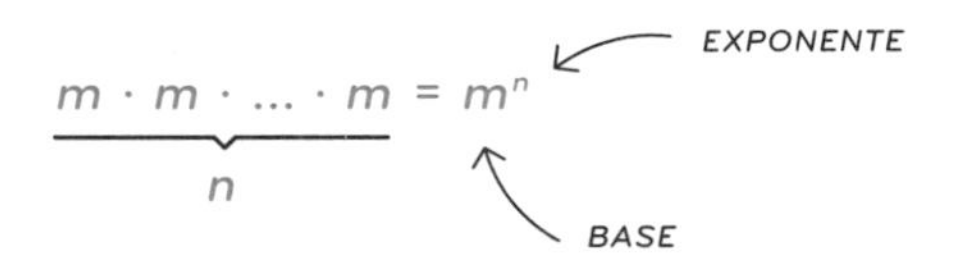

Para evaluar una potencia con una calculadora, normalmente se utiliza la tecla x^y. Aunque esto puede depender del modelo, así que tendrás que investigarlo en el tuyo. Cuando lo hayas hecho, podrás comprobar rápidamente que el padre de nuestra leyenda debería colocar más de mil caramelos en el décimo plato, ya que $2^{10}=1024$.

Esos son más caramelos de los que hay en una bolsa entera. Además, debemos contar todos los que ya se han colocado en los platos anteriores. ¡Y aún quedan diez platos más! Si esto no te impresiona demasiado, podemos calcular cuántos caramelos habría que poner en el último plato, el veinte. Para ello, debemos multiplicar veinte veces dos o, lo que es lo mismo, elevar dos a veinte: $2^{20}=1\,048\,576$.

Eso significa más de mil bolsas, a diez euros cada una, ¡10 000 euros! Sin duda, a nuestro pobre padre no le queda más remedio que reconocer, con deportividad y resignación, su derrota ante la hija.[2]

2 La leyenda original habla de un poderoso brahmán de la antigua India y de un sirviente que inventa el juego del ajedrez para su señor y que pide como recompensa todos los granos de trigo que quepan en un tablero, empezando con un grano en la primera casilla y duplicando en cada casilla siguiente lo que haya en la anterior.

La moraleja de la historia es que, si multiplicamos una cantidad por sí misma diversas veces, el resultado va aumentando muy rápidamente, pero que, por fortuna, las potencias nos ayudan a expresar números muy grandes, como ese, de manera compacta.

Eso hace que, por ejemplo, puedas expresar un número de nueve dígitos usando solo dos, tal y como te he pedido hace un momento.

EL UNIVERSO EN UN PEDAZO DE PAPEL

Así pues, con una base y un exponente, aquí tienes el número de granos de arena que caben en el universo según Arquímedes:

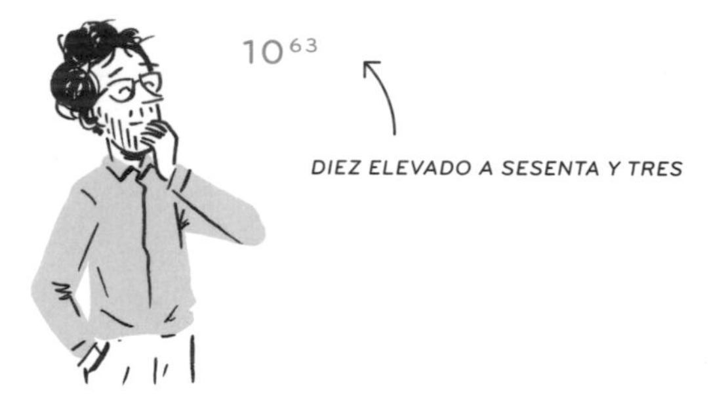

Esta es la estimación que el genio de Siracusa publicó en su *Arenario*. Sin duda parece una cantidad enorme y es fascinante que podamos expresarla en tan poco espacio, pero ¿cuál es realmente su tamaño? ¿Cuántos dígitos hay ahí *comprimidos*? Si lo introduces en la calculadora, verás que te retorna la misma expresión: 10^{63}. A lo sumo la cambiará por un $1 \cdot 10^{63}$, que, si lo piensas bien, viene a ser lo mismo. No es que la calculadora no funcione, sino que no tiene espacio suficiente para mostrar, una a una, todas las cifras que componen ese número. Resulta complicado referirse a él sin utilizar una potencia, pero eso no significa que no podamos hacernos una idea algo más tangible de su tamaño.

En matemáticas suele ser buena estrategia comenzar por un caso sencillo que sepamos resolver y con el que podamos entender cómo funcionan las cosas, para luego atacar un problema más complicado. Así que empecemos por una cantidad más cercana como, por ejemplo, 10^3. Tal y como venimos diciendo, esta es una manera abreviada de escribir el producto de tres dieces:

$$10^3 = 10 \cdot 10 \cdot 10 = 1000$$

En nuestro sistema de numeración, cada vez que multiplicamos por diez saltamos a una posición superior, es decir, las decenas se convierten en centenas, las centenas en millares, estos en decenas de millares y así sucesivamente. De manera que cada vez que multiplicamos por diez un número entero, añadimos un cero al resultado final. Por eso 10^3 es igual a un uno seguido de tres ceros. De manera parecida, 10^6 equivale a un uno seguido de seis ceros, es decir, a un millón. Y 10^{12} tiene 12 ceros después del uno. Esto último equivale a un millón de millones, es decir, a un billón.[3]

$$10^6 = 10 \cdot 10 \cdot 10 \cdot 10 \cdot 10 \cdot 10 = 1\,000\,000$$

$$10^{12} = 10 \cdot 10 \cdot 10 \cdot 10 \cdot 10 \cdot 10 \cdot 10 \cdot 10 \cdot 10 \cdot 10 \cdot 10 \cdot 10 = 1\,000\,000\,000\,000$$

A partir de todos estos casos concretos podemos realizar la siguiente generalización: en una potencia de diez, el exponente nos indica cuántos dieces hay que multiplicar y, por lo tanto, cuántos ceros tendrá el resultado final.

$$10^n = 1\,\underbrace{00...00}_{n}$$

3 Estrictamente, se trata de un billón europeo. Un billón estadounidense equivale a mil millones, un uno seguido de nueve ceros o, en forma de potencia, 10^9.

Por consiguiente, el número que representa la cantidad de granos de arena que cabrían en el universo según Arquímedes es un uno seguido de sesenta y tres ceros.

Las potencias de diez resultan especialmente prácticas para expresar cantidades muy grandes de manera compacta. Por ejemplo, la velocidad de la luz vale aproximadamente trescientos millones de metros por segundo, 300 000 000 m/s. Esto es lo mismo que escribir 3·100 000 000 m/s o, equivalentemente, $3 \cdot 10^8$ m/s, ya que hay un uno seguido de ocho ceros. Esta forma de escribir números grandes recibe el nombre de...

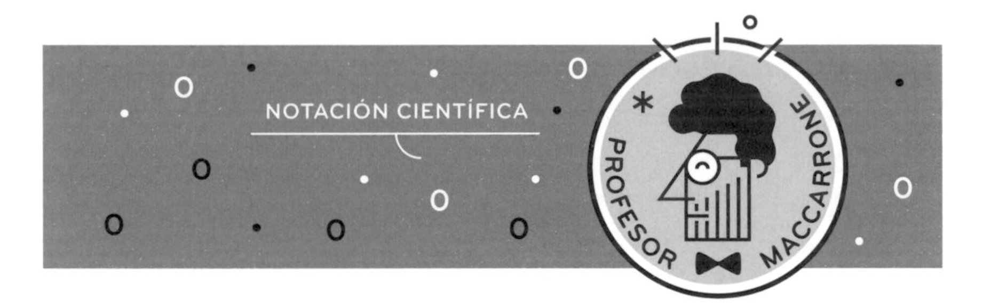

Como ves, consta de dos elementos multiplicados: un número comprendido entre uno y diez —en el ejemplo anterior, el 3— y una potencia de diez. El exponente de dicha potencia es el *orden de magnitud*[4] y nos da una idea de cuán grande es la cantidad.

4 A menudo, para determinar el orden de magnitud, se redondea antes la cantidad en cuestión. Así, por ejemplo, $3 \cdot 10^5$ está más cerca de 10^5 que de 10^6, de manera que su orden de magnitud es igual a cinco. En cambio, $8 \cdot 10^5$ se aproxima más a 10^6, por lo que podemos decir que su orden de magnitud es igual a seis.

Si el orden de magnitud es igual a tres (10^3), estaremos hablando de millares; si es igual a seis (10^6), de millones; si es igual a nueve (10^9), de millares de millones, etc. Saber leer este tipo de números es muy útil, por ejemplo, para comprender publicaciones científicas. Pero no basta con leerlos, también hay que saberlos interpretar.

ORDEN DE MAGNITUD

$$3 \cdot 10^9$$

COEFICIENTE

En su libro *El hombre anumérico*, el matemático y divulgador John Allen Paulos nos recomienda que busquemos objetos o conjuntos de referencia que nos ayuden a tener una idea intuitiva de los distintos órdenes de magnitud. Así, por ejemplo, para mí, cien son las personas que cabíamos en el aula de la facultad de Física; mil son las páginas de mi edición de *El señor de los anillos* y cien mil son los espectadores que caben en el estadio del Camp Nou. Por supuesto, no son números exactos: en la página web del Fútbol Club Barcelona se especifica que el campo tiene capacidad para 99 354 personas; el libro de Tolkien tiene 1392 páginas y en el primer curso de la carrera éramos 120 estudiantes. Se trata simplemente de hacernos una idea aproximada del orden de magnitud, de saber distinguir mil de diez mil o de un millón. Así que te recomiendo que tú también busques ejemplos propios que te ayuden a dar sentido a cada una de esas cantidades.

La notación científica nos permite relacionarnos con lo muy pequeño y con lo inmensamente grande sin perder la compostura. El número de estrellas en el universo es de $3 \cdot 10^{23}$, mientras que en un solo litro de agua hay alrededor de $3 \cdot 10^{25}$ moléculas. Parece que hay menos estrellas en el universo que moléculas en una botella de agua: el microcosmos puede ser aún más inmenso que el macrocosmos. Y lo mejor de todo es que uno y otro se pueden anotar en un simple trozo de papel.

PARA MULTIPLICAR, SUMAMOS

Vamos a plantear una versión actualizada de la pregunta de Arquímedes y, en lugar de granos de arena, investigaremos cuántos átomos hay en el universo. No vamos a ser demasiado precisos, solo intentaremos conocer el *orden de magnitud*. Para empezar, podemos considerar que se estima que hay alrededor de $3 \cdot 10^{23}$ estrellas en el universo, pero para simplificar los cálculos vamos a quedarnos simplemente con el 10^{23}. No te escandalices, ya te he advertido de que íbamos a ser poco precisos.

Las estrellas pueden tener tamaños muy diversos, pero en promedio tienen una masa de 10^{32} kg. Por lo tanto, es como si en el universo hubiera unas 10^{23} estrellas de 10^{32} kg, así que, para saber cuántos kg de materia hay en todo el universo, hemos de multiplicar 10^{32} por 10^{23}. Ahora solo nos falta saber cuántos átomos hay en 1 kg. Vamos a suponer que en el universo solo hay átomos de hidrógeno, el elemento más ligero. Esta simplificación también puede parecerte una barbaridad, pero piensa que alrededor de un 70 % de la materia conocida está formada por hidrógeno. Y cerca de un 28 %, está compuesta por helio, que no es mucho más pesado. Pues bien, en 1 kg de hidrógeno hay cerca de 10^{27} átomos.

¡Así que ya lo tenemos! Sabemos cuántas estrellas hay —10^{23}—, cuánta masa tiene cada una de ellas —10^{32} kg— y cuántos átomos hay en cada kg de materia —10^{27}—. Con lo cual, solo nos queda multiplicarlo todo:

$$10^{23} \cdot 10^{32} \cdot 10^{27}$$

NÚMERO DE ÁTOMOS EN EL UNIVERSO

Se trata de tres colosos numéricos, cada uno de ellos con una larga ristra de ceros. Lo sé, dan vértigo y parecen inaccesibles, pero más allá de la apariencia, si lo piensas fríamente, no son más que muchos dieces multiplicados entre sí.

$$10^{23} = \underbrace{10 \cdot 10 \cdot \ldots \cdot 10}_{23}$$

$$10^{32} = \underbrace{10 \cdot 10 \cdot \ldots \cdot 10}_{32}$$

$$10^{27} = \underbrace{10 \cdot 10 \cdot \ldots \cdot 10}_{27}$$

Por lo tanto, si lo juntamos todo tendremos un total de 23+32+27=82 dieces, lo cual se puede escribir como 10^{82}.

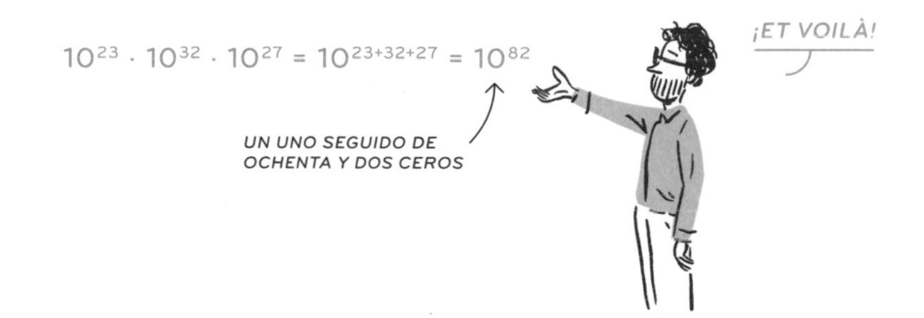

Si pudiéramos realizar los cálculos de manera exacta, probablemente la primera cifra no sería un uno, o quizá tendríamos un cero más o un cero menos, pero eso no modificaría sustancialmente el resultado ni nuestra percepción del mismo. Se trata, sin duda, de un número muy grande comparado con las cantidades que manejamos cotidianamente. También lo es si lo comparamos con el número de granos de arena que cabían en el universo según Arquímedes, que era de 10^{63}. Nuestro resultado tiene diecinueve dieces más, es decir, es 10^{19} veces mayor o, lo que es lo mismo, diez trillones de veces mayor.

Sin embargo, no es tan grande si lo comparamos con lo que la mente humana puede llegar a imaginar. ¿Has oído hablar, por ejemplo, del *gúgol*? En 1938, un niño de nueve años acuñó ese término para referirse al número 10^{100}, y unos cuantos años más tarde cierta compañía tecnológica estadounidense se inspiró en él para bautizar a su buscador. Y si andas buscando algo aún más descomunal, puedes usar un *gúgolplex*, que es diez elevado a un gúgol. Pero los números tan grandes no solo existen como puros objetos imaginarios. Hay cosas que se pueden contar y que son así de *numerosas*. Por ejemplo, se estima que el número de partidas de ajedrez distintas que se podrían llegar a jugar es de 10^{100000}. Es decir, existen muchas más posibilidades en un juego creado por el ser humano que átomos hay en el universo.

El cálculo que acabamos de realizar nos ha descubierto una interesante propiedad de las potencias: para multiplicarlas, hemos sumado los exponentes.

$$a^n \cdot a^m = \underbrace{a \cdot a \cdot \ldots \cdot a}_{n} \cdot \underbrace{a \cdot a \cdot \ldots \cdot a}_{m} = \underbrace{a \cdot a \cdot \ldots \cdot a}_{n+m} = a^{n+m}$$

REGLA DE LA SUMA DE EXPONENTES

Esto no es algo específico de las potencias de diez: siempre que multiplicamos dos potencias con la misma base, el resultado es igual a dicha base elevada a la suma de los exponentes.

$$2^3 \cdot 2^5 = \overbrace{2 \cdot 2 \cdot 2}^{} \cdot \underbrace{2 \cdot 2 \cdot 2 \cdot 2 \cdot 2}_{} = 2^8 = 2^{3+5}$$

Ahora bien, si las potencias que multiplicamos no tienen la misma base no podremos reunir todos los factores en una única potencia y no nos quedará más remedio que evaluar cada una de las potencias por separado y entonces multiplicar.

$$2^3 \cdot 3^2 = 8 \cdot 9 = 72$$

¿Y RESTAMOS PARA DIVIDIR?

¿Y si en lugar de multiplicar te pido que dividas estas dos potencias?

$$\frac{3^{50002}}{3^{50000}}$$

No hace falta que pierdas el tiempo intentando obtener el resultado con tu calculadora. A menos de que se trate de un modelo bastante avanzado, será incapaz de evaluar unas cantidades tan elevadas. Y, sin embargo, el resultado es extremadamente simple. Para llegar a él vamos a seguir la misma estrategia que antes: primero analizaremos un ejemplo más sencillo y luego volveremos a este monstruo.

¿Recuerdas la leyenda del padre y los caramelos? Vamos a comparar el contenido de dos de los platos que había sobre la mesa: el del tercero, que era de 2^3 caramelos, y el del quinto, que era de 2^5 caramelos. Supón que queremos saber cuántos platos número 3 necesitamos para rellenar el plato número 5. Para descubrirlo podemos dividir el número de caramelos del quinto plato entre el número de caramelos del tercer plato, lo cual equivale a dividir el producto de cinco doses entre el producto de tres doses.

$$\frac{2^5}{2^3} = \frac{2 \cdot 2 \cdot 2 \cdot 2 \cdot 2}{2 \cdot 2 \cdot 2}$$

Multiplicar por dos y luego dividir entre dos es como no hacer nada. Es decir, que cada dos que divide *compensa* a uno de los doses que multiplica. Eso lleva a que podamos simplificar la expresión eliminando parejas de doses arriba y abajo. Al hacerlo solo *sobreviven* dos de los doses, así que es como si hubiésemos restado los exponentes.

$$\frac{2^5}{2^3} = \frac{2 \cdot 2 \cdot \not{2} \cdot \not{2} \cdot \not{2}}{\not{2} \cdot \not{2} \cdot \not{2}} = 2 \cdot 2 = 2^2 = 2^{5-3}$$

Para comprobar este resultado, puedes evaluar cada potencia por separado y realizar la división.

$$\frac{2^5}{2^3} = \frac{32}{8} = 4 = 2 \cdot 2 = 2^2$$

En general, cuando dividimos dos potencias con la misma base, el resultado es una potencia con esa misma base y con el exponente igual a la diferencia entre el exponente del dividendo y el del divisor.

$$\frac{a^n}{a^m} = \frac{\overbrace{\not{a} \cdot \not{a} \cdot \ldots \cdot \not{a} \cdot a \cdot \ldots \cdot a}^{n}}{\underbrace{\not{a} \cdot \not{a} \cdot \ldots \cdot \not{a}}_{m}} = a^{n-m}$$

REGLA DE LA RESTA DE EXPONENTES

Como ves, el uso de potencias para expresar cantidades no solo nos permite condensar números grandes en poco espacio, sino también convertir multiplicaciones en sumas y divisiones en restas, lo cual ayuda a simplificar ciertos cálculos, como por ejemplo, el que te proponía hace un momento.

$$\frac{3^{50002}}{3^{50000}} = 3^{50002-50000} = 3^2 = 9$$

ELÉVATE A CERO

En la versión española de *Los Simpson*, Bart suele utilizar la expresión *¡multiplícate por cero!* para burlarse de los demás. El primogénito de la familia amarilla demuestra aquí un buen conocimiento de la multiplicación y de sus propiedades, puesto que cualquier número multiplicado por cero es igual a cero, con lo que su frase es una original manera de espetarle a alguien que desaparezca. Si multiplicar por cero tiene un efecto tan aniquilador, ¿cómo debe de ser elevar a un exponente igual a cero?

Una vez más, empecemos por algunos casos conocidos que nos sirvan como referencia. En dos elevado a tres hay tres doses multiplicándose; en dos elevado a dos hay dos doses; entonces, en dos elevado a uno habrá un único dos. Es decir, un exponente igual a uno tiene un efecto neutro, igual que multiplicar por uno. ¿Significa eso que elevar a cero provocará lo mismo que multiplicar por cero?

De entrada, podría parecer que así es: si el exponente vale cero, no habrá nada que multiplicar. Si en la famosa mesa de Navidad no hubiera ningún plato, el padre no tendría dónde colocar ningún caramelo. Pero, cuidado, porque en matemáticas la intuición no siempre es la mejor consejera.

Una manera de obtener una potencia con el exponente igual a cero es dividir entre sí dos potencias idénticas, por ejemplo, $2^3/2^3$. Al tratarse de dos potencias con la misma base, deberíamos poder restar sus exponentes para obtener el resultado. Al ser estos iguales, su diferencia es igual a cero. Por otro lado, si dividimos un número entre sí mismo el resultado siempre es igual a uno.[5] Como una operación idéntica no debería darnos resultados distintos dependiendo de cómo decidamos resolverla, podemos concluir que dos elevado a cero ha de ser igual a uno.

$$\frac{2^3}{2^3} = 2^{3-3} = 2^0$$

$$\frac{2^3}{2^3} = 1$$

$$2^0 = 1$$

Tal y como esperábamos, 2^0 es una cantidad que no contiene ningún dos, pero lo que *sobrevive* al eliminar todos los doses no es un cero, sino un uno. Puedes repetir el mismo procedimiento con cualquier otra base y llegarás siempre a la misma conclusión: cualquier número elevado a cero es igual a uno. Así que lo de «elévate a cero» no parece tan efectivo como lo de «multiplícate por cero».

Llegados a este punto quizás estés pensando: «De acuerdo, entiendo la demostración, pero me cuesta comprender el sentido exacto de elevar un número a cero. Me has dicho que una potencia era una manera abreviada de escribir la multiplicación repetida de un mismo número. Si el exponente vale dos, tres o diez mil, sé cómo calcularlo, pero no sé cómo conectar esta definición con un exponente igual a cero».

5 Excepto si dividimos cero entre cero, ya que en este caso se trata de una operación no definida. Por lo tanto, el resultado que obtenemos aquí es válido siempre que la base de la potencia sea distinta de cero.

Si tienes estas dudas u otras parecidas rondando por la cabeza, has de saber que te entiendo perfectamente. En matemáticas, es habitual que empecemos definiendo un concepto de una determinada manera aplicable a ciertos casos, pero que luego acabemos generalizando dicha definición para abarcar también otras situaciones. Por lo que respecta a las potencias, hemos partido de una definición que funcionaba perfectamente cuando el exponente era un número entero positivo. Además, hemos deducido algunas propiedades, como la suma o la resta de exponentes para multiplicar o dividir potencias con la misma base. Sin embargo, ha habido un detalle sutil que no hemos mencionado. En todos los casos de divisiones entre potencias que hemos considerado, hemos asumido, tácitamente, que el exponente del dividendo era mayor que el exponente del divisor, y hasta aquí todo cuadraba.

Ahora bien, es perfectamente lícito preguntarse qué ocurre cuando el dividendo y el divisor tienen el mismo exponente. En este caso nadie nos garantiza que podamos utilizar la regla de la resta de exponentes, ya que no se cumplen las condiciones que habíamos asumido a la hora de deducirla. Pero podemos decidir intentar aplicarla igualmente y ver qué pasa. Al hacerlo, nos topamos con un cero en el exponente, que es algo que, de entrada, no entendemos qué significa. Por otro lado, sabemos perfectamente que esta división debe ser igual a uno, porque estamos dividiendo entre sí dos cantidades iguales. Entonces, podemos decidir que un número elevado a cero sea igual a uno. Así matamos dos pájaros de un tiro: damos sentido a un exponente igual a cero y extendemos la validez de la resta de exponentes a los casos en que ambos sean iguales.

Sí, has leído bien, he escrito *podemos decidir*. En matemáticas no todo resultado aparece automáticamente de manera necesaria. Hay cuestiones arbitrarias en las que tenemos cierto margen de decisión. Esto nos permite definir los conceptos y sus representaciones para que todo encaje de la manera más simple y armoniosa posible. Eso sí, debemos asegurarnos de que todo sea consistente y de que no aparezcan contradicciones. Por lo tanto, a la pregunta concreta «¿por qué un número elevado a cero es igual a uno?», la respuesta más sincera es «porque así lo hemos decidido», ya que, de esta manera, podemos ampliar el ámbito de validez de la regla de la resta de exponentes.

MÁS PEQUEÑO TODAVÍA

Y ya puestos, ¿por qué conformarnos con que ambos exponentes sean iguales? Vamos a ver qué sucede cuando dividimos dos potencias con la misma base y el exponente del divisor mayor que el del dividendo, por ejemplo, $2^2/2^3$. Si restamos los exponentes, obtenemos un exponente negativo, algo que, de nuevo, no sabemos qué significa.

$$\frac{2^2}{2^3} = 2^{2-3} = 2^{-1}$$

$$\frac{2^2}{2^3} = \frac{\not{2} \cdot \not{2}}{\not{2} \cdot \not{2} \cdot 2} = \frac{1}{2}$$

Por otro lado, si desglosamos ambas potencias en los factores que las componen y simplificamos los doses repetidos, obtenemos que el resultado es ½. Eso tiene sentido porque, en realidad, estamos dividiendo cuatro entre ocho. De manera análoga a lo que hemos hecho en el caso del exponente igual a cero, ahora podemos decidir que 2^{-1} es igual a ½ .

$$2^{-1} = \frac{1}{2}$$

Y si dividimos $2^2/2^4$, sucederá algo parecido.

$$\frac{2^2}{2^4} = 2^{2-4} = 2^{-2}$$

$$\frac{2^2}{2^4} = \frac{\cancel{2} \cdot \cancel{2}}{\cancel{2} \cdot \cancel{2} \cdot 2 \cdot 2} = \frac{1}{2^2}$$

$$2^{-2} = \frac{1}{2^2}$$

En general, una potencia con exponente negativo se puede reescribir invirtiendo la base y cambiando el signo del exponente.[6]

$$a^{-n} = \frac{1}{a^n}$$

REGLA GENERAL

Esta propiedad hace que los exponentes negativos sean el instrumento ideal para expresar cantidades pequeñas.

O tan diminutas como el radio de un átomo, que es de 0,000 000 000 1 m. En efecto, diez elevado a menos uno es un décimo, es decir, 0,1; diez elevado a menos dos es un centésimo, es decir, 0,01; y así sucesivamente.

6 De nuevo, esta propiedad solo es válida mientras la base no sea igual a cero.

$$10^{-1} = \frac{1}{10} = 0{,}1$$

$$10^{-2} = \frac{1}{10^2} = \frac{1}{100} = 0{,}01$$

$$10^{-3} = \frac{1}{10^3} = \frac{1}{1000} = 0{,}001$$

$$10^{-4} = \frac{1}{10^4} = \frac{1}{10\,000} = 0{,}0001$$

Cuando el exponente es -1, el uno ocupa la primera posición decimal; cuando es -2, ocupa la segunda posición decimal; cuando es -3, ocupa la tercera, etc. Si queremos que el uno ocupe la décima posición decimal, necesitaremos que el exponente sea -10. Por lo tanto, el radio atómico es de 10^{-10} m.

Multiplicar un número por una potencia positiva de diez hace que todas sus cifras se desplacen hacia la izquierda tantas posiciones como indica el exponente. En cambio, si lo multiplicamos por una potencia negativa de diez, sus cifras se desplazan hacia la derecha.

$$1{,}6 \cdot 10^{5} = 160\,000$$

$$1{,}6 \cdot 10^{-5} = 0{,}000\,016$$

En el ámbito de la física microscópica, las magnitudes tienen valores minúsculos comparados con nuestro mundo cotidiano. Por ello, para expresarlas mediante unidades de medida que nos resulten familiares, como el metro, el kilogramo o el segundo, solemos utilizar la notación científica con exponentes negativos. La masa del electrón es de $9{,}1 \cdot 10^{-31}$ kg; un microprocesador de una computadora tarda unos $2 \cdot 10^{-9}$ s en realizar una suma; y la longitud de onda de la luz visible está comprendida entre $3{,}8 \cdot 10^{-7}$ m y $7{,}5 \cdot 10^{-7}$ m.

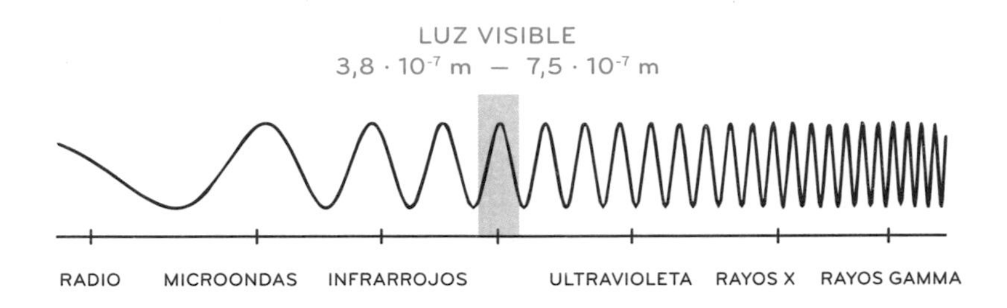

Existe un límite teórico a lo que podemos llegar a medir: la longitud de Planck ($1{,}6 \cdot 10^{-35}$ m) y el tiempo de Planck ($5{,}4 \cdot 10^{-44}$ s). No se trata de una imperfección de nuestros aparatos de medida, sino de una restricción más fundamental, relacionada con los principios de la física cuántica. A esas escalas, el tiempo y el espacio dejan de ser esas entidades continuas y estables que conocemos y se convierten en una especie de espuma fluctuante. Sabemos muy poco de lo que ocurre en esas escalas de distancia y de tiempo porque allí nuestras teorías actuales dejan de funcionar. En cualquier caso, aunque quizá no podamos llegar nunca a medir esas magnitudes tan minúsculas, como ves, no tenemos ningún problema en representarlas matemáticamente mediante potencias de exponente negativo.

ATACAR EL PROBLEMA DE RAÍZ

De todos los exponentes que te vas a encontrar, probablemente el más famoso es el 2. Se le conoce, sobre todo, por su actuación estelar en el cálculo del área del cuadrado, que es igual a la longitud del lado multiplicada por sí misma,[7] es decir, elevada a dos. De ahí que, en lugar de *elevado a dos*, acostumbremos a decir *elevado al cuadrado.*

---

7 En el capítulo 14, «El arte de la transformación», se explica la razón por la que el área de un cuadrado puede calcularse multiplicando la longitud de su lado por sí misma.

A veces nos encontramos con el problema inverso: queremos descubrir cuánto mide el lado de un cuadrado a partir del área que ocupa su superficie. Por ejemplo, si el área mide 36 m², el lado será igual a aquel número que, elevado al cuadrado, dé como resultado 36. Es decir, en este caso conocemos el exponente y el resultado de la potencia, pero desconocemos su base: $L^2 = 36\ m^2$. Un repaso rápido a las tablas de multiplicar nos indica que el lado ha de medir seis metros, ya que $6 \cdot 6 = 6^2 = 36$.

La operación que consiste en buscar el número que, elevado al cuadrado, da una determinada cantidad se llama *raíz cuadrada*.

$$A = L^2 \longleftrightarrow L = \sqrt{A}$$

La raíz cuadrada de treinta y seis vale seis porque seis elevado al cuadrado es igual a treinta y seis.

$$\sqrt{36} = 6 \longleftrightarrow 6^2 = 36$$

En el ejemplo anterior ha sido relativamente sencillo hallar la respuesta, puesto que 36 es un cuadrado perfecto, es decir, un número entero que es el cuadrado exacto de otro número entero. Pero imagina que no tienes tanta suerte y el área mide, por ejemplo, 70 m². ¿Cómo calculamos la raíz cuadrada de una cantidad como esa?

CON MUCHA TRAN - QUI - LI - DAD

PROFESOR MACCARRONE

Existen algoritmos para calcular la raíz cuadrada de un número, pero no conozco a nadie que actualmente los utilice con fines prácticos: todo el mundo recurre a la calculadora. Sin embargo, a veces, rescatar algún antiguo procedimiento de cálculo nos ayuda a arrojar algo de luz sobre el significado de la operación que tenemos entre manos. Es el caso del método para calcular las raíces cuadradas que desarrolló el matemático Herón de Alejandría en el siglo I d. C. Veamos cómo funciona aplicándolo a nuestro problema.

Queremos saber cuánto debe medir el lado de un cuadrado para que su área sea de 70 m². Podemos probar si hay algún número entero que elevado al cuadrado sea igual a 70, pero enseguida nos damos cuenta de que, esta vez, no tenemos tanta suerte.

n	1	2	3	4	5	6	7	8	9
n^2	1	4	9	16	25	36	49	64	81

Sin embargo, esta primera inspección nos proporciona algunas pistas: 8^2 es menor que setenta, mientras que 9^2 es mayor, por lo tanto, el número que buscamos debe estar entre 8 y 9.

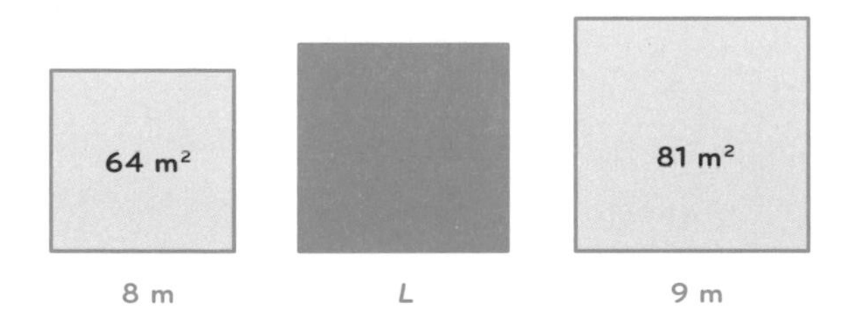

Entonces dibujamos un rectángulo que tenga uno de los lados igual a uno de esos dos valores cercanos, por ejemplo 8 m, y cuya área sea de 70 m². El área de un rectángulo es igual al producto de las longitudes de sus dos lados, la base por la altura. Por lo tanto, si la base del rectángulo mide 8 m, la altura debe tener una longitud tal que al multiplicarla por 8 m obtengamos 70 m². Dicho de otra manera, la longitud de la altura debe ser igual a los 70 m² divididos entre los 8 m de la base, esto es, 8,75 m.

$$\frac{70}{8} = 8{,}75 \text{ m}$$

70 m²

8 m

Ahora bien, lo que nosotros buscamos no es un rectángulo, sino un cuadrado de 70 m², así que necesitamos alargar un poco la base y recortar un poco la altura para que se vayan igualando. Podemos probar con un valor intermedio, por ejemplo, con el promedio entre la base y la altura.

$$\frac{8 + 8{,}75}{2} = 8{,}375$$

Utilizaremos este valor para la base y, de nuevo, calcularemos cuánto debe medir la altura aproximadamente para que el área siga siendo igual a 70 m²:

Esto todavía no es un cuadrado, pero se le parece más. La raíz cuadrada de setenta se encuentra entre estos dos nuevos valores de los lados, así que podemos asegurar que sus primeras dos cifras deben ser 8,3. Si vamos repitiendo este mismo procedimiento más y más veces, la figura será cada vez más cuadrada e iremos obteniendo más y más decimales de la raíz cuadrada de setenta. Puedes evaluar esta operación con la calculadora para comprobar que, efectivamente, vamos por buen camino.

Si en lugar de un cuadrado tenemos un cubo, su volumen se obtiene multiplicando tres veces su arista,[8] es decir, elevándola a tres: L^3. Por eso cuando el exponente vale tres solemos decir que elevamos *al cubo*.

Igual que en el caso del cuadrado, aquí también podemos plantearnos el problema inverso: si conocemos el volumen de un cubo, ¿cómo hallamos la longitud de su arista? En este caso, se trata de buscar un número que, elevado al cubo, sea igual a una cierta cantidad conocida, así que la operación que necesitamos es *una raíz cúbica*. Por ejemplo, si el volumen es de 64 m^3, la arista debe medir 4 m, ya que $4^3=64$.

$$V = L^3 \longleftrightarrow L = \sqrt[3]{V}$$

---

8 En el capítulo 14, «El arte de la transformación», se explica el origen de la fórmula para calcular el volumen del cubo a partir de la longitud de sus aristas.

Y si lo que buscamos es un número que, elevado a cuatro, a cinco o a diez, dé una cantidad determinada, entonces deberemos calcular la raíz cuarta, la raíz quinta o la raíz décima de dicha cantidad.

$$n^4 = 625 \quad \rightarrow \quad 5^4 = 625 \quad \rightarrow \quad n = \sqrt[4]{625} = 5$$

TORRES DE POTENCIAS

En definitiva, una potencia no es más que una forma de abreviar una multiplicación repetida. De la misma manera que el telescopio nos ayuda a expandir el alcance de nuestros sentidos, las potencias nos permiten observar *más lejos* en el universo de los números. Pero ¿hasta dónde podemos llegar? ¿Podemos expresar números tan grandes como queramos? En principio, sí, lo que sucede es que quizá llegue un momento en que las cantidades sean tan enormes que incluso escritas en forma de potencia ocupen demasiado espacio. Si eso ocurre, nada nos impide ir más allá y crear nuevas operaciones que nos permitan representar cantidades aún mayores.

Ya sabes que la multiplicación es una suma repetida y que una potencia es una multiplicación repetida. Por lo tanto, se trata de una relación recursiva: la potencia se puede definir a partir de la multiplicación, y esta, a partir de la suma. En esta secuencia, cada nueva operación depende de las anteriores y da lugar a resultados cada vez mayores.[9] Cinco elevado a tres es mayor que cinco por tres, que, a su vez, es mayor que cinco más tres. Entonces, ¿por qué no inventarnos una nueva operación que continúe la secuencia? Una operación que consista en elevar un número a sí mismo un determinado número de veces: una torre de potencias.

---

9 Estrictamente esto es así cuando aplicamos las operaciones a números mayores que dos, que es lo que haremos aquí. En caso contrario, puede no suceder lo mismo.

En realidad, esta operación ya existe, se llama *tetración*[10] y se puede representar con un superíndice a la izquierda de la base:

$$5^{5^5} = {}^{3}5$$

A la hora de aplicar esta nueva operación se nos plantea una duda que hasta ahora no nos había surgido. ¿En qué orden debemos calcular las potencias? ¿Por dónde empezamos, por el piso de arriba o por el de abajo? ¿O ambas cosas son equivalentes? Para comprobarlo, introduciremos paréntesis y así dejaremos claro en cada momento qué es lo que calculamos primero.

Por un lado, si empezamos *por abajo*, tenemos:

$$(5^5)^5 = 3125^5$$

Esto corresponde a multiplicar cinco veces el número 3125, lo cual da como resultado un número de dieciocho cifras.

En cambio, si empezamos *por arriba*, tendremos:

$$5^{(5^5)} = 5^{3125}$$

En este caso, hay que multiplicar 3125 veces el número 5. El resultado es demasiado grande para una calculadora común.

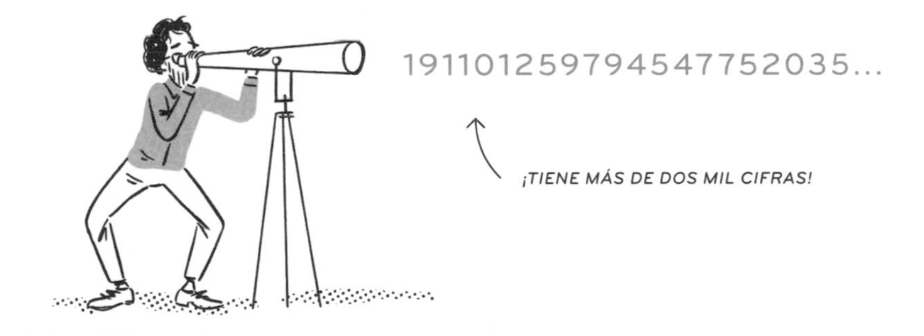

10 El término *tetración* fue introducido por el matemático inglés Reuben Goodstein en 1947 para designar esta operación. Otros autores se han referido a ella como torre de potencias, hiperpotencia o superexponenciación.

Como ves, no es lo mismo realizar las operaciones siguiendo un orden o el otro, hay que tomar una decisión. La *tetración* se define como la segunda de estas opciones: las potencias se deben evaluar siempre empezando desde la parte más profunda, es decir, desde los pisos superiores.

Como puedes intuir, de esta manera se obtienen resultados enormes. Imagina una torre con cinco nueves. El resultado es tan gigantesco que no vale la pena ni intentar calcularlo. E incluso escrito como una torre de potencias no resulta demasiado amigable. Es mucho más elegante y práctico escribir un ^{5} seguido de un nueve.

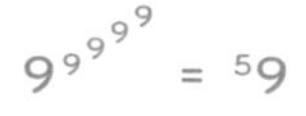

Aunque jamás necesitemos calcular ni imaginar algo tan inmenso en toda nuestra vida, me parece maravilloso que tengamos la capacidad de trasladar a una escala humana, pensable y manejable, algo que se escapa completamente de los dominios de nuestra experiencia cotidiana. Y todo gracias al razonamiento y a la creatividad, inventando nuevas operaciones y nuevas formas de representación.

Aunque los conceptos matemáticos surjan de necesidades humanas, a menudo acaban emancipándose de ellas y se convierten en objetos de estudio en sí mismos. Así, por ejemplo, nuestra definición inicial de potencia respondía a la necesidad de hacer más compactos los cálculos, pero no nos hemos conformado con eso y hemos decidido investigar hasta dónde podía conducirnos esta nueva herramienta al considerar un exponente igual a cero o negativo.

Sin embargo, hay que reconocer que, precisamente en el caso de las potencias, las aplicaciones prácticas son muy numerosas. Comprender la notación científica o aprender a operar con exponentes son habilidades que cualquier ciudadano o ciudadana debería poseer para encarar de manera crítica la información que recibe. Estimar si en una plaza realmente caben tantos manifestantes como declaran los organizadores o cuantificar el ahorro real que supondría una bajada masiva de los sueldos de los parlamentarios son, en el fondo, problemas de Fermi que se afrontan más cómodamente con la ayuda de las potencias.

Debo confesar que también fue un problema de Fermi lo que hace años cambió el curso de mi carrera investigadora. Durante mi primer año de doctorado me dedicaba a estudiar el comportamiento de los neutrinos, unas partículas subatómicas muy difíciles de detectar que se producen en las reacciones nucleares. Tras algunos estudios preliminares, mi director de tesis y yo realizamos una estimación del orden de magnitud que debía tener el fenómeno que pretendíamos analizar. Como todo problema de Fermi, nuestro cálculo estuvo plagado de aproximaciones y de potencias de diez. Al final obtuvimos un exponente negativo muy pequeño, mucho más de lo que esperábamos, lo cual nos estaba indicando que el efecto en cuestión era algo irrelevante, que no merecía la pena ser estudiado. Superada la decepción inicial, decidí reorientar mi investigación y sumergirme en el apasionante mundo de los agujeros negros. Así que ya lo ves, hay potencias que pueden incluso cambiarte la vida.

CAPÍTULO

6

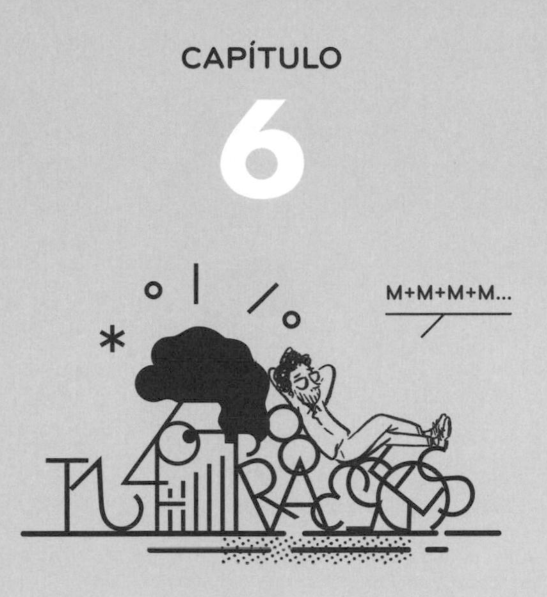

GENERALICEMOS

Para describir principios y teorías generales, las ciencias se expresan cómodamente en el lenguaje del álgebra.

— CON LA PRESENCIA INTERESTELAR DE —

H. FORD

C. FISHER

DANTE

EN ESTE CAPÍTULO:

- Emplearemos el lenguaje algebraico para expresar y manipular cantidades que aún no conocemos.
- Identificaremos patrones en una secuencia de elementos y los expresaremos mediante una regla general.
- Contemplaremos la belleza de las fórmulas que gobiernan nuestro universo.

•

Un amigo está preparando un presupuesto para una feria de ciencia ficción. Lo veo trabajar con papel, bolígrafo y calculadora, anotando y corrigiendo precios, cantidades y gastos una y otra vez. A pesar de que el aire *vintage* de la escena me enamora un poco, me atrevo a preguntarle si no ha pensado en utilizar una hoja de cálculo.

—Lo he intentado varias veces, pero no consigo aclararme, no entiendo bien cómo funcionan las fórmulas y vivo con el miedo constante de tocar el valor de una casilla y que se descuadre todo el contenido de golpe.

Debo reconocer que no es la primera vez que escucho algo así, me he encontrado esas mismas dificultades cada vez que alguien me ha pedido que le enseñara a utilizar una hoja de cálculo. El proceso suele ser siempre el mismo, quizá tú también lo hayas experimentado.

	A	B	C	D
1	ARTÍCULO	PRECIO UNITARIO	NÚMERO DE UNIDADES	PRECIO TOTAL
2	Expositor	30	20	600
3				

En un primer momento utilizas el programa como si fuera una simple tabla: en una columna escribes el precio de un artículo; en la siguiente, la cantidad de unidades, y en la última, el precio total. Este último valor lo calculas por tu cuenta, a mano o con una calculadora, y lo tecleas directamente. Así, la hoja de cálculo tiene mucho de *hoja*, pero nada de *cálculo*.

Entonces, descubres que puedes pedirle al programa que haga las operaciones en tu lugar. Debes introducirlas mediante un signo de igualdad (=) y has de tener en cuenta que la multiplicación se indica con un asterisco (*) y la división con una barra (/). Esto ya tiene más sentido; si no, habría poca diferencia con el papel y el boli. No obstante, sigues sin sacarle todo el jugo a la herramienta, porque resulta que has escrito la operación con los valores concretos que aparecen en las otras dos columnas, de manera que si alguno de ellos cambia, tendrás que volver a escribir la operación.

	A	B	C	D
1	ARTÍCULO	PRECIO UNITARIO	NÚMERO DE UNIDADES	PRECIO TOTAL
2	Expositor	30	20	= 30 * 20
3				600

En lugar de eso, puedes conseguir que el valor de la última columna se calcule automáticamente sea cual sea el valor de las otras dos. Para ello solo debes decirle al programa que multiplique el contenido de las dos celdas anteriores, y este ya se encargará de *leer* los números que haya escritos y de multiplicarlos. Para referirte a una celda en concreto debes indicar la letra de la columna y el número de la fila correspondientes. Si el precio de cada expositor se encuentra en la celda *B2* y el número de expositores, en la celda *C2*, para calcular el precio total habrá que escribir «=*B2*C2*». Si alguna de estas cantidades cambia, por ejemplo, el número de unidades, el precio total se actualizará automáticamente, sin necesidad de modificar ninguna operación.

	A	B	C	D
1	ARTÍCULO	PRECIO UNITARIO	NÚMERO DE UNIDADES	PRECIO TOTAL
2	Expositor	30	20	= B2 * C2
3				600

	A	B	C	D
1	ARTÍCULO	PRECIO UNITARIO	NÚMERO DE UNIDADES	PRECIO TOTAL
2	Expositor	30	50	= B2 * C2
3				

1500

El potencial de una hoja de cálculo reside en el hecho de que nos permite escribir operaciones con cantidades que pueden tomar diferentes valores o que aún no sabemos cuánto valdrán. Esas cantidades *variables* se representan mediante letras, y operar con letras, señoras y señores...,

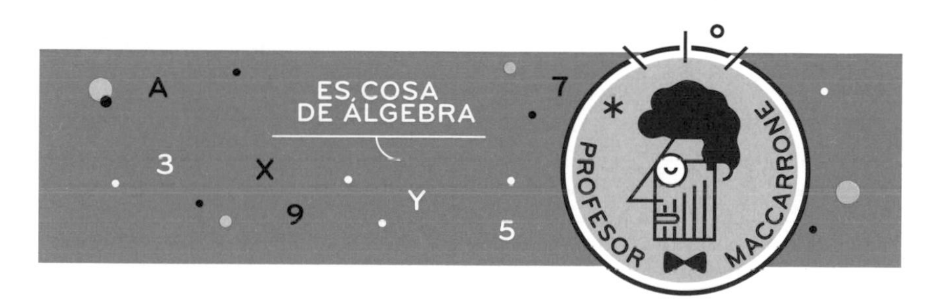

CANTIDADES DESCONOCIDAS

Aunque no utilices una hoja de cálculo, es habitual que tengas que lidiar con cantidades cuyo valor aún no conoces. Si ignoras cuántos expositores vas a necesitar, no puedes determinar cuánto dinero te vas a gastar. No obstante, eso no significa que no puedas avanzar trabajo: si cada expositor vale setenta euros, el coste total será de *setenta multiplicado por el número de expositores*, y si sabes que en cada expositor debes colocar veinte pegatinas de *Star Wars*, vas a necesitar *veinte multiplicado por el número de expositores*.

Ahora bien, eso de *número de expositores* se hace largo y engorroso, así que quizá podamos abreviarlo con una única letra. ¿Qué te parece una *n*? Y, ya puestos a ser escuetos, ¿por qué no obviar también el símbolo de la multiplicación? Ya sé que eso sería impensable si estuviéramos ante una multiplicación entre dos números: si en lugar de 7·2 escribiésemos 72, el significado cambiaría completamente. En cambio, cuando entre un número y una letra no hay nada, se sobreentiende que se están multiplicando.

COSTE DE LOS EXPOSITORES ↘

70 · N.º DE EXPOSITORES → 70 · n → 70n

- -

20 · N.º DE EXPOSITORES → 20 · n → 20n

CANTIDAD DE PEGATINAS DE STAR WARS ↗

Obviamente, puede haber más de una cantidad desconocida. Si, además de ignorar cuántos expositores harán falta, tampoco conoces cuánto te va a costar cada uno porque estás estudiando distintas ofertas, puedes indicar esta otra cantidad desconocida mediante una letra diferente, por ejemplo, una c. Entonces, el coste total de n expositores, que valen c euros cada uno, es igual a $c·n$ o, directamente, cn.

En general, una expresión matemática formada por números y letras es una *expresión algebraica.* Si sustituimos las letras por números concretos y realizamos las operaciones correspondientes, obtenemos el *valor numérico* de dicha expresión. Por ejemplo, si n=100, la expresión 20n vale 20·100=2000 y si, además, c=40, la expresión cn vale 40·100=4000. Si cambian los valores de las variables, cambiarán esos valores numéricos, pero las expresiones algebraicas seguirán siendo las mismas, ya que son válidas para cualquier número de expositores, n, y para cualquier coste unitario, c. Así que en unos pocos caracteres tenemos condensadas infinitas ferias de ciencia ficción.

EN GENERAL

Expresar relaciones generales es una de las utilidades del álgebra. Y quién mejor para generalizar que el famoso general Solo, Han

Solo. Imagina que ahora mismo lo estás encarnando en uno de los momentos álgidos de *El retorno del Jedi*. Tras conseguir escapar del contrabandista Jabba el Hutt gracias a la intervención de la princesa Leia Organa, te has reincorporado a la flota de la Alianza Rebelde. Te han nombrado general y te han puesto al mando de los Conquistadores, un pelotón de fuerzas especiales. Con ellos deberás desembarcar en la luna boscosa de Endor y desactivar el escudo de protección de la segunda Estrella de la Muerte: la temible arma mortífera con la cual el Imperio pretende aniquilar cualquier intento de resistencia.

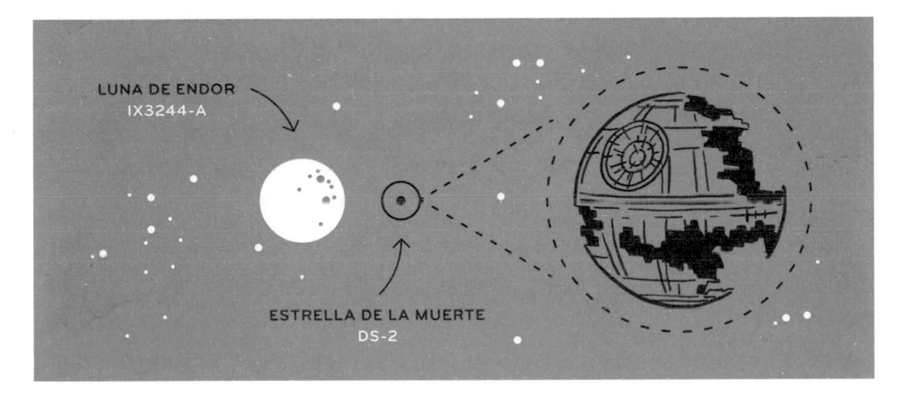

Mientras preparas la misión, te preocupan especialmente las torres de defensa enemigas, que están equipadas con potentes turboláseres. Además, cada una de ellas está rodeada por ocho soldados de asalto, que la defienden desde todos sus flancos.

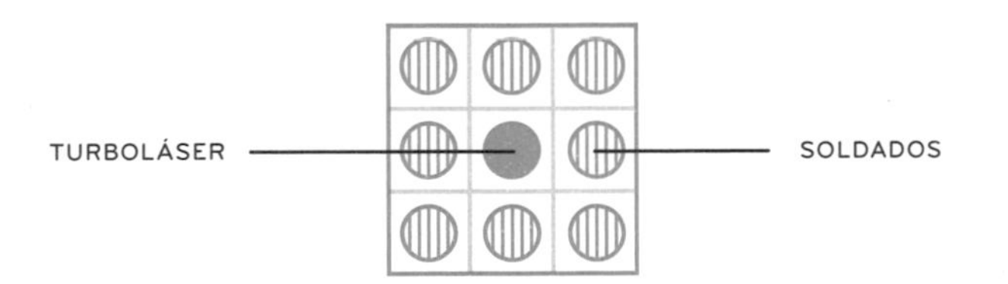

Para organizar el ataque necesitas saber a cuántos enemigos deberás enfrentarte. De entrada, piensas que si una torre está protegida por ocho soldados, entonces para dos torres debería haber el doble, para tres, el triple, y así sucesivamente. Para un número cualquiera de torres, t, los soldados de asalto deberían ser $8t$. Sin embargo, hay algo que no acaba de encajar y por eso revisas un par de fotos aéreas que te han facilitado los comandos de exploración.

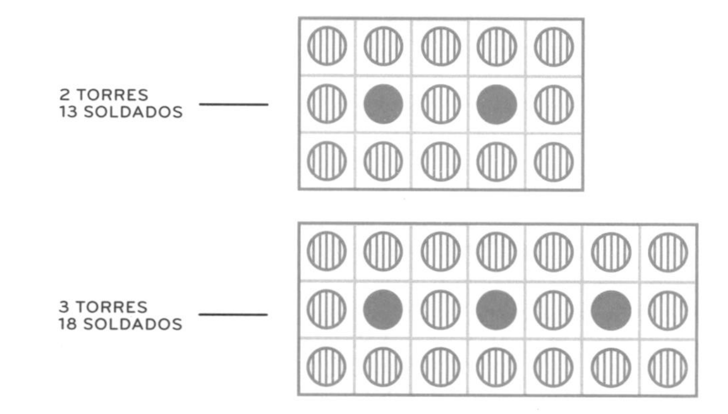

Enseguida te das cuenta de que te equivocabas. En realidad, hay menos soldados de los que creías, porque algunos de ellos protegen simultáneamente dos torres. Eso hace que para dos torres haya trece soldados en lugar de dieciséis, y que para tres torres haya dieciocho en lugar de veinticuatro. De manera que no es cierto que al duplicar el número de torres también se duplique el de soldados. Aun así, intentas descubrir si existe algún tipo de regularidad y por eso decides elaborar una tabla, que es el mejor aliado para ordenar la información e identificar patrones.

TORRES DE DEFENSA	SOLDADOS DE ASALTO
1	8
2	13
3	18
4	

+5 +5 +5 +5

Te fijas en que, al pasar de una torre a dos, se produce un aumento de cinco soldados, y que, al pasar de dos torres a tres, ocurre exactamente lo mismo. Quizá vaya a ser siempre así. De ser cierto, con cuatro torres deberían ser cinco soldados más, es decir, veintitrés. Para comprobar si tu hipótesis es correcta, decides dibujar un croquis con cuatro torres y contar cuántos soldados aparecen. ¡Ahí lo tienes: veintitrés! Entonces, con cinco torres, los soldados serán veintiocho; con seis, treinta y tres...

Magnífico, parece que ya has encontrado el patrón: cada vez que se añade una torre nueva, aparecen cinco soldados más. La mala noticia es que el dispositivo defensivo es enorme, puede haber entre cien y doscientas torres, y eso de ir sumando de cinco en cinco puede resultar tedioso. Sería mucho más cómodo encontrar una manera de calcular directamente el número de soldados una vez conocido el número de torres.

Repasemos lo que sabemos. Para una torre hacen falta ocho soldados; para dos torres, esos ocho soldados y cinco soldados más; para tres torres, los ocho soldados iniciales y diez soldados más, que es lo mismo que dos veces cinco. Parece que la cantidad de soldados para un número cualquiera de torres, t, se puede obtener sumando los ocho soldados iniciales y cinco veces el número de torres menos una: $8+5\cdot(t-1)$. Así que ya lo tienes, además de disponer de láseres y de tu Halcón Milenario, ahora estás equipado con una buena expresión algebraica.

N.º DE TORRES DE DEFENSA = t

N.º DE SOLDADOS = $8 + 5 \cdot (t - 1)$

TORRES DE DEFENSA	SOLDADOS DE ASALTO
1	8
2	$8 + 5 \cdot 1 = 13$
3	$8 + 5 \cdot 2 = 18$
4	$8 + 5 \cdot 3 = 23$
5	$8 + 5 \cdot 4 = 28$
150	$8 + 5 \cdot 149 = 753$

UN ARGUMENTO MÁS SÓLIDO

¿Hasta qué punto podemos confiar en la expresión que acabamos de deducir? Vamos a repasar en detalle el razonamiento que hemos seguido.

Hemos representado en una tabla el número de soldados para los primeros casos y nos ha parecido identificar un cierto patrón, esto es, que cada vez que añadíamos una nueva torre, aparecían cinco soldados más. Entonces hemos comprobado que lo mismo ocurría cuando dibujábamos cuatro torres y eso nos ha llevado a suponer que el patrón debía mantenerse para cualquier número de torres. Es decir, hemos generalizado una propiedad que solo habíamos verificado en unos pocos casos particulares. Para hacer algo más sólida esta conjetura vamos a buscar un argumento algo más firme.

Si observas bien los primeros casos, te darás cuenta de que es como si al incorporar una nueva torre tuviéramos que añadir siempre una misma *pieza* al dibujo, formada por cinco soldados. Esto confirma ese aumento de cinco en cinco. El punto de partida son los ocho soldados que rodean la primera torre. Para que haya dos torres, hay que añadir una vez esa pieza; para que haya tres torres, hay que añadirla dos veces; y así sucesivamente. Eso significa que para que haya t torres, necesitamos añadirla $t-1$ veces. Como cada pieza contiene cinco soldados y además están los ocho que venían con la primera torre, en total hay $8+5\cdot(t-1)$ soldados. Hemos llegado a la misma expresión que antes. La diferencia es que ahora no solo hemos detectado una cierta regularidad entre unos pocos números, sino que disponemos de un argumento geométrico que explica dicha regularidad.

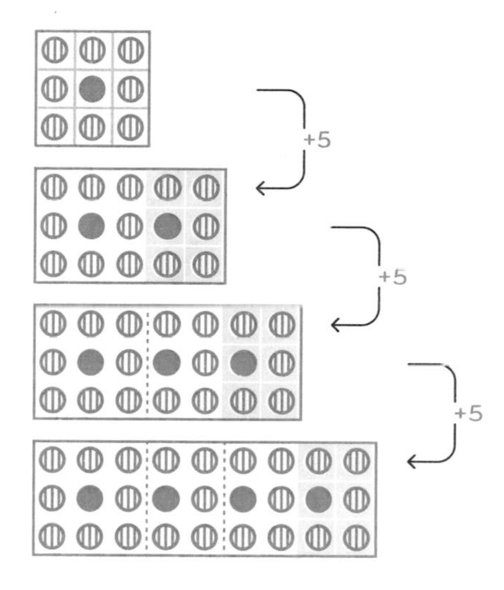

Además, ahora podemos darnos cuenta de más cosas. Resulta que esa pieza fundamental de *una torre más cinco soldados* también está presente cuando hay una única torre. Es decir, podemos pensar que los ocho soldados iniciales son en realidad tres más los cinco de esa *pieza*.

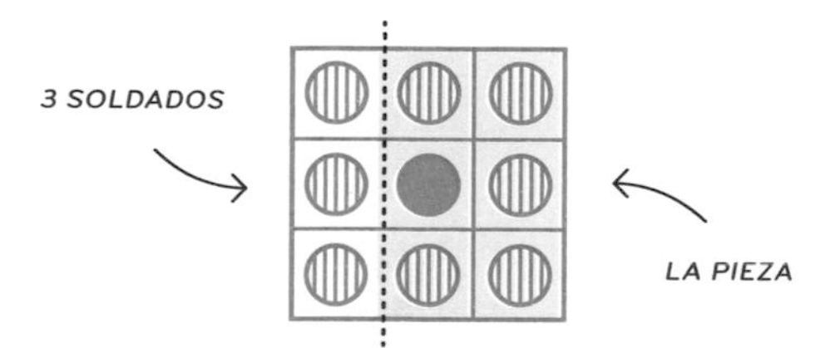

TORRES DE DEFENSA	SOLDADOS DE ASALTO
1	$3 + 5 \cdot 1 = 8$
2	$3 + 5 \cdot 2 = 13$
3	$3 + 5 \cdot 3 = 18$
4	$3 + 5 \cdot 4 = 23$

Esto nos va a permitir reescribir la relación general de una manera más simple. Podemos plantearlo de la siguiente manera: de entrada, hay tres soldados sueltos, los de la parte izquierda del dibujo. Para tener una torre, se añade una vez la *pieza* de cinco soldados; para dos torres, se añade dos veces; para tres torres, tres veces, etc. Así, para t torres, tenemos los tres soldados iniciales más t veces esa dichosa *pieza*, con lo cual el número total de soldados será $3+5t$.

Esta nueva expresión también se podría haber obtenido a partir de la anterior. Fíjate en que, en la primera expresión, multiplicar el cinco por el *número de torres menos uno* es lo mismo que multiplicarlo por el número de torres y restar cinco unidades, ya que todo se quintuplica. En ese momento del desarrollo hay dos números, el 8 y el 5, que pueden restarse entre sí y dan el 3 de la segunda expresión.

$$8 + 5(t - 1) = 8 + 5t - 5 = 3 + 5t$$

Eso significa que ambas expresiones son completamente equivalentes y que, por lo tanto, puedes escoger la que te resulte más cómoda en cada momento.

DE LA MANERA MÁS SIMPLE

Como acabas de ver, aunque haya letras de por medio, es posible realizar algunas operaciones para simplificar una expresión algebraica y hacerla más manejable, hecho que te va a resultar muy útil para seguir planificando tu feria de ciencia ficción.

Todavía no sabes cuántos *stands* harán falta porque hay clubs de fans y grupos de rol que no han confirmado su asistencia, pero necesitas avanzar ya con el presupuesto. La estructura de cada *stand* vale 120 €; cada expositor, 30 €, y el resto del mobiliario, 70 € por *stand*. Por lo tanto, el precio total para montar *n stands* será de 30*n*+120*n*+70*n* euros.

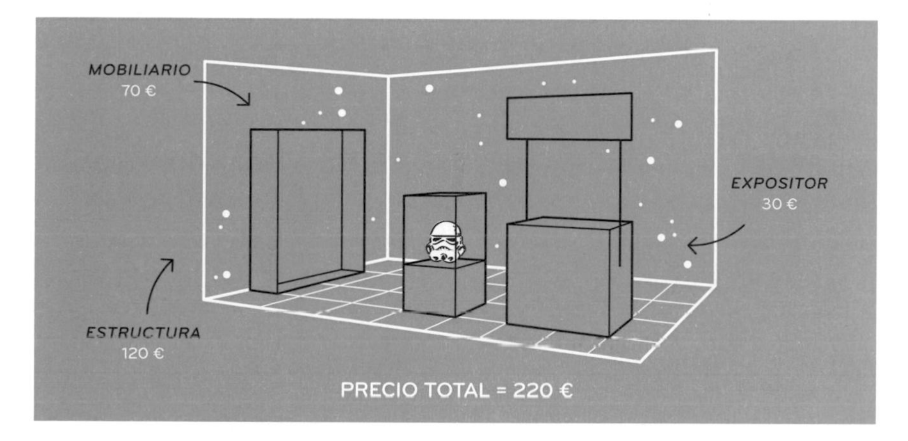

Aunque quizá sería más sencillo plantear el cálculo de otra manera: podrías sumar antes lo que cuesta en conjunto cada *stand* —30 €+120 €+70 €=220 €— y entonces multiplicarlo por el número de *stands* —220*n* euros—. Eso implica que toda la suma anterior es equivalente a 220*n*. Desde el punto de vista algebraico, eso significa que podemos reducir una suma de distintos términos que comparten una misma letra (o grupo de letras) a un único término: la parte numérica es la suma de las partes numéricas de los términos sumados.

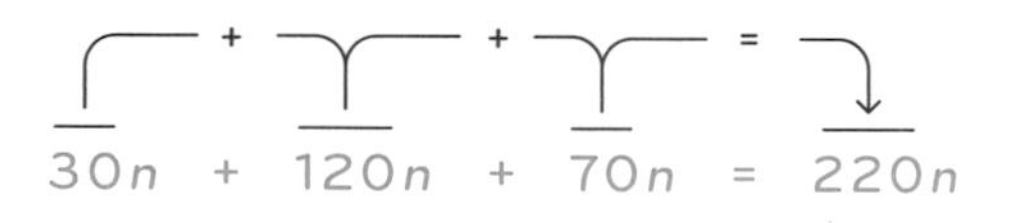

Pero sigamos con la organización. A continuación, además de lo que cuestan los *stands*, debes añadir el coste del escenario. Tras revisar unos cuantos presupuestos, decides quedarte con uno de 500 €, así que debes sumar este importe a la cantidad anterior. En este caso no puedes combinar los dos términos en uno solo, puesto que uno representa un gasto variable que depende del número de *stands*, mientras que el segundo indica un gasto fijo. Por lo tanto, no tienes más remedio que dejar la operación indicada.

Por último, debes añadir el alquiler de los proyectores que hay que colocar en cada *stand* y que cuestan 80 € cada uno. Afortunadamente has conseguido que te dejen gratis dos proyectores, así que, en lugar de multiplicar esos ochenta euros por el número de *stands*, debes multiplicarlos por el número de *stands* menos dos: $80 \cdot (n-2)$.

Ahora bien, pagar por $n-2$ proyectores es lo mismo que pagar por n proyectores y luego restar el importe de dos proyectores, es decir, unos 160 €. Matemáticamente, esto es equivalente a multiplicar 80 por cada uno de los términos que hay dentro del paréntesis, aplicando la propiedad distributiva: $80 \cdot (n-2)=80n-160$. Al reexpresar de esta manera el coste de los proyectores, ya puedes simplificar la expresión global. Para ello debes agrupar los términos en los que aparece la n, por un lado, y los términos numéricos por el otro y evaluar las sumas correspondientes.

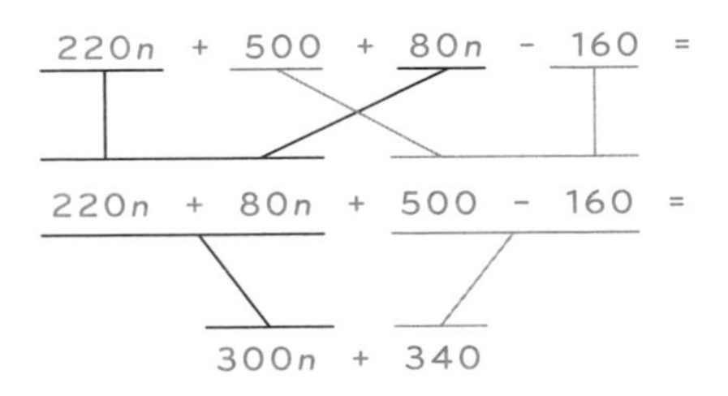

Esta nueva expresión te permite reinterpretar los gastos de la feria. Ahora puedes decir simplemente que cada *stand* cuesta 300 €, lo cual incluye la estructura, el expositor, el mobiliario y también un proyector. Además, debes añadir un único pago adicional de 340 €, que corresponde a los 500 € del escenario menos los 160 € que te reembolsan de los dos proyectores que te salen gratis. Aunque no puedas determinar el presupuesto exacto hasta que sepas cuántos invitados van a asistir, al menos ahora tienes una expresión compacta y manejable que te permitirá calcularlo inmediatamente cuando llegue el momento.

Las operaciones con expresiones algebraicas pueden complicarse mucho más de lo que hemos visto aquí: multiplicaciones, divisiones, potencias, etc. Pero más allá de los detalles técnicos, la idea básica con la que deberías quedarte es que se pueden realizar operaciones entre expresiones algebraicas siguiendo una serie de normas oportunas.

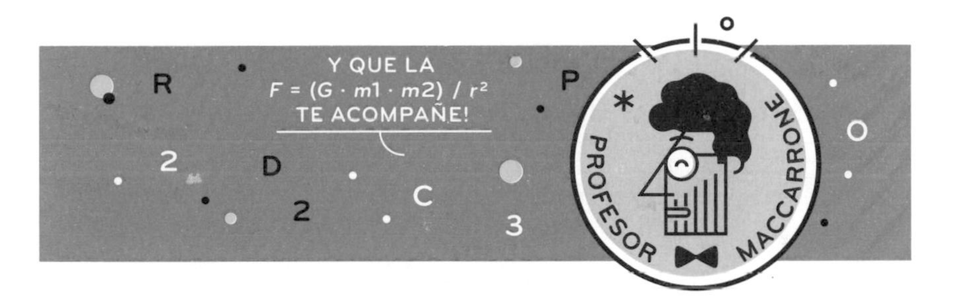

FÓRMULAS MATEMÁTICAS

El lenguaje algebraico es el instrumento ideal para expresar la relación existente entre distintas cantidades variables. Por eso es el lenguaje natural para escribir fórmulas, como las de áreas y volúmenes, que nos anuncian cómo deberemos calcular dichas magnitudes una vez hayamos medido las distancias correspondientes: los lados, la altura, el radio o lo que haga falta.

También usamos el lenguaje algebraico para expresar propiedades y relaciones matemáticas sin necesidad de recurrir a valores numéricos concretos ni a largos e intrincados enunciados. En lugar de decir que «el producto de dos potencias con la misma base es igual a otra potencia con la misma base cuyo exponente es la suma de los dos anteriores», podemos escribir directamente:

$$a^n \cdot a^m = a^{n+m}$$

Y para explicar la propiedad asociativa de la multiplicación no se me ocurre manera más clara y directa que teclear:

$$(a \cdot b) \cdot c = a \cdot (b \cdot c)$$

Pero además de prácticas y manejables, hay fórmulas matemáticas que, por encima de todo, son tremendamente bellas.

Eso es lo que piensas mientras esperas a que lleguen los participantes de la feria de ciencia ficción que has estado organizando todo este tiempo. El evento se va a celebrar en el museo de la ciencia, cuya fachada principal está decorada con algunas de las fórmulas que condensan nuestro conocimiento actual sobre el universo físico y sobre las leyes que lo gobiernan. Ahí está la ley de la gravitación universal, con la que Newton consiguió describir las órbitas de los planetas, la caída de los objetos y el movimiento de las mareas, unificando así las leyes del cielo y de la Tierra; o las ecuaciones de Maxwell, que sintetizan el magnetismo, la electricidad y la luz en una única entidad física —el campo electromagnético— que sirve para *gobernarlos a todos*; o la ecuación de Schrödinger, que desentraña los misterios del mundo cuántico y desafía nuestra intuición poniendo límites a lo que es cognoscible de la realidad que habitamos.

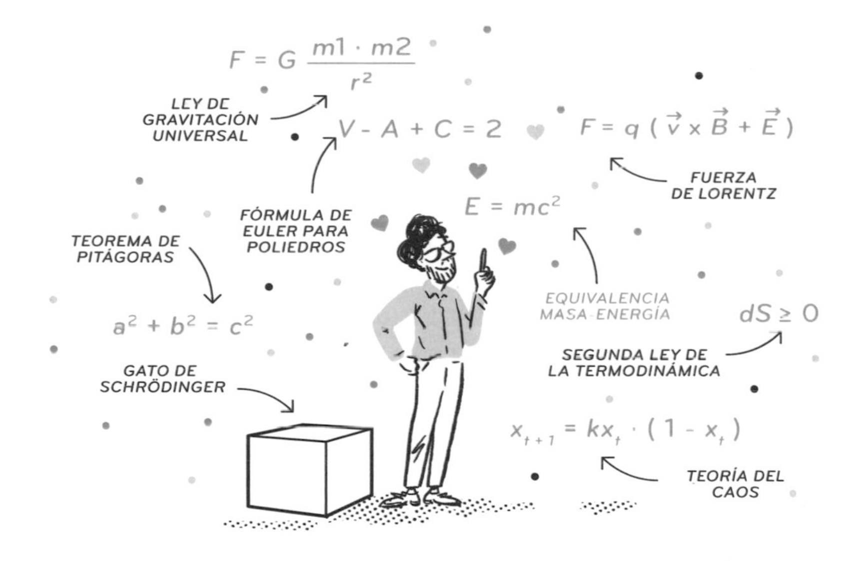

Aunque probablemente una de las fórmulas más populares y mediáticas de la historia de la ciencia es aquella que identificamos inmediatamente con Albert Einstein y su teoría de la relatividad, formada por tres letras y un exponente: $E=mc^2$. Mi padre me cuenta a menudo que, de pequeño, la usaba para impresionar a sus amigos diciéndoles que conocía la fórmula para construir la bomba atómica. En esta relación aparecen tres cantidades: la energía, E; la masa, m, y la velocidad de la luz, c. Las dos primeras son variables, ya que toman distintos valores dependiendo del sistema físico que uno considere. En cambio, la velocidad de la luz es una constante de la naturaleza. Ese es, de hecho, uno de los puntos de partida de toda la teoría de la relatividad: la velocidad de la luz vale siempre lo mismo, la observemos desde donde la observemos: exactamente 299 792 458 metros por segundo, ni uno más, ni uno menos.

Lo que nos dice la fórmula de Einstein es que la energía y la masa, dos conceptos aparentemente muy distintos desde la óptica de la física clásica, son en realidad dos caras de la misma moneda, dos descripciones distintas de una misma entidad. Clásicamente, la energía es una magnitud que mide la capacidad de realizar un trabajo y que puede depender de distintos factores: la velocidad, la temperatura, etc. En cambio, la masa mide la inercia de un objeto, es decir, su resistencia a cambiar de estado de movimiento y también mide la intensidad de la fuerza gravitatoria que un objeto siente o produce. Pues bien, según Einstein, cuanta más energía tiene un objeto, más gravedad genera, más pesa y más cuesta de acelerar o frenar. Es decir, la energía se comporta como la masa.

Viceversa, lo que tradicionalmente hemos interpretado como masa también se puede convertir en otras formas de energía. Si se fragmenta un átomo de uranio, se obtienen dos átomos de otros elementos, cuyas masas sumadas son inferiores a la masa que teníamos inicialmente. Esto es lo que se conoce como *fisión nuclear*. Esa masa perdida se transforma en otro tipo de energía, que se puede aprovechar para calentar el agua de las turbinas en una central nuclear o, como decía mi padre, para provocar la explosión de una bomba atómica. Y, en el corazón de nuestro sol, sucede algo parecido. Allí, en lugar de fragmentarse átomos de uranio, se fusionan átomos de hidrógeno y la energía liberada acaba dando lugar a la luz que ilumina nuestro planeta y lo mantiene a una temperatura compatible con la vida. Ahí lo tienes: el origen de la existencia humana y el potencial para acabar con ella condensados en tres miserables letras y un par de símbolos matemáticos.

En el mundo de la divulgación científica existe cierto debate sobre si hay o no que escribir fórmulas matemáticas en libros que van dirigidos a un público general.

Hay quien opina que eso produce rechazo entre la audiencia no especializada y que la mayoría de ideas se pueden presentar de forma discursiva o visual. Desde el bando opuesto se argumenta que el lenguaje matemático es algo que caracteriza a las ciencias y que, si lo eludimos, estamos ofreciendo una imagen sesgada de esta rama del conocimiento.

Personalmente, estoy de acuerdo en que el formalismo matemático puede ser una barrera para el aprendizaje de las leyes fundamentales de la naturaleza. Eso hace que resulte más complicado adentrarse en un texto especializado de física que en uno de historia o de filosofía.

Sin embargo, aunque *los árboles* de las fórmulas matemáticas no deberían impedirnos ver *el bosque* de las ideas fundamentales que hay detrás, tampoco podemos obviar que la estructura de la física es intrínsecamente matemática y que sus frases más bellas están escritas en forma de ecuaciones.

No es lo mismo leer la *Divina Comedia* de Dante adaptada en prosa y traducida a otro idioma que hacerlo en el italiano medieval de sus tercetos endecasílabos. De manera parecida, resulta complicado comprender una teoría física hasta sus últimas consecuencias si uno no se adentra hasta el fondo en sus entrañas matemáticas.

CAPÍTULO

7

LA IMPORTANCIA DE TENER LA RAZÓN

Para tener la razón hay que entender los porcentajes, pero un alto porcentaje de personas no entiende lo que es la razón.

— CON LA PRESENCIA DE —

NEWTON

PAULOS

F. GRIFFITH

EN ESTE CAPÍTULO:

- Distinguiremos entre magnitudes absolutas y relativas para interpretar correctamente los datos sociales y económicos.
- Revisaremos las distintas formas de comparar dos cantidades.
- Calcularemos impuestos, descuentos y bases imponibles.
- Analizaremos el significado de un aumento porcentual para evitar manipulaciones informativas.

Es curiosa la cantidad de tonterías que se pueden llegar a afirmar si no se tiene una percepción acertada de lo que significan los números. Es cierto que a veces se puede conseguir que los datos *digan* lo que a uno le interesa, como acostumbra a pasar en los debates electorales. Basta con seleccionar hábilmente la información que más convenga o con presentarla sin el contexto apropiado. Sin embargo, muchos de los errores que se producen a la hora de interpretar datos cuantitativos tienen su origen en una auténtica ignorancia numérica: un *anumerismo*, tal y como lo llama el profesor estadounidense John Allen Paulos en su libro *El hombre anumérico*.

Recuerdo un día en que asistí a un acaloradísimo debate en Twitter sobre el supuesto aumento de la delincuencia en la ciudad de Barcelona. Un medio digital publicó unas declaraciones del presidente del Colegio de Criminología de Cataluña en las que afirmaba que Londres triplicaba la tasa de homicidios de Barcelona. Entonces, alguien muy enfadado con el consistorio catalán quiso contrarrestar esa afirmación y escribió un tuit en el que nos contaba que la población de Londres es mucho mayor que la de Barcelona y que eso explica que allí haya muchos más homicidios.

El individuo en cuestión parecía convencido de haber propinado un buen *zasca* a sus oponentes, pero se encontró con la versión digital de la tercera ley de Newton (si un cuerpo realiza una fuerza sobre otro cuerpo, este último realiza sobre el primero una fuerza de igual intensidad y dirección, pero de sentido opuesto) y el golpe le rebotó en toda la cara. En efecto, otro tuitero con bastante más cultura matemática le hizo notar que «una tasa es un porcentaje y no depende del número absoluto», es decir, que una tasa tiene en cuenta el número de homicidios *en relación* con el número de habitantes. Precisamente por eso se utiliza para comparar ciudades que tienen poblaciones distintas.

Siempre que analicemos datos, debemos preguntarnos si se trata de valores absolutos o relativos, de lo contrario interpretaremos de manera incorrecta la información. Por ejemplo, el número total de homicidios que se producen en una ciudad a lo largo de un año es un valor absoluto, mientras que *la tasa de homicidios*, es decir, el número de homicidios por cada millón de habitantes, es un valor relativo. Los valores absolutos de criminalidad nos pueden servir para calcular los recursos totales que hay que destinar a políticas de seguridad. En cambio, para tener una idea más precisa de la magnitud de la tragedia hemos de *comparar* el número total de crímenes con el número total de habitantes, puesto que no representan lo mismo diez homicidios anuales en una población de cinco millones de habitantes que en una de diez mil.

RAZONES PARA COMPARAR

En general ¿de qué maneras podemos comparar dos cantidades? Para empezar, lo más obvio e inmediato es ordenarlas: establecer cuál es mayor y cuál es menor. Con esta simple operación ya podemos determinar quién puede subir y quién no a una atracción de feria (si la altura de la persona es mayor que el valor mínimo puede subir, mientras que si es menor, no puede). Y hacemos lo mismo para decidir qué equipo es el vencedor en un partido de fútbol (el que marca mayor cantidad de goles).

Sin embargo, podemos ser más precisos. Si comparo mi edad con la de mi hija, está claro que la mía es mayor, pero ¿cuánto mayor? Pongamos que yo tengo cuarenta años y que ella tiene diez. Si resto un valor del otro, obtendré la *diferencia* y podré afirmar que soy exactamente treinta años mayor que ella. Entonces, ¿la mejor manera para comparar números es restarlos? No necesariamente.

Imagina que estás realizando un estudio de igualdad en una empresa y que uno de los aspectos que quieres analizar es la relación entre el número de hombres y el número de mujeres que ostentan cargos de responsabilidad. Cuentas a los directivos, cuentas a las directivas, los restas y obtienes que hay cinco hombres más. ¿Eso es mucho o es poco? Supongo que tu respuesta será *depende*.

Si en total hay doscientas personas con cargos de responsabilidad, esa diferencia no representa un agravio excesivo. En cambio, si el consejo de dirección está formado solo por siete personas, eso significa que hay seis hombres y una sola mujer, lo cual resulta bastante más alarmante. Si no conocemos el tamaño de la empresa o si queremos comparar empresas de distinto tamaño, no parece que restar vaya a ser la opción más adecuada.

Por el contrario, si me dices que entre los cargos de responsabilidad los hombres *quintuplican* a las mujeres, no necesitaré saber cuántos son en total para deducir que esa empresa tiene un buen trabajo pendiente en materia de igualdad. ¿Y cómo has llegado a ese «quintuplican»? Probablemente hayas contado la cantidad de directivos y la de directivas y, a continuación, hayas dividido un número entre el otro.

$$\frac{\text{N.° DE DIRECTIVOS}}{\text{N.° DE DIRECTIVAS}} = \frac{20}{4} = 5$$

Entonces, ¿para comparar siempre hay que dividir? Siento defraudarte, pero, en mi opinión, la respuesta es de nuevo...

Si divido mis cuarenta años entre los diez de mi hija, obtengo un cuatro: ahora mismo cuadruplico su edad. Sin embargo, de aquí a veinte años, cuando yo tenga sesenta y ella treinta, solo la duplicaré, mientras que la diferencia seguirá siendo la misma: treinta primaveras. En el caso de las edades disponemos de una referencia común: lo que puede durar una vida humana, alrededor de cien años. Por eso, la diferencia entre dos edades tiene sentido para nosotros. Si te dijera que me llevo ochenta años con mi hija, mostrarías sorpresa sin necesidad de saber cuántos años tiene cada uno. En cambio, en el caso de las empresas, al no disponer de esa referencia común, nos ha resultado más claro dividir el número de directivos entre el número de directivas para compararlos.

Cuando comparamos dos cantidades mediante una división, establecemos una *razón* entre ellas. Podemos decir que la razón entre directivos y directivas es de *veinte a cuatro* o de *veinte sobre cuatro* o podemos calcular el valor de dicha razón: $^{20}/_{4}=5$. El valor de la razón entre dos cantidades expresa cuántas unidades de la primera cantidad hay por cada unidad de la segunda. En nuestro ejemplo, hay cinco directivos por cada directiva.

Una razón puede tener múltiples significados. Podemos calcular la razón entre una parte y el todo de un conjunto. Por ejemplo, la tasa de suspensos en un examen es la razón entre el número de personas que lo han suspendido y el número total de personas que se han presentado.

También podemos comparar entre sí distintas partes de un mismo conjunto: por ejemplo, si calculamos la razón entre el número de personas favorables a una medida política y el número de personas que están a favor de otra.

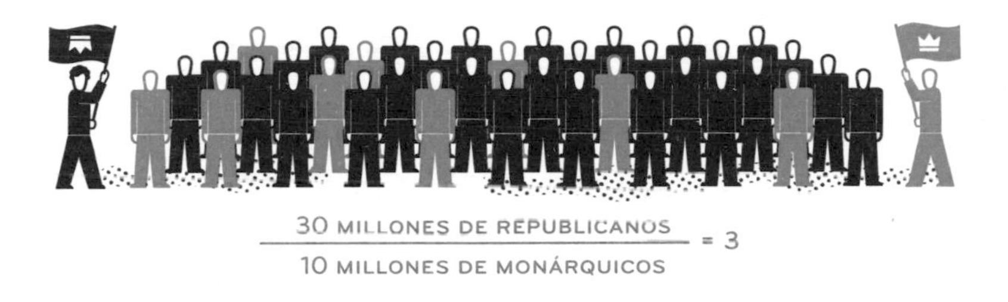

Además de para comparar distintos grupos de personas, también podemos utilizar una razón para valorar la distribución de un cierto recurso entre una determinada población: hospitales, escuelas, zonas verdes, etc. Cuando leemos que en España hay 16 hospitales por cada millón de habitantes, significa que la razón entre el número de hospitales y el número de millones de habitantes es igual a 16. Entonces, para saber cuántos hospitales hay en total, debemos multiplicar ese valor relativo por el tamaño de la población expresado en millones de habitantes. El censo en España ronda los 47 millones de personas, así que, en total, hay 47·16=752 hospitales.

Este tipo de razones no dejan de ser promedios,[1] así que deberíamos evitar interpretarlas de manera demasiado literal, especialmente en casos como el de la *renta per cápita.* La renta per cápita de un país es la razón entre el Producto Interior Bruto, es decir, el valor de los bienes y servicios producidos por dicho país, y el número de habitantes.

$$\text{RENTA PER CÁPITA} = \frac{\text{PIB}}{\text{POBLACIÓN}}$$

Esta cantidad permite poner en relación el volumen de riqueza de cada país con el tamaño de su población. Por ejemplo, aunque el PIB de Estados Unidos es mucho mayor que el de Luxemburgo, la renta per cápita del país europeo supera a la del gigante norteamericano.

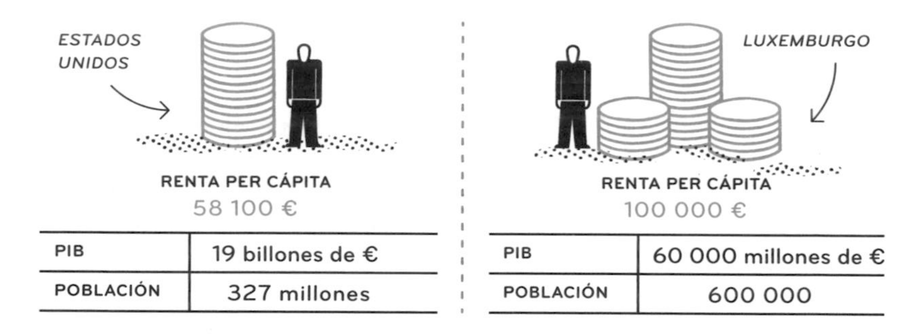

PIB	19 billones de €
POBLACIÓN	327 millones

PIB	60 000 millones de €
POBLACIÓN	600 000

De entrada parece razonable que la renta per cápita se utilice como indicador del bienestar de un país. No obstante, hay que tener presente que no nos dice nada sobre su nivel de desigualdad, es decir, sobre cómo está distribuida esa riqueza entre el conjunto

1 Hablaremos en detalle del promedio y de otras medidas estadísticas en el capítulo 10, «Para muestra, un botón».

de sus habitantes. Sería absurdo interpretar que cada persona dispone realmente de esa cantidad de recursos económicos. De ahí que, más que de una *medida,* se trate de un *indicador.*

Más allá de las personas, también podemos establecer comparaciones entre distintas magnitudes. En una disolución, la razón entre el peso de la sustancia disuelta y el volumen total de la mezcla nos indica cuál es su *concentración*. Y si lo que medimos es la concentración de alcohol en sangre, obtendremos la *tasa de alcoholemia*.

Y para darle algo de *ritmo* al asunto, podemos calcular la razón entre una determinada cantidad y el tiempo que tarda en producirse. Supón que trabajas en un laboratorio y te has encariñado con una cierta bacteria, de manera que te pasas toda una jornada observándola: diez horas en total. Durante ese tiempo compruebas que se reproduce un total de treinta veces. Eso significa que el ritmo de reproducción de tu microscópica amiga es de $^{30}/_{10}=3$ veces por hora.

Hay que tener presente que si comparamos dos magnitudes que se expresan en distintas unidades, habrá que incluirlas en la razón. Por ejemplo, la velocidad de un objeto es la razón entre su desplazamiento y el tiempo que tarda en efectuarlo. Si el desplazamiento se mide en kilómetros y el tiempo en horas, obtendremos una velocidad expresada en *kilómetros por hora*, mientras que, si se miden en metros y segundos, obtendremos una velocidad en *metros por segundo*.

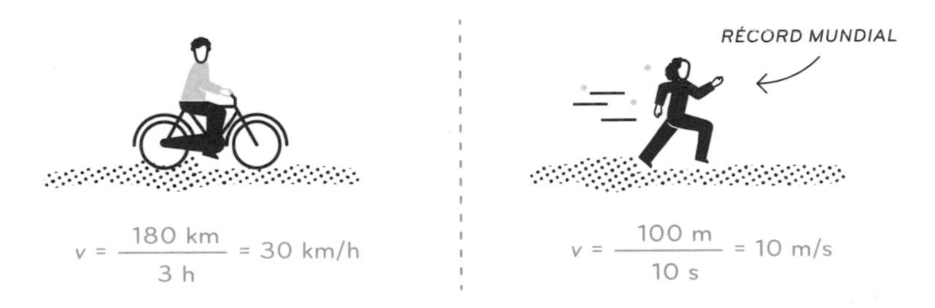

En definitiva, la razón es un objeto matemático que nos permite establecer comparaciones entre distintos tipos de magnitudes y que puede tener múltiples significados. Sin duda, un instrumento útil y versátil. ¿Tengo o no tengo *razón*?

DE CADA CIEN

Si queremos comparar diferentes cantidades no solo es importante hacerlo con rigor, sino también de forma comprensible. En general nos resulta más cómodo pensar en más o menos unidades de un cierto conjunto que en trozos mayores o menores de una determinada unidad. Dicho de otra manera, nos dice más la expresión «de cada cien personas, quince llevan gafas» que la expresión «de cada persona, 0,15 llevan gafas». Por eso utilizamos *porcentajes*.

El número 0,15 es igual a cero unidades, un décimo y cinco centésimos, es decir, a quince centésimos: 15/100. Esta es la razón que obtendríamos si tuviéramos un grupo de 100 personas en el que 15 llevaran gafas o, equivalentemente, un grupo de cualquier número de personas en el que 15 *de cada* 100 llevaran gafas. De ahí que digamos que una razón de 0,15 es lo mismo que un 15 %.

$$0{,}15 = \frac{15}{100} \rightarrow 15\ \%$$

En general, la razón entre dos cantidades calculada mediante una división nos dice cuántas unidades de la primera cantidad hay por cada unidad de la segunda. Entonces, para saber cuántas unidades de la primera cantidad habrá por cada cien de la segunda, basta con multiplicar por cien dicha razón. Por eso lo llamamos *porcentaje* o *tanto por ciento*, mientras que a la otra representación la podemos llamar *razón unitaria* o *tanto por uno*. Eso significa que 0,15 y 15 % no son cantidades distintas, sino que expresan la misma relación entre dos cantidades pero con un *traje* diferente. A efectos prácticos, el valor del porcentaje se obtiene multiplicando la razón unitaria por cien.

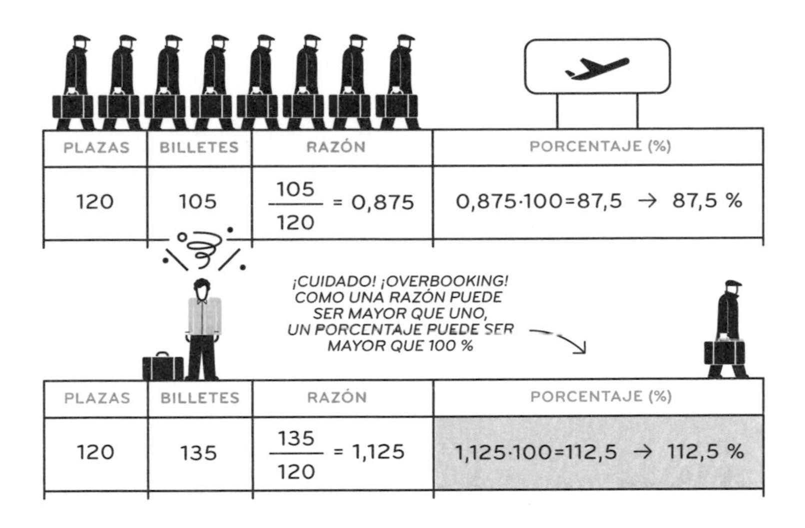

PLAZAS	BILLETES	RAZÓN	PORCENTAJE (%)
120	105	$\frac{105}{120} = 0{,}875$	0,875·100=87,5 → 87,5 %

PLAZAS	BILLETES	RAZÓN	PORCENTAJE (%)
120	135	$\frac{135}{120} = 1{,}125$	1,125·100=112,5 → 112,5 %

PAQUETES DE CIEN, PAQUETES DE UNO

Si hay un lugar donde afloran porcentajes por todas partes, es en el salvaje mundo de las rebajas. Considera, por ejemplo, que te proponen dos ofertas: por un lado, 1253 € de descuento en un coche que vale 17900 € y, por el otro, 46,2 € de descuento en un patinete eléctrico que vale 385 €. ¿Cuál de ellas te parece mejor?

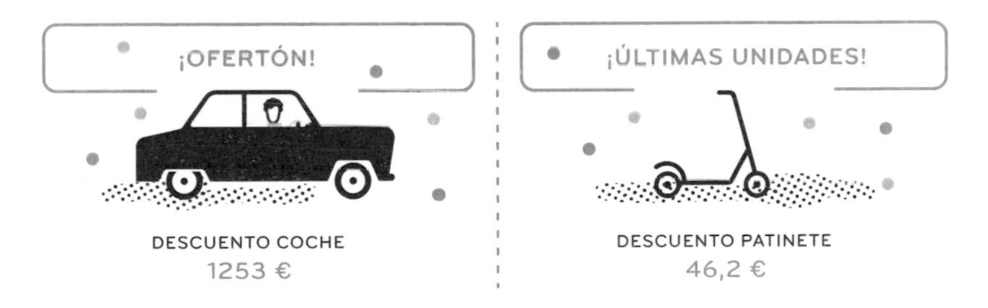

En términos absolutos, no hay duda de que te ahorras más dinero en el caso del coche, pero ¿y en relación con el precio del producto? ¿Cuál de las dos supone una reducción *proporcionalmente* mayor? Para comprobarlo, puedes desenfundar tu instrumento comparador —la razón— y aplicarlo a ambas ofertas. Así descubrirás que, en realidad, si compras el patinete te ahorras un porcentaje mayor del precio original que en el caso del coche: un 12 % frente a un 7 %.

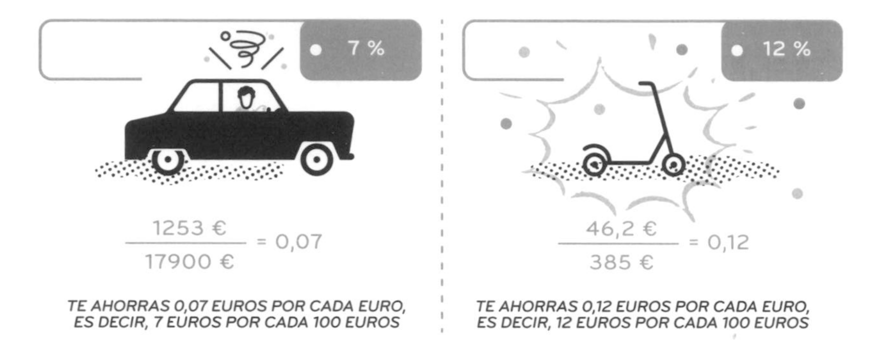

En este ejemplo conocíamos el valor del descuento y hemos calculado qué porcentaje del precio total representaba. Sin embargo, es más habitual que se dé la situación inversa: que conozcamos el porcentaje de descuento y queramos calcular a qué importe corresponde, así que eso es lo que vamos a hacer a continuación. Imagina, por ejemplo, que decides comprar unas gafas de 70 € sobre las que te aplican una rebaja del 20 %.

Ese porcentaje te dice que, por cada *paquete* de cien euros, te ahorrarás veinte: si el precio de las gafas fuera de 200 €, habría dos *paquetes* de cien y te ahorrarías el doble, es decir, 2·20=40 €; si el precio fuera de 300 €, habría tres *paquetes* de cien y te ahorrarías el triple, es decir, 3·20=60 €. Por lo tanto, para saber cuánto te ahorras si el precio es de 70 € necesitas saber cuántos *paquetes* de cien euros puedes formar con setenta euros, es decir, cuántas veces cabe el cien en el setenta. Eso se obtiene mediante una simple división: 70/100=0,7. Si setenta euros equivalen a 0,7 paquetes de cien euros y por cada paquete de cien euros te descuentan veinte euros, entonces te ahorrarás 0,7·20=14 €.

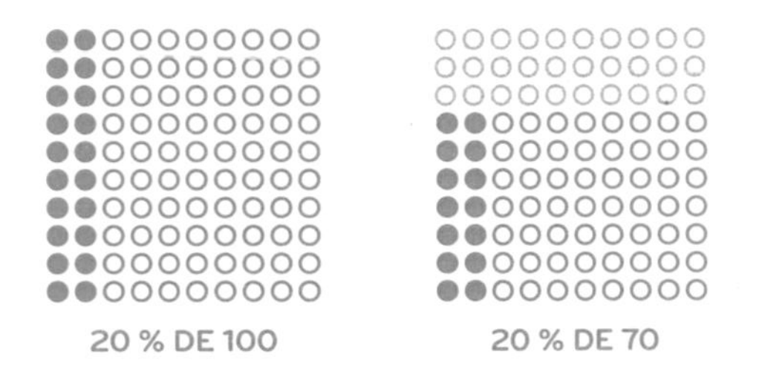

Decir que puedes formar 0,7 paquctes de cien euros resulta algo abstracto. Por eso también puedes abordar este tipo de situaciones desde otro punto de vista. Un ahorro de 20 euros por cada cien euros es lo mismo que un ahorro de 0,2 euros por cada euro, ya que 20/100=0,2. Por consiguiente, si el precio es de setenta euros te ahorrarás 0,2·70=14 €. Como ves, calculado de una u otra manera, el resultado es siempre el mismo.

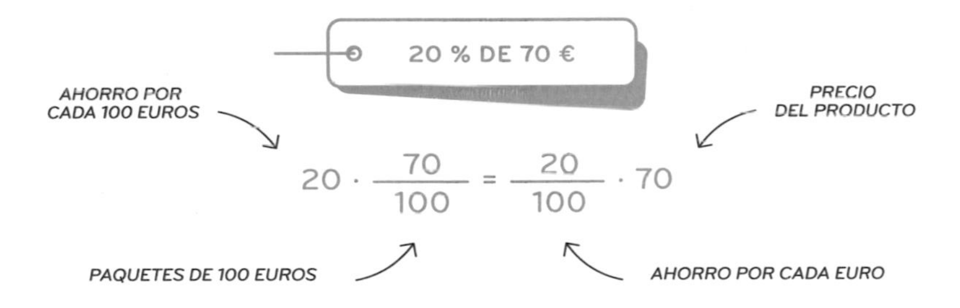

En general, si sabes cuántas unidades de una determinada cantidad hay por cada cien unidades de otra, dividiendo entre cien sabrás cuántas unidades de la primera cantidad hay por cada unidad de la segunda. Por eso, si antes dijimos que para obtener el porcentaje a partir de la razón unitaria solo había que multiplicarla por cien, para recorrer el camino inverso, esto es, para deducir el valor de la razón unitaria a partir del porcentaje, basta con dividirlo entre cien.

Esta operación resulta bastante útil para resolver cuestiones prácticas como la emisión de una factura. Imagina, por ejemplo, que has estado impartiendo unos cursos y que tus honorarios son de 3000 € brutos. Para saber cuántos de esos euros son limpios, debes restar el 15 % correspondiente al IRPF. Un 15 % son 15 euros de cada 100 o, equivalentemente, 0,15 euros de cada euro. Por lo tanto, la retención a aplicar es de 0,15·3000 €=450 €, lo cual, restado del importe bruto, da lugar a 3000 €–450 €=2550 € netos.

Fíjate en que el importe neto es igual al 100 %–15 %=85 % del importe bruto. Eso significa que de cada cien euros de lo que facturas, ochenta y cinco son limpios o, dicho de otro modo: de cada euro facturado, ingresas 0,85. Por lo tanto, si hubieras multiplicado directamente los 3000 € por 0,85, habrías obtenido exactamente la misma cantidad: 0,85·3000 €=2550 €.

Tras el IRPF, es el turno del IVA: debes añadir un 21 % a la base imponible, es decir, al importe bruto. Ahora que ya has adquirido cierta agilidad, sabes que para calcular un 21 % debes multiplicar por 0,21, así que el IVA ascenderá a 0,21·3000 €=630 €. Con esto, ya tienes toda la información necesaria para completar tu factura.

De hecho, si lo piensas bien, el precio final es igual al 100 % de la base imponible menos su 15 % (IRPF) más su 21 % (IVA), es decir, a un 100 %–15 %+21 %=106 % de la base imponible. Así que podrías haber obtenido el importe final multiplicando directamente los 3000 € por la razón unitaria correspondiente: 1,06·3000 €=3180€. Ahora bien, de haberlo hecho así, no conocerías los valores detallados del IVA y del IRPF, que también debes consignar en la factura.

Una vez resuelto ese trámite y a sabiendas de que quizá tardes meses en ver esos 3180 €, te pones a preparar un plan de *marketing* para dar a conocer tus nuevos cursos. Has decidido realizar una oferta de lanzamiento y ofrecer a las diez primeras personas que se inscriban un 30 % de descuento, pero en el momento de redactar el anuncio te asalta una duda: ¿los descuentos se aplican antes o después de añadir el IVA? En realidad, ahora veremos que ambas cosas son equivalentes.

En efecto, aplicar el IVA significa sumar un 21 % al 100 % del importe. Es decir, el precio con IVA es el 121 % del precio sin IVA y, por lo tanto, se obtiene multiplicando por 1,21. Por otro lado, al realizar un descuento del 30 %, solo hay que pagar un 70 % del precio íntegro, lo cual se calcula multiplicando por 0,7. Por consiguiente, si primero aplicas el IVA y luego el descuento, multiplicas el precio del curso por 1,21 y luego por 0,7; mientras que si aplicas primero el descuento y luego el IVA, multiplicas primero por 0,7 y luego por 1,21. Y ya sabes que el orden de los factores no altera el producto, así que hagas lo que hagas, el precio de tu oferta de lanzamiento será el mismo.

ANTES IVA
LUEGO DESCUENTO

$$0{,}7 \cdot 1{,}21 \cdot \text{PRECIO BASE} = 1{,}21 \cdot 0{,}7 \cdot \text{PRECIO BASE}$$

ANTES DESCUENTO
LUEGO IVA

PORCENTAJES POLÉMICOS

A menudo, lo más complicado no es calcular un porcentaje, sino interpretar correctamente lo que este representa. Una concepción errónea de su significado puede dar lugar a grandes polémicas mediáticas, que quizá se evitarían con una alfabetización matemática más sólida y generalizada.

En 2019 se aprobó en España una nueva normativa del pan, según la cual se debe indicar en los envases de los productos qué porcentaje de la harina utilizada es integral. Al cabo de pocos meses se produjo cierto revuelo porque un famoso supermercado vendía unos panecillos como 70 % *integrales* cuando en la lista de ingredientes se indicaba que la harina integral constituía tan solo el 41 % del producto. Aunque esto desató olas de indignación en las redes sociales, en realidad ambos porcentajes son perfectamente compatibles. Ese 70 % se refiere a la razón entre la cantidad de harina integral y el total de harina utilizada, mientras que el 41 % indica la razón entre la cantidad de harina integral y el conjunto de ingredientes, entre los cuales, además de harina, también hay agua, aceite y levadura. La cantidad de harina integral no ha cambiado, simplemente se está comparando con cosas distintas.

Este tipo de confusión aumenta cuando tratamos con porcentajes que representan incrementos, como en el caso que veremos a continuación. Desde 2015, la Organización Mundial de la Salud incluye las carnes procesadas, como los embutidos o las salchichas, en la lista de alimentos cancerígenos. Según explicó en su comunicado de ese año, «un análisis de los datos de diez estudios estima que cada porción de 50 gramos de carne procesada consumida diariamente aumenta el riesgo de cáncer colorrectal en aproximadamente un 18 %». Vamos a analizar en detalle qué representa realmente ese 18 %.

En general, se estima que el riesgo de contraer cáncer colorrectal para una persona cualquiera es del 4 %. Es como extraer una ficha al azar de una bolsa en la que hay cuatro fichas malas y noventa y seis buenas. Lo cierto es que es bastante menos probable padecer la enfermedad que no padecerla. Pues bien, podría parecer que lo que dice el comunicado de la OMS es que, al consumir carnes procesadas, las fichas malas aumentarán en dieciocho unidades, es decir, que en la bolsa habrá veintidós fichas malas y setenta y ocho buenas. De ser así, seguiría siendo menos probable *perder* que *ganar*, pero el aumento del riesgo sería sustancial.

Sin embargo, ese no era el sentido de la afirmación de la OMS. Lo que el análisis concluyó realmente fue que, al consumir carnes procesadas, el número de *fichas malas* aumenta en un 18 %, es decir, que a las cuatro fichas malas hay que añadirles el 18 % de cuatro, esto es, 0,18·4=0,72 fichas malas adicionales. Esto significa que el riesgo de padecer cáncer colorrectal pasa, en realidad, del 4 % al 4,72 %.

No pretendo relativizar los efectos nocivos del consumo habitual de alimentos procesados, igual que antes no pretendía defender todas las prácticas de etiquetado de productos alimentarios. Simplemente intento precisar el significado exacto de los datos numéricos para evitar que nuestros prejuicios, que viajan siempre con nosotros, nos hagan interpretar la información que recibimos de manera sesgada o tendenciosa.

Los porcentajes son un concepto matemático socialmente muy extendido, pero cuyo significado, a menudo, no se acaba de comprender. Se pueden calcular miles de porcentajes y no tener claro que lo que estamos expresando es una relación entre dos magnitudes. Eso puede provocar que se valoren determinados datos de manera errónea o que no sepamos afrontar situaciones diferentes a las habituales: «Sé añadirle el IVA a un importe, pero ¿cómo se lo quito a uno que ya lo incluye?».

Vivimos rodeados de porcentajes, nos bombardean con ellos en debates políticos, en la publicidad, en las etiquetas de los productos, incluso cuando comprobamos cuánta batería le queda a nuestro móvil. La prensa está llena de porcentajes, ya que parece que así las noticias se recubren con una pátina de seriedad y rigor. Sin embargo, un porcentaje puede ser el disfraz perfecto para enmascarar una información incompleta, irrelevante o directamente falsa. De ahí la necesidad de armarnos con un sexto sentido numérico que nos mantenga siempre alerta.

Y no solo en lo que a porcentajes se refiere: ante cualquier dato cuantitativo, deberíamos preguntarnos siempre si se trata de una cantidad absoluta o relativa y, en este último caso, identificar cuáles son las magnitudes que se están comparando.

En definitiva, debemos dar sentido a la información numérica que recibimos porque de lo contrario corremos el riesgo de acabar aplastados e intoxicados por ella. Ten en cuenta que, cuando se produce una inundación, lo primero que escasea es precisamente el agua potable.

CAPÍTULO

8

DECISIONES PROPORCIONADAS

Dibujar un plano, preparar un buen plato de pasta u organizar a un grupo de activistas tienen un aspecto en común: hay que actuar con proporción.

— CON LA PRESENCIA DE —

BORGES

POLICLETO

LA NONNA

EN ESTE CAPÍTULO:

- Interpretaremos la escala de un mapa o un plano.
- Analizaremos las dificultades técnicas y políticas asociadas a la representación plana de la esfera terrestre.
- Identificaremos qué hace que dos magnitudes sean proporcionales entre sí.
- Deduciremos cantidades desconocidas a través de la relación de proporcionalidad.
- Discutiremos el papel de la proporcionalidad en el arte y en la naturaleza.

Contar una historia o transmitir una noticia nunca es un acto completamente neutral. Siempre se filtra lo que se dice y lo que no, dónde se pone el énfasis, qué detalles se magnifican y cuáles se dejan pasar prácticamente desapercibidos. Aunque quizá no lo parezca, a la hora de dibujar un mapa ocurre algo parecido.

Un mapa no deja de ser una representación de la realidad. No puede contener todos los detalles del territorio que pretende cartografiar, de lo contrario, sería completamente perfecto, pero perfectamente inútil, como aquel mapa imaginado por Borges en su cuento «Del rigor en la ciencia» que coincidía con el Imperio en cada uno de sus puntos y que acabó despedazado y abandonado a las inclemencias del tiempo.

La cuestión se complica aún más si tenemos en cuenta que un mapa es un dibujo plano de una superficie esférica como la de nuestro planeta. Este hecho provoca desajustes y deformaciones. Según cómo se proceda al elaborar un mapa, el peso de las imprecisiones recaerá sobre unas partes u otras del globo. No es de extrañar, por lo tanto, que este tipo de decisiones hayan dado lugar, a lo largo de la historia, a grandes polémicas cargadas de tintes ideológicos.

Corre el año 1569. El cartógrafo y matemático Gerard Kremer se encuentra en su taller de Duisburgo, donde lleva un tiempo trabajando en una nueva proyección plana del globo terráqueo que facilite la navegación por mar. Su mapa, en el que los meridianos aparecen como líneas paralelas, ve por fin la luz y su uso se extiende rápidamente en el espacio y en el tiempo, hasta el punto de que es la base de las actuales aplicaciones web de cartografía. Se lo conoce con el nombre de *proyección Mercator*, latinización del apellido Kremer.

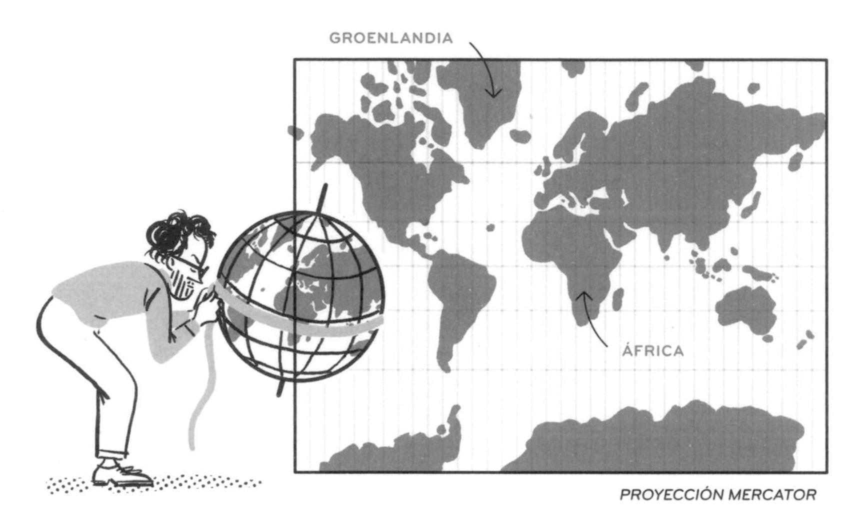

PROYECCIÓN MERCATOR

A pesar de su fama, la proyección Mercator adolece de un defecto evidente: la superficie ocupada por los distintos países y continentes no es proporcional a la real. Por ejemplo, Groenlandia parece de igual tamaño que toda África, cuando, en realidad, es unas catorce veces menor. Los países europeos también están sobrerrepresentados en términos de espacio, y esto provocará que el mapa se tilde de eurocentrista y de colonialista en reiteradas ocasiones a lo largo del siglo XX.

Uno de dichos ataques llega de la mano del historiador y cineasta Arno Peters, quien en 1974 publica una propuesta alternativa, conocida como *proyección de Peters*.[1] En ella, la superficie de cada continente sí es proporcional a la real. Además, el continente

1 Para ser del todo exactos, habría que llamarla *proyección de Gall-Peters*, ya que, al parecer, el historiador alemán se basó en una idea anterior del clérigo escocés James Gall.

europeo aparece más desplazado hacia el norte y no ocupa una posición tan central como en la proyección Mercator.

Sin embargo, el mapa de Peters tampoco es perfecto. Las formas de los países y de los océanos aparecen distorsionadas y esto lo convierte en inútil para la navegación. Así que parece que, al tirar de la manta para taparnos la cabeza, se nos han destapado los pies.

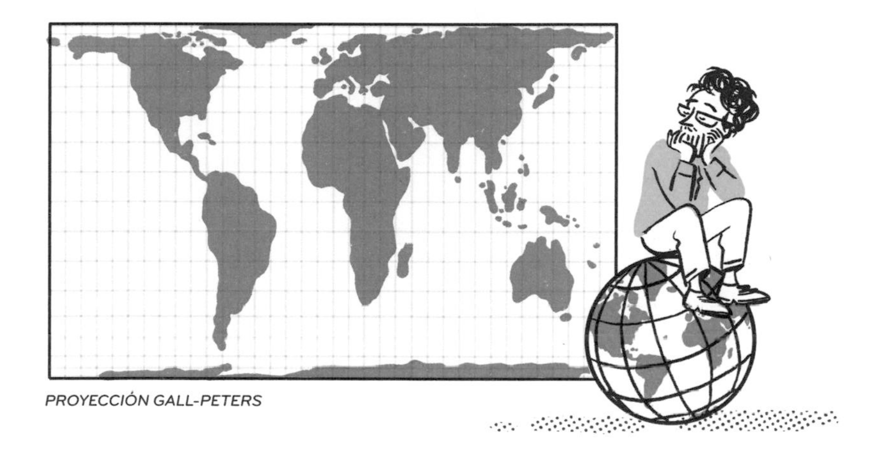

PROYECCIÓN GALL-PETERS

En cualquier caso, este debate nos muestra la importancia que socialmente atribuimos al concepto de *proporcionalidad.* Acostumbramos a asociar, de manera más o menos consciente, justicia, equilibrio y proporción. Por ello vale la pena profundizar en este tipo de relación matemática, que entra en juego al dibujar un mapa pero también a la hora de repartir recursos de manera equitativa o de preparar un buen plato de pasta.

A ESCALA

Para poder obviar los problemas asociados al hecho de pasar de una superficie esférica a una plana, nos centraremos en un *mapa* algo más sencillo: el plano de mi habitación. He realizado una representación *a escala* de mi cuarto en la que dos centímetros sobre el papel corresponden a un metro en el mundo real. Por lo tanto, como el dibujo tiene un tamaño de 8 cm × 4 cm, puedes deducir que mi habitación mide 4 m × 2 m: no es demasiado grande, pero sí bastante confortable.

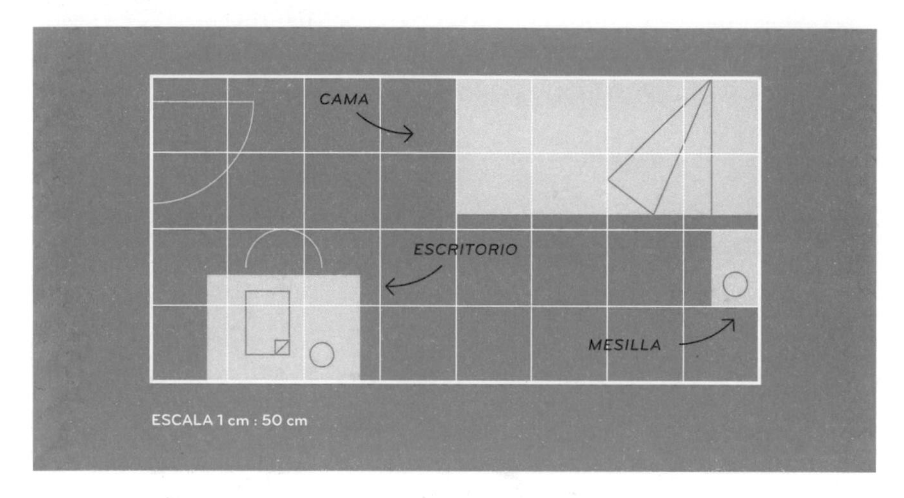

En general, la escala nos informa de qué relación existe entre las longitudes reales y las representadas. A partir de ella podemos calcular la razón entre ambas cantidades: si dos centímetros en el papel corresponden a un metro en mi habitación, entonces cada centímetro en el papel corresponde a medio metro en la habitación o, equivalentemente, a cincuenta centímetros. Dicho de otra manera, las dimensiones de mi habitación y las de todos los objetos son, en realidad, cincuenta veces mayores que en el papel.

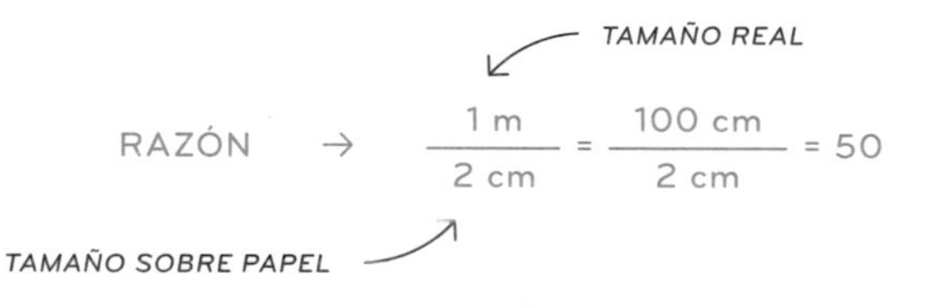

Cuando la razón entre dos magnitudes se mantiene constante, decimos que dichas magnitudes son *directamente proporcionales*. La razón nos indica qué cantidad de la primera magnitud hay por cada unidad de la segunda. En el caso del plano de mi habitación, las longitudes reales y las longitudes sobre el papel son magnitudes directamente proporcionales y, efectivamente, su razón nos dice cuántos centímetros reales hay por cada centímetro dibujado.

Esta relación de proporcionalidad provoca que ambas magnitudes estén ligadas, es decir, que un cambio en una de ellas provoque un cambio en la otra. Si multiplicamos o dividimos una de las dos magnitudes por un cierto número, deberemos hacer lo mismo con la otra. Por ejemplo, si sustituyo mi cama por otra que mida el doble de ancho, su representación sobre el papel también medirá el doble. De esta manera, la razón entre ambas longitudes se mantiene constante, puesto que multiplicar y dividir por un mismo número es como no hacer nada.

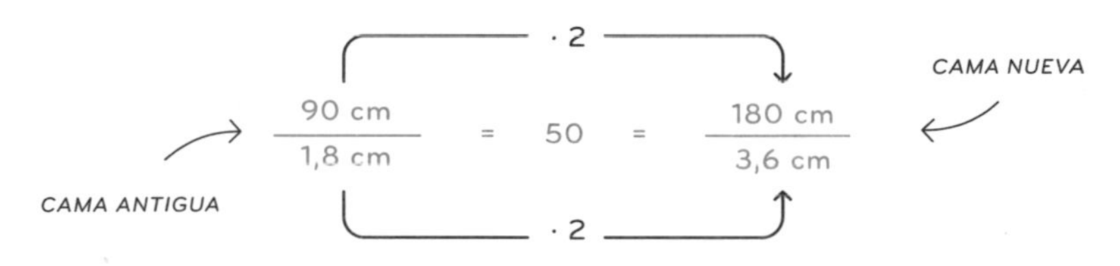

Hay muchas parejas de magnitudes que guardan una relación de proporcionalidad directa: los kilos de patatas que compras y el precio que pagas por ellas o la distancia que recorre la luz y el tiempo que tarda en hacerlo. Seguro que a ti se te ocurren varios ejemplos más. Pero, cuidado, no siempre que dos magnitudes aumenten simultáneamente podremos decir que son directamente proporcionales. Por ejemplo, la altura de un niño aumenta a medida que lo hace su edad, pero no de manera proporcional. Al pasar de 8 a 16 años, su edad se habrá doblado, pero no ocurrirá lo mismo con su altura. Tal y como hemos dicho, la proporcionalidad directa es una relación precisa que consiste en que la razón entre ambas magnitudes se mantiene siempre constante, lo cual implica que ambas aumentan o disminuyen al mismo ritmo.

APLICAR LA *NORMA*

Saber que dos magnitudes son proporcionales nos permite deducir cómo cambia una de ellas cuando modificamos la otra. Esto es algo que te puede sacar de más de un apuro, por ejemplo, si se te presenta algún invitado inesperado. Como en esa cena con tus nuevos compañeros de trabajo que llevas días planeando. Has aprovechado para poner en orden la casa, has colgado un par de cuadros que esperaban en una esquina desde tu último traslado y, lo más importante, has decidido el menú que ofrecerás a tus invitados. Para picar habrá humus y guacamole —un clásico moderno—, después ensalada de rúcula, tomate y frutos secos con virutas de parmesano y, como plato fuerte, *rigatoni alla norma*, una especialidad siciliana que te viene de familia. Has tenido que pedirle la receta a tu padre y, como de costumbre, él ha empezado con aquello de «un poco de albahaca», «la *ricotta* a ojo, hasta que veas que coge consistencia», etc. Tú no soportas esas indicaciones vagas e imprecisas con las que jamás consigues que el plato te quede exactamente como a él. Así que, tras mucho insistir, por fin has conseguido que busque la famosa libreta de la *nonna* y te envíe una foto de la receta original.

PASTA ALLA NORMA

INGREDIENTES PARA 5 PERSONAS

BERENJENAS: 400 G

AJO: 2 DIENTES

ALBAHACA: 10 G

RICOTTA SALADA: 200 G

TOMATES DE RAMA: 850 G

ACEITE DE OLIVA: 100 ML

Tras conseguir ese preciado secreto familiar te pones manos a la obra enseguida. Todo va muy bien hasta que una compañera te escribe para decirte que al final no podrá venir. Eso supone un problema, porque la receta es para cinco personas, justo el número de comensales que esperabas, y todo cuadraba perfectamente. Ahora, sin embargo, va a sobrar comida y eso te molesta un poco. Pero bueno, será solo una ración y ya te la comerás mañana, aunque la pasta recalentada sea un atentado gastronómico.

Cuando ya tienes asumido y superado este pequeño contratiempo, tu encantadora compañera te escribe de nuevo y te dice que le sabe mal perderse la cena, pero que tiene a dos amigos de visita estos días y por eso quiere preguntarte si tendrías algún inconveniente en que asistiera con ellos dos. Pues claro que tienes algún inconveniente, y de los gordos: lo tenías todo bien controlado para cinco personas, podías tolerar ser cuatro y que sobrara algo de comida, pero ¿siete? Eso te obliga a hacer más pasta y a utilizar más cantidad de cada ingrediente, pero ¿cuánto más? No puedes echar el doble, eso daría para diez personas y no estás dispuesto a desperdiciar tanta comida. Y lo de «un poco más de cada cosa» no forma parte de tu vocabulario. Entonces, ¿cuánta berenjena hace falta para que la salsa quede consistente pero no sobrecargada? ¿Cuántos dientes de ajo para que esté sabrosa pero no os despertéis a las dos de la mañana maldiciendo la pasta y a la *nonna*?

Mientras todas estas preocupaciones se arremolinan en tu cabeza, no puedes evitar decirle a tu amiga que, «claro, ningún problema, ¡cuantos más seamos, más nos reiremos!».

Por suerte, estás ante una situación de proporcionalidad directa. Si quieres que el plato te quede igual que siempre, debes asegurarte de que la razón entre la cantidad de cada ingrediente y el número de personas sea la misma que en la receta original. Por ejemplo, en el caso de la berenjena, dicha razón es de 400:5=80 gramos por persona, lo cual significa que, si tuvieras que preparar una única ración de pasta, deberías utilizar 80 g de berenjena.

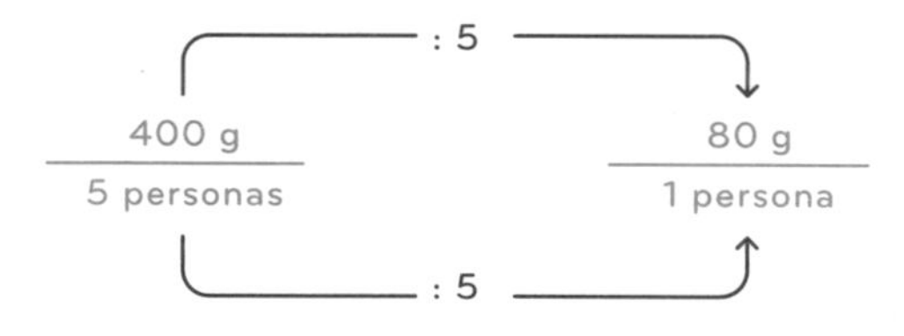

Entonces, para siete personas simplemente necesitarás multiplicar esa cantidad por siete: 7·80=560 g. Si repites el mismo procedimiento con cada uno de los ingredientes de tu receta, prepararás una pasta *alla norma* de la cual estaría orgullosa hasta la mismísima *nonna*.

: 5 · 7

	PARA 5 PERSONAS	PARA 1 PERSONA	PARA 7 PERSONAS
BERENJENA	400 g	80 g	560 g
AJO	2 dientes	0,4 dientes	2,8 dientes
ALBAHACA	10 g	2 g	14 g
RICOTTA	200 g	40 g	280 g
TOMATES	850 g	170 g	1190 g
ACEITE	100 ml	20 ml	140 ml

DEL BARRIO A LA CIUDAD

Los conocimientos de proporcionalidad también resultan útiles para prototipar. Un prototipo es algún tipo de artefacto, de simulación o de ensayo, que se realiza para poner a prueba una determinada solución a un problema. Normalmente se trata de algo pequeño que pretende reproducir a escala la situación real, por eso es importante saber cómo mantener las proporciones. Un prototipo puede ser un boceto, una maqueta o, también, una prueba piloto, como la que llevarás a cabo a continuación.

Resulta que recientemente te has afiliado a una candidatura política municipalista que apuesta por el trabajo de base. Tras haber colaborado en diversas tareas, te han encargado que organices una campaña puerta a puerta para conocer la opinión y las preocupaciones de la gente de tu ciudad. Para calibrar los esfuerzos y los recursos necesarios has decidido empezar en un barrio en el que viven unas 32 000 personas. Has estado realizando diversas pruebas y finalmente has concluido que el número óptimo de activistas para cubrir ese volumen de habitantes es de ochenta. Ahora debes determinar cómo extrapolar tu plan a toda la ciudad, cuya población es de unas 352 000 personas.

No parece una mala hipótesis suponer que el número de activistas debe ser proporcional al de habitantes, así que ya sabes cuál es la ruta a recorrer. Conoces el valor de las dos magnitudes proporcionales para un caso concreto —el barrio donde has estado experimentando—, de manera que puedes calcular la razón entre ambas y, a partir de ella, el número de activistas que hacen falta para llegar a todos los habitantes de la ciudad.

Te pones con ello de inmediato. Si ochenta activistas han cubierto un barrio de 32 000 personas, significa que cada uno de ellos ha debido de hablar con unos 32 000:80=400 vecinos. Así que ya lo tienes, la razón es de 400 vecinos por cada activista. Aunque... un momento. El cálculo es correcto, pero esto no parece ser lo que tú necesitas. Esta razón te serviría si te dijeran «mira, tienes tantos activistas, ¿a qué población puedes llegar con ellos?».

Multiplicando esa cantidad de activistas disponibles por el número de habitantes por activista que acabas de calcular, obtendrías la respuesta a esa pregunta. En cambio, tú debes adecuar el número de activistas a la población total de la ciudad, que es lo que viene determinado. Por lo tanto, lo que necesitas no es el número de habitantes por activista, sino el número de activistas por habitante. En general, a partir de dos magnitudes se pueden obtener dos razones, dependiendo de cuál dividamos entre cuál.

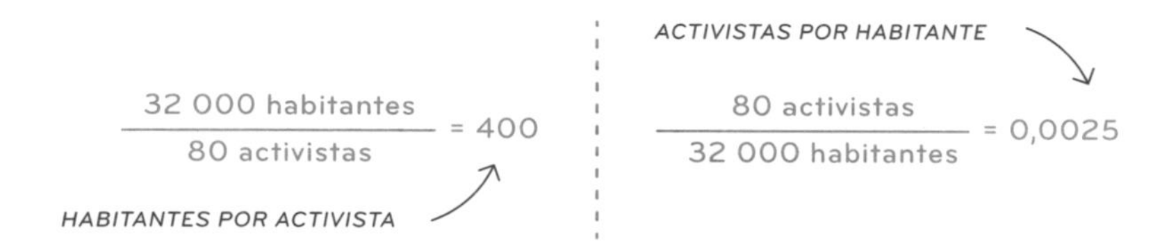

Ahora sí que lo tienes: a cada persona le corresponden 0,0025 activistas, sin duda un trocito muy pequeño. Entonces, para las 352 000 personas harán falta 352 000·0,0025=880 activistas. Si divides la población total entre ese número de activistas, obtendrás de nuevo que el número de habitantes por activista es de 400, igual que en el barrio piloto.

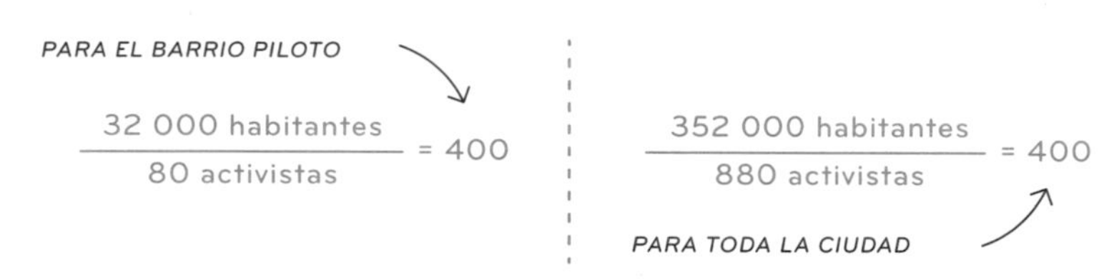

Quizás hablar de 0,0025 activistas resulte poco intuitivo. En el ejemplo de la cena de trabajo podías imaginarte preparando tu pasta *alla norma* para una única persona: no había inconveniente en usar la quinta parte de las cantidades indicadas en tu receta. En cambio, ahora, lo de tener 0,0025 activistas suena un poco abstracto. Así que podemos plantear el problema desde un punto de vista algo más tangible.

La población de la ciudad es 11 veces mayor que la del barrio piloto, ya que 352 000:32 000=11. Entonces, si para el barrio hacían falta 80 activistas, para toda la ciudad se necesitarán 11 veces más, es decir 11·40=880 activistas. Obviamente, llegamos al mismo resultado que al calcularlo de la otra manera.

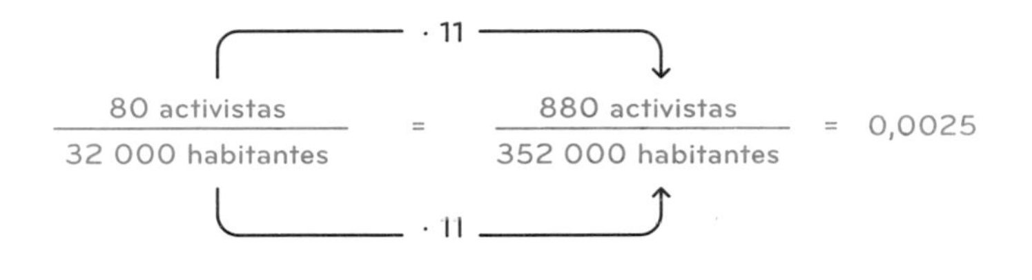

PROPORCIONALIDAD, BELLEZA Y JUSTICIA

Decir que algo es proporcionado suele ser sinónimo de equilibrio, de mesura, e incluso de belleza. Los cánones estéticos clásicos fijaban la razón que debía existir entre las distintas partes de un cuerpo para que este se considerara bello. El canon de Policleto, por ejemplo, establecía que la razón entre la altura del cuerpo y la cabeza debía ser igual a siete.

Sin embargo, la proporción que más se ha asociado con la idea de belleza es, probablemente, la del famoso *número áureo.* Su definición formal se remonta a los trabajos de Euclides en la antigua Grecia. Consiste en dividir un segmento en dos partes, de tal manera que la razón entre el segmento entero y la parte mayor sea igual a la razón entre la parte mayor y la parte menor.

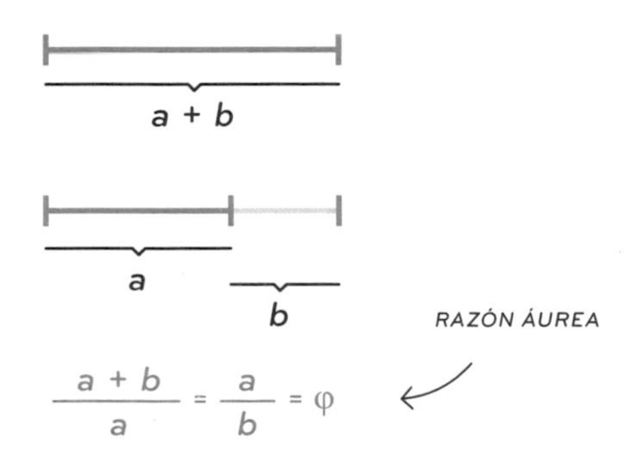

Dicha razón es lo que se conoce como *razón áurea* o *número áureo* y se denota mediante la letra griega φ.[2] Su valor aproximado es $\varphi \approx 1{,}618$, pero, en realidad, se trata de un número irracional, con infinitos decimales que no siguen ningún patrón.

Históricamente, muchos artistas han aplicado esta proporción a sus obras: desde la fachada del Partenón a la arquitectura racionalista de Le Corbusier, pasando por la pintura de Leonardo da Vinci y Alberto Durero o el propio canon de Policleto. Además, en el siglo XVI, el teólogo italiano Luca Pacioli defendió el carácter divino del número áureo en su tratado *De divina proportione* (La proporción divina). Más adelante, en el siglo XIX, el psicólogo alemán Gustav Fechner realizó un experimento en el que mostraba distintos rectángulos, cada uno con diferentes proporciones, a una serie de observadores y les pedía que escogieran el que les resultaba más atractivo. Al parecer, la mayoría eligió el rectángulo cuyos lados guardaban una proporción igual al número áureo. Cabe decir que en el libro *La proporción áurea*, del matemático Mario Livio, se cuestiona la validez del experimento de Fechner y de otros experimentos similares. En cualquier caso, todos estos hechos han contribuido a establecer la idea de que las formas cuyas dimensiones se relacionan mediante la razón áurea están dotadas de una gran belleza.

Lo curioso es que la razón áurea no solo aparece en creaciones humanas, sino que también está presente en diversos fenómenos naturales: las proporciones del cuerpo humano, la forma de algunos animales, la disposición de las hojas de algunas plantas, etc. ¿Cómo es posible que la naturaleza, salvaje y aleatoria, se exprese precisamente mediante los más altos cánones estéticos? ¿Cómo dudar, entonces, de que la proporción áurea es realmente una proporción divina? En realidad, el argumento se puede invertir fácilmente. Al parecer, la razón áurea está presente en la naturaleza

---

2 Se utiliza la letra φ en honor al escultor griego Fidias, ya que φ equivale a la letra *f* en el alfabeto griego.

porque en ciertos casos ofrece una ventaja evolutiva. ¿Por qué no pensar entonces que a los humanos nos resulta atractiva precisamente porque es algo que llevamos siglos observando en nuestro entorno y que, por lo tanto, nos resulta familiar?

Además de asociar el concepto de proporcionalidad con la belleza, también solemos relacionarlo con la idea de justicia. Una distribución desproporcionada de la riqueza nos parece injusta. Cuando leemos que las 26 personas más ricas del mundo tienen la misma riqueza que los 3800 millones de personas más pobres, enseguida nos llevamos las manos a la cabeza porque nos damos cuenta de que el volumen de dinero y el número de personas no son proporcionales. Sin embargo, lo proporcional no siempre es lo más justo. Por ejemplo, los sistemas tributarios que más contribuyen a la redistribución de la riqueza no son proporcionales, sino progresivos. Eso significa que el tipo impositivo se incrementa al aumentar el nivel de renta. En otras palabras: cuanto mayores son los ingresos, mayor es la razón entre impuestos y salario.

(DES)PROPORCIÓN CARTOGRÁFICA

En determinadas situaciones, la proporcionalidad estricta puede resultar poco práctica, como por ejemplo a la hora de dibujar un mapa. Al proyectar la esfera terrestre sobre una superficie plana, se producen inevitablemente distorsiones, tanto mayores cuanto mayor es la latitud. Para entender este hecho, piensa que los paralelos son círculos que van menguando a medida que nos alejamos del ecuador, pero que al trasladarlos al mapa se convierten todos ellos en líneas horizontales con la misma longitud. El caso extremo es el de los polos, que de ser puntos pasan a ocupar también toda la anchura del plano.[3] En cambio, no ocurre lo mismo con

---

3 Aquí me estoy refiriendo a la llamada *proyección cilíndrica*. Existen otras proyecciones como la cónica o la acimutal que provocan otros tipos de distorsiones.

los meridianos: todos ellos miden lo mismo en la realidad y cada uno se convierte en una línea vertical de igual tamaño sobre el mapa. Esto provoca que en latitudes altas los territorios queden deformados, ya que no se aplica la misma reducción en dirección horizontal que en la vertical.

Por lo tanto, la representación queda desproporcionada. Frente a ello se pueden adoptar distintas soluciones. Mercator optó por estirar verticalmente las regiones de latitudes altas para compensar su excesivo estiramiento horizontal. De esta manera, las formas de los continentes no se distorsionaban. Además, esto resultaba útil para la navegación, puesto que así las líneas de rumbo fijo se traducían en líneas rectas sobre el mapa. El precio que pagaba era una descompensación entre las distintas latitudes. En efecto, las zonas lejanas al ecuador sufrían un doble estiramiento: el de la proyección de la esfera sobre un plano y el añadido por Mercator. Esto provocaba que las superficies de los países que se encuentran en esas latitudes se vieran magnificadas y de ahí el hecho de que Groenlandia pareciera igual de grande que África.

Frente a esto, Peters adoptó exactamente la solución contraria: estirar verticalmente las zonas cercanas al ecuador para compensar el estiramiento horizontal de las zonas cercanas a los polos. Con esto, conseguía que la superficie ocupada por cada país fuera proporcional a la real, pero, como contrapartida, provocaba que todos los continentes en altas y bajas latitudes aparecieran deformados y que el mapa no sirviera para la navegación.

En resumen, la proyección de Peters es proporcional a la realidad en lo que se refiere a las superficies de los continentes, pero no lo es en el tratamiento de una y otra dirección: cerca del ecuador los lados en dirección norte-sur se ven más alargados que los lados en dirección este-oeste, mientras que cerca de los polos sucede todo lo contrario. En cambio, en la proyección Mercator, los lados de cada país mantienen las mismas proporciones entre ellos, lo cual preserva sus formas, pero hay países que se ven proporcionalmente mayores que otros. ¿Qué es lo más proporcionado? ¿Y lo más justo?

Probablemente se trata de preguntas que trascienden lo estrictamente matemático y que no tienen una respuesta única. De hecho, hoy en día, uno de los mapas más aceptados mundialmente es la proyección de Winkel-Tripel, adoptada por la National Geographic Society, que vendría a representar un compromiso entre las dos propuestas anteriores. Ciertamente parece una decisión bastante proporcionada.

Quizá te sorprenda llegar al final de un capítulo sobre proporcionalidad y no haber leído nada sobre la famosa *regla de tres*, cuando probablemente sea el método que te enseñaron en la escuela. La he omitido expresamente porque, si bien puede resultar efectiva en determinadas circunstancias, se trata de una regla mecánica que no contribuye a adquirir una buena comprensión del concepto de proporcionalidad.

El propósito de las matemáticas no es aplicar algoritmos de cálculo sin sentido, sino identificar patrones y regularidades que nos ayuden a comprender el mundo. La proporcionalidad no *es* la regla de tres, sino un tipo de relación entre magnitudes que aparece con frecuencia en la naturaleza y que tiene múltiples aplicaciones prácticas. Por eso es importante saber reconocerla e interpretar correctamente su significado.

También es importante no abusar de ella. Si bien el de proporcionalidad puede ser un buen criterio para valorar una medida política, no siempre lo proporcional es lo más equitativo. Ni tampoco tiene por qué ser lo más estético: ciertas desproporciones pueden resultar tremendamente bellas.

Me parecería un grave error reducir cuestiones como la belleza o la justicia a algo estrictamente matemático. Los debates de índole social, política o cultural son complejos y, por lo tanto, para afrontarlos deberíamos incorporar múltiples perspectivas. Por supuesto que el rigor matemático y la evidencia científica deben estar presentes y servir de guía, pero habría que tener en cuenta también los aspectos de carácter práctico, ético o estético. La sabiduría no consiste solo en disponer de muchos conocimientos, sino también en aplicarlos de manera *proporcionada.*

CAPÍTULO

9

GRÁFICAS VIRALES

La realidad nos aporta datos constantemente, que podemos analizar y representar gráficamente y así explicar y anticipar el futuro de dicha realidad.

— CON LA PRESENCIA DE —

ROSIE THE RIVETER

NICOLAS CAGE

F. SIMÓN

EN ESTE CAPÍTULO:

- Representaremos pares de magnitudes en una gráfica para visualizar su relación.
- Identificaremos los elementos que debe incluir una gráfica para transmitir la información de manera clara y veraz.
- Interpretaremos características de una gráfica como el ritmo de crecimiento, los máximos y mínimos o los puntos de inflexión.
- Veremos la diferencia entre correlación y causalidad.

«¿Sabes cuál es la sección más visitada de un periódico durante una crisis sanitaria?», me pregunta un amigo hace unos días. Yo le respondo, convencido, que el obituario, pero él replica que no, que en realidad se trata de la sección de gráficas e infografías. Debo reconocer que no he contrastado esa información, pero, de entrada, no me parece una mala noticia que en momentos de incertidumbre se recurra a las evidencias en forma de datos para encontrar respuestas: datos de enfermos, de plazas de UCI, del número de respiradores disponibles; también datos económicos, laborales, sociales, etc.

Eso sí, los datos crudos, por sí mismos, no ofrecen demasiado. Hace falta analizarlos y relacionarlos para obtener un conocimiento a partir del cual tomar decisiones. Además, en una sociedad como la nuestra, repleta de redes sociales, móviles y mucha gente con ganas de opinar, todos esos datos viajan sin parar a través de la fibra óptica y de las ondas de wifi, pasando de pantalla en pantalla, y originando todo tipo de reacciones. Por ello, para evitar que tanta información numérica nos acabe dejando indiferentes por exceso, las instituciones y los medios de comunicación se esfuerzan en representarla en gráficos muy visuales, que nos ofrezcan enseguida una foto fidedigna de la situación.

A veces puede suceder incluso que alguno de esos gráficos se acabe haciendo famoso. Como ocurrió en marzo de 2020, cuando el coronavirus[1] empezaba a extenderse por todo el globo y los sistemas sanitarios de todos los países hacían sonar las alarmas. Durante aquellos días, junto al virus, hubo otra cosa que se propagó como la pólvora: un par de curvas, que probablemente pasarán a la historia como aquel *We Can Do It* estadounidense de la Segunda Guerra Mundial. Se trataba de una gráfica cualitativa, que nos alertaba sobre el riesgo de que nuestro sistema de salud colapsase si no tomábamos pronto medidas de control. Esta imagen dio lugar a aquel eslogan pegadizo de «aplanemos la curva»: una metáfora matemática convertida en grito de guerra colectivo contra la enfermedad.

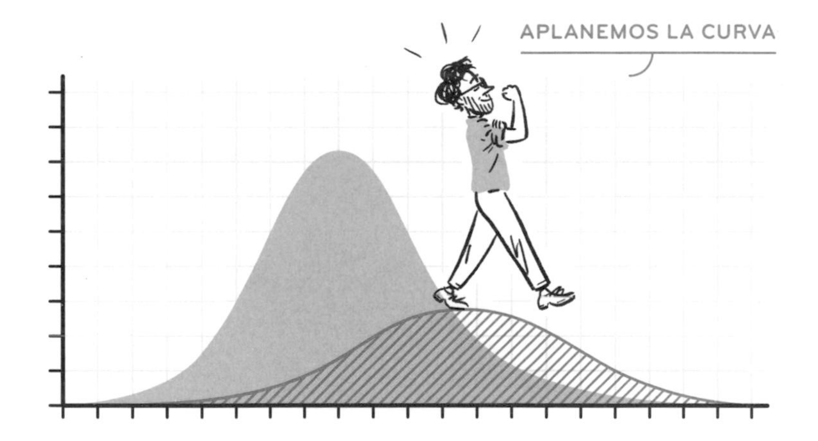

1 En este capítulo empleo el término *coronavirus* para referirme al SARS-CoV-2.

Así pues, si la batalla de la opinión pública se va a librar también entre tablas de datos y ejes de coordenadas, quizá valga la pena reflexionar sobre cómo se leen y cómo se construyen los gráficos, y sobre qué cosas podemos aprender de ellos.

CON UN PAR DE EJES

Lo cierto es que incluso una gráfica tan simple como la anterior puede darnos bastante juego. Así que vamos a analizarla con algo de detalle. Empecemos por situarnos. Tenemos dos ejes perpendiculares: el eje horizontal o *de las abscisas*, cuyos valores crecen de izquierda a derecha; y el eje vertical o *de las ordenadas*, cuyos valores crecen de abajo hacia arriba. Cada eje representa una cantidad que puede tomar distintos valores y que, por lo tanto, llamamos *variable*. En este caso, el eje horizontal representa el tiempo, mientras que el eje vertical representa el número de casos diarios.

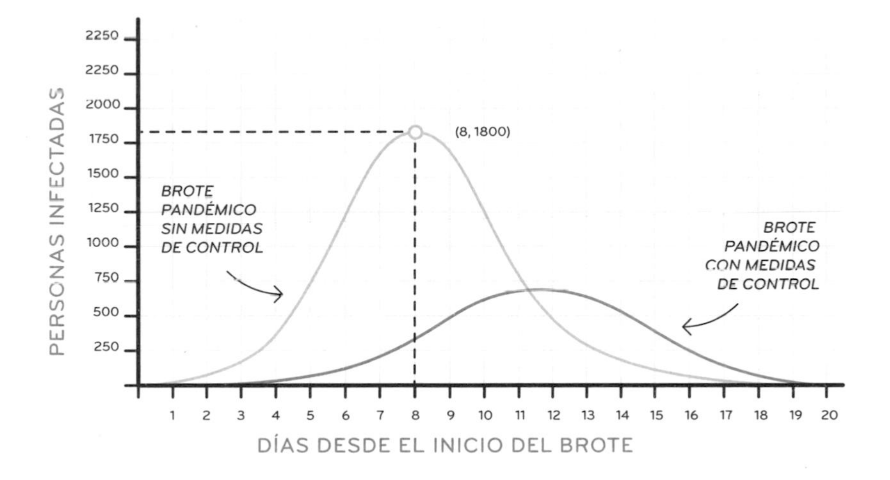

Por consiguiente, cada punto del gráfico nos proporciona dos informaciones: un día concreto, que leemos sobre el eje de las abscisas, y un número de casos, que leemos sobre el eje de las ordenadas. La abscisa y la ordenada de un punto son sus *coordenadas* y suelen representarse entre paréntesis, separadas por una coma. Dado un cierto punto sobre la gráfica, su abscisa y su ordenada están perfectamente definidas y, viceversa, solo hay un punto que tenga exactamente unas determinadas coordenadas.

Cuanto más arriba se encuentra el punto en la gráfica, mayor es el número de casos que representa, mientras que cuanto más a la derecha está, nos indica que han transcurrido más días desde el inicio de la pandemia. Sabiendo esto, vemos que las dos líneas que aparecen en la gráfica reflejan un comportamiento similar: los primeros días prácticamente no hay casos, luego van aumentando progresivamente hasta alcanzar un valor máximo, que se corresponde con la *cima* de las curvas, y, a partir de ese momento, los casos disminuyen. La diferencia entre las dos líneas es que, al tomar medidas de control, la curva se aplana, lo cual significa que el máximo es más bajo y se produce más tarde.

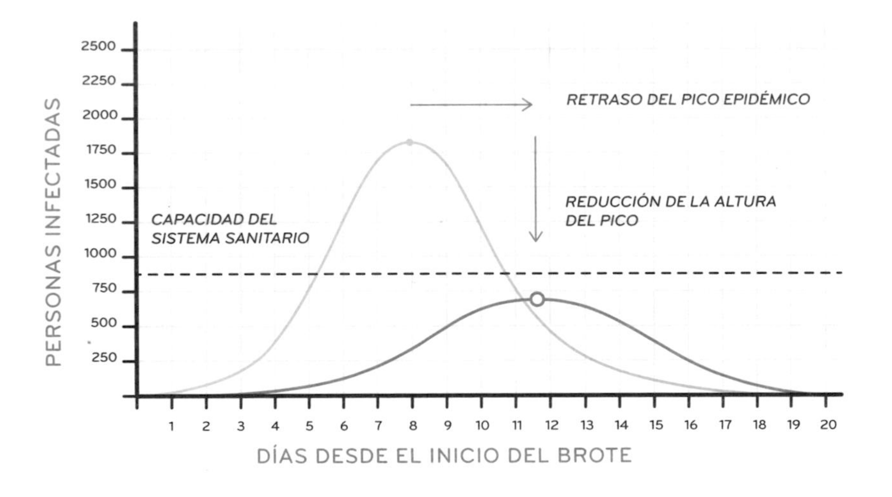

Para valorar cuál de las dos situaciones es preferible debemos fijarnos en la tercera *invitada:* la línea horizontal titulada *capacidad del sistema sanitario*. Esta recta representa una estimación del número de pacientes que las instalaciones sanitarias pueden llegar a absorber: debe de tener en cuenta el número de camas de UCI y respiradores disponibles y otros datos similares. La horizontalidad de esta gráfica nos indica que la capacidad del sistema sanitario se mantiene prácticamente constante a medida que pasan los días. Esto no es del todo cierto, puesto que, con el avance de una pandemia, se van habilitando nuevos espacios y equipos para afrontarla. Pero no nos vamos a poner exquisitos, ya hemos dicho que se trataba de una gráfica cualitativa.

Por lo tanto, resulta obvio que es preferible aplicar medidas de control, porque así el número de casos que necesitan tratamiento no llega a superar nunca el límite impuesto por el sistema de salud, ya que el máximo de la curva se encuentra por debajo de la línea horizontal. Cabe decir aquí que si nuestro sistema sanitario tuviera más recursos, la recta horizontal estaría más arriba y, quizás, no haría falta aplanar tanto la curva.

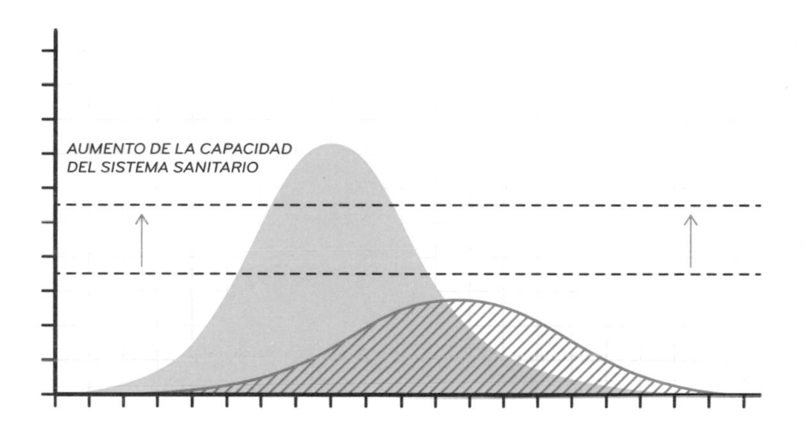

DE LA TABLA A LA GRÁFICA

Ahora que ya nos hemos situado, podemos pasar a analizar datos reales, por ejemplo, los de la primera etapa de la pandemia de la covid-19 en China. En la siguiente *tabla de valores,* se listan parejas de datos, formadas por un día concreto y el número de casos activos correspondiente.

La información está ahí, pero presentada de esa manera no resulta demasiado sugerente. Por eso vale la pena representarla gráficamente sobre un sistema de coordenadas.

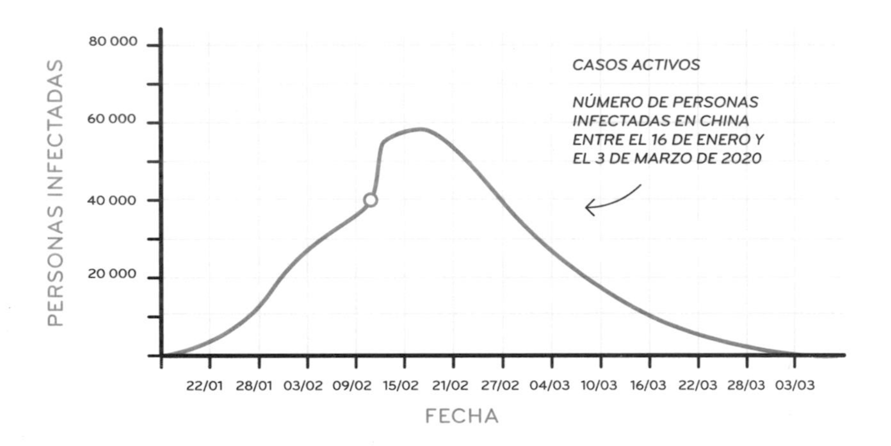

¿No te resulta familiar esta curva? No es tan perfecta como la anterior, pero se le acerca bastante. Y lo interesante es que ahora se trata de datos reales. Al representarlos en una gráfica podemos comprobar que las predicciones sobre la evolución de la pandemia eran acertadas. Y también podemos detectar aquellos aspectos en los que la realidad no acaba de encajar con los modelos teóricos. Vemos, por ejemplo, que alrededor del 11 de febrero se produce un salto extraño en la gráfica. ¿Qué debió de ocurrir aquel día?

Una tabla de valores y una gráfica son dos caras de la misma moneda, dos maneras distintas de representar la misma información. Según lo que nos interese, utilizaremos una u otra: la gráfica es más visual e inmediata, mientras que la tabla puede resultar más práctica si queremos conocer el valor exacto de un dato determinado.

OJO AL EJE

La virtud de una gráfica puede convertirse a veces en su peor defecto. El hecho de que la información se muestre de una manera tan directa puede llevarnos a bajar nuestras defensas y a no fijarnos con atención en qué y cómo se está representando exactamente.

Recuerdo un día, durante la crisis sanitaria del coronavirus, en que cierto gobierno manifestaba su satisfacción porque la situación empezaba a mejorar, ya que la propagación del virus se estaba ralentizando. Tras esas declaraciones se desató la habitual guerra de comentarios en las redes sociales entre partidarios y detractores. Uno de los mensajes que me llamó la atención adjuntaba la gráfica de la imagen y decía algo así: «No veo que haya motivos para alegrarse, el número de casos sigue creciendo. Además de inútiles, mentirosos».

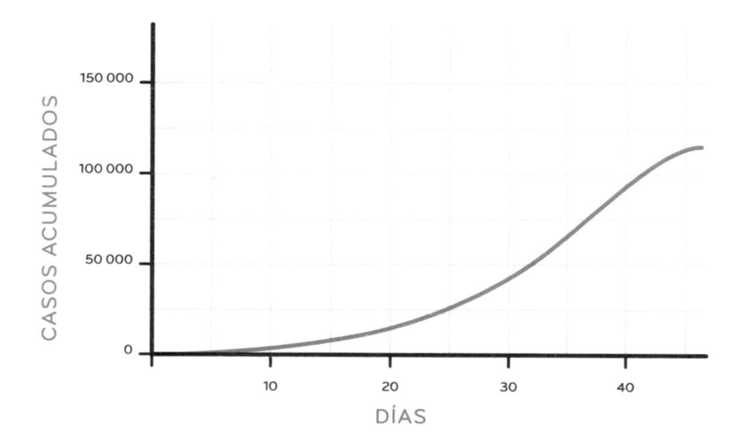

Afortunadamente, en las redes sociales, junto con la desinformación y los comentarios precipitados, abunda también la gente con criterio. Así que, minutos después, alguien respondió que «esta es la gráfica de casos acumulados, así que es creciente por definición». Exacto, si leemos con atención el título del eje vertical, vemos que ya no se trata del número de casos activos, como en el ejemplo anterior, sino del número total de personas que han contraído la enfermedad desde el inicio de la pandemia. Esto incluye a las que la padecen en el momento actual, a las que ya se han recuperado y a las que, por desgracia, han fallecido. Obviamente, esta cantidad no dejará de aumentar, día tras día, mientras haya nuevos contagios, por pocos que sean. Jamás descenderá; lo máximo a lo que podemos aspirar es a que deje de crecer y se mantenga horizontal o *constante*, lo cual querrá decir que se ha detenido por completo la propagación del virus.

A la hora de leer una gráfica, lo primero que deberías hacer es fijarte bien en lo que representan sus ejes de coordenadas. Y también en otros detalles, como las unidades en las que están expresadas las respectivas magnitudes o en cómo están graduados los ejes. Piensa que, jugando hábilmente con esos detalles, se puede conseguir que una gráfica genere un efecto u otro. En este sentido, una de las prácticas más habituales es la de *truncar* alguno de los ejes, es decir, hacer que no comience a contar desde cero sino desde un determinado valor. Puede ser un recurso para que la información quede más clara, pero en la mayoría de ocasiones se trata más bien de una manera de manipular nuestra percepción de la información.

Imagina que, en un determinado país, el paro ha aumentado en doscientas mil personas en el último año: de tres millones de parados a tres millones doscientos mil. Si representas esos datos en una gráfica, se observará un ligero crecimiento. Sin embargo, si en lugar de dibujar el eje vertical desde cero haces que comience a partir de 2 800 000, dará la sensación de que en el último año el paro se ha doblado. ¿Cuál de las dos gráficas crees que le interesa más al gobierno y cuál a la oposición?

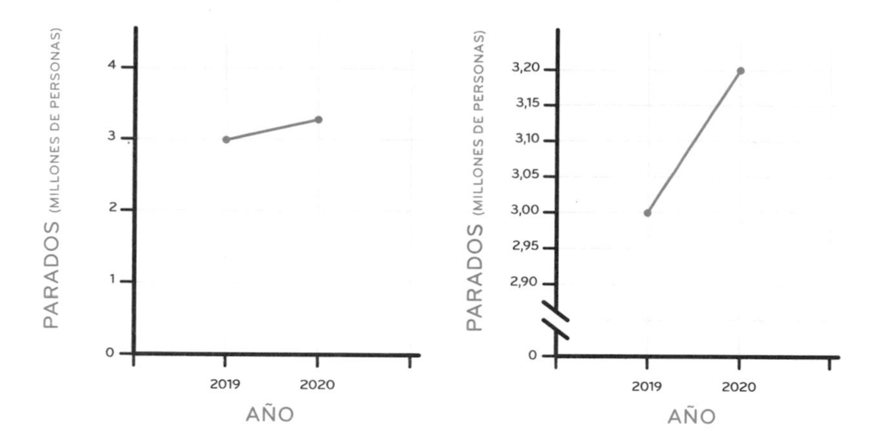

Si decidimos truncar alguno de los ejes, deberíamos hacerlo evidente mediante algún tipo de símbolo, como un pequeño corte o una ondulación sobre la línea correspondiente. Por desgracia, este ejercicio de transparencia no es nada habitual en la mayoría de medios de comunicación.

MÁXIMO, *MA NON TROPPO*

En plena era de la información, las gráficas de una pandemia se van actualizando día a día, con nuevos datos. Por eso, cuando se produce un cambio de tendencia que invita al optimismo, todo el mundo se lanza a celebrarlo. Y eso, a veces, puede provocar que se relajen las precauciones antes de tiempo.

En la fase inicial de una pandemia, el número de casos activos aumenta con el paso de los días. Por eso, la gráfica que representa su evolución temporal es creciente. Hasta que llega un día en que, gracias a las medidas de contención adoptadas, por fin el número de casos es inferior al del día anterior. Si a partir de ese momento se mantiene esa tendencia, la gráfica adquiere un aspecto decreciente. Leyendo la gráfica de izquierda a derecha, un tramo creciente tiene aspecto de subida y un tramo decreciente parece una bajada.

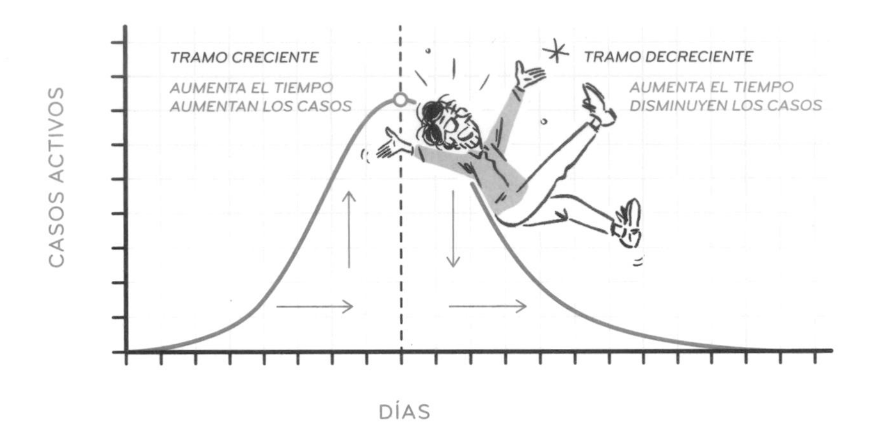

Entre el crecimiento y el decrecimiento hay un punto que está por encima de todos los de su entorno, un día en el que el número de casos fue mayor que el del día anterior y mayor también que el del día siguiente, el famoso *máximo* de la curva. Tras superar ese día se tiende a pensar que lo peor ya ha pasado, pero, a veces, se trata solo de un alivio momentáneo.

A lo largo de una pandemia se suelen producir diversas olas, es decir, distintos episodios de aumento y descenso de los contagios. Eso hace que la gráfica correspondiente presente diversos máximos como el anterior: puntos en cuyo entorno la gráfica pasa de crecer a decrecer. Eso puede sonar extraño: si el máximo de un conjunto es el mayor de sus elementos, ¿cómo es posible que haya más de uno? En realidad, se trata de *máximos locales* o *relativos*, puntos que están por encima de todos sus puntos cercanos, pero no necesariamente por encima del resto de puntos de la gráfica.

En el ejemplo de la siguiente figura hay tres máximos relativos, de los cuales uno es además el *máximo absoluto*, es decir, el punto más elevado de toda la gráfica, correspondiente al día con el mayor número de casos de toda la pandemia. De manera parecida también tenemos *mínimos relativos*: puntos en los que la gráfica pasa de decrecer a crecer y que, por lo tanto, se encuentran por debajo de todos sus puntos cercanos. En la gráfica de la figura vemos dos de ellos, situados entre la primera y la segunda ola y entre la segunda y la tercera, respectivamente. En cambio, el *mínimo absoluto* se encuentra evidentemente al principio de todo, cuando la pandemia no había comenzado y el número de casos era igual a cero.

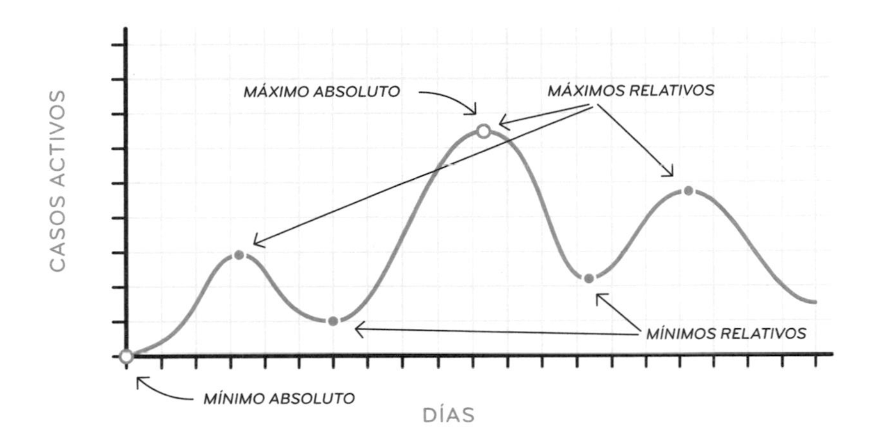

CUESTIÓN DE RITMO

Como ya hemos comentado, la gráfica de casos acumulados de una enfermedad no puede ser decreciente, ya que no se pueden borrar los casos que ya se han producido. De todas maneras, eso no significa que el número de casos aumente siempre al mismo ritmo. De ser así, la gráfica tendría un aspecto diferente.

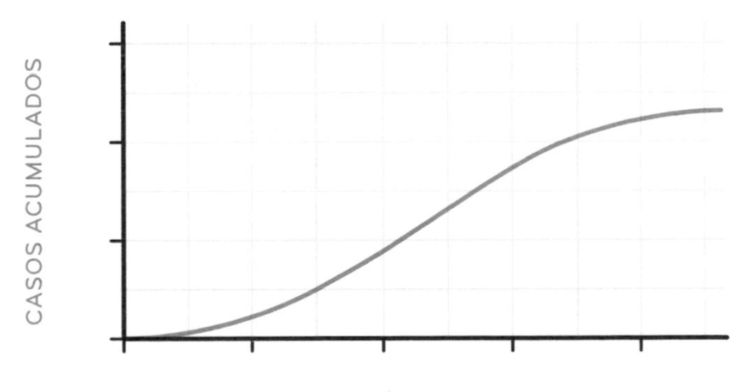

Para comprobarlo vamos a considerar otra magnitud que sí aumente siempre al mismo ritmo, como por ejemplo la distancia recorrida por un vehículo que se mueva a una velocidad constante de 10 km/h. Al representar dicha distancia en relación con el tiempo, obtenemos una gráfica que es una línea recta. Es decir, un crecimiento (o decrecimiento) constante se traduce en una gráfica que mantiene siempre una misma inclinación o *pendiente*. Si otro objeto se mueve a una velocidad constante mayor, su recta tendrá una pendiente más pronunciada.

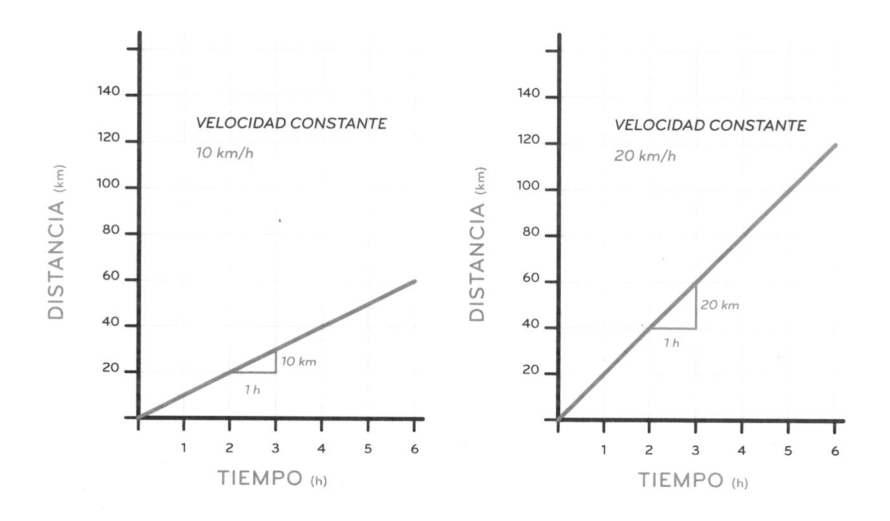

Ahora imagina que un vehículo va modificando su velocidad cada cierto tiempo. Durante la primera hora va a 10 km/h; a lo largo de la segunda hora, a 20 km/h; durante la tercera hora, a 30 km/h, y en la cuarta hora, a 40 km/h. La gráfica correspondiente estará, entonces, formada por distintos tramos rectos de inclinación cada vez mayor como consecuencia de los sucesivos aumentos de velocidad. Y si, en lugar de acelerar, el vehículo lleva una cierta velocidad y empieza a frenar hasta detenerse, la gráfica tendrá una forma parecida pero invertida.

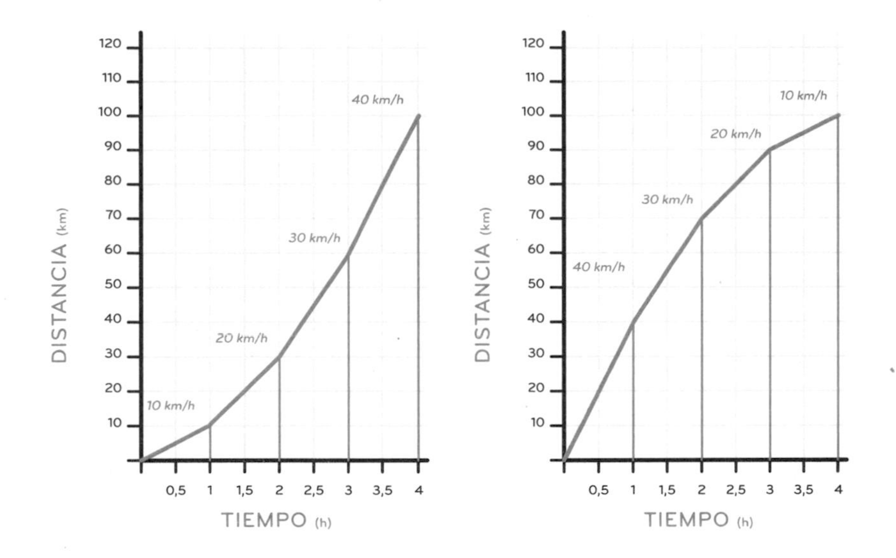

En una situación realista, los cambios de velocidad no se producen tan bruscamente, sino de manera gradual. En consecuencia, la gráfica debe tener un aspecto curvado más suave.

Ambas situaciones, *acelerar* y *frenar*, se traducen en gráficas con formas distintas. La primera recuerda a la de un recipiente colocado del derecho, mientras que la segunda recuerda a la de un recipiente puesto del revés. Decimos que, en el primer caso, la gráfica tiene la concavidad dirigida hacia arriba y, en el segundo, hacia abajo.

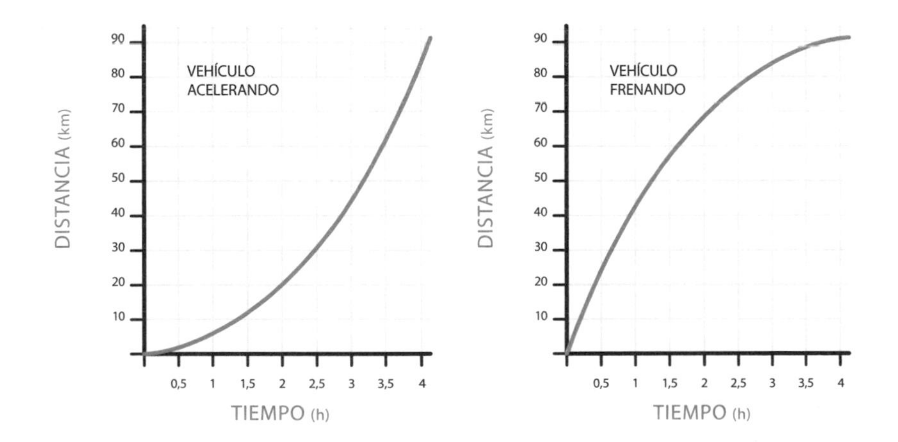

Si ahora vuelves a echar un vistazo a la gráfica de casos acumulados durante una pandemia, te darás cuenta de que allí también puedes reconocer estas dos formas. Durante la primera etapa, la concavidad está enfocada hacia arriba, lo cual indica que el número de casos está creciendo aceleradamente. En cambio, durante la segunda etapa, el crecimiento de casos se frena, lo cual provoca que la gráfica tenga su concavidad enfocada hacia abajo. Entre una parte y la otra hay un punto en el que se produce el cambio de comportamiento, una transición de la aceleración a la deceleración, que es lo que se conoce como *punto de inflexión*.

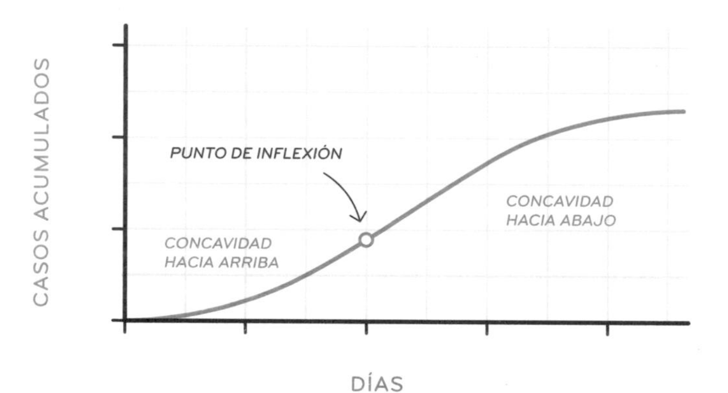

GRÁFICAS QUE RELACIONAN

Todos los ejemplos de gráficas que hemos visto hasta el momento tenían algo en común: en el eje de las abscisas se representaba siempre el tiempo. Hemos graficado el número de casos activos *respecto al tiempo*, el número de casos acumulados *respecto al tiempo*, la distancia recorrida *respecto al tiempo*. Es razonable que esta variable aparezca mucho, ya que la evolución temporal de un determinado fenómeno es algo que a menudo nos interesa conocer. Sin embargo, una gráfica puede servir para analizar la relación entre cualquier pareja de magnitudes, como la temperatura atmosférica y la altitud o el número de ingresos hospitalarios y la concentración de partículas en suspensión en el aire.

Uno de los efectos secundarios del confinamiento domiciliario de la primavera de 2020 fue precisamente la reducción de los niveles de contaminación en las grandes ciudades. Al detenerse gran parte de las actividades económicas, disminuyeron también las emisiones derivadas de la industria y del transporte. En aquellos días tan preocupantes y extraños, esta bajada fue, sin duda, una contrapartida positiva para la salud pública.

Las partículas en suspensión son partículas de polvo, hollín y humo o diminutas gotas de sustancias diversas que flotan en el aire y que, debido a su reducido tamaño, pueden penetrar fácilmente hasta nuestros pulmones a través de la respiración. En la actualidad, existen muchas evidencias de que la inhalación de dichas partículas está relacionada con el desarrollo de enfermedades cardiorrespiratorias. Para comprobar esta relación podríamos cruzar los datos de ingresos hospitalarios con los de concentración de partículas contaminantes.

Imagina que dispones de toda esa información para una determinada ciudad y que la representas sobre una gráfica.

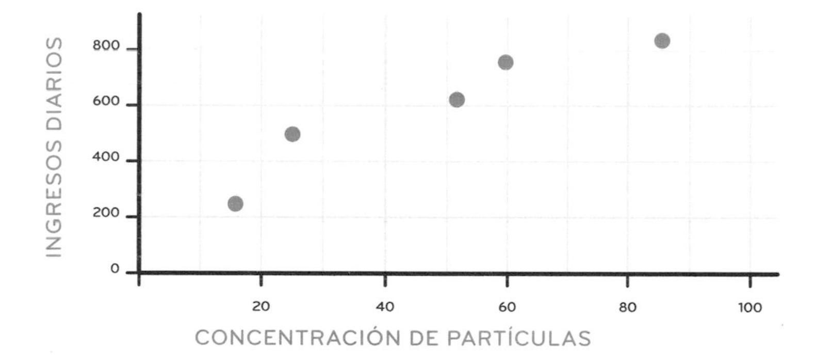

A primera vista, todo parece indicar que, efectivamente, existe una relación entre ambas magnitudes: a mayor nivel de contaminación, más ingresos hospitalarios. En casos como este, se dice que las variables están *correlacionadas*.

Si no fuera así, observaríamos una nube de puntos desordenados, que no siguen ningún patrón, como la que obtenemos si representamos los tantos anotados por las jugadoras de un partido de baloncesto en relación con la cantidad de letras de sus nombres de pila: obviamente, en este caso, no hay ninguna relación entre ambas cantidades.

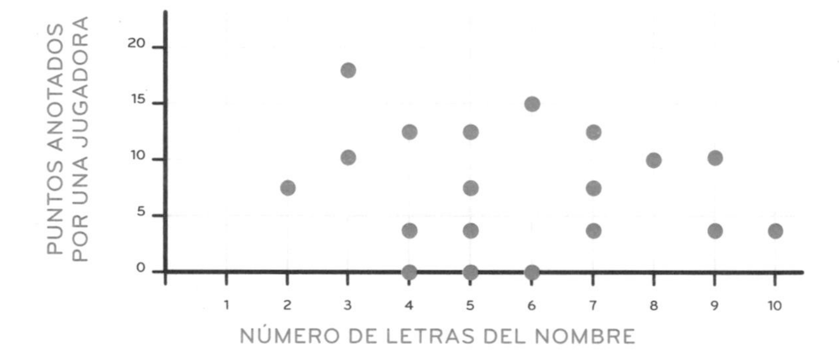

Sin embargo, volviendo a los ingresos hospitalarios y las partículas en suspensión, que dos variables estén correlacionadas no implica automáticamente que una influya en la otra. Podría tratarse de una simple casualidad y que en realidad no hubiera ninguna relación lógica entre ambos fenómenos. Es lo que se conoce como *relación espuria*. Hay unas cuantas páginas web que recopilan ejemplos divertidos de correlaciones sin sentido.

Por ejemplo, cuantas más películas protagoniza Nicolas Cage, más personas mueren ahogadas en una piscina; y a mayor consumo de margarina en Estados Unidos, mayor es la tasa de divorcios en el estado de Maine.[2]

También puede suceder que exista una tercera variable que explique la relación aparente entre las otras dos. Por ejemplo, si en una escuela se observa que los alumnos más altos son los que leen más rápido, la explicación es simplemente que los más altos son los de mayor edad y por eso tienen más soltura al leer.

Esta necesaria precaución respecto a la relación aparente entre dos variables se suele resumir diciendo que «correlación no implica causalidad». Asumir lo contrario es una auténtica falacia. Para poder afirmar que existe una relación causal entre dos fenómenos que muestran una cierta correlación, hay que realizar el estudio de la manera más aleatoria posible, para asegurarse de que no haya otra variable oculta que sea la responsable de esa conexión aparente. Además, hay que encontrar algún tipo de vínculo lógico o de mecanismo que pueda explicar dicha relación. En el caso de las partículas en suspensión, por ejemplo, sabemos de qué manera afectan estas al aparato respiratorio y, por lo tanto, la correlación observada no hace más que confirmar dichos efectos nocivos.

En general, una gráfica es una manera muy directa de representar un conjunto de datos, que ayuda a detectar el mensaje que se esconde tras ellos. Nos permite ver inmediatamente si una determinada variable aumenta o disminuye. También si esas varia-

2 *Spurious correlations*: http://www.tylervigen.com/spurious-correlations

ciones se producen a un ritmo constante o si se están acelerando. Superponiendo dos gráficas podemos comparar las propiedades de dos fenómenos, el comportamiento de dos sistemas físicos o los resultados de dos políticas distintas.

Aunque toda esa información está latente en las largas tablas de datos, extraerla de allí requiere algo más de tiempo, esfuerzo y atención, algo que casa bastante mal con esta época de impacto e inmediatez que nos ha tocado vivir. Por ello es lógico que se recurra cada vez más a representaciones visuales y atractivas.

Sin embargo, esta relación apresurada con el contenido gráfico entraña también algunos riesgos, sobre todo si dicho contenido se ha elaborado de manera tendenciosa o si contiene algún error. Una lectura precipitada de una gráfica puede provocar que infravaloremos el aumento de una determinada variable o, todo lo contrario, que demos mucha importancia a una diferencia que, en términos relativos, es poco más que irrelevante. Y también puede suceder que, a partir de una correlación fortuita, creamos que existe una relación entre dos variables que, en realidad, no tienen nada que ver la una con la otra.

Por todos estos motivos vale la pena que mantengamos siempre una actitud atenta y vigilante a la hora de consumir información representada en una gráfica; que revisemos siempre los aspectos técnicos y formales; que recurramos a los datos en bruto para contrastar lo que se nos muestra; y que procuremos siempre contextualizar el mensaje para comprobar hasta qué punto tiene sentido y si es realmente relevante. Ejercer una ciudadanía crítica, a principios del siglo XXI, significa, también, desarrollar este tipo de habilidades matemáticas.

CAPÍTULO

10

PARA MUESTRA, UN BOTÓN

En el ayuntamiento, en el aula o en el departamento de marketing, a menudo nos toca tomar decisiones a partir de poca información, así que más vale disponer de una buena estadística.

— CON LA PRESENCIA DE —

HINDENBURG

BRIAN

LINCOLN

EN ESTE CAPÍTULO:

- Identificaremos los elementos que debe incluir y las condiciones que ha de cumplir un buen estudio estadístico.
- Organizaremos datos estadísticos para extraer la información que se esconde en ellos.
- Elaboraremos e interpretaremos distintos tipos de gráficos estadísticos.
- Hablaremos sobre el significado y la utilidad de distintos parámetros estadísticos como el promedio, la mediana, la moda o la desviación.

•

Recuerdo haber leído en alguna parte que el mariscal prusiano Paul von Hindenburg solía afirmar que le bastaba con echar en falta un botón de una chaqueta para saber cómo era un soldado y que, al parecer, de ahí es de donde procede la famosa frase «para muestra, un botón». Probablemente sea solo una leyenda urbana, pero lo cierto es que esta expresión refleja algo que solemos hacer más a menudo de lo que creemos: identificar el todo con una de sus partes.

Tal vez recuerdes haber estudiado lo que era una sinécdoque en literatura: aquella figura retórica que consiste en tomar la parte por el todo: «tenía diecinueve primaveras» —en lugar de «diecinueve años»—, «tocamos a tres por cabeza» —en lugar de «por persona»—, «se divisaban cien velas en lontananza» —en lugar de «cien barcos»—. Muchas de estas expresiones forman ya parte de nuestro vocabulario cotidiano.

Más allá del lenguaje, es habitual que juzguemos a todo un colectivo por el comportamiento de algunos de sus miembros; o que creamos que si algo ha ocurrido unas pocas veces, deberá ocurrir siempre. Estas generalizaciones apresuradas producen prejuicios, que en realidad suelen ser solo argumentos falaces: «como a mí me ha funcionado este remedio casero, a todo el mundo le funcionará; a mi profesor de física le gustan Star Wars, los juegos de rol y los videojuegos, por lo tanto, todos los profesores de física son unos frikis.»

Sin embargo, es posible realizar generalizaciones válidas y con sentido a partir de una información incompleta o parcial si se siguen determinados criterios y procedimientos. De hecho, hay toda una rama de las matemáticas que se dedica a ello: la estadística. Gracias a ella podemos inferir propiedades de todo un conjunto de individuos a partir del estudio de unos cuantos. Eso sí, es probable que un único botón no sea una muestra suficiente.

ENTRE LO DESEABLE Y LO POSIBLE

Una de las primeras cuestiones que debemos plantearnos para valorar un estudio estadístico es a cuántos individuos hemos observado y si son representativos de todo el conjunto. Supón, por ejemplo, que trabajas en un ayuntamiento, en el área de parques y jardines. Se está remodelando un parque y hay una zona sobre la que persisten las dudas. Hasta hace poco, había allí una explanada de césped que servía como espacio de juego o para pícnics improvisados. Ahora, en cambio, estáis valorando colocar unos cuantos bancos y unas esculturas florales. Como tu equipo y tú no conseguís poneros de acuerdo, habéis decidido realizar un sondeo de opinión entre el vecindario.

Parece fácil, es una sola pregunta con dos opciones y la que obtenga más votos será la que implementaréis. Así habréis demostrado que sois diferentes al resto de gobiernos porque vosotros sí tenéis en cuenta la opinión de la ciudadanía. Sin embargo, en cuanto empezáis a llevar a la práctica ese brillante plan, os topáis con el primer impedimento: el presupuesto disponible para vuestro espléndido estudio no es que sea bajo, sino que tiende a cero. Así que dejáis de lado vuestro sueño de preguntar a las diez mil personas que viven en el barrio y, tras un rápido cálculo, comprobáis que, como mucho, podréis consultar a unas quinientas. ¿Será eso suficiente?

Estamos ante un ejemplo de *estudio estadístico* en el que os proponéis conocer el valor que toma una *variable* entre una *población* formada por distintos *individuos*. La variable es la característica que se quiere estudiar. En vuestro caso es la preferencia respecto al futuro del parque y puede tomar dos *valores*: a) *añadir bancos y flores* o b) *dejarlo todo como antes*. En otros contextos tendremos otras variables: el estilo de música preferido, el partido político que se piensa votar, el color de los ojos, etc. Todas estas serían *variables cualitativas*, puesto que sus valores no son numéricos. En cambio, las *variables cuantitativas* son las que se expresan mediante números: la altura de las personas, las horas de sueño diarias, la concentración de partículas contaminantes, etc.

La población que queréis estudiar está formada por diez mil individuos, que son los habitantes del vecindario. Normalmente, se utiliza la letra N para indicar el tamaño de la población:

$$N = 10000$$

El término *individuo* puede inducir a confusión. Un estudio estadístico no tiene por qué realizarse sobre personas. Si en una fábrica de electrónica se quiere estudiar el porcentaje de móviles que salen defectuosos, los *individuos* no serán los trabajadores, sino los propios teléfonos.

Para que el resultado del estudio fuera lo más ajustado posible, lo ideal sería medir el valor de la variable en todos y cada uno de los individuos de la población. Si pudierais preguntar a las diez mil personas, sabríais exactamente qué porcentaje se queda con la explanada y qué porcentaje prefiere los nuevos bancos. Por desgracia, si el tamaño de la población es elevado, esta investigación exhaustiva se vuelve complicada. Entonces debemos conformarnos con analizar a unos cuantos individuos y extrapolar los resultados obtenidos a todo el conjunto.

El subconjunto de individuos de la población sobre los cuales estudiamos la variable se llama *muestra*. Son las quinientas personas a las que podéis preguntar sobre el parque. Solemos emplear la letra n para indicar el tamaño de la muestra:

$$n = 500$$

Obviamente, cuanto mayor sea la muestra, más exactos serán nuestros resultados. Así que uno de los primeros pasos en un estudio estadístico consiste en llegar a un compromiso entre lo deseable —que la muestra sea toda la población— y lo posible —que la muestra sea compatible con los recursos a disposición—.

Existe una fórmula para calcular el tamaño que debe tener una muestra para conseguir la precisión deseada en el estudio de una determinada población. La deducción de esta fórmula es algo complicada para el propósito de este libro, pero resulta ilustrativo aplicarla a algunos casos concretos.[1] Supongamos, por ejemplo, que queremos que el error cometido sea inferior al 5 %, esto es, que los resultados de nuestro estudio difieran en menos de un 5 % de los valores reales. Entonces, para estudiar a una población de cien individuos, la muestra debe ser de, al menos, ochenta individuos. No parece una noticia demasiado alentadora: eso representa un 80 % del total, es decir, que, para estudiar a todo un grupo, la estadística nos está ofreciendo solo una *rebaja* del 20 %.

Sin embargo, resulta que al aplicar esa misma fórmula a poblaciones mayores, la muestra necesaria no crece de manera proporcional. Si duplicamos la población, no hace falta preguntar al doble de personas, sino a algunas menos —139 en lugar de 160—, y si multiplicamos por diez el tamaño de la población, bastará con preguntar al 27,8 % del total, muy por debajo de aquel 80 % inicial.

MUESTRA Y POBLACIÓN PARA UN ERROR INFERIOR AL 5 % EN UNA PREGUNTA CON DOS OPCIONES

LA FÓRMULA COMPLICADA

$$n = \frac{N \cdot z^2_{a/2} \cdot p \cdot (1-p)}{e^2 \cdot (N-1) + z^2_{a/2} \cdot p \cdot (1-p)}$$

POBLACIÓN	MUESTRA	PORCENTAJE
100	80	80 %
200	139	69,5 %
300	169	56,3 %
500	217	43,4 %
1000	278	27,8 %

1 Para más información: Sullivan, D. « El tamaño (de la muestra) importa, pero quizás no de la manera que pensamos», 19 de marzo de 2003, *Gaussianos*. https://www.gaussianos.com/el-tamano-de-la-muestra-importa-pero-quizas-no-de-la-manera-que-pensamos/

Es decir, a medida que la población va aumentando, el *ahorro estadístico* se vuelve cada vez mayor. Eso constituye un gran alivio para tu equipo y para ti: si calculas el tamaño que debe tener la muestra para estudiar a una población de diez mil personas, resulta que con 370 es suficiente, así que con las 500 personas que teníais previstas habrá de sobra.

Más allá del tamaño de la muestra, también resulta determinante su composición. Si en vuestro estudio solo preguntaseis a niños y niñas, seguramente preferirían la explanada para tener un sitio donde jugar; mientras que si consultaseis únicamente a personas ancianas, lo más probable es que se inclinasen por tener más bancos con unas vistas agradables. Por eso debéis aseguraros de que las personas entrevistadas sean de distinta edad. Y también debéis procurar que sean diversas en lo cultural, en lo económico y en cualquier otro aspecto que pueda afectar a su posicionamiento sobre el futuro del parque. De lo contrario corréis el riesgo de que la muestra seleccionada no sea lo suficientemente *representativa* del conjunto de la población.

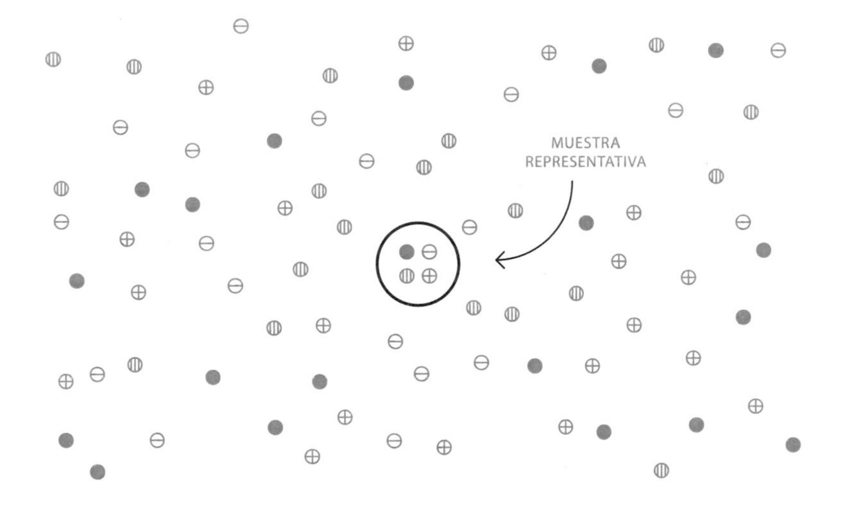

INFERIR O DESCRIBIR

En realidad, hasta ahora solo hemos hablado de una de las caras de la estadística: la que a partir del estudio de unos cuantos casos intenta modelizar a toda una población o realizar predicciones sobre acontecimientos futuros, esto es, la *estadística inferencial* o *inductiva*. Pero existe otra rama que se centra en organizar, analizar y sintetizar la información disponible para comprenderla mejor y poder extraer conclusiones de ella. Se denomina *estadística descriptiva* o *deductiva*. De hecho, el propio nombre de *estadística* tiene su origen en la necesidad de los *Estados* de ordenar los datos disponibles sobre su población para utilizarlos y tomar mejores decisiones.

Para apreciar esta diferenciación vamos a analizar un proceso electoral. Nos trasladaremos a una sociedad imaginaria: la antigua Judea recreada por los Monty Python en su película *La vida de Brian*. Allí, cuatro partidos se disputan la hegemonía de la resistencia a los romanos: el Frente Popular de Judea (FPJ), el Frente Judaico Popular (FJP), el Frente Popular del Pueblo Judaico (FPPJ) y la Unión Popular de Judea (UPJ). Tras unos cuantos meses de infructuosas luchas intestinas, todas las formaciones han acordado medir sus fuerzas en unas elecciones.

En los días anteriores al voto, diversas empresas realizan encuestas para ofrecer sus predicciones. Obviamente, no preguntan a todos y cada uno de los electores, porque entonces ya no haría falta votar. Escogen una muestra que sea lo más representativa posible de toda la población y extrapolan los resultados obtenidos al conjunto. Esta situación es más complicada y laboriosa que la de la reforma del parque, puesto que la variable —la intención de voto— puede tomar ahora cuatro valores distintos —cinco, si consideramos también el voto en blanco—. Además, a la hora de expresar las propias preferencias políticas entran en juego factores de tipo psicológico que provocan que no siempre se diga la verdad. En todo caso, más allá de los detalles, las encuestas previas a unas elecciones son otro buen ejemplo de estadística inferencial, ya que, de nuevo, se modeliza a un conjunto grande a partir del estudio de un subconjunto pequeño. Pero sigamos con la historia.

Entre encuestas, tertulias y actos de campaña, por fin ha llegado el día de las votaciones. La jornada transcurre con normalidad y, a las 20:00, llega el cierre de los colegios electorales. Se ha acabado eso de especular, suponer, predecir, proyectar, etc. Ahora ya disponemos de datos reales y completos, pero todavía están dentro de las urnas. Por lo tanto, el primer paso es el recuento: se van abriendo una a una todas las papeletas y se anota cuántos votos ha recibido cada partido. Después se suman los resultados de todos los colegios y ya se puede dar por concluido el escrutinio.

PARTIDO	SIGLAS	VOTOS
FRENTE POPULAR DE JUDEA	FPJ	45 000
FRENTE JUDAICO POPULAR	FJP	25 000
FRENTE POPULAR DEL PUEBLO DE JUDEA	FPPJ	20 000
UNIÓN POPULAR DE JUDEA	UPJ	10 000
TOTAL		100 000

En términos estadísticos decimos que los individuos son los votantes y que la variable estudiada es el voto, que puede tomar cuatro valores posibles: FPJ, FJP, FPPJ, UPJ —vamos a dejar de lado el voto en blanco—. El número de veces que se repite cada valor de la variable —en este caso, el número de votos recibidos—

se denomina *frecuencia absoluta*. Si no hemos cometido errores, la suma de los votos recibidos por cada opción debe ser igual al número total de votantes, lo cual es equivalente a decir que la suma de todas las frecuencias absolutas debe ser igual al número total de individuos, esto es, al tamaño de la muestra, que en este caso coincide con el de la población.

La misma información se puede representar de una manera más visual mediante un *diagrama de barras*. En el eje horizontal representamos los distintos valores de la variable y a cada uno de ellos le asignamos una barra de altura proporcional a su frecuencia absoluta. Es decir, a doble frecuencia, doble altura, etc. Este tipo de visualización nos da una idea inmediata de cuáles son los valores más y menos frecuentes y también nos ayuda a percibir la magnitud de las diferencias. Por ejemplo, vemos enseguida que hay un salto de votos mayor entre el primer partido y el segundo que entre el segundo y el tercero.

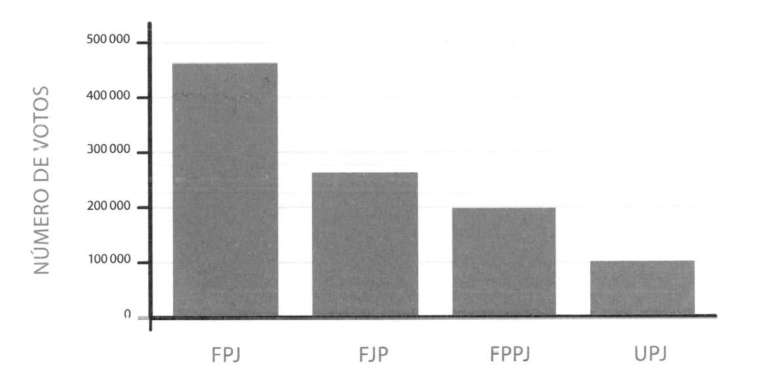

Actualmente se da mucha importancia a la visualización de datos como una manera de transmitir información y de generar opinión de manera rápida e impactante. Por ello se utilizan otro tipo de gráficos más atractivos que el diagrama de barras, por ejemplo, los *pictogramas*, en que cada valor de la variable se representa mediante un dibujo icónico que, según el valor de la frecuencia absoluta, se repite más o menos veces o tiene un tamaño mayor o menor.

	PARTIDOS GANADOS 120	
	PARTIDOS PERDIDOS 60	
	PARTIDOS EMPATADOS 30	

También han ganado cierta popularidad las *nubes de palabras*, que representan todos los términos utilizados en un texto con un tamaño proporcional a la frecuencia con que se repiten. Son una buena manera de comparar discursos de diferentes personas o de diferentes momentos históricos.

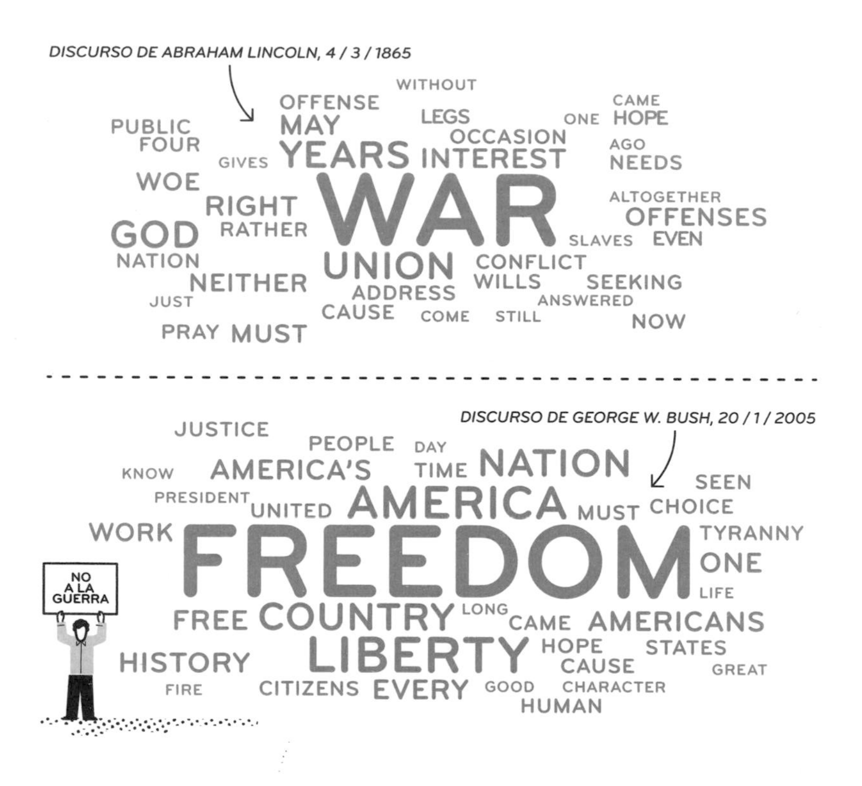

En cualquier caso, más allá de las diferencias estéticas, todos estos gráficos se basan en la misma idea: cada valor —preferencia política, resultado del partido, palabra utilizada— se representa mediante un objeto —barra, dibujo, palabra— de tamaño proporcional a la frecuencia absoluta correspondiente.

En resumen, hemos recopilado todos los datos, los hemos agrupado y organizado en una tabla y los hemos representado gráficamente. Ahora que la información ha sido digerida, podemos utilizarla para responder las preguntas que habían motivado nuestro estudio: ¿qué partidos han salido vencedores?, ¿cómo ha ido la temporada de nuestro equipo?, ¿cómo ha cambiado el arte de la retórica a lo largo del tiempo? Esta capacidad para deducir conclusiones a partir de un conjunto de datos es la que hace que hablemos de estadística *deductiva*.

RELATIVAMENTE

La frecuencia absoluta nos permite ver qué valores de la variable se repiten más y cuáles menos. Pero si te digo que el partido más votado ha conseguido cuarenta y cinco mil votos, ¿eso te parece mucho o poco? La respuesta dependerá del número total de votantes.

Si dividimos la frecuencia absoluta entre el número total de individuos, obtenemos la *frecuencia relativa*. Esta magnitud nos indica qué parte del total de la población corresponde a cada valor, por ejemplo, cuántos han votado por cada partido. De esta manera obtenemos una apreciación más rica de los resultados electorales: en nuestro ejemplo ningún partido ha alcanzado la mayoría absoluta,[2] pero el Frente Popular de Judea se ha acercado mucho

2 Aquí me estoy basando exclusivamente en el número de votos. En realidad, dependiendo de cómo funcione el sistema de reparto, con estos resultados sí que podría haber algún partido con mayoría absoluta de escaños.

a ella y puede pactar con cualquiera de los otros tres partidos para superar el 50 %.

PARTIDO	FRECUENCIA ABSOLUTA	FRECUENCIA RELATIVA	FRECUENCIA RELATIVA (%)
FPJ	45 000	45 000 / 100000 = 0,45	45 %
FJP	25 000	25 000 / 100000 = 0,25	25 %
FPPJ	20 000	20 000 / 100000 = 0,2	20 %
UPJ	10 000	10 000 / 100000 = 0,1	10 %
TOTAL	100 000	1	100 %

Una buena manera de representar las frecuencias relativas es mediante un *diagrama de sectores*, mundialmente conocido como *gráfico de quesitos*. El círculo completo corresponde al conjunto de la población, es decir, al 100 %, y a cada uno de los valores de la variable se le asigna un sector, cuyo tamaño debe ser proporcional a la frecuencia relativa correspondiente: al 50 % le corresponde medio círculo; al 25 %, un cuarto de círculo, y así sucesivamente. Este tipo de visualizaciones muestran inmediatamente qué *parte del pastel* se ha llevado cada uno.

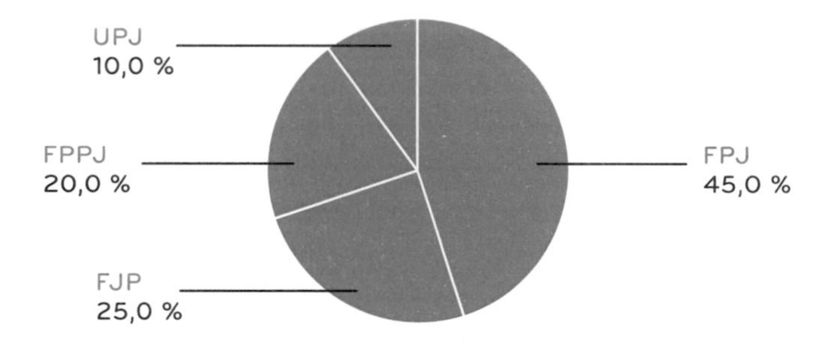

IN MEDIA EST VIRTUS

Una tabla o una gráfica son buenas maneras de presentar una gran cantidad de información de manera resumida, pero podemos ir más allá. ¿Qué te parecería sintetizar todo un conjunto de datos mediante un único número? De eso se encargan las *medidas de centralización.*

Imagina que acabas de corregir un examen y que, tras poner las notas, quieres valorar cómo ha ido globalmente para saber si los conocimientos están suficientemente consolidados o si conviene seguirlos repasando. Para ello, decides echar mano de tus habilidades estadísticas: organizas los resultados en una tabla, calculas la frecuencia de cada nota y dibujas un diagrama de barras.

NOTA	FRECUENCIA ABSOLUTA	FRECUENCIA RELATIVA	FRECUENCIA RELATIVA
4	7	0,47	47 %
5	1	0,07	7 %
6	2	0,13	13 %
10	5	0,33	33 %
TOTAL	15	1	100 %

ALUMNOS
8
6
4
2
0
47 %
7 %
13 %
33 %
0 1 2 3 4 5 6 7 8 9 10
NOTAS

De entrada, no parece que la cosa haya ido demasiado bien: el valor que más se repite es el cuatro; hay siete alumnos con esa nota, casi la mitad de la clase. En estadística, el valor con la frecuencia más alta se llama *moda*. Creo que no hace falta que te explique el porqué de ese nombre. La moda es un primer ejemplo de medida de centralización y, como tal, podríamos utilizarla para resumir el conjunto de datos. Ahora bien, ¿crees que sería justo reducir toda la clase a un cuatro? También hay unos cuantos dieces. Y, de hecho, hay más alumnos aprobados que suspendidos. Si dijéramos que la nota de la clase es un cuatro, estaríamos dando una imagen sesgada del grupo.

$$\text{MODA} = 4$$

Existen otras medidas de centralización. Seguro que, en tu vida académica, de vez en cuando calculabas tu nota media para saber cómo te estaba yendo globalmente en un curso o una asignatura. Para obtenerla sumabas todas tus notas y dividías el resultado entre el número de estas. En general, la *media* o *promedio* se calcula dividiendo la suma de todos los valores obtenidos entre la cantidad total de datos. El promedio de las notas de tu clase es superior a seis, lo cual es más que un aprobado, así que la situación no es tan grave como parecía.

$$\text{PROMEDIO} = \frac{95}{15} = 6{,}33$$

Un 6,33 no es ni la nota más baja de la clase ni la más alta; hay alumnos por encima y alumnos por debajo, así que parece un valor más equilibrado y más adecuado para representar a todo el grupo. Y además ofrece una visión más optimista de la situación. Sin embargo, hay algo que no te acaba de cuadrar: es cierto que el promedio es un balance entre las notas altas y las notas bajas, pero ¿cuántos alumnos exactamente tienen una nota superior a 6,33 y cuántos tienen una nota inferior? Lo cuentas y resulta que solo cinco alumnos han superado esa nota, una tercera parte de la clase, mientras que los otros dos tercios, unos diez alumnos, han obtenido un resultado inferior. ¿Es eso razonable o hemos cometido algún error de cálculo? ¿El promedio no debería ser el *valor de en medio*?

La respuesta es rápida y sencilla: no. No es cierto que tenga que haber tantos individuos por encima del promedio como por debajo, aunque esta sea una concepción errónea bastante habitual. Lo que ocurre es que se confunde el promedio con la *mediana*, que es otra medida de centralización. La mediana sí que es el valor central del conjunto de datos. Para determinarla debemos ordenar todos los valores de menor a mayor y entonces tomar el que se encuentra justo en medio, es decir, el que tiene tantos datos por encima como por debajo.[3] En el caso de tus alumnos, el valor que queda justo en medio es un cinco, hay siete alumnos con notas inferiores y siete con notas superiores. Así que esa es la mediana de la clase.

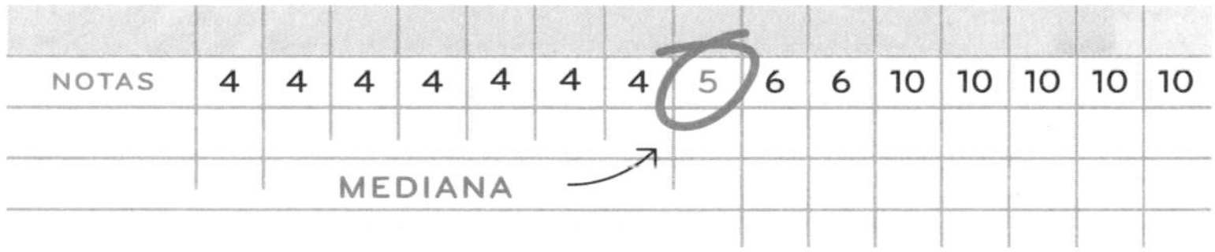

NOTAS	4	4	4	4	4	4	4	5	6	6	10	10	10	10	10
			MEDIANA →												

En cambio, el significado del promedio es algo más sutil. Se puede entender como una distribución equitativa de la variable entre todos los individuos. Imagina que das a tus alumnos la posibilidad de compartir parte de su nota con otros compañeros y que ellos, en un alarde de solidaridad, deciden hacerlo de tal manera que todos tengan la misma nota. Para saber cuál será esa nota, sumas el total de puntos obtenidos por el conjunto de la clase, que

---

3 Si el número de datos es par, la mediana es igual al promedio de los dos valores centrales. Por ejemplo, si tus notas han sido 4, 5, 5, 6, 7, 9, la mediana es igual al promedio entre 5 y 6, que son los dos que quedan en medio de la lista: Mediana = (5+6)/2 = 5,5.

son 95, y los repartes equitativamente entre los quince estudiantes mediante una división: $95/15 \approx 6{,}33$. Recuerda que eso es exactamente lo que hiciste para calcular el promedio.

Si en un ascensor somos tres personas de 30 kg, 40 kg y 80 kg, conjuntamente pesamos lo mismo que si fuésemos los tres de 50 kg, que es el valor promedio. Si en un desplazamiento la velocidad media ha sido de 70 km/h, eso significa que si hubiéramos ido todo el rato a esa velocidad habríamos recorrido la misma distancia en el mismo tiempo. Es decir, que el promedio es el valor que debería tomar la variable de todos los individuos para que el total valga lo mismo.

El lugar donde se sitúa el promedio no solo depende de cuántos datos hay por encima y cuántos hay por debajo, sino también de las diferencias entre ellos. Si en una empresa trabajan cinco personas, que ganan 900 €, 1200 €, 1300 €, 1400 € y 4200 € al mes respectivamente, el promedio es de 1800 €, mientras que la mediana es de 1300 €. Te dejo que lo compruebes con tus propios medios. El hecho de que uno de los salarios sea muy superior al resto *tira* del promedio hacia arriba, de manera que el 80 % de la plantilla está por debajo del sueldo promedio. Una afirmación que quizá resulta poco intuitiva, pero es estadísticamente correcta.

Llegados a este punto, debemos recordar que nos hemos interesado por las medidas de centralización porque nos atraía la idea de sintetizar todo un conjunto de datos en un único valor, así que la pregunta *central* en este momento es cuál de ellas se debe usar:

Sintiéndolo mucho, no tengo una respuesta única e infalible. Hagas lo que hagas, te estarás perdiendo parte de la película. Así que mi consejo es que lo decidas en cada caso, teniendo presente el significado de cada una de ellas, y que, si puedes, las combines.

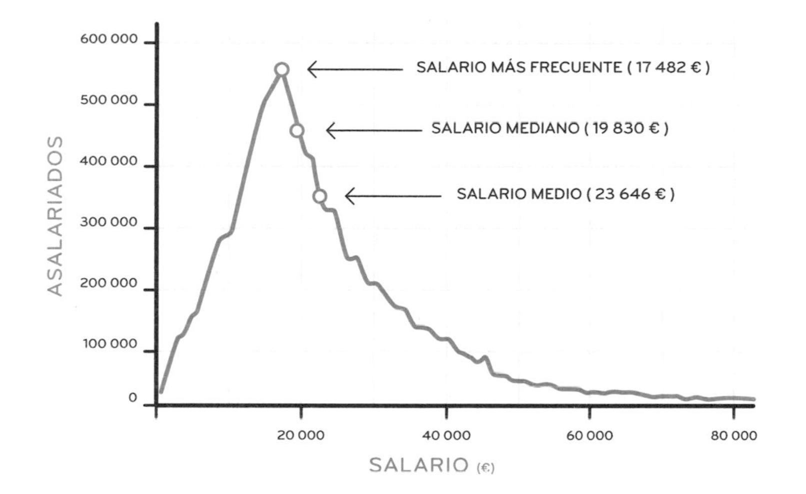

En la imagen puedes ver, por ejemplo, la distribución de salarios en España durante 2017. ¿Cuál de los tres valores destacados te parece el más apropiado para valorar las condiciones salariales del conjunto de la población? El debate puede empezar, pero, por favor, que sea estadísticamente riguroso.

ALGO DISPERSO

En realidad, hay situaciones en las que las medidas de centralización resultan completamente inútiles. Imagina que acabas de realizar un estudio de mercado sobre chocolates. La empresa que te ha contratado está valorando añadir canela a una de sus variedades, pero tiene que decidir cuántos gramos por tableta. Por eso ha estado realizando pruebas con distintas dosis: sin canela, con 1 g de canela, con 2 g, con 3 g y así sucesivamente hasta un máximo de 10 g. Tú te has encargado de dárselas a probar a un grupo de personas, a las que has preguntado cuál era su preferida. Has recopilado todas las respuestas y has calculado el promedio, que ha resultado ser de 5 g exactos. Así que la decisión está tomada, la empresa añadirá 5 g de canela a cada tableta y seguro que arrasará en ventas. Sin embargo, aunque parecía un plan sin fisuras, unos meses después del lanzamiento las ventas caen en picado y la empresa se ve obligada a retirar su nuevo producto del mercado. ¿Qué ha podido salir mal?

Si dedicas un rato a analizar detalladamente los resultados de tu estudio de mercado, descubrirás la respuesta. En efecto, el promedio es igual a cinco, lo que ocurre es que prácticamente a nadie le ha gustado el chocolate con esa cantidad de canela, ni con cuatro gramos ni tampoco con seis. La gran mayoría de respuestas se concentran en los valores extremos: o con mucha canela o con muy poca. A las medidas de centralización se les escapa esta información, así que nos hacen falta otras que nos digan si los datos están muy concentrados o si, por el contrario, están muy dispersos. De eso se encargan las *medidas de dispersión*.

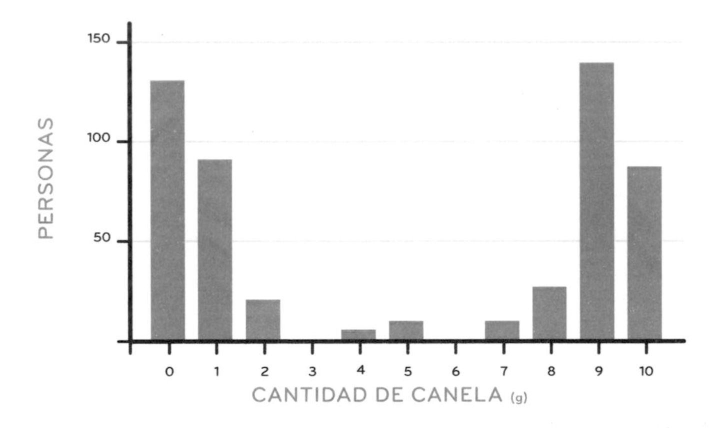

Para entender en qué consisten estas medidas, vamos a considerar previamente tres conjuntos de datos distintos pero que tienen el mismo promedio. En el primero, todos los valores son iguales a cinco; en el segundo, tenemos todos los valores, del cero al diez; y en el tercero, hay un cero y un diez y todo el resto son cincos. Si lo calculas, comprobarás que el promedio de los tres conjuntos es igual a 5, pero es obvio que no son igual de dispersos.

CONJUNTO 1	5	5	5	5	5	5	5	5	5	5
CONJUNTO 2	1	2	3	4	5	6	7	8	9	10
CONJUNTO 3	0	5	5	5	5	5	5	5	5	10

Una primera manera de medir la dispersión es calcular la diferencia entre el valor más alto y el más bajo. Eso es lo que se conoce como el *rango* de un conjunto de datos. Así, ya obtenemos una primera diferenciación. El primer conjunto es mucho menos disperso que los otros dos. ¡De hecho, no lo es en absoluto!

	MÍNIMO	MÁXIMO	RANGO
CONJUNTO 1	5	5	5 - 5 = 0
CONJUNTO 2	0	10	10 - 0 = 10
CONJUNTO 3	0	10	10 - 0 = 10

No obstante, el rango también tiene limitaciones: el conjunto 2 y el conjunto 3 poseen el mismo rango, pero difieren bastante entre sí. En el segundo, todos los valores son distintos, mientras que en el tercero la mayoría son iguales, aunque hay dos valores extremos que, en cierto modo, desentonan con el resto. Parece que necesitamos otra manera de medir la dispersión que tenga en cuenta todos los datos y no solo los valores extremos. Busquémosla.

Para saber cuán alejado está un valor respecto al promedio, podemos calcular la diferencia entre ambas cantidades. Como nos es indiferente si el valor en cuestión está por encima o por debajo, calculamos el valor absoluto[4] de dicha diferencia. El resultado obtenido es siempre positivo y recibe el nombre de *desviación*. Una

---

4 Explicamos qué es el valor absoluto en el capítulo 3 «Profundidades numéricas».

vez tenemos todas las desviaciones calculadas, podemos sintetizarlas calculando su promedio. De esta manera obtenemos lo que se conoce como *desviación media*, que es otro ejemplo de medida de dispersión.

CONJUNTO 2	
VALOR	DESVIACIÓN
0	|0 - 5| = 5
1	|1 - 5| = 4
2	|2 - 5| = 3
3	|3 - 5| = 2
4	|4 - 5| = 1
5	|5 - 5| = 0
6	|6 - 5| = 1
7	|7 - 5| = 2
8	|8 - 5| = 3
9	|9 - 5| = 4
10	|10 - 5| = 5
DESVIACIÓN MEDIA	2,73

CONJUNTO 3	
VALOR	DESVIACIÓN
0	|0 - 5| = 5
5	|5 - 5| = 0
5	|5 - 5| = 0
5	|5 - 5| = 0
5	|5 - 5| = 0
5	|5 - 5| = 0
5	|5 - 5| = 0
5	|5 - 5| = 0
5	|5 - 5| = 0
5	|5 - 5| = 0
10	|10 - 5| = 5
DESVIACIÓN MEDIA	0,91

Tal y como probablemente intuías, la dispersión del segundo conjunto es mayor que la del tercero. Parece que la desviación media nos permite hilar más fino que el rango.

Utilizar la estadística exige llegar a compromisos. Si queremos ser muy sintéticos, podemos reducir todo un conjunto de datos a un único número: el promedio, la mediana o la moda. Pero ya hemos visto que estas medidas por sí solas suelen ser engañosas, así que seremos menos sintéticos, pero algo más precisos si añadimos las medidas de dispersión. Ahora bien, si nuestro objetivo es realizar un análisis muy detallado, probablemente necesitemos cargar con el conjunto completo de datos.

También nos toca hacer equilibrios a la hora de decidir a cuántos individuos estudiar. Si queremos conocer a una población con mucha exactitud, debemos tomar una muestra muy grande, mientras que, si pretendemos ahorrar tiempo y recursos, mejor que la muestra sea pequeña, aunque eso haga que nuestros resultados sean menos precisos. Y es que, en el fondo, la estadística va de eso, de gestionar la incertidumbre, de analizar los datos del presente para aventurar el futuro, de tomar una parte para entender el todo.

La estadística puede ser un arma muy poderosa si se carga con la munición adecuada. Imagina que alguien dispusiera de datos sobre nuestras costumbres, nuestros gustos, nuestras preferencias políticas, nuestras relaciones o nuestros desplazamientos habituales. Podría analizar estadísticamente toda esa información para conocernos a fondo y ofrecernos propuestas y productos personalizados. ¿Te parecería una manera de mejorar nuestra experiencia o una forma sutil de manipularnos?

En realidad, sabes perfectamente que todo esto ya está ocurriendo. A través de nuestros dispositivos conectados a internet producimos a diario toneladas de datos. Y ya no son solo ordenadores, tabletas y móviles, sino que cada vez hay más objetos electrónicos conectados a la red: electrodomésticos, vehículos, instalaciones, etc. Todo ello contribuye a esa avalancha informativa que se conoce como *Big Data* y expone nuestras vidas a la luz sin que seamos del todo conscientes de ello. ¿Quién lo iba a decir? Algo aparentemente aburrido y prosaico como la estadística convertido en elemento desencadenante de un futuro distópico.

CAPÍTULO

11

¿AZAR O IGNORANCIA?

En un mundo plagado de incertidumbre, quizá nuestro único refugio sea entender a fondo el significado de la probabilidad.

— CON LA PRESENCIA DE —

A. PUTELLAS

DOSTOIEVSKI

007

EN ESTE CAPÍTULO:

- Reflexionaremos sobre el papel que juega el azar en la naturaleza.
- Definiremos qué es la probabilidad y cómo hay que interpretarla.
- Desmontaremos algunos mitos asociados a una mala comprensión de la probabilidad.
- Analizaremos situaciones aleatorias complejas que pueden desafiar nuestra intuición.

•

Probablemente en lo primero que piensas al oír la palabra *azar* es en el lanzamiento de un dado. O en el de una moneda o en la bolita de una ruleta dando vueltas y rebotando caprichosamente, antes de acomodarse en una de las treinta y siete casillas. O quizá te venga a la cabeza la escena inicial de la película *Match Point* de Woody Allen, en la que una pelota de tenis impacta con la cinta de la red y, por unos momentos, se queda como suspendida en el aire, dejándonos con la incógnita de si conseguirá pasar al otro lado o no, recordándonos que a veces, en la vida, un pequeño detalle fruto del azar puede cambiar por completo el curso de los acontecimientos.

¿Pero existe realmente el azar? Es cierto que somos incapaces de adivinar cuál de los seis posibles resultados obtendremos si lanzamos un dado de seis caras. Sin embargo, nuestros conocimientos de física nos dicen que, en principio, debería ser posible predecir el resultado exacto de una tirada. El movimiento del dado sigue las leyes de la mecánica clásica, unas leyes precisas y bien conocidas, que nos permiten conocer cómo se moverá un objeto si sabemos las fuerzas que actúan sobre él y cuáles son sus condiciones iniciales.

El problema es que, a menudo, aplicar estas leyes a un objeto real se vuelve extremadamente complejo. A diferencia de los ejemplos idealizados de muchos ejercicios de física, un dado no es un objeto puntual, sino un cuerpo que tiene una cierta extensión. No solo puede desplazarse, sino que también puede rotar sobre sí mismo. Cae por efecto de la fuerza de la gravedad, pero experimenta también la fuerza de rozamiento del aire y la de los impactos con la mesa sobre la que aterriza. El lanzamiento de un dado es un fenómeno caótico en el que cualquier ligera variación del lugar desde donde lo lanzamos o del impulso que le damos hace que cambie por completo el resultado final.

A efectos prácticos resulta inviable predecir el resultado del lanzamiento de un dado, igual que el de una moneda o el de una ruleta. Todos ellos son experimentos de resultado incierto y por eso los denominamos *experimentos aleatorios*. Lo único que podemos hacer con ellos es administrar nuestra ignorancia: listar todos los resultados posibles y medir sus posibilidades mediante algo llamado *probabilidad*.

FAVORABLEMENTE POSIBLE

Todos tenemos una idea intuitiva de qué es la probabilidad. Sabes que es más probable que te toque la lotería si compras mil números que si compras solo uno. Y entre sacar un cinco en un dado o una cara al lanzar una moneda, estoy seguro de que apostarías a lo segundo. Pero si te diera a escoger entre sacar una carta con una figura en una baraja francesa —*J*, *Q* o *K*— o pescar una ficha doble de un juego de dominó ¿qué opción escogerías?

La manera más simple de cuantificar la probabilidad de un determinado suceso es contar. En el caso de la lotería cuentas cuántos billetes tienes para saber las opciones que tienes de ganar. En cambio, tanto si apuestas que saldrá un cinco en un dado, como si apuestas que en una moneda saldrá cara, solo hay una opción ganadora. Por lo tanto, para decidir cuál de las dos opciones te conviene más, lo que cuentas son los posibles resultados de ambos experimentos: seis para el dado y dos para la moneda. Eso significa que para sacar un cinco al lanzar un dado hay un caso favorable de seis posibles, la sexta parte del pastel; en cambio, para obtener cara en la moneda hay un caso favorable de dos posibles, es decir, un 50 % de posibilidades. En definitiva, para conocer la probabilidad de un determinado *suceso*, debemos comparar el número de resultados favorables con el número total de resultados que se pueden llegar a producir.

Esta manera intuitiva de calcular probabilidades se conoce como *regla de Laplace*, en honor al matemático y físico francés que realizó importantes contribuciones a este campo de las matemáticas. En concreto, dicha regla nos dice que a un suceso aleatorio podemos asignarle una probabilidad igual al cociente entre el número de casos favorables y el número de casos posibles.

$$P = \frac{\text{CASOS FAVORABLES}}{\text{CASOS POSIBLES}}$$

PROBABILIDAD DE UN SUCESO

Obviamente, el número de casos favorables jamás puede superar el número de casos posibles, lo cual implica que la probabilidad toma siempre valores comprendidos entre 0 y 1 o, de manera equivalente, entre el 0 % y el 100 %.

Los ejemplos del dado y de la moneda describían *sucesos elementales*, ya que en cada uno de ellos había un único resultado favorable: el cinco en el dado, la cara en la moneda. Pero también podemos realizar apuestas en que haya más de una posibilidad de ganar, como, por ejemplo, que salga un número par en el dado o un número rojo en la ruleta. O que saquemos una carta con una figura de una baraja o pesquemos una ficha doble de dominó, las dos opciones del dilema que te proponía hace un rato.

Una vez más, se trata simplemente de contar. Una baraja francesa tiene trece cartas de cuatro palos distintos: corazones, picas, tréboles y rombos. Por lo tanto, al coger una carta al azar, hay 4·13=52 resultados posibles. De todas las cartas, doce son figuras, ya que hay tres de cada palo. Por lo tanto, la regla de Laplace nos dice que la probabilidad de ganar esta apuesta es de doce sobre cincuenta y dos. En el dominó, en cambio, hay veintiocho fichas, de las cuales siete son dobles: una de cada número, desde el cero hasta el seis. Por lo tanto, la probabilidad de tener éxito en esta apuesta es de siete sobre veintiocho.

Ahora que tenemos cuantificadas las probabilidades, podemos compararlas. Siete es la cuarta parte de veintiocho, lo cual significa que la probabilidad de ganar la apuesta del dominó es del 25 %. En cambio, la cuarta parte de cincuenta y dos es trece, algo por encima de los doce casos correspondientes a extraer una carta con una figura. Así que, en el caso de la baraja francesa, la probabilidad de ganar la apuesta es ligeramente inferior.

Este ejemplo resulta menos intuitivo que los anteriores, porque sacar una figura de una baraja tiene más casos favorables —doce frente a las siete fichas dobles del juego del dominó—, pero también se enfrenta a más casos posibles —cincuenta y dos cartas frente a las veintiocho fichas—. Por eso, para saber si pesa más el tener más casos favorables o el hecho de que haya más casos posibles, lo más práctico es recurrir al cálculo exacto de la probabilidad mediante la regla de Laplace, tal y como acabamos de hacer.

COMPONER PROBABILIDADES

Contar es algo que parece relativamente sencillo, pero hay que tener cuidado con no hacerlo de manera burda y precipitada. Para evitar que esto ocurra, conviene representar de forma clara y precisa todos los resultados que se pueden obtener en un determinado experimento.

Imagina, por ejemplo, que en una bolsa hay cuatro libros: dos copias de *El jugador* de Dostoievski y dos de *Ficciones* de Borges. Son los regalos para dos amigas que cumplen años, pero una de las dos al final no ha podido venir a la fiesta. Cuando vais a darle sus dos libros a la amiga que sí ha venido, os encontráis con que los cuatro están envueltos con el mismo papel. Como los dos títulos tienen un grosor muy similar, es imposible distinguirlos a simple vista o mediante el tacto. Por lo tanto, no tenéis más remedio que coger dos libros al azar y esperar que no sean iguales para no tener que envolver de nuevo uno de ellos.

Este es el clásico ejemplo en que un recuento algo ingenuo lleva a una conclusión equivocada. De entrada parece fácil: hay dos libros de cada, así que es igual de probable coger uno u otro. En consecuencia, la probabilidad de que al coger dos libros estos sean distintos debe ser igual a la probabilidad de que sean iguales, un 50 % en cada caso. Aunque parezca un razonamiento sin fisuras, siento decirte que, si bien la premisa es correcta, la consecuencia que de ella hemos deducido es completamente falsa. Para comprobarlo, vamos a analizar la situación con algo más de detalle.

Extraer dos libros al azar de una bolsa es un *experimento compuesto*, ya que está formado por dos experimentos simples correspondientes a cada una de las extracciones. También son experimentos compuestos robar cinco cartas de un mazo, tirar tres dados o lanzar dos monedas al aire. Los resultados de un experimento compuesto están formados por todas las posibles combinaciones de cada uno de los experimentos simples que lo forman.

Por ejemplo, en el caso de las monedas puede ocurrir que en la primera salga cara y en la segunda también, que en la primera salga cara y en la segunda cruz, que en la primera salga cruz y en la segunda cara o que en la primera salga cruz y en la segunda también.

MONEDA 1

	CARA	CRUZ
CARA	⊙⊙	⊙⊕
CRUZ	⊕⊙	⊕⊕

MONEDA 2

Podría parecer que solo hay tres resultados posibles: *dos caras, dos cruces y una cara y una cruz*. Sin embargo, es distinto que salga cruz en la primera moneda y cara en la segunda a que salga cara en la primera moneda y cruz en la segunda, así que estas dos opciones deben contarse por separado y, por consiguiente, los resultados posibles son cuatro. Entonces, ante la pregunta de si al lanzar dos monedas es más probable que salgan dos símbolos iguales o que salgan dos símbolos distintos, responderemos que ambos sucesos son igual de probables, puesto que ambos cuentan con dos casos favorables de cuatro casos posibles.

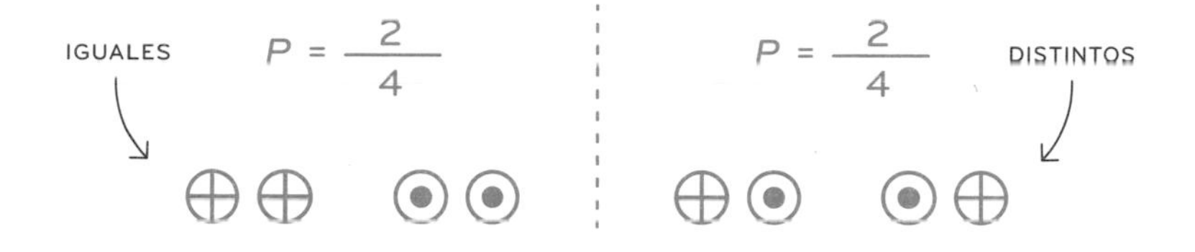

Ahora, veamos qué ocurre con el problema de los cuatro libros. En principio, la situación parece bastante parecida: se trata de un experimento compuesto, formado por dos experimentos simples —la extracción del primer libro y la del segundo—, cada uno con dos resultados posibles —*Ficciones* o *El jugador*, Borges o Dostoievski—. Sin embargo, hay una diferencia crucial: en el caso de las monedas, lo que salga en la primera moneda no influye en lo que puede ocurrir en la otra; en cambio, con los libros, el resultado de la primera extracción sí que condiciona las opciones disponibles para la segunda.

Veámoslo con algo de detalle. De entrada, hay dos ejemplares de cada libro, así que la probabilidad de que el primero que saques sea *El jugador* o sea *Ficciones* es la misma: 2⁄4, es decir, un 50 %. Pero imagina que coges un libro y, al desenvolverlo, aparece la portada de *El jugador*. Entonces, al ir a sacar el segundo libro, la situación ya no está equilibrada. Solo quedan tres libros en la bolsa: dos *Ficciones* y un *Jugador*, así que en la segunda extracción hay dos posibilidades sobre tres de que salga el de Borges y solo una sobre tres de que vuelva a salir el de Dostoievski, ya que no es posible sacar dos veces el mismo objeto.

Si representas todos los casos posibles en una tabla, comprobarás que, en total, son doce y que en ocho de ellos los dos libros son distintos, mientras que en los cuatro restantes son iguales. Eso significa que la probabilidad de acertar y coger a la primera una copia de *El jugador* y una de *Ficciones* —o una de *Ficciones* y una de *El jugador*— es de ocho sobre doce, que es lo mismo que dos sobre tres. Parece que esta vez la suerte sí está de vuestra parte.

	EL JUGADOR 1	EL JUGADOR 2	FICCIONES 1	FICCIONES 2
EL JUGADOR 1	~~J1 J1~~	J1 J2	J1 F1	J1 F2
EL JUGADOR 2	J2 J1	~~J2 J2~~	J2 F1	J2 F2
FICCIONES 1	F1 J1	F1 J2	~~F1 F1~~	F1 F2
FICCIONES 2	F2 J1	F2 J2	F2 F1	~~F2 F2~~

LIBROS DISTINTOS · LIBROS IGUALES · CASOS IMPOSIBLES

PROBABILIDAD A LO GRANDE

¿Cuántas veces, jugando al parchís, te has pasado diez o doce rondas sin que te saliera un cinco que te permitiera sacar una ficha de casa? ¡Este dado está trucado!, debes de haber exclamado. Y, sin embargo, es perfectamente razonable que ocurra algo así. Que tengamos una posibilidad sobre seis de obtener un cinco no significa que de cada seis tiradas en una de ellas deba salir por fuerza un cinco. Igual que si lanzas la moneda unas diez veces es posible que salgan más cruces que caras. La probabilidad no nos dice nada sobre lo que va a pasar en un caso concreto, ni siquiera en unos pocos. ¿De qué nos sirve entonces? Para sacarle provecho debemos pensar a lo grande. Solo si lanzas el dado un gran número de veces, obtendrás, aproximadamente, una sexta parte de cincos. Y una sexta parte de unos, y de doses, etc.

Para comprobarlo, solo necesitas un dado, un buen rato libre y proceder como acabo de hacer yo. Para empezar, he realizado 12 lanzamientos. La teoría me dice que la probabilidad de cada valor es la misma, es decir, de ⅙ o, equivalentemente, de un 16,7 %. Si esto fuera una predicción teórica exacta, deberíamos obtener dos veces cada número. Sin embargo, mis resultados han sido mucho más desequilibrados.

RESULTADO	FRECUENCIA ABSOLUTA	FRECUENCIA RELATIVA	PORCENTAJE
1	4	0,333	33,3 %
2	3	0,250	25,0 %
3	1	0,083	8,3 %
4	1	0,083	8,3 %
5	0	0,000	0,0 %
6	3	0,250	25,0 %
TOTAL	12	1,000	100 %

Parece que, efectivamente, en unos cuantos lanzamientos puede suceder cualquier cosa.

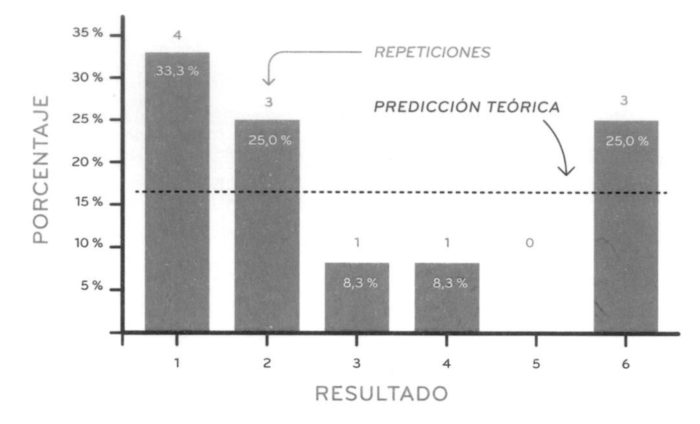

En cambio, si te armas de paciencia y lanzas el dado diez mil veces, la situación se equilibra considerablemente. No te preocupes, ya me he encargado yo de hacerlo y de representar los resultados en una gráfica.

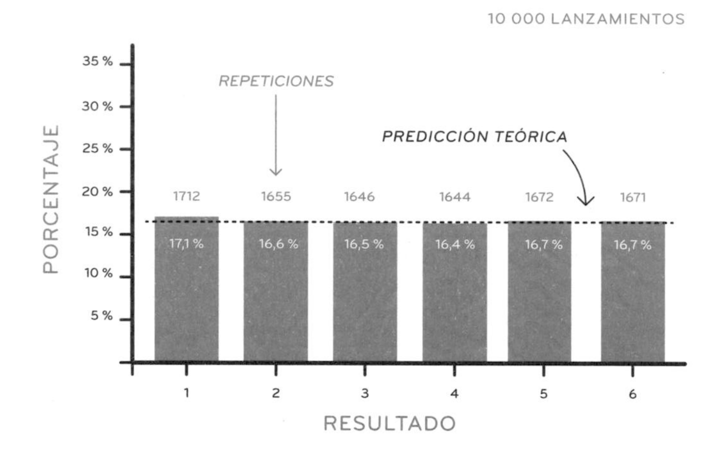

Si te fijas bien, las diferencias en términos absolutos han aumentado: antes, el número más frecuente —el uno— ha salido cuatro veces más que el menos frecuente —el dichoso cinco—; ahora, en cambio, el valor más repetido, que sigue siendo el uno, le saca una ventaja de 68 al menos repetido, que ha pasado a ser el cuatro. No obstante, en proporción, el número de lanzamientos ha crecido mucho más y eso hace que, en términos relativos, las diferencias hayan disminuido de manera considerable. Dicho de otra manera, los porcentajes se han nivelado y ahora se aproximan bastante al 16,7 % predicho por la teoría de la probabilidad.

¿Significa eso que a medida que repetimos un mismo experimento aleatorio más y más veces, los porcentajes se igualan siempre, como si se tratara de un *café para todos*? No necesariamente. Para aclarar este punto vamos a jugar a un famoso juego de carreras de caballos. Funciona de la siguiente manera: cada caballo tiene asignado un número del 2 al 12. Se lanzan dos dados y se suman sus valores. El resultado indica qué caballo avanza una posición. Gana el primer caballo que alcance la meta. ¿Te parece un juego justo? ¿Qué me dirías, por ejemplo, si te propusiera que tu caballo fuera el número 12 y el mío el número 7?

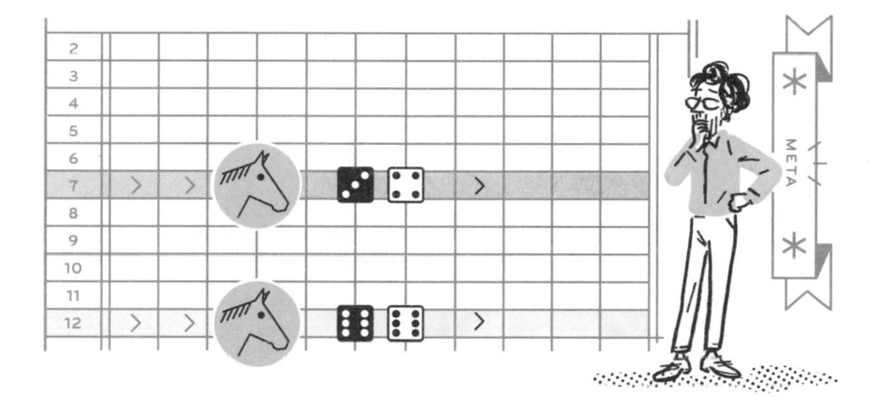

Por si acaso no lo tienes claro, me he tomado la molestia de lanzar los dos dados diez mil veces, para que veas que mi propuesta no es demasiado justa: el 7 sale mucho más a menudo que el 12. ¿Significa eso que los dados están trucados? De ninguna manera. Una vez más, se trata de contar. Cada dado puede tomar seis valores distintos, así que en total hay 6·6=36 combinaciones posibles: un uno y un uno, un uno y un dos, un uno y un tres, etc. De todos esos casos, solo hay uno en el que la suma valga doce: que en ambos dados salga un seis. Por lo tanto, la probabilidad de que avance el caballo número doce es de 1/36, lo cual equivale, aproximadamente, a un 3 %. En cambio, hay seis maneras distintas de que al sumar los dos dados obtengamos un siete, así que la probabilidad correspondiente es de 6/36, que es lo mismo que 1/6 o un 16,7 %.

10 000 LANZAMIENTOS

PREDICCIÓN TEÓRICA

PORCENTAJE

20 %
15 %
10 %
5 %

2,8 %
5,6 %
8,3 %
11,1 %
13,9 %
16,7 %
13,9 %
11,1 %
8,3 %
5,6 %
2,8 %

2 3 4 5 6 7 8 9 10 11 12

RESULTADO

Por lo tanto, no es cierto que al repetir un experimento aleatorio una y otra vez todos los resultados acaben saliendo casi un mismo número de veces. Solo será así si la probabilidad correspondiente a cada uno de ellos es la misma. Si no, lo que ocurrirá es que los respectivos porcentajes se irán distribuyendo de manera acorde a lo predicho por la probabilidad. Esto es lo que se conoce como la *ley de los grandes números*.

AHORA TOCA CRUZ

La probabilidad es nuestro único punto de apoyo para realizar predicciones cuando nos enfrentamos a fenómenos gobernados por el azar. No obstante, se trata de una herramienta delicada que debemos utilizar con cuidado si no queremos acabar en la ruina, víctimas de la llamada *falacia del jugador*.

Imagina que te encuentras en una de las mesas de la Terrasse Salle Blanche del Casino de Montecarlo, con una impresionante panorámica de la ribera frente a ti. Llevas toda la noche pendiente de la ruleta, anotando cada uno de los resultados. Quieres utilizar tus sólidos conocimientos de probabilidad para ganar a la banca. Tras horas de paciente observación, crees que por fin lo tienes. Aunque en principio los treinta y siete números tienen la misma probabilidad de salir, la bolita se ha resistido una y otra vez a caer en una de las casillas negras: el 17. La ley de los grandes números establece que el porcentaje de éxito de cada resultado tiene que ir aproximándose al valor predicho por la probabilidad; por lo tanto, el 17 tiene mucho terreno por recuperar. Todo parece indicar que en las próximas tiradas tiene que salir, necesariamente, el 17.

Por tu cabeza ronda una vieja historia del actor Sean Connery que alguien te contó hace tiempo. Corría el invierno de 1963 y el mítico James Bond estaba jugando a la ruleta en un lujoso casino de la Valle d'Aosta, en el norte de Italia. En cierto momento de la noche escogió apostar por el 17 —sí, precisamente el 17—, pero, al parecer, no tuvo suerte. En la tirada siguiente volvió a apostar por el 17 y perdió de nuevo. Entonces decidió intentarlo una última vez. La bolita rodó, rebotó sobre las paredes del plato con su característico tintineo y cayó, por fin, en el 17. Al fin lo había logrado, pero el escocés no se conformó con lo ganado, sino que quiso intentarlo de nuevo. Colocó una vez más las fichas sobre el 17 y ¡volvió a ganar! No podía creerlo, estaba completamente eufórico, cualquiera en su lugar habría recogido las fichas y se habría retirado a celebrarlo. En cambio, él, impulsado por una extraña fe, creyó que valía la pena tentar a la suerte una última vez: *hagan juego, señores... rien ne va plus... ¡el 17!* Se levantó de la mesa con más de 27 000 dólares.

Tras rememorar los detalles de este relato increíble, te parece que son demasiadas señales como para no arriesgarte. Por supuesto que sabes que hay cierta incertidumbre, pero el 17 ya no puede tardar. Así que vas a repartir tus fichas en cinco jugadas, y en todas ellas vas a apostar por el mismo número, como hizo Connery. Basta con que en una de ellas salga el 17 para que multipliques tu apuesta por treinta y cinco y todo el esfuerzo haya valido la pena. La suerte está echada, el croupier pronuncia el rutinario «*rien ne va plus*», la bolita se pone a rodar y... no sale el 17. Ni a la primera, ni a la segunda, ni en ninguna de las cinco ocasiones. Así que lo pierdes todo: tu dinero y tu confianza en la probabilidad. Los caprichos del azar acaban de mostrarte su rostro más cruel y despiadado.

La falacia del jugador consiste en creer que los resultados previos pueden condicionar los posteriores; que, si un número no ha aparecido durante mucho rato, es más probable que salga en las próximas jugadas; que, tras diez caras seguidas, por fuerza tiene que salir una cruz. Es cierto que, antes de iniciar una serie de tiradas, la probabilidad de que salgan once caras seguidas es muy baja: de alrededor de un 0,05 % para ser exactos. Sin embargo, una vez que ya se han realizado las primeras diez tiradas, el resultado de la siguiente es completamente incierto, cara y cruz tienen idéntica probabilidad: un 50 %.

¿Cómo encaja esto con la ley de los grandes números? Para entenderlo, imagina que lanzamos una moneda al aire doscientas veces y obtenemos la siguiente serie de resultados:

⊙⊙⊙⊕⊕⊙⊕⊙⊙⊕⊙⊙⊕⊙⊙⊙⊕⊕⊙⊙⊙⊕⊙⊙⊕⊙⊙⊙⊕⊕
⊕⊕⊕⊙⊙⊙⊕⊕⊙⊙⊙⊕⊕⊕⊙⊙⊙⊕⊕⊕⊕⊙⊕⊙⊕⊙⊙⊕⊙⊕
⊕⊙⊙⊙⊙⊕⊕⊕⊕⊙⊙⊕⊙⊙⊙⊙⊕⊕⊕⊙⊕⊙⊕⊙⊕⊙⊕⊕⊕⊕
⊙⊙⊕⊕⊙⊙⊕⊙⊕⊙⊙⊙⊙⊙⊕⊕⊙⊙⊙⊙⊙⊕⊕⊕⊕⊙⊕⊙⊕⊙
⊙⊕⊙⊕⊙⊕⊙⊙⊙⊕⊙⊙⊙⊕⊙⊙⊕⊕⊕⊕⊙⊙⊕⊙⊙⊕⊙⊙⊙⊕
⊙⊙⊙⊙⊕⊕⊕⊕⊙⊙⊕⊙⊙⊕⊙⊙⊙⊕⊕⊙⊕⊕⊙⊙⊙⊕⊙⊕⊙⊙
⊕⊕⊕⊙⊕⊙⊙⊙⊙⊕⊙⊙⊙⊙⊕⊕⊕⊙⊙⊙

Tras los primeros cuarenta lanzamientos —en azul—, el resultado era de 25 caras y 15 cruces, es decir, un 62,5 % contra un 37,5 %. En cambio, tras haber completado las doscientas tiradas, ha salido cara 113 veces y cruz en 87 ocasiones. Efectivamente, los porcentajes se han aproximado entre sí: ahora tenemos un 56,5 % por un lado y un 43,5 % por el otro. Sin embargo, la diferencia absoluta ha aumentado: la ventaja de las caras ha pasado de ser de diez, al acabar la primera tanda, a ser de veintiséis al final del juego. En otras palabras, no es cierto que un exceso de caras en una fase del juego deba ir seguido, necesariamente, de un exceso de cruces durante la fase siguiente. La diferencia absoluta entre ambos resultados puede seguir aumentando, pero lo más probable es que lo haga a un ritmo proporcionalmente inferior al número de tiradas. Esto es lo que hace que, a pesar de todo, los porcentajes se vayan igualando.

Muy bien, pero entonces ahora podríamos plantearnos la siguiente cuestión: si cada tirada es independiente de la anterior, todas las secuencias de resultados deberían tener las mismas posibilidades. Sin embargo, parece bastante menos probable que salga cruz en diez tiradas seguidas que, por ejemplo, que salgan seis cruces y cuatro caras. ¿Por qué? Contar, se trata de nuevo de contar. Solo hay una manera de obtener diez cruces en diez tiradas: que salga siempre cruz. En cambio, hay muchas maneras de obtener seis cruces y cuatro caras: que primero salgan todas las cruces y luego todas las caras; o primero las caras y luego las cruces; o que salgan tres cruces, dos caras, tres cruces y dos caras, etc. Si uno hace las cuentas llega a la conclusión de que este resultado se puede producir de 210 maneras distintas, lo cual hace que sea doscientas diez veces más probable que el de las diez cruces. Otra cosa sería que nos fijáramos en una serie concreta de todas las que contienen seis cruces y cuatro caras, por ejemplo:

⊙⊕⊙⊕⊙⊕⊕⊙⊕⊕

La probabilidad de obtener exactamente esta secuencia de caras y cruces es, ahora sí, la misma que la de obtener diez cruces seguidas.

Algo parecido ocurre a la hora de comprar un número de lotería. Llegas a tu administración habitual y solo quedan dos números: el 00 000 y el 32 051, ¿cuál de los dos escoges? No sé tú, pero apuesto a que la mayoría optaría por el segundo. Un número con las cinco cifras idénticas es demasiado especial para resultar premiado; en cambio, el otro parece un número anónimo, del montón, el candidato perfecto para llevarse el premio gordo. Sin embargo, la realidad es que ambos tienen las mismas posibilidades de ganar: una entre cien mil. El 32 051 es una secuencia concreta como cualquier otra, igual de *especial* que el 00 000. Otra cosa sería que quisiéramos comparar la probabilidad de que salga un número con todas las cifras iguales —diez posibilidades— y la probabilidad de que salga un número cualquiera con las cinco cifras diferentes —más de treinta mil posibilidades—. Esto último es mucho más probable, ya que puede producirse de muchas más maneras distintas.

ESTADÍSTICA Y PROBABILIDAD: UN VIAJE DE IDA Y VUELTA

A estas alturas debería estar ya muy claro que para calcular la probabilidad de que algo ocurra lo más poderoso es contar. Y esto no solo sirve para jugar a los dados o a la ruleta: también podemos contar, por ejemplo, el número de familias que han escogido para sus hijos una misma escuela cuyas plazas van a sortearse. La probabilidad no es solo cuestión de juegos y tiene múltiples implicaciones prácticas en nuestra vida cotidiana.

Sin embargo, hay situaciones tan inciertas o tan complejas que ponerse a contar resulta completamente inviable. ¿Cuál es la probabilidad de tener un accidente de avión? ¿Y de que la estrella catalana Alexia Putellas falle un penalti? ¿Cuán probable es que yo llegue puntual a mi próxima cita? Habría que contar todas las cosas que pueden suceder y cuántas de ellas pueden dar lugar a uno u otro desenlace: todas las averías e incidentes que se pueden producir en el avión; todos los contratiempos que me puedo encontrar en casa mientras me preparo para la cita, o todo lo que pueden llegar a pensar Alexia Putellas y la portera en los escasos segundos que transcurren entre el pitido del árbitro y la ejecución de la pena máxima.

En este tipo de situaciones, lo más conveniente es volver a recurrir al fecundo matrimonio entre estadística y probabilidad, certificado por la tantas veces invocada ley de los grandes números. Si al repetir un experimento aleatorio muchas veces los porcentajes correspondientes a cada resultado acaban reproduciendo las respectivas probabilidades, podemos plantearnos utilizar esta relación en sentido contrario. Primero calcularemos cada cuántos vuelos se produce un accidente; o cuál es el porcentaje de acierto de Alexia Putellas a lo largo de una temporada; o tras cuántas citas, por fin, consigo llegar puntual. Entonces supondremos que, en el futuro, las cosas seguirán funcionando más o menos de la misma manera y utilizaremos esos porcentajes como estimaciones de las probabilidades correspondientes. Si de veinte personas con las que he quedado diecinueve me han tenido que estar esperando, la probabilidad de que llegue puntual será de uno entre veinte, y si Alexia Putellas ha anotado el 90 % de sus penaltis, la probabilidad de que falle será de un 10 %.[1]

En el tercer episodio de la octava temporada de la serie *Friends*, Rachel le cuenta a Ross que se ha quedado embarazada y que solo él puede ser el padre. Tras recuperarse del impacto de la noticia, Ross no consigue entender cómo ha podido ocurrir algo así si re-

---

1 Esta es la interpretación clásica o frecuentista de la probabilidad. Hay otra perspectiva, conocida como interpretación bayesiana, que concibe la probabilidad como el grado de conocimiento que se tiene de un sistema. Para profundizar en la relación entre probabilidad y estadística, recomiendo el libro de Anabel Forte Deltell, *Cómo sobrevivivir a la incertidumbre*, Next Door Publisher (2022).

cuerda perfectamente que el día de su última aventura utilizaron preservativo. Rachel, entonces, replica que, en realidad, la efectividad de los preservativos es del 97 %. Es decir, la probabilidad de que no cumplan con su función es de tres sobre cien: baja, pero no nula. ¿Cómo se ha estimado dicha probabilidad? ¿Se han analizado todos los posibles caminos que pueden seguir los espermatozoides y todas las posibles maneras en que pueden interactuar con las moléculas del látex y se ha contado en cuántas de ellas superan la barrera? Por supuesto que no. Aunque todo esto fuera posible, sería como matar moscas a cañonazos. Resulta mucho más sencillo repetir el experimento un gran número de veces, anotar en cuántas ocasiones falla el preservativo y utilizar esa información para estimar la probabilidad correspondiente.

Si quieres conocer la probabilidad de que una tostada caiga por el lado de la mantequilla, la puedes dejar caer cien, doscientas... mil veces, procurando hacerlo siempre de la misma manera, desde la misma altura y con la misma posición inicial. Si cae por el lado de la mantequilla un 75 % de las veces, podrás decir que esa es la probabilidad de que vuelva a ocurrir lo mismo y, de paso, habrás demostrado la *ley de Murphy*.

Por lo tanto, la relación entre probabilidad y estadística es bidireccional. Si realizamos un experimento aleatorio muchas veces, su análisis estadístico nos permite estimar las probabilidades de cada posible resultado. Estas, a su vez, nos sirven para hacer predicciones sobre lo que probablemente ocurrirá si repetimos el mismo experimento muchas veces más. Y así vamos gestionando nuestras incertezas y nuestra ignorancia, con predicciones aproximadas y a largo plazo. Qué aburrida sería la vida sin estas dosis de emoción, ¿no crees?

¡QUÉ CASUALIDAD!

Como has visto, la ley de los grandes números plantea una idea central, imponente y majestuosa: en un gran número de repeticiones, los porcentajes de cada resultado se aproximan a las probabilidades. Pero como toda buena historia, tiene también una cara B, una especie de carretera secundaria, menos transitada, pero que también conduce a alguna parte. Resulta que al repetir un mismo experimento una y otra vez, cada vez es más probable que sucedan las cosas más improbables. Por ejemplo, la probabilidad de sacar cinco seises al lanzar cinco dados es extremadamente pequeña; de uno entre 7776, para ser exactos. Por eso parece una mala idea apostar mucho dinero a ese resultado si se va a realizar un único lanzamiento. Sin embargo, si tiramos el dado diez mil veces, es muy probable que en alguna de ellas obtengamos esa combinación; y si los intentos son cien mil, es prácticamente seguro que la conseguiremos.

Por lo general, cuando vemos que se producen fenómenos que nos parecen improbables —encontrarnos a un amigo tres veces en una semana; que alguien gane la lotería dos veces seguidas; que el vecino del cuarto primera nos dé los buenos días— reaccionamos con sorpresa y tenemos la tentación de buscar alguna causa superior para tales coincidencias: el destino, un amuleto, la bendición de los dioses... No obstante, si pensamos en la cantidad de veces en que no nos encontramos a ningún amigo, en cuántas personas jamás ganan la lotería o en todas las mañanas en que nuestro vecino nos ha ignorado, nos daremos cuenta de que, en realidad, el hecho de que estos sucesos inusuales ocurran unas pocas veces no tiene nada de especial. Si un experimento aleatorio se repite una y otra vez, solo es cuestión de tiempo que antes o después se produzca aquel resultado que parecía tan especial e inverosímil. Tener clara esta relación es una buena medida de prevención frente a discursos pseudocientíficos y teorías conspiranoicas.

Imagina, por ejemplo, que alguien intenta convencerte de que la serie *Friends* es en realidad un proyecto del gobierno estadounidense para controlar a la población. Para reforzar su teoría, te dice que el primer capítulo se emitió el 22 de septiembre de 1994 y que resulta que precisamente esa secuencia de dígitos, 22091994, aparece entre los decimales del número pi. Es demasiada coincidencia, tiene que tratarse de una señal. Afortunadamente, tú dispones de los conocimientos necesarios para rebatir tamaña estupidez. El número pi está formado por infinitos decimales, así que buscando y buscando es posible encontrar cualquier secuencia de dígitos que uno desee.[2]

ESTRENO DE FRIENDS

3.1415926535 [...] 88 **22091994** 805722163425604
307992685303020439972396456592433790 43
29306292744 [...] 8637072002818814285573782 9
861961796 **08051962** 41262084612288129 [...]

ESTRENO DE AGENTE 007 CONTRA EL DR. NO

Tras un encuentro fortuito o una racha de suerte resulta tentador aludir a las fuerzas del destino o a algún oscuro designio divino. Sin embargo, estos fenómenos aparentemente extraordinarios tienen su origen en el gran número de *intentos* que dejan tras de sí: por cada encuentro inesperado, hay miles de paseos solitarios; por cada vez que tarareamos una melodía justo en el momento en que alguien más la está silbando, hay millones de veces en que esto no nos ocurre.

El matemático John Allen Paulos, en su libro *El hombre anumérico*, dedica un capítulo a analizar la casualidad desde la lógica de la probabilidad. Allí nos explica que la sobreinterpretación de las coincidencias puede tener un origen de carácter social y psicológico. Tendemos a retener y a hablar más de los sucesos excepcionales que de los ordinarios, aunque estos sean mucho más numerosos: la persona que ha ganado tres veces seguidas a la ruleta llama nuestra atención, mientras que los millones de apuestas perdidas, no. Por otro lado, nuestra percepción está influida por nuestra experiencia.

2 La aplicación de este enlace te permite buscar una secuencia cualquiera de dígitos entre los primeros dos mil millones de cifras del número pi: http://www.subidiom.com/pi/pi.asp

Si estamos esperando un hijo, no pararemos de ver mujeres embarazadas por la calle. ¿Realmente se ha puesto todo el mundo a procrear o es que ahora nos fijamos más en ellas?

En ciertas ocasiones, sí que pueden existir causas ocultas que expliquen determinadas coincidencias, aunque estas suelen ser bastante menos trascendentes de lo que nos imaginamos. Si estás visitando una exposición y ves a una persona que lleva bajo el brazo el mismo libro que tú estás leyendo, no creas que el universo te está enviando una señal: quizá si compartís un mismo gusto en el arte, también lo hagáis en la literatura.

A base de más y más intentos, pueden darse acontecimientos tan maravillosos como que distintos elementos químicos, que se combinan y se separan de manera casual y van produciendo los compuestos más variados, acaben por dar lugar a una molécula con la capacidad de autorreproducise y, así, por puro azar, surja la vida. O como que los dos amantes de un cuento de Cortázar[3], que andan persiguiéndose por las líneas laberínticas del metro de París, acaben, por fin, sentados frente a frente en los asientos de un mismo vagón.

El azar no es solo cuestión de juegos y de apuestas. Muchas actividades y una gran cantidad de decisiones humanas se basan en él. El importe de tu póliza de seguros se calcula a partir de la probabilidad de que tengas un accidente, y en un estudio clínico tienes un 50 % de probabilidad de que te suministren el medicamento experimental y un 50 % de que te toque el placebo.

3 Cortázar, J., «Manuscrito hallado en un bolsillo», *Octaedro*, Alianza Editorial (2014).

Si bien el azar puede ser una apariencia, debido a nuestra incapacidad de conocer todos los detalles de un cierto fenómeno, los hallazgos de la física del siglo XX parecen otorgarle un papel mucho más fundamental. La física clásica se basa en leyes deterministas que permiten predecir con precisión la evolución que seguirá un cierto sistema. Gracias a ello podemos edificar puentes y rascacielos, fabricar motores y poner satélites en órbita alrededor de la Tierra. En cambio, los postulados de la física cuántica nos dicen que es imposible determinar *a priori* qué hace o dónde se encuentra una partícula subatómica. Lo único que podemos predecir es la probabilidad de que cuando observemos esté en un lugar u otro. Mientras tanto, se comporta como si pudiera estar en más de un lugar al mismo tiempo o, mejor dicho, como si todavía no estuviera en ningún lugar bien definido.

Podríamos pensar que este comportamiento aleatorio es tan solo aparente, igual que en el caso del dado, y que esto es una muestra de que nuestras leyes físicas son todavía incompletas. Sin embargo, hoy en día, existen diversas evidencias de que el máximo conocimiento que podemos llegar a adquirir sobre los fenómenos naturales es de tipo probabilístico, tal y como nos indica la física cuántica. Quizás esta limitación se deba a que la realidad última de la naturaleza es inaccesible para nuestros sentidos o ininteligible para nuestro cerebro, o a que quizá no exista una realidad propiamente definida, previa a nuestra observación. Estas son cuestiones que pertenecen al ámbito de la filosofía de la ciencia. En cualquier caso, hasta donde hoy sabemos, la probabilidad no es una simple manera de lidiar con nuestra ignorancia, sino que, *probablemente,* sea el único conocimiento auténtico al que podemos aspirar.

¿Significa eso que la física cuántica certifica la muerte del determinismo? Yo diría que solo en parte. Es cierto que no podemos decir nada sobre el resultado concreto de un único lanzamiento de dado, pero sí que podemos realizar una predicción sobre cómo se distribuirán los resultados tras un gran número de tiradas. Del mismo modo, no podemos saber qué hará exactamente una partícula en un momento dado, pero sí podemos prever con qué probabilidad se comportará de una u otra manera y, por lo tanto, qué sucederá cuando haya un número inmenso de partículas. A pesar de la incertidumbre sigue existiendo algún tipo de comportamiento regular. Por eso, más que liquidar el determinismo, podemos decir que la física cuántica nos ha llevado de un *determinismo de la necesidad* a un *determinismo de la posibilidad*.

CAPÍTULO

12

CONSIDEREMOS LA VACA ESFÉRICA

En un universo heterogéneo, caótico y complejo como el nuestro podemos hallar un cierto orden reconociendo objetos geométricos.

— CON LA PRESENCIA DE —

ABBOT

HOSSENFELDER

EINSTEIN

EN ESTE CAPÍTULO:

- Identificaremos objetos geométricos en nuestra vida cotidiana.
- Analizaremos las sutilezas relacionadas con las acciones de definir y clasificar.
- Especularemos sobre la existencia de una cuarta dimensión.
- Cuestionaremos la capacidad de las matemáticas para describir de manera exacta la naturaleza.
- Conoceremos figuras geométricas convertidas en personajes de una obra de ficción.

•

Hay un chiste que no puedo evitar contar en todas mis clases. Habla de una granjera que quiere mejorar la producción de leche de sus vacas y que pide ayuda a una universidad local. La universidad reúne a una comisión multidisciplinar de docentes, encabezada por una física. Tras dos semanas de trabajo intensivo, la física envía a la granjera las conclusiones de su estudio. El informe empieza así: «Supongamos que la vaca es esférica y está en el vacío…».

Aunque normalmente soy el único que se ríe, sigo contándolo porque me parece que ilustra muy bien la forma en que los físicos observamos la naturaleza. A menudo, simplificamos las situaciones de manera extrema para poderlas describir y analizar. Es frecuente oír frases como «supón que el coche es un objeto puntual»;

«puedes obviar el rozamiento del aire»; «imagina que la Tierra es una esfera perfecta completamente recubierta de agua», etc. Tras esta aparente falta de rigor se esconde, en realidad, un esfuerzo por identificar lo esencial de cada uno de esos fenómenos, aquello que va más allá de los detalles concretos de lo que estamos observando. Así obtenemos modelos simples y resolubles, que nos ayudan a entender y a predecir el comportamiento de la naturaleza. Se trata de una mirada profundamente matemática, puesto que consiste en identificar patrones y regularidades, en abstraerlos mediante el pensamiento y en utilizarlos para ampliar nuestro conocimiento.

¿Significa esto que «el universo está escrito en el lenguaje de las matemáticas», como afirmaba Galielo Galilei? ¿O el nuestro es tan solo un intento de imponer una estructura racional a un mundo que en realidad no sigue ningún orden? Este es un debate filosófico apasionante, que aún sigue completamente abierto. Sea cual sea nuestra postura, lo que es cierto es que, con el lenguaje matemático, los humanos intentamos dar sentido a la multiplicidad caótica que observamos en nuestro entorno.

La frase de Galileo es en realidad más precisa y dice:

No me parece casual que se refiera específicamente a una rama concreta de las matemáticas: la geometría. Líneas, círculos, triángulos, cubos o esferas son objetos tangibles que podemos visualizar y reconocer en nuestro día a día, sin necesidad de excesivas abstracciones; son conceptos cómodos para empezar a desentrañar esa estructura matemática oculta o impuesta a la naturaleza. Por eso te invito a acompañarme en esta excursión por tierras geométricas.

EN OCASIONES VEO GEOMETRÍA

El tren está a punto de salir de la estación y, desde tu cómodo asiento, inspeccionas el artilugio que te acaban de repartir: unas gafas de realidad aumentada geométrica. Al parecer es lo último en entretenimiento. Las instrucciones son sencillas: solo debes ponértelas, mirar a través de la ventanilla y verás emerger las estructuras matemáticas que se esconden en el escurridizo paisaje. El tren se pone en marcha, diriges tu mirada a través del cristal y empieza el espectáculo.

Primero observas dos *rectas paralelas*, las de la propia vía del tren, que se mantienen juntas, pero siempre a la misma distancia la una de la otra, hasta perderse en algún punto muy lejano. En realidad, esas dos rectas parecen a punto de chocar, pero sabes que es solo un efecto de la perspectiva. No son las únicas paralelas que ves, también están los cables de alta tensión, las barras verticales de una verja o los surcos de un campo recién arado. Todos ellos son objetos distintos, cada uno con sus particularidades, y, sin embargo, las gafas te permiten identificar aquello que tienen en común.

Ahora atraviesas una pequeña población y te fijas en unas casitas, que son como las que uno dibuja cuando le piden que dibuje una casita: fachada *cuadrada* y techo *triangular*. Resulta que cuando juntas esas dos figuras, obtienes otra de cinco lados, es decir, un *pentágono*, aunque no se parece a lo que uno se imagina cuando piensa en uno típico, porque este es un *pentágono irregular*, que no tiene todos los *lados* y todos los ángulos iguales. Y si arrastras ese pentágono en una dirección y le das *volumen*, entonces aparece un prisma. Un *prisma pentagonal*, por supuesto. Las ventanas y las puertas son *rectángulos* y allí, en una esquina, ves descender un *cilindro* metálico: es la cañería por donde se descarga el agua de la lluvia.

Con los cilindros pasa como con las paralelas: los hay por todas partes. Hay cilindros que son balas de paja, cilindros soportando farolas *esféricas* y cilindros aguantando señales de tráfico circulares. Aunque ahora que te fijas bien, las señales también son cilindros, pero mucho más achatados.

El tren se detiene en una estación y allí hay más señales, que son *rombos*. O espera, quizás sean cuadrados, porque parece que todos sus ángulos son iguales. Pero, así girados, ¿siguen siendo cuadrados? ¿Significa eso que los cuadrados también son rombos? Piensas un poco en ello, pero enseguida te llama la atención la *parábola* del chorro de una manguera. Y resulta que, moviendo una parábola, aparecen objetos más exóticos como el *paraboloide de revolución* del plato de una antena parabólica —valga la redundancia— o el *paraboloide hiperbólico* de la silla de aquel caballo que alguien monta allá a lo lejos.

Todas estas maravillas en un breve y despreocupado trayecto de ferrocarril. Imagínate lo que serías capaz de detectar si te pusieras esas gafas en otras situaciones de tu vida cotidiana: en casa, por la calle, en un estadio de atletismo o en una playa llena de cubos, sombrillas, toallas y barquitos de vela que oculten el horizonte.

INTUIR O DEFINIR, ESA ES LA CUESTIÓN

Para tener una idea intuitiva de los principales conceptos geométricos, solemos asociarlos con objetos cotidianos y familiares. Seguramente, al oír la palabra *punto* visualices un grano de arena fina o la marca que un golpe seco de bolígrafo deja sobre una hoja de papel. Para imaginar una *línea*, puedes pensar en un hilo o en el trazo de un pincel. Y si todos los puntos de una línea se colocan en fila, uno detrás de otro, tendrás una línea *recta*, como el palo de una escoba o aquel rayo de luz que se cuela en tu habitación a través de la persiana. A una línea recta que no tiene límites ni por un lado ni por el otro se la llama simplemente *recta*; en cambio, una línea recta con dos extremos bien delimitados es lo que se conoce como *segmento*.

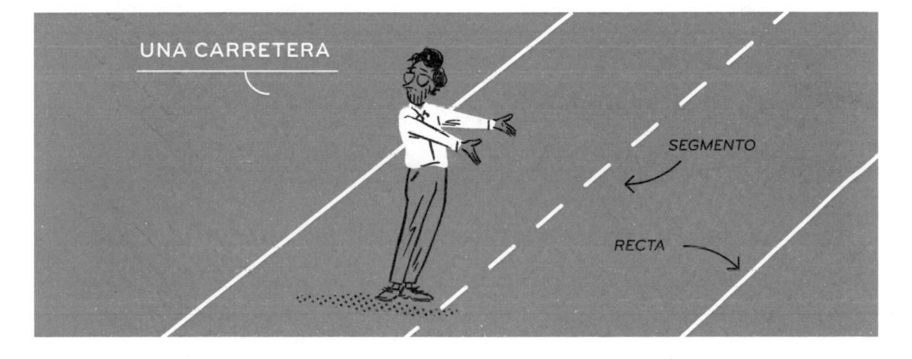

Si no tienes suficiente con moverte hacia delante y hacia atrás, siempre puedes añadir otra *dimensión* y representar una *superficie*, como la de la cáscara de un huevo o como la inquietante y transparente superficie del mar. Si tienes suerte y el mar está en perfecta calma, será una *superficie plana,* y si, además, te encuentras lejos de la costa y te parece que las aguas se extienden infinitamente a tu alrededor, podrás intuir lo que es *el plano*, es decir, una superficie plana y sin límites.

Obviamente, todas estas metáforas geométricas tienen sus limitaciones. Si observas un granito de arena con un microscopio de mil aumentos, te parecerá una roca muy irregular; todos los hilos, incluso los más finos, tienen un cierto grosor; y el océano no es plano ni tiene una extensión infinita. Los objetos geométricos parecen estar presentes en muchos rincones del mundo tangible, pero, en realidad, no están en ninguno de ellos; no tienen color, ni olor ni textura, viven desligados de las restricciones del mundo natural. Eso es lo que hace posible que una línea contenga infinitos puntos y que por cualquier lugar del espacio pasen puntos, líneas y planos, aunque allí no haya ningún objeto material. ¿Cómo podríamos explicar, entonces, qué son todos estos conceptos de manera clara, precisa y suficientemente general?

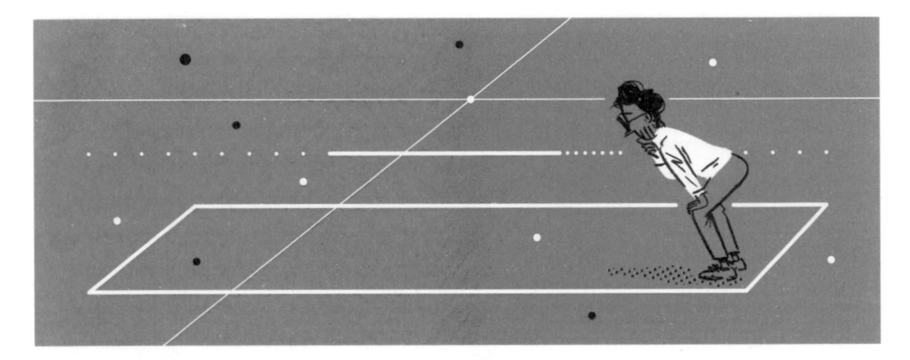

Tradicionalmente, el punto se ha definido como «aquello que no tiene partes y que carece de longitud, anchura y grosor»; la línea, como «aquello que tiene longitud, pero no anchura ni grosor», y la superficie, como «aquello que tiene longitud y anchura, pero no grosor». Sin embargo, actualmente, estas definiciones no se consideran del todo satisfactorias y, por ello, en las formulaciones modernas de la geometría, el punto, la recta y el plano se consideran *conceptos primitivos*, que no es posible definir pero que todo el mundo intuye lo que significan, lo cual, en cierta manera, nos devuelve al mar, al cabello y al grano de arena.

DEFINICIONES ANGULOSAS

También hay conceptos, como el de *ángulo*, cuyo significado en el lenguaje coloquial no acaba de coincidir con el geométrico, y esto puede provocar equívocos. Acostumbramos a relacionar un ángulo con una esquina, con un objeto puntiagudo o con la inclinación de una carretera. Pero ¿cuál es su definición matemática precisa? Para responder a esta pregunta debemos dibujar dos líneas rectas que partan de un mismo punto y que a partir de allí se extiendan hasta el infinito, es decir, dos semirrectas. Al trazar dos semirrectas con el mismo origen, el plano queda dividido, automáticamente, en dos regiones ilimitadas, cada una de las cuales es un ángulo.

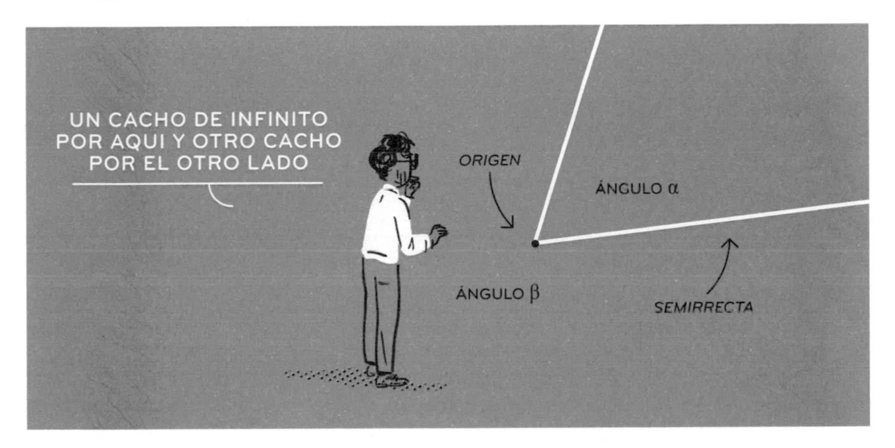

Por lo tanto, un ángulo es una parte del plano delimitada por dos semirrectas que tienen un origen común. Por su propia definición, un ángulo ocupa siempre una región infinita. Sin embargo, hay ángulos mayores y menores. Por ejemplo, en la imagen, el ángulo α es menor que el β, puesto que comprende una porción de plano menor. Si juntamos ambos ángulos, recuperamos el plano completo.

Según su apertura, los ángulos reciben distintos nombres. Para reconocerlos puedes utilizar un abanico *paipai*. Si está completamente cerrado, tendrás un ángulo nulo, que es como decir que no hay ninguno; si lo abres una cuarta parte, tendrás un ángulo recto; si lo abres hasta la mitad, se formará un ángulo llano, y si lo abres del todo, un ángulo completo. Déjame insistir en que, estrictamente, el ángulo no es solo la parte ocupada por el papel del abanico, sino que debes imaginar que sus brazos se extienden indefinidamente y que el ángulo es toda la porción del plano abarcada.

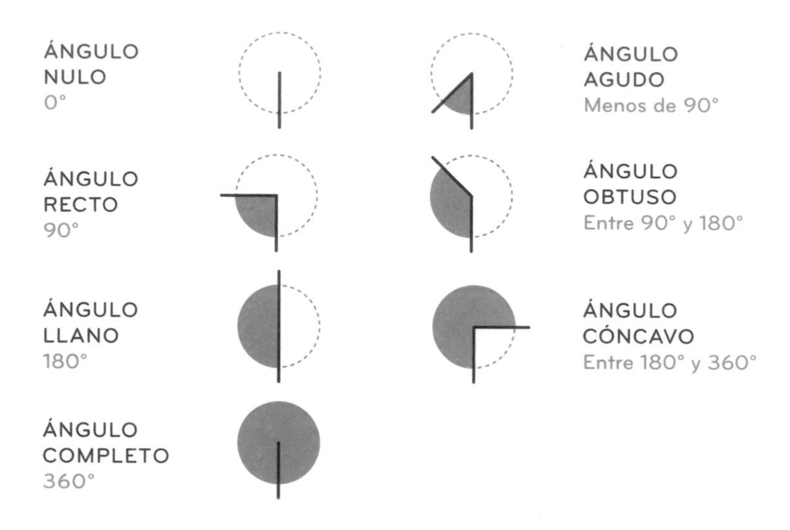

Por razones históricas, para medir los ángulos se utiliza el grado. El ángulo completo mide 360°. Eso significa que si lo dividimos en 360 partes y tomamos una de ellas, tendremos un ángulo de 1°. De esta manera podemos asignar un valor numérico y así *medir* cualquier otro ángulo. Un ángulo recto es la cuarta parte de un ángulo completo y, por lo tanto, mide 90°, y el ángulo llano, que es la mitad del completo y el doble del recto, mide 180°.

Una vez que sabemos qué es un ángulo, podemos hablar de otro concepto geométrico muy habitual en nuestra vida cotidiana: el de perpendicularidad. Las paredes de una habitación son perpendiculares al suelo; también lo son entre sí las calles y las avenidas de Manhattan o las aspas de un molino. Pero ¿qué quiere decir exactamente *perpendicular*? A menudo se da la siguiente definición: «Dos rectas son perpendiculares si forman entre sí cuatro ángulos de 90°». Esto no es incorrecto, pero requiere definir antes qué es un grado. Recuerda que las matemáticas son austeras y que intentan siempre utilizar solo lo estrictamente necesario. Por eso, podemos decir simplemente que dos rectas que forman cuatro ángulos iguales al cruzarse son perpendiculares.

DEFINIR ES CLASIFICAR

Una buena definición no solo sirve para entender mejor de qué estamos hablando, sino también para analizar las relaciones entre distintos conceptos, para establecer una jerarquía entre ellos y para reconocer similitudes y diferencias. En definitiva, nos ayuda a clasificar.

Por ejemplo, una porción finita de plano delimitada por una o más líneas es una *figura plana*. Si, además, todas esas líneas son segmentos rectos, la figura es un *polígono*. Es decir, todos los polígonos son figuras planas, pero no todas las figuras planas son polígonos. Los segmentos que delimitan un polígono son sus *lados* y los puntos donde dos lados se encuentran son los *vértices*.

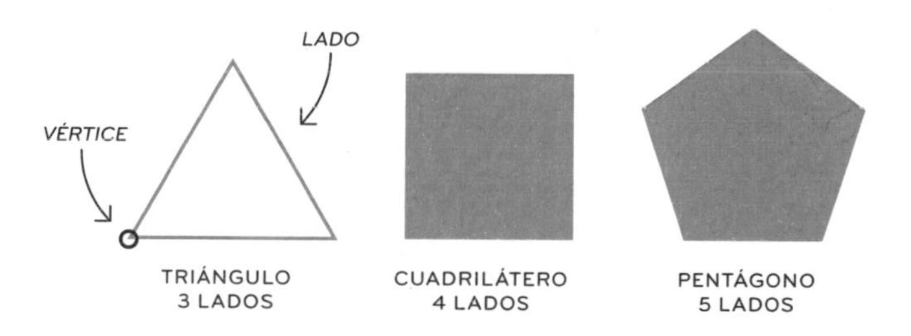

El número de lados (o el de vértices) se puede utilizar para clasificar los polígonos en distintos tipos: *triángulos*, con tres lados; *cuadriláteros*, con cuatro; *pentágonos*, con cinco, y así sucesivamente.

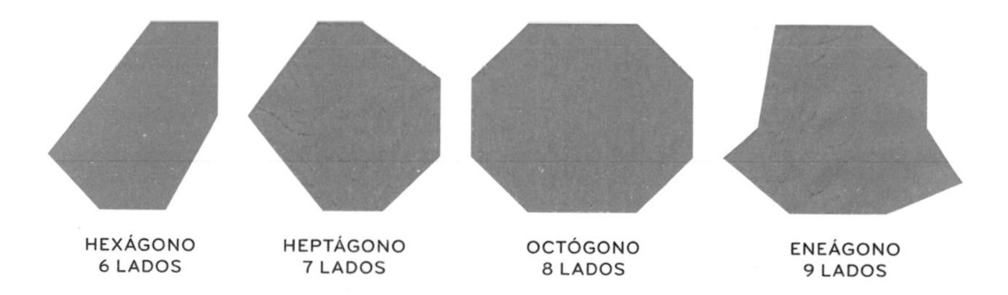

Cada una de estas categorías se puede dividir, a su vez, en otras más específicas según uno u otro criterio. Cuando queremos ordenar las piezas de un juego de construcciones, podemos decidir separarlas por colores o por formas; del mismo modo, organizaremos las figuras geométricas de una u otra manera según las propiedades geométricas en las que decidamos fijarnos. Por ejemplo, para clasificar los triángulos, podemos basarnos en la longitud de sus lados o en la amplitud de sus ángulos.

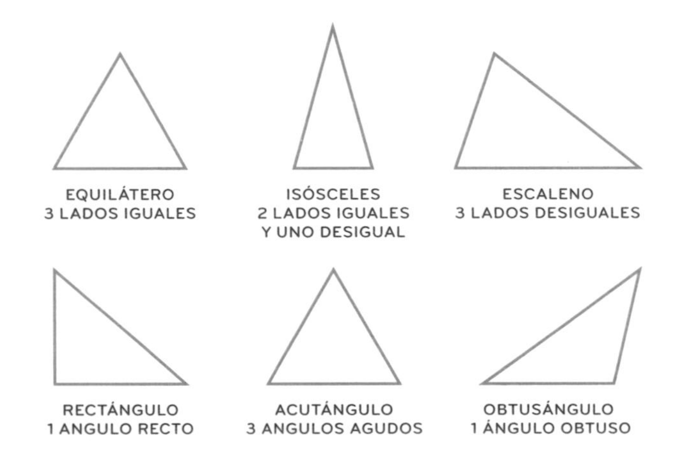

Estas clasificaciones son de tipo *exclusivo*, es decir, en cada una de ellas las categorías son mutuamente excluyentes: si un triángulo es equilátero, no puede ser también escaleno; y es imposible que un triángulo sea obtusángulo y acutángulo al mismo tiempo. Esto hace que las figuras queden distribuidas en compartimentos independientes.

«Doctor, tengo una crisis de identidad, a veces me siento isósceles y a veces rectángulo.»

Existen otros tipos de clasificaciones en que unas categorías no son más que casos particulares de las otras. Por ejemplo, si definimos un *rectángulo* simplemente como un polígono de cuatro lados con cuatro ángulos rectos, entonces un *cuadrado* es también un rectángulo, ya que se trata de *un polígono de cuatro lados con cuatro ángulos rectos*, que además tiene todos sus lados iguales. Es decir, cumple todo lo que se le pide al rectángulo y algo más, pero nada menos. Esta clasificación, que recuerda a una *matrioshka*, es de tipo *inclusivo*.

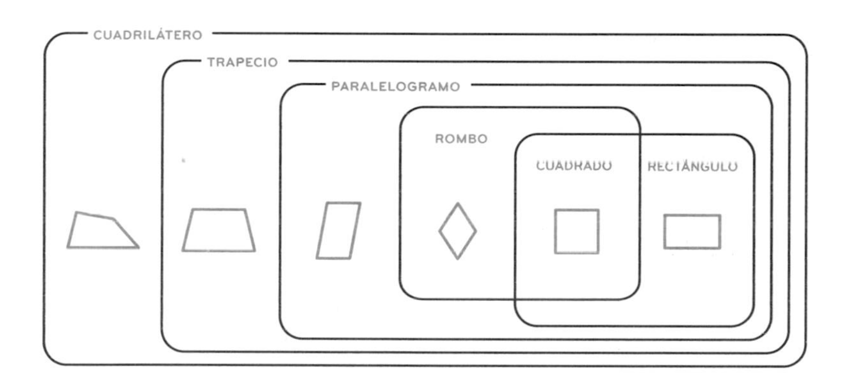

Quizá tu intuición esté protestando: «¿Cómo que un cuadrado es un tipo de rectángulo? Un cuadrado es un *ring* de boxeo o un tablero de ajedrez, mientras que un rectángulo es un campo de fútbol o de baloncesto. ¡Son cosas distintas!». Explícale que su indignación no está justificada, que lo único que hemos hecho ha sido aplicar fríamente las definiciones utilizadas. Sin embargo, si tan importante es para tu intuición colocar a los rectángulos y a los cuadrados en cajones separados, siempre podemos modificar ligeramente una de las definiciones y establecer que un rectángulo es *una figura de cuatro lados con cuatro ángulos rectos cuyos lados consecutivos no son iguales*. Eso *excluye* automáticamente al cuadrado. Ya ves que, en matemáticas, como en muchas otras actividades humanas, los conceptos no están exentos de ambigüedades y de arbitrariedades, por eso es importante definirlos de la manera más precisa posible.

«*Entrada reservada a rectángulos.*»

UN LADO, MUCHOS LADOS

Hemos hablado de figuras geométricas de tres o más lados, pero, ¿es posible dibujar una figura con menos lados? Por mucho que lo intentes, no conseguirás encerrar una región del plano con solo dos segmentos, y aún menos con uno solo, pero la cosa cambia si además de líneas rectas te permites utilizar también líneas curvas. Claro que, entonces, ya no hablaremos de polígonos, sino de *figuras curvas* o *mixtas*.

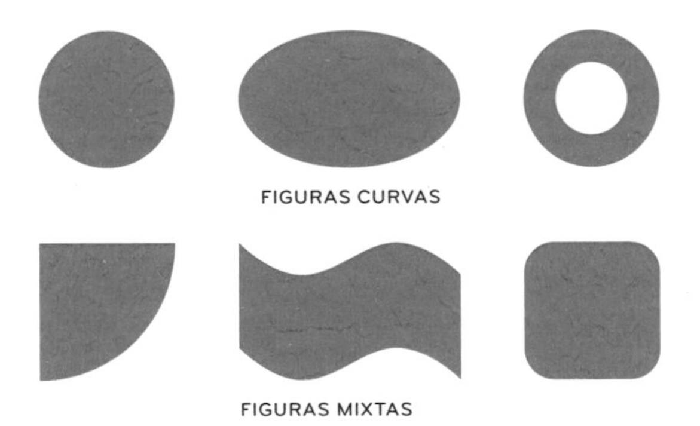

Los más famosos de estos objetos son el círculo y la línea que lo delimita, que es la circunferencia. Aunque más que como una línea, a mí me gusta pensar en la circunferencia como un lugar. Hay lugares reales, lugares imaginarios y luego están los lugares geométricos. Un lugar geométrico es un conjunto formado por todos los puntos que comparten una misma propiedad.

La circunferencia es una línea y, como tal, está formada por puntos. ¿Qué tienen en común todos ellos y nadie más que ellos? Pues que se encuentran todos a una misma distancia de otro punto llamado *centro de la circunferencia*. Cualquier segmento que una el centro de una circunferencia con uno de sus puntos se llama *radio*. Obviamente, todos los radios miden exactamente lo mismo.

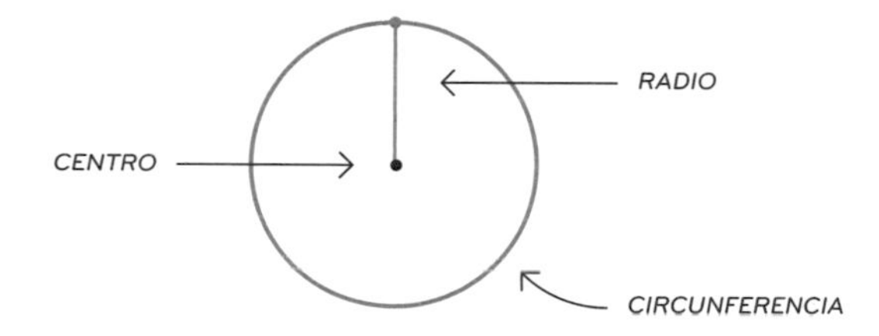

La circunferencia parece ser lo que andábamos buscando: una figura geométrica de un solo lado. Pero ¿qué pensarías si te dijera que, en realidad, no tiene uno sino infinitos lados?

Voy a intentar convencerte de ello. Si escoges dos puntos cualesquiera de una circunferencia y los unes con un segmento, habrás dibujado una *cuerda*. Si, además, da la casualidad de que has escogido dos puntos perfectamente opuestos, la cuerda pasará por el centro, medirá el doble que el radio y se llamará *diámetro*.

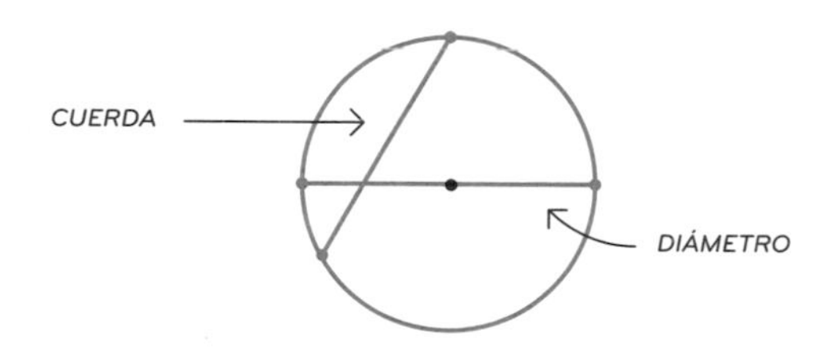

Ahora imagina que, en lugar de dos puntos, marcas tres puntos y los unes mediante tres segmentos consecutivos: verás aparecer un precioso triángulo, cuyos vértices son puntos de la circunferencia y cuyos lados son cuerdas. Cuando esto ocurre, decimos que el triángulo está *inscrito* en la circunferencia. Si en lugar de tres puntos marcas cuatro, obtendrás un cuadrilátero inscrito; con cinco puntos, un pentágono inscrito, y así sucesivamente.

A medida que va aumentando el número de lados del polígono inscrito, cada vez queda menos espacio entre este y la circunferencia. Es decir, el polígono cada vez se parece más a la circunferencia.

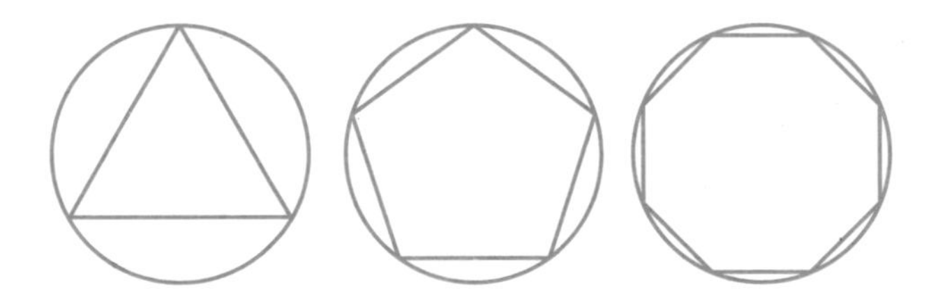

Si sigues aumentando el número de lados, llegará un momento en que te costará diferenciar ambas figuras: un polígono de cien lados te parecerá a todos los efectos una circunferencia. Sin embargo, si lo observas con lupa, detectarás que sigue habiendo una cierta diferencia entre ambas figuras. Entonces puedes pasar de cien lados a mil y luego a diez mil: la semejanza será cada vez mayor, pero seguirá sin ser total. Solo aumentando de forma indefinida el número de lados, conseguirías reproducir exactamente una circunferencia. Por eso, puedes imaginar que una circunferencia es un polígono de infinitos lados.

Esta es una idea bien conocida en *Planilandia*, el mundo geométrico imaginado por Edwin Abott Abott en su novela del mismo nombre. Los habitantes de Planilandia son figuras geométricas planas, divididas en clases sociales muy rígidas: los triángulos son la clase baja, los cuadrados y pentágonos, la clase media, y los polígonos de más lados, la clase alta. Por encima de todos ellos están los círculos, que ejercen de sacerdotes. A pesar de ser una sociedad tan jerárquica, de una generación a la siguiente se produce un ascenso social: los triángulos tienen hijos cuadrados, los cuadrados, pentágonos, y así sucesivamente. De esta manera es como van apareciendo polígonos con más y más lados. ¿Pero de dónde salen, entonces, los círculos?

En un momento de la historia, el narrador nos confiesa que en realidad los sacerdotes no son estrictamente círculos sino polígonos formados por centenares de lados. Y, tal y como acabamos de ver, eso hace que, a efectos prácticos, todo el mundo los considere figuras redondas.

ESPACIOLANDIA

En la segunda parte de *Planilandia*, el protagonista, que es un cuadrado, entra en contacto con seres de otros mundos geométricos, como el de *Espaciolandia*, el reino de las tres dimensiones. Allí habitan los *cuerpos sólidos*, objetos que tienen longitud, anchura y también profundidad. De ahí lo de las tres dimensiones. Sobre una línea solo tenemos un grado de libertad: adelante o atrás; sobre una superficie, tenemos dos: adelante o atrás e izquierda o derecha; y en el espacio tridimensional tenemos tres: adelante o atrás, izquierda o derecha y arriba o abajo.

Los objetos de distintas dimensiones están conectados entre sí: los límites de un segmento son puntos (objetos de cero dimensiones); los límites de una figura plana son líneas; y los límites de un sólido son superficies. Si esas superficies son polígonos, entonces el sólido es un *poliedro*. Los poliedros son como cajas de distintas formas que encierran una porción finita de espacio.

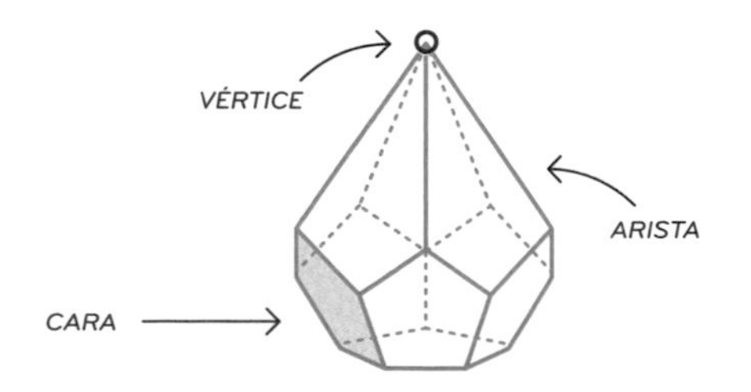

Así como los polígonos tienen vértices y lados, los poliedros tienen *vértices*, *aristas* —los lados de los polígonos que los delimitan— y *caras* —los propios polígonos—.

Uno de los poliedros más sencillos es el *cubo*, como el de un dado o el del *cubo* de Rubik: siempre con seis caras, que son cuadrados. Y si estiras un cubo, sus caras se convierten en rectángulos, con lo cual obtienes un *ortoedro*, como el de un brik de leche o el de una caja de zapatos. Ambos, el cubo y el ortoedro, son casos particulares de un tipo de poliedro más general: el *prisma*. La receta para construir un prisma es sencilla: escoge dos polígonos idénticos, colócalos paralelamente, uno encima del otro, y une cada vértice de uno con un vértice del otro.

Y si a un prisma le quitas una de sus bases y unes entre sí los extremos que han quedado sueltos, habrás construido tu propia pirámide.

De todas las pirámides hay una que destaca por su equilibrio y su perfección: se llama *tetraedro regular* y está formado por cuatro caras idénticas, todas ellas triángulos equiláteros. El tetraedro regular y el cubo pertenecen al selecto club de los *sólidos platónicos*: poliedros perfectos con todas sus caras, todas sus aristas y todos sus ángulos iguales.[1] Hay infinitos tipos de poliedros, pero solo existen cinco sólidos platónicos. Por eso desde la antigua Grecia estos cuerpos han suscitado un enorme interés. Platón, por ejemplo, los asoció con los elementos fundamentales que componían toda la materia según el pensamiento de la época.

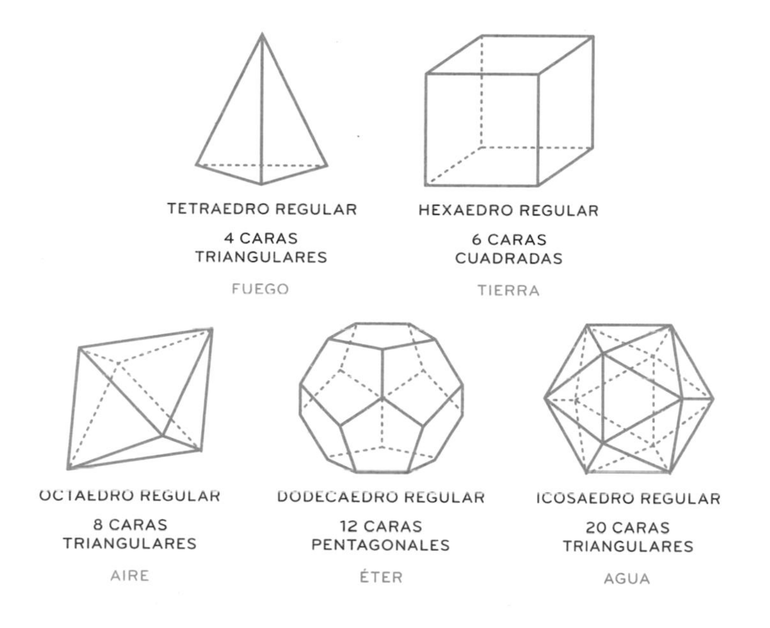

Aunque si hablamos de perfección, nada puede igualar a la *esfera*, la hermana tridimensional de la circunferencia, el lugar geométrico de todos los puntos del espacio que se encuentran a una misma distancia de otro punto llamado centro. La Tierra, los planetas y las estrellas tienen una forma casi esférica como consecuencia del hecho de que la gravedad tira igual en todas las direcciones.

---

1 Hay otros sólidos que también tienen todas sus caras, sus aristas y sus ángulos iguales y que presentan una forma estrellada. Se los conoce como *sólidos de Kepler*.

Ahora bien, la esfera no es un poliedro, no tiene aristas ni vértices ni caras poligonales. Para construirla, debes aplicar un procedimiento *revolucionario*: toma media circunferencia, hazla girar en torno a su diámetro a través de la tercera dimensión y asegúrate de que deja una estela tras de sí. Una vez hayas completado una vuelta, habrás dibujado una esfera. Puede que alguna vez hayas hecho algo parecido al desplegar una de esas bolas de papel que se utilizan para decorar una fiesta.

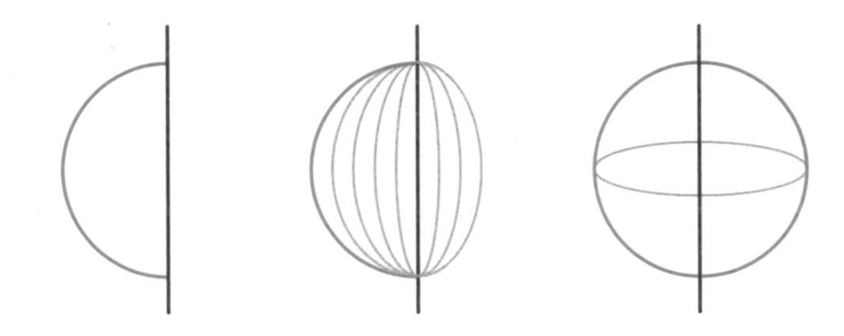

Esta misma operación se puede repetir con otras figuras planas: si haces girar un rectángulo, obtendrás un *cilindro*, como el de una tubería o el de un rollo de papel; si escoges un triángulo rectángulo, dibujarás un *cono*, como el cucurucho de un helado; y si tras comértelo sigues con hambre, coge una circunferencia y hazla girar en torno a una línea externa para así construir un *toro*, que es la forma que tiene una rosquilla.

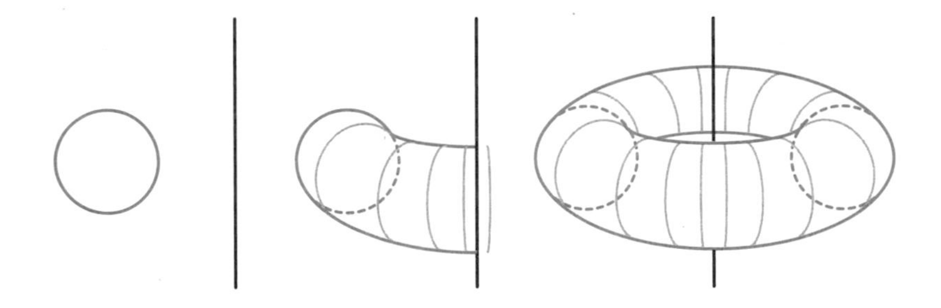

Todos estos cuerpos se llaman *sólidos de revolución*, puesto que, en matemáticas, *revolución* es sinónimo de *rotación*. Qué curiosas estas *revoluciones*, que acaban siempre en el punto de partida.

EXTRA DE DIMENSIONES

Si hemos pasado de dos dimensiones a tres, ¿por qué no intentar saltar a la cuarta dimensión? Es cierto que nos lo impide el hecho de que somos seres tridimensionales y no tenemos ninguna percepción de dimensiones adicionales. Sin embargo, este es un punto de vista bastante antropocéntrico: el universo no tiene por qué estar moldeado a imagen y semejanza del ser humano. De hecho, ya sabemos que no somos capaces de concebir distancias demasiado pequeñas ni demasiado grandes; ni de ver las radiaciones infrarrojas o ultravioletas que nos rodean; así que quizá sí exista una cuarta dimensión en el universo, solo que nosotros no somos capaces (todavía) de percibirla.

¿Cómo podría ser una figura tetradimensional? Vamos a imaginarla a través de una iteración, es decir, repitiendo una y otra vez el mismo procedimiento. Si partimos de un punto y lo movemos en una cierta dirección, obtenemos un segmento. Si arrastramos este segmento una misma distancia en dirección perpendicular, construimos un cuadrado, y si repetimos la operación en una dirección perpendicular a las dos anteriores, entonces llegamos al cubo.

Pues bien, ahora que hemos cogido carrerilla, no nos detengamos: si arrastramos el cubo en una hipotética cuarta dirección, perpendicular a las tres anteriores, tendremos un *hipercubo*, también conocido como *teseracto*. Un segmento está limitado por dos puntos, un cuadrado por cuatro segmentos y un cubo por seis cuadrados. Siguiendo esta secuencia, podemos deducir que un teseracto estará limitado por ocho cubos.

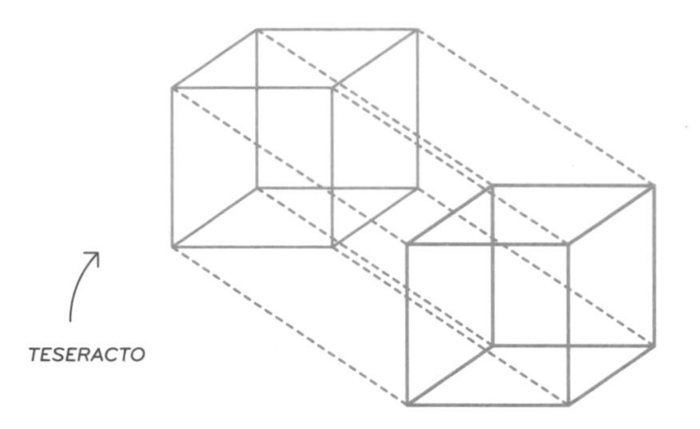

E incluso podemos ir más allá y afirmar que un hipercubo de cinco dimensiones estará limitado por diez teseractos, un hipercubo de seis dimensiones estará limitado por doce hipercubos de cinco dimensiones y así hasta que el vértigo se apodere de nosotros. Todos esos objetos suenan tan increíbles que no es de extrañar que aparezcan en las tramas de diversas películas de ciencia ficción. Como en una de las escenas finales de la película *Interstellar*, en que el protagonista, Cooper, atraviesa el horizonte de un agujero negro y se encuentra de repente inmerso en un teseracto, gracias al cual puede desplazarse adelante y atrás en el tiempo.

Más allá de especulaciones y de efectos especiales, actualmente la física teórica contempla con cierta naturalidad la existencia de dimensiones extra. Por un lado, la teoría de la relatividad de Albert Einstein implica la unificación del espacio y del tiempo en una única entidad cuatridimensional llamada *espaciotiempo*.[2] Pero, además, la famosa teoría de cuerdas, que pretende unificar la mecánica cuántica y la teoría einsteniana de la gravitación, predice un universo de once dimensiones, diez de espacio y una de tiempo. De ser eso cierto querría decir que, además de nuestra longitud, anchura y grosor, así como del tiempo, existen siete grados de libertad más, de los cuales no tenemos ninguna noticia. ¿Cómo podría ser eso cierto?

2 De hecho, esta síntesis la llevó a cabo el matemático alemán Hermann Minkowski, que había sido profesor del propio Einstein.

Una manera de conciliar la existencia de dimensiones extra con la ausencia de percepción de ellas por nuestra parte consiste en suponer que dichas dimensiones son diferentes de las ordinarias: en lugar de extenderse de manera indefinida, podrían estar enrolladas en círculos extremadamente pequeños. Sin duda, se trata de una solución imaginativa, pero para que una hipótesis pueda considerarse científica, debe proponer también alguna manera de comprobar si es falsa. ¿De qué manera podríamos llegar a detectar esas otras dimensiones si aparentemente resultan tan inaccesibles?

De nuevo, podemos encontrar alguna pista en las aventuras de nuestro amigo cuadrado de *Planilandia*. En efecto, cierta noche, mientras se encuentra charlando con su esposa en el salón de su casa, se le aparece una criatura inesperada: se trata de un pequeño círculo que se va haciendo más y más grande hasta llegar a un tamaño máximo. El desconocido dice que es una esfera procedente de *Espaciolandia*, pero que como *Planilandia* solo consta de dos dimensiones, lo único que pueden ver sus habitantes son los cortes que su cuerpo genera sobre el plano a medida que lo va cruzando. Para demostrárselo, decide elevarse y entonces el círculo vuelve a hacerse más y más pequeño, hasta convertirse en un punto antes de desaparecer por completo.

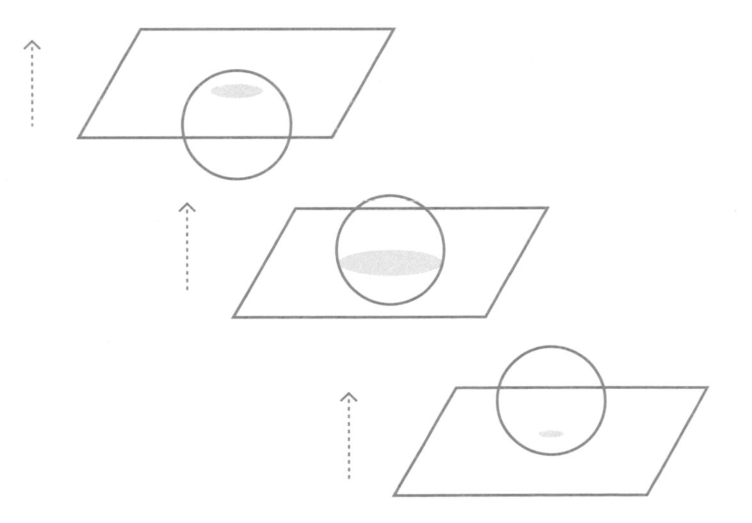

Igual que los habitantes de *Planilandia* perciben la existencia de la esfera de una manera muy distinta a como lo hacemos los seres tridimensionales, quizás algún día también nosotros nos topemos con algún fenómeno aparentemente inexplicable que, en realidad, sea una manifestación indirecta de la existencia de otras dimensiones.

Buscar patrones y regularidades en la naturaleza es una vía para comprenderla y para gobernarla. Por alguna razón, imaginar que existe un cierto orden en el universo nos resulta reconfortante y nos ayuda a darle sentido a la existencia. Sin embargo, la búsqueda de la belleza a toda costa es un ejercicio que puede llegar a emborracharnos.

Así lo sugiere, por ejemplo, la física teórica Sabine Hossenfelder en su libro *Perdidos en las matemáticas*. Según la investigadora alemana, durante el siglo XX la física se extravió siguiendo los cantos de sirena de la belleza matemática, y los datos y la experimentación se han visto sustituidos por la simplicidad y la simetría como criterios para validar una teoría.

Cabe decir que no es la primera vez que sucede algo así en la historia de la ciencia: durante quince siglos se creyó que el universo estaba formado por esferas perfectas, hechas de un éter incorruptible, que giraban eternamente alrededor de la Tierra. Pero Galileo apuntó su telescopio hacia el firmamento y vio que la Luna tenía una superficie irregular, que el Sol tenía manchas y que había cuatro satélites girando alrededor de Júpiter, y entonces todo el sistema acabó por desmoronarse. El aumento de rigor en el conocimiento provocó que la imagen del universo perdiera cierta belleza.

Por ello, las gafas de realidad aumentada geométrica de las que hablábamos al principio son un artilugio que debes utilizar con prudencia.

Puedes dedicarte a reconocer formas y patrones en tu entorno durante horas, no hay nada malo en ello, pero, al mismo tiempo, debes plantearte siempre cuáles son los límites de esas abstracciones. No vaya a ser que te conviertas en aquel hijo de Poseidón, Procusto, que estiraba y descuartizaba a sus huéspedes mientras dormían para que se ajustaran por completo a la rígida forma del lecho de hierro donde yacían.

CAPÍTULO

13

ELEMENTAL, QUERIDO EUCLIDES

Razonar y demostrar son dos de las principales habilidades que las matemáticas ayudan a desarrollar.

— CON LA PRESENCIA DE —

HIPATIA

MARX

PLATÓN

EN ESTE CAPÍTULO:

- Estructuraremos el conocimiento geométrico a base de definiciones, postulados y teoremas.
- Disfrutaremos de los pasos de una demostración matemática.
- Nos aventuraremos en las geometrías no euclidianas que fundamentan la física moderna.

•

Aprender a razonar: ese es uno de los argumentos que se acostumbra a poner sobre la mesa para justificar que el aprendizaje de las matemáticas tenga tanto peso en los currículums educativos. La idea se remonta a la época de Platón, quien decidió incluir los estudios matemáticos en su Academia para ejercitar el pensamiento antes de iniciarse en el estudio de la filosofía. Podríamos discutir largo y tendido sobre si lo aprendido en matemáticas tiene realmente un impacto en otras áreas del conocimiento, pero es cierto que en el trabajo matemático se ponen en juego distintas habilidades de razonamiento, como la deducción, la justificación, la abstracción o la generalización.

Hablar de matemáticas en la antigua Grecia nos lleva a pensar inmediatamente en diversos nombres memorables como el de Hipatia o el de Pitágoras. Sin embargo, quien probablemente contribuyó de manera más decisiva al sueño platónico de sistematizar la enseñanza de las matemáticas fue Euclides de Alejandría. Su trabajo no consistió tanto en realizar nuevos descubrimientos, sino en recopilar y organizar el conocimiento matemático existente. Su principal obra, los *Elementos*, puede considerarse el libro de texto más exitoso de la historia. Ciertamente, la figura de Euclides no es la del investigador intrépido que se adentra en lo desconocido para ampliar las fronteras del saber, sino más bien la del que dibuja el mapa de esos nuevos territorios y traza caminos que los conecten con los ya conocidos. Una tarea puede parecerte más atractiva que la otra, pero solo juntas tienen sentido.

Los trece libros de los *Elementos* reflejan a la perfección el espíritu de las matemáticas: asumir unos pocos principios, los mínimos indispensables, y deducir, a partir de ellos, el máximo número de consecuencias y de casos particulares. Euclides parte de una serie de *definiciones* y de diez afirmaciones que se suponen ciertas sin demostrarlas: los *postulados* y los *axiomas*. A partir de estos fundamentos construye un gigantesco edificio de *teoremas*, en que cada nuevo piso se encuentra sólidamente asentado sobre los anteriores y todo encaja como las piezas de un monumental rompecabezas. Así que, sin más dilación, te invito a que experimentes en primera persona el placer de deducir.

INSTRUCCIONES

Cuando te regalan un nuevo juego y lo desempaquetas, enseguida buscas el manual de instrucciones para aprender a jugar. Allí, lo primero que encuentras es una lista con el contenido de la caja: fichas, cartas, tableros, etc. Los *Elementos* de Euclides también empiezan definiendo los objetos con los que se construye la geometría:

Hay veintitrés definiciones en el primer libro, y unas cuantas más en los otros, hasta superar ampliamente el centenar.

A continuación, como si de las reglas de un juego se tratase, Euclides introduce diez principios que hay que asumir si uno quiere *jugar* a su geometría. Por un lado, los cinco axiomas, también llamados *nociones comunes*, que, como su nombre indica, son afirmaciones propias del sentido común, cuya validez se extiende más allá del ámbito de las matemáticas.

AXIOMAS

I

Dos cosas que son iguales a una tercera
son iguales entre sí.

II

Si a cosas iguales se añaden cosas iguales,
los totales son iguales también.

III

Si a cosas iguales se quitan cosas iguales,
los restos son iguales también.

IV

Las cosas que coinciden entre sí
son iguales entre sí.

V

El todo es mayor que la parte.

Por otro lado, los cinco postulados, que también son una serie de afirmaciones que se suponen ciertas sin necesidad de demostración pero que se refieren más específicamente a conceptos de tipo geométrico.

POSTULADOS

I

Por dos puntos cualesquiera
siempre es posible trazar una recta.

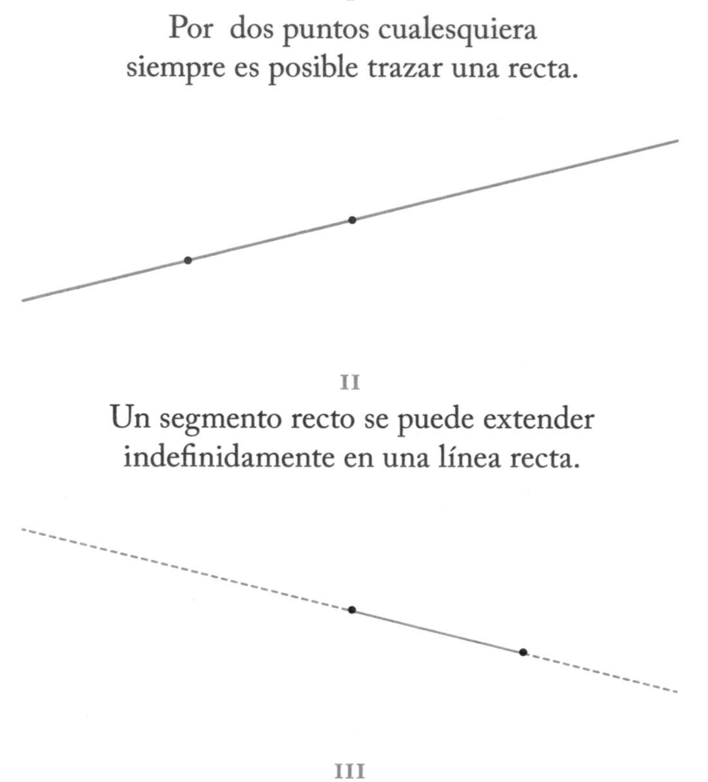

II

Un segmento recto se puede extender
indefinidamente en una línea recta.

III

Es posible trazar una circunferencia
a partir de cualquier centro y de
cualquier radio.

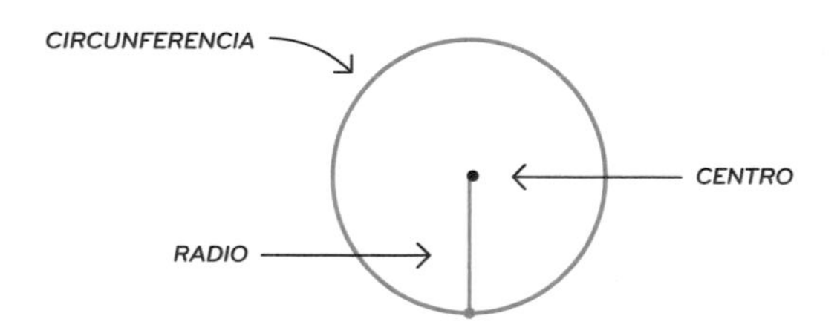

IV

Todos los ángulos rectos
son iguales entre sí.

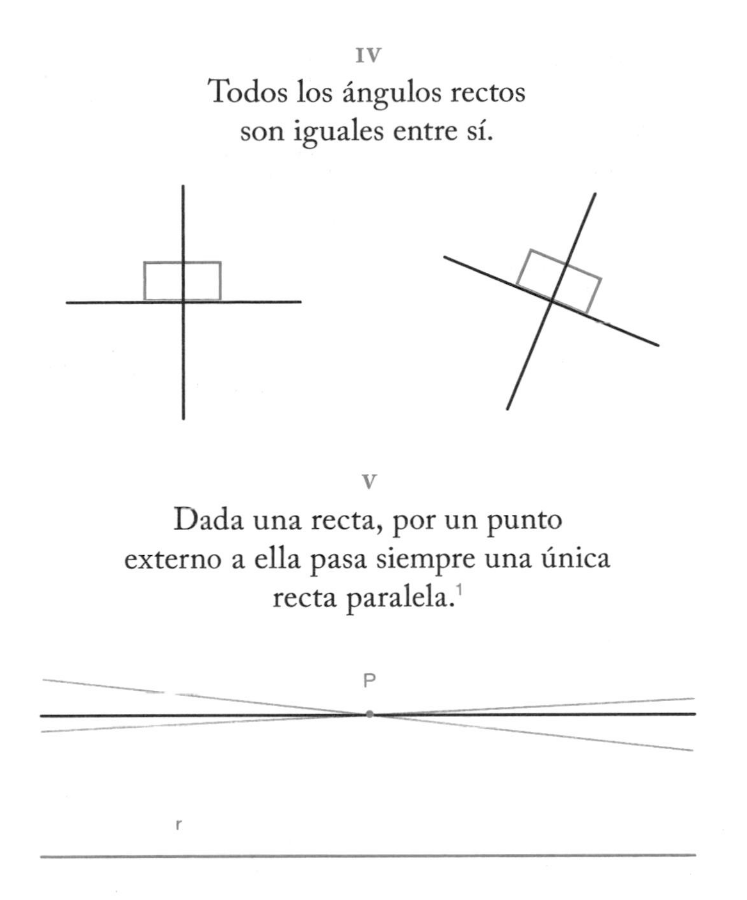

V

Dada una recta, por un punto
externo a ella pasa siempre una única
recta paralela.[1]

Para hacer que todas estas afirmaciones resulten más tangibles, puedes representarlas sobre una hoja de papel: escoge el centro y el radio que prefieras y traza la circunferencia correspondiente; dibuja dos pares de rectas perpendiculares, recorta sus ángulos y comprueba que todos ellos son iguales; o escoge una recta cualquiera e intenta trazar más de una recta paralela a través de un punto externo hasta que, por fin, decidas lanzar la toalla.

---

1 En realidad, la formulación original del quinto postulado de los *Elementos* era algo más enrevesada que la que damos aquí, pero matemáticamente equivalente.

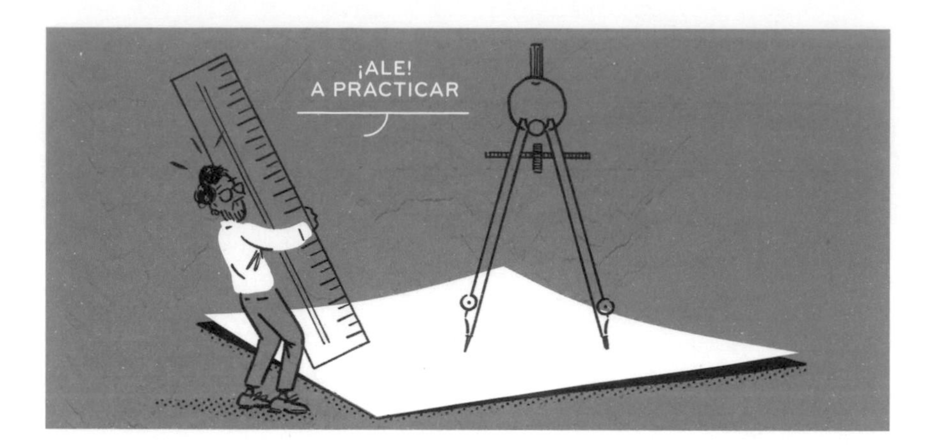

A DEDUCIR

Una vez establecidas las reglas del juego, arranca el cuerpo central de los *Elementos*: las *proposiciones*. Muchas de ellas son *teoremas*, es decir, afirmaciones sobre las propiedades de las figuras geométricas y sobre sus relaciones que se pueden demostrar a partir de los axiomas y de los postulados o a partir de otros teoremas previamente probados. Para entender su funcionamiento, vamos a empezar con un teorema bastante sencillo e intuitivo.

Teorema

Si dos rectas se cruzan y forman cuatro ángulos, entonces cualquier pareja de *ángulos consecutivos* —es decir, que compartan un lado— equivale a dos ángulos rectos.

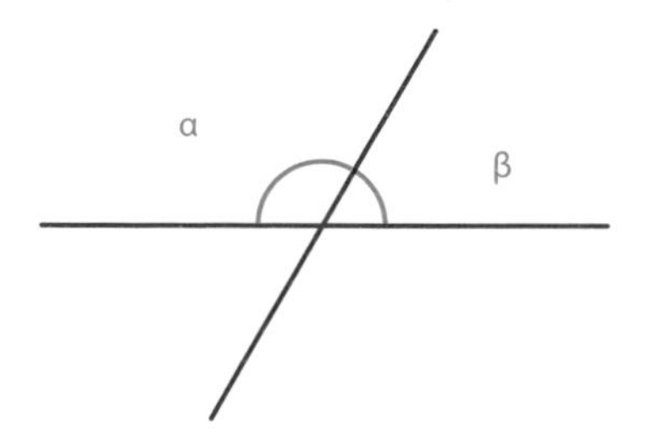

Antes de ponernos a demostrar nada, analicemos un momento la estructura de esta proposición. Consta de dos partes: el *si* y el *entonces*, es decir, una suposición y una consecuencia. A la suposición se la llama *hipótesis*, mientras que la consecuencia es la *tesis* del teorema.

Hipótesis

Dos rectas se cruzan y forman cuatro ángulos.

Tesis

Dos ángulos consecutivos, por ejemplo, α y β, equivalen a dos ángulos rectos.

Una *demostración* consiste en conectar la hipótesis con la tesis, esto es, en deducir la segunda a partir de la primera mediante argumentos lógicos y matemáticos.

Demostración[2]

- Dibujamos un par de rectas perpendiculares, es decir, que formen cuatro ángulos rectos.
- Superponemos estas rectas a las dos rectas iniciales.
- Entonces, observamos que el ángulo formado conjuntamente por α y por β coincide con el formado por dos ángulos rectos. El cuarto axioma de Euclides nos dice precisamente que «las cosas que coinciden entre sí son iguales entre sí».
- Eso significa que los ángulos α y β equivalen, conjuntamente, a dos ángulos rectos, tal y como queríamos demostrar.

---

2 Esta no es la forma en que lo demuestra Euclides en su libro.

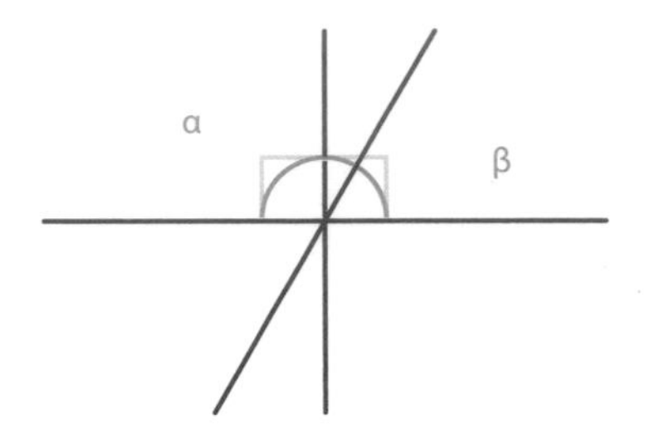

Como ves, no nos ha hecho falta nada más que las definiciones y los axiomas de Euclides. Al ángulo que es igual a dos ángulos rectos se le llama ángulo llano. Un ángulo recto mide 90° y un ángulo llano, 180°. Por eso, en general, el teorema anterior se expresa diciendo simplemente que, al cortarse dos rectas, las parejas de ángulos consecutivos que se forman suman siempre 180°.

DE TEOREMA A TEOREMA Y DEMUESTRO PORQUE ME TOCA

En la intersección entre dos rectas, no todos los ángulos que se forman son consecutivos entre sí: hay dos parejas de ángulos que no comparten ningún lado y que se llaman *ángulos opuestos por el vértice*. El ángulo α y el ángulo δ son opuestos por el vértice, igual que el ángulo β y el ángulo γ.

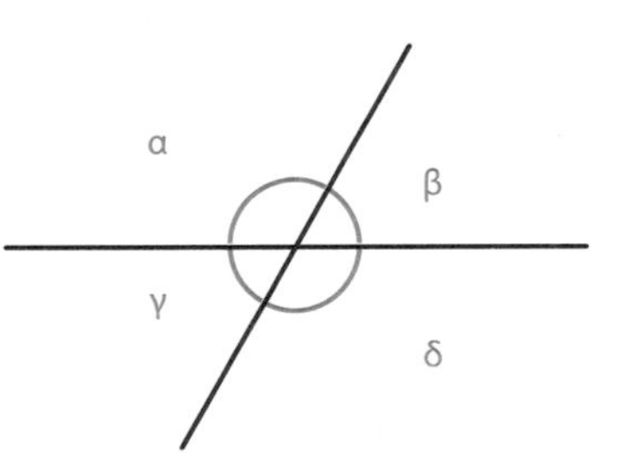

A simple vista, parece bastante claro que los ángulos opuestos por el vértice deben ser iguales. Sin embargo, entre los axiomas y postulados de Euclides no hay ninguno que diga *si algo parece cierto a simple vista, significa que es cierto.* Las afirmaciones matemáticas pueden partir de una intuición, pero luego hay que demostrarlas. Y eso es precisamente lo que vamos a hacer a continuación.

Teorema

Si dos rectas se cruzan y forman cuatro ángulos, entonces los ángulos opuestos por el vértice son iguales entre sí.

Hipótesis

Dos rectas se cruzan y forman cuatro ángulos.

Tesis

Los ángulos opuestos por el vértice, por ejemplo α y δ, son iguales.

Demostración

- Por el teorema que hemos demostrado previamente, sabemos que α y β suman 180°, puesto que son ángulos consecutivos.
- Por la misma razón, también suman 180° los ángulos β y δ.
- Por lo tanto, ambas parejas de ángulos suman lo mismo:

$$\alpha + \beta = \beta + \delta$$

- Tal y como nos dice el tercer axioma de Euclides, *si a cosas iguales se quitan cosas iguales, los restos son iguales también*. Así que, si de ambas sumas quitamos el ángulo β, llegamos al resultado que queríamos demostrar:

$$\alpha = \delta$$

Dicho de otra manera, α y δ deben ser iguales entre sí porque al sumarles el mismo ángulo, β, obtenemos el mismo resultado: un ángulo que mide 180°.

Fíjate en que, en este caso, no solo hemos apelado a las reglas fundamentales de la geometría —definiciones, axiomas y postulados—, sino también a otro teorema demostrado previamente. Es algo parecido a lo que sucede en muchas series manga, en las que, cuando el protagonista consigue derrotar a un enemigo, este último se convierte en un nuevo aliado que también aporta sus poderes a la causa. De la misma manera, cada vez que probamos un nuevo teorema, lo que este afirma pasa a engrosar la lista de los recursos a nuestra disposición para las siguientes demostraciones.

ESTO ES ABSURDO

En ocasiones, la mejor manera de demostrar que una afirmación es cierta consiste en demostrar que la afirmación contraria debe ser falsa. Es lo que se conoce como *reducción al absurdo*. Veamos cómo funciona este tipo de razonamiento aplicándolo a otro teorema.

Teorema

Si dos rectas son paralelas a una tercera recta, entonces deben ser paralelas entre sí.

r

s

t

Hipótesis

Las rectas r y s son paralelas a la recta t.

Tesis

Las rectas r y s son paralelas entre sí.

Demostración

En este caso la estrategia consiste en probar que, si la tesis no se cumple, es imposible que la hipótesis sea cierta. Si las rectas r y s no fueran paralelas entre sí, deberían tener por fuerza algún punto en común. De ser eso cierto, por dicho punto pasarían dos rectas distintas paralelas a la recta t, ya que, según la hipótesis, tanto r como s son paralelas a t. Sin embargo, eso es imposible porque el V postulado de Euclides afirma que por un punto pasa una única recta paralela a otra. Es decir, que si r y s no son paralelas entre sí, entonces no pueden ser ambas paralelas a t. Y, por lo tanto, la única manera de que se cumpla la hipótesis es que r y s sean paralelas entre sí, tal y como queríamos demostrar.

El método de reducción al absurdo se puede resumir diciendo que demostrar que A implica a B es equivalente a demostrar que, si no se cumple B, tampoco se cumple A.

GEOMETRÍAS (NO) PARALELAS

Así es como se edifica la geometría clásica, con pocos principios y múltiples posibilidades. Pero como diría el mismísimo Groucho Marx...

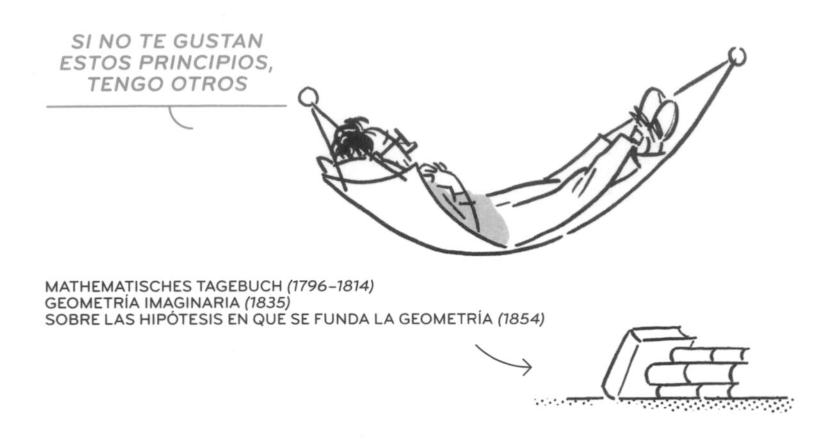

Durante los siglos XIX y XX, matemáticos como Carl Friedrich Gauss, Nikolái Lobachevski o Bernhard Riemann demostraron que es posible desarrollar geometrías alternativas si se modifican algunas de las reglas del juego, como, por ejemplo, el quinto postulado de Euclides, que acabamos de invocar en la última demostración.

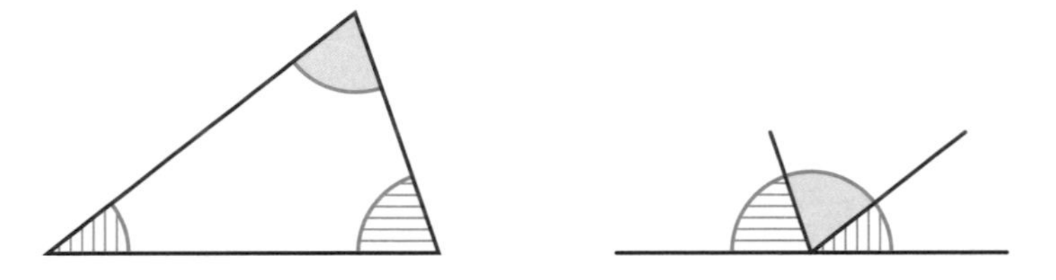

El V postulado parte de una concepción implícita del plano geométrico como una especie de hoja de papel infinita. Si cambiamos ese terreno de juego por una superficie curvada, como la de una esfera, estaremos definiendo un nuevo tipo de geometría. Esto, de entrada, nos obliga a redefinir algunos conceptos como, por ejemplo, el de línea recta.

Sobre una esfera no es posible trazar líneas rectas como las del papel, ya que cualquier línea se curva junto con la superficie. No obstante, es posible generalizar el concepto para poder aplicarlo también a una esfera. Algo que caracteriza a las rectas de un plano es que son las líneas más cortas entre cualquier pareja de puntos que escojamos. Pues bien, sobre una superficie curvada, también existen líneas de longitud mínima, que reciben el nombre de *geodésicas.* Las geodésicas de una esfera son sus meridianos: círculos cuyo centro coincide con el centro de la esfera.

Una vez que aceptamos esta definición, automáticamente deja de cumplirse el V postulado de Euclides: dada una geodésica —un meridiano—, por un punto externo a ella es imposible trazar otra geodésica que no se cruce con ella. Por lo tanto, el V postulado de una geometría esférica establece que *por un punto externo a una geodésica no pasa ninguna geodésica que no se corte con la primera.* Por supuesto, al cambiar este principio básico, también se modifican las consecuencias que de él se derivan.

Por ejemplo, uno de los teoremas que se desprenden del V postulado de Euclides es aquel que afirma que los ángulos internos de cualquier triángulo suman siempre 180°. De nuevo, esto es algo que puedes comprobar directamente si dibujas un triángulo cualquiera, recortas sus ángulos y los colocas uno a continuación del otro.

Sin embargo, esta afirmación deja de ser cierta en una geometría definida sobre una superficie no plana. En particular, al dibujar un triángulo sobre una esfera, la suma de sus ángulos internos supera siempre los 180°.

También podríamos modificar el V postulado de manera opuesta y establecer que *dada una geodésica, por un punto externo a ella se pueden trazar infinitas geodésicas que no se crucen con la primera.* Entonces ya no estaremos moviéndonos sobre una esfera, sino sobre algo que se parece a una silla de montar. Aquí los ángulos de un triángulo suman menos de 180°. Esta nueva geometría se llama geometría hiperbólica.

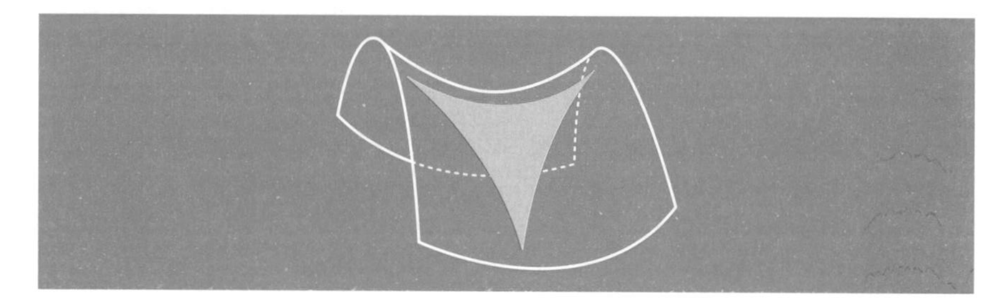

Estas geometrías *no euclidianas* son la base de la teoría de la relatividad general de Albert Einstein, según la cual la gravedad en realidad no es una fuerza, sino una manifestación de la curvatura del *espaciotiempo*. Los planetas no describen órbitas alrededor del Sol porque se sientan atraídos por este, sino porque se mueven siguiendo las geodésicas de un espacio que se curva ante la presencia de nuestra estrella. Fíjate hasta dónde podemos llegar modificando una sola regla de un juego.

46

¿Hace falta conocer las demostraciones de todos los resultados matemáticos para poderlos aplicar? Por supuesto que no. Igual que no es necesario saber cómo funcionan una cámara fotográfica o un ordenador para utilizarlos. Es cierto que eso nos convierte en personas menos autónomas, pero quizá sea el precio a pagar para vivir en un mundo tan hiperespecializado como el nuestro.

Sin embargo, si dedicamos algo de esfuerzo a entender cómo funciona un aparato por dentro, aprenderemos muchas cosas sobre electrónica, sobre materiales, sobre la luz o sobre otros fenómenos físicos. Todo ello nos hará más conscientes de la tecnología que nos rodea y nos ayudará a conformar una imagen más completa de las leyes de la naturaleza y de cómo intentamos gobernarlas.

Lo mismo ocurre si nos esforzamos por demostrar determinados resultados matemáticos en lugar de limitarnos a utilizarlos. Esto hace que nuestro conocimiento se vuelva más sólido y profundo, y nos ayuda a desarrollar nuestra capacidad de razonamiento. Creo que este es uno de los aspectos que da sentido al aprendizaje generalizado de las matemáticas.

Pero, probablemente, el mayor beneficio que podemos obtener de la comprensión de un teorema matemático sea el mero placer intelectual, ya que algunas demostraciones son auténticos poemas del pensamiento.

Por eso, igual que en literatura tiene poco sentido leer un texto tras otro de forma apresurada y superficial, en geometría, antes de atiborrarte con una gran cantidad de teoremas, es preferible que empieces con unos pocos, que entiendas la lógica de sus demostraciones y que disfrutes viendo cómo las piezas van encajando hasta conformar el cuadro final. Ya tendrás tiempo de seguir investigando libremente una vez que te hayas iniciado en el matemático arte de la demostración.

CAPÍTULO

14

EL ARTE DE LA TRANSFORMACIÓN

La creación artística se sirve a menudo de los conocimientos geométricos, pero la geometría es en sí misma una forma de arte.

— CON LA PRESENCIA DE —

KANDINSKY

BRUNELLESCHI

ESCHER

EN ESTE CAPÍTULO:

- Descubriremos que la geometría puede ser fuente de inspiración para la creación artística.
- Analizaremos el papel de las simetrías en nuestro conocimiento actual del universo.
- Mediremos perímetros, áreas y volúmenes.
- Transformaremos unas figuras geométricas en otras para relacionar sus propiedades.

Hace siglos que geometría y arte mantienen una relación promiscua y fecunda. Lejos de lo que el tópico podría hacer creer, la mirada matemática no solo no mata la creatividad, sino que sirve de estímulo y de inspiración para la creación artística. Uno de los ejemplos más evidentes de esta influencia son las composiciones abstractas del pintor Vasili Kandinsky, formadas por círculos, cuadrados y triángulos y por líneas de todo tipo, que añaden dinamismo al conjunto. Para el artista ruso-francés la representación de figuras geométricas, junto con el uso del color, representa la vía más apropiada para dotar a la obra de arte de una función espiritual. En sus libros, teoriza sobre los efectos psicológicos que cada una de estas figuras tiene sobre quien contempla la obra: el triángulo es cálido, dinámico y transmite cierta inquietud; en cambio, el círculo es frío y lejano, pero evoca serenidad.

Si retrocedemos en el tiempo hasta los albores del Renacimiento, comprobaremos que el conocimiento geométrico puede llegar a actuar como el auténtico detonante de una revolución artística. A principios del siglo XV, el renovado interés por las cuestiones humanas y las necesidades prácticas derivadas de la efervescencia económica y cultural hicieron que fuera urgente encontrar un sistema para representar el espacio de manera verosímil. Pintores como Giotto o Ambrogio Lorenzetti ya habían realizado algunos esfuerzos por dotar de profundidad a sus pinturas, pero la suya era, todavía, una aproximación intuitiva e imprecisa. El salto de calidad vendría de la mano de Filippo Brunelleschi, uno de los pioneros del Renacimiento florentino y, quizás, el primer arquitecto moderno. Gracias a sus conocimientos matemáticos y a una serie de experimentos ópticos, Brunelleschi desarrolló un procedimiento sistemático para representar los edificios en perspectiva, basado en rectas, planos y conos que se intersecaban. Había nacido una nueva ciencia de la representación con la que el espacio tridimensional podía acomodarse, por fin, sobre la superficie plana del lienzo.

Sin embargo, para encontrar un encaje aún más esencial entre arte y geometría, debemos abandonar Florencia y desplazarnos hasta la Alhambra de Granada, cuyos mosaicos constituyen una de las cumbres del arte hispanomusulmán. La proliferación de estas producciones artísticas se debe, fundamentalmente, a motivos religiosos. El Corán prohíbe la representación icónica de la divinidad, la cual se identifica, simbólicamente, con el número uno y la singularidad; en cambio, esos mosaicos se caracterizan, precisamente, por el hecho de no tener ningún punto singular que destaque sobre el resto.

MOSAICO DE LA ALHAMBRA

Se trata de auténticos poemas matemáticos, desarrollados de manera más o menos empírica, y cuya estructura geométrica no se comprendió por completo hasta siglos más tarde, en 1891, cuando el matemático ruso Yevgraf Fiódorov demostró que todos ellos se pueden clasificar en diecisiete tipos distintos. Y lo más sorprendente es que esos diecisiete tipos coinciden exactamente con las diecisiete maneras en que los átomos que forman la materia se pueden organizar en un cristal plano. Una preciosa conjunción entre naturaleza, arte y matemáticas que, unos años después, aprovecharía el neerlandés Maurits Cornelis Escher para elaborar sus sugerentes y desconcertantes mosaicos a base de animales o de figuras humanas.

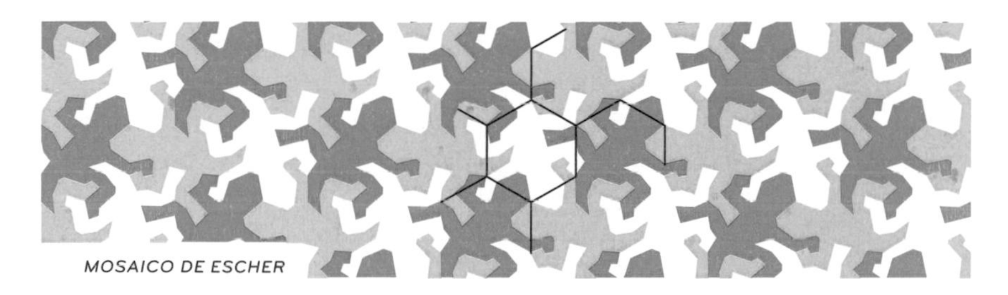
MOSAICO DE ESCHER

Para comprender por completo y disfrutar más plenamente de estas joyas artísticas y matemáticas deberás adentrarte conmigo en el mundo de la simetría y de las transformaciones geométricas.

RECUBRIENDO EL PLANO

Elaborar un mosaico es algo que quizás hayas hecho alguna vez durante tu infancia. Básicamente consiste en rellenar una superficie —un suelo, una pared, etc.— con pequeñas piezas de piedra, de cerámica o de vidrio, llamadas *teselas*, sin dejar espacios entre ellas y de manera que toda el área disponible quede recubierta. Los antiguos mosaicos griegos y romanos solían estar formados por piezas de formas más o menos rectangulares pero irregulares, similares entre sí pero no idénticas, y a menudo estaban recortadas o inclinadas para ajustarse debidamente al dibujo. Estas irregularidades no impiden que se trate de obras de una extraordinaria belleza.

Sin embargo, el reto matemático surge cuando se quiere dotar a los mosaicos de una estructura más ordenada; por ejemplo, si el objetivo es recubrir la superficie usando siempre una misma figura. En geometría, los modos de recubrir un plano siguiendo un determinado patrón se llaman *teselados* y, cuando se usan únicamente figuras de un mismo tipo y que además tengan todos sus lados y todos sus ángulos iguales, hablamos de *teselados regulares*.

Solo hay tres maneras de conseguir un teselado regular: la solución más obvia es utilizar cuadrados, como sucede en muchos suelos embaldosados; pero también se pueden emplear triángulos equiláteros o hexágonos regulares. Esta última es la opción preferida de las abejas a la hora de construir sus panales.[1]

El hecho de que no haya otras posibilidades no es casual: para poder rellenar una superficie con una misma figura sin que queden espacios vacíos, es necesario que en cada vértice del teselado los ángulos de los polígonos que allí convergen sumen 360°. Si usamos cuadrados, en cada vértice se encuentran cuatro de ellos,

---

1 En realidad, las abejas forman celdas circulares que, al compactarse y juntarse entre sí, adquieren su característica forma hexagonal.

y cada uno tiene ángulos de 90°, que es precisamente la cuarta parte de 360°.

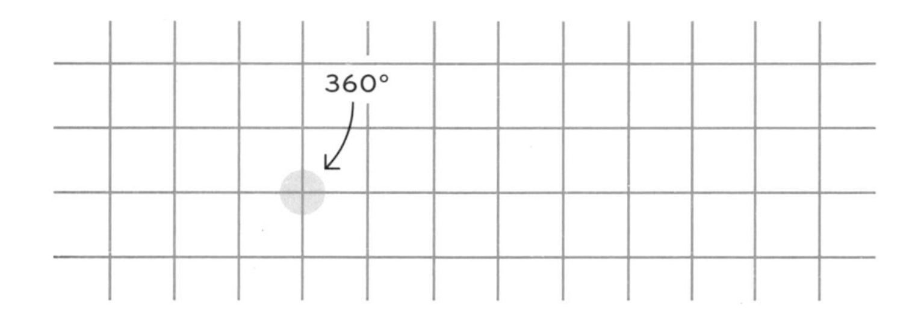

En el caso de los triángulos equiláteros, en cada vértice convergen 6 ángulos de 60° y, en el de los hexágonos, 3 ángulos de 120°. Ambas combinaciones suman, de nuevo, 360°.

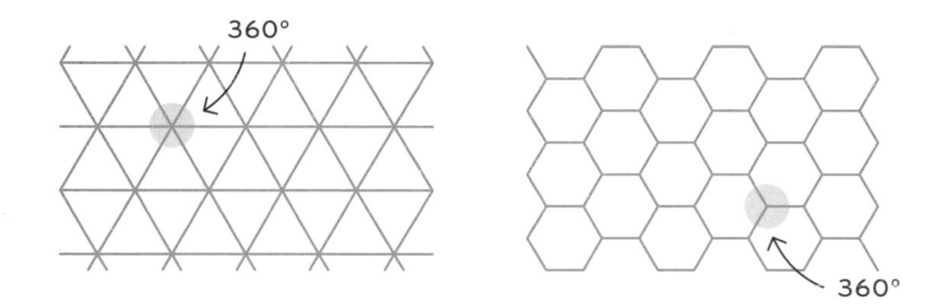

Y ya no hay más donde elegir: no hay otros polígonos regulares cuyos ángulos internos sean divisores exactos de 360°. Por eso es imposible que la unión de unos cuantos de ellos en un mismo vértice produzca un ángulo completo. Por ejemplo, un pentágono regular tiene ángulos de 108°, así que, con cuatro, nos pasaríamos de 360° y, con tres, nos quedaríamos cortos.

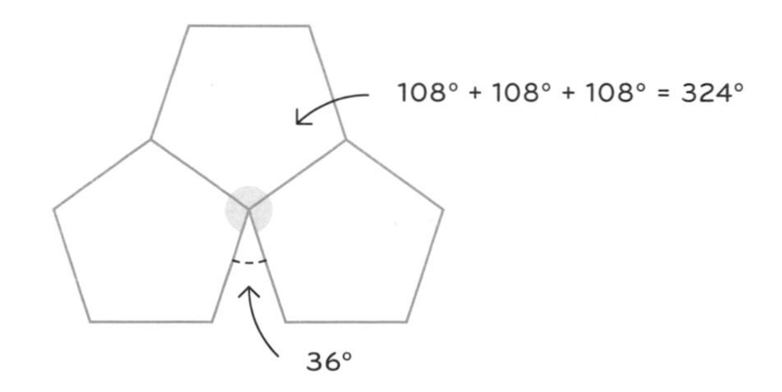

Si permitimos que se puedan combinar polígonos regulares de dos o más tipos pero seguimos exigiendo que en todos los vértices confluya una misma combinación de polígonos (por ejemplo, siempre dos octógonos seguidos de un cuadrado), entonces las opciones aumentan, pero no demasiado: de tres pasamos a ocho, y los llamamos *teselados semirregulares*. En cambio, si aceptamos también polígonos irregulares, las posibilidades se volverán infinitas. Cuanto más relajemos los requisitos de regularidad, más habrá donde elegir.

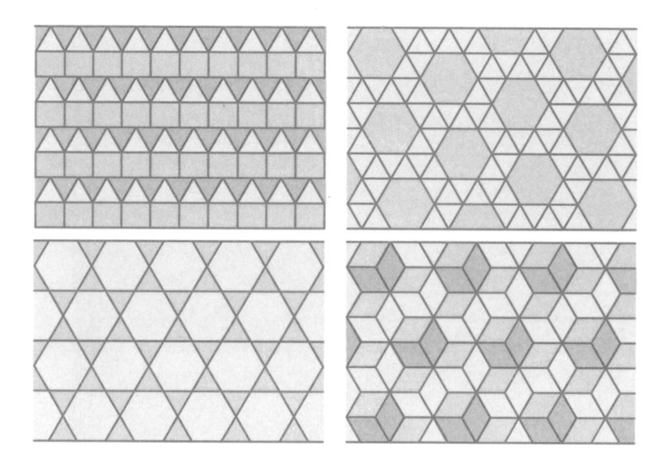

UNA FIGURA, MUCHAS FIGURAS

Una vez hechas las presentaciones, podemos preguntarnos de dónde procede esa belleza ordenada que caracteriza a los mosaicos hispanomusulmanes. La respuesta se halla en la *simetría,* pero para dotar de pleno significado a esta palabra, antes debemos entender qué es una *transformación geométrica*.

Cuando rellenas una superficie con una misma figura, por ejemplo, con cuadrados, puedes obtener todo el conjunto a partir de una única pieza y de una serie de movimientos. Si empiezas con un solo cuadrado y lo desplazas horizontalmente una distancia igual a su propio lado, obtendrás el cuadrado siguiente; y si repites esta operación una y otra vez en uno y otro sentido, recorrerás toda la fila correspondiente.

Después haz lo mismo, pero en dirección vertical e irás obteniendo todos los cuadrados de una misma columna. Y, al combinar alternadamente ambos movimientos, acabarás reproduciendo el teselado completo.

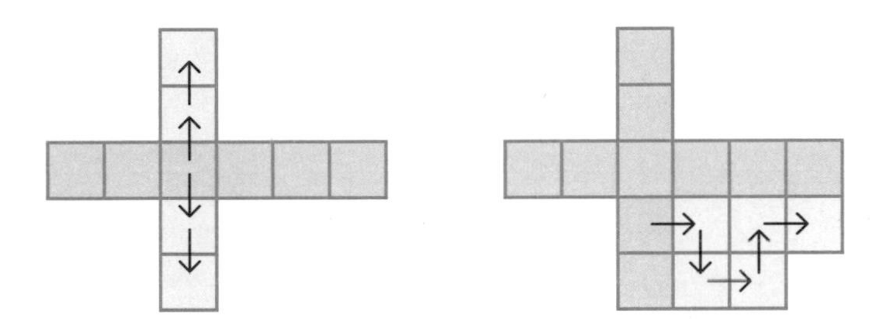

He aquí un primer ejemplo de transformación geométrica. Cuando a un punto le asociamos otro que es fruto de un desplazamiento a una cierta distancia y en una determinada dirección, decimos que hemos efectuado una *traslación*. Esta se puede representar mediante una flecha —o, más propiamente, un segmento orientado— que llamamos *vector*. Al trasladar todos los puntos de una figura, toda ella acaba desplazándose.

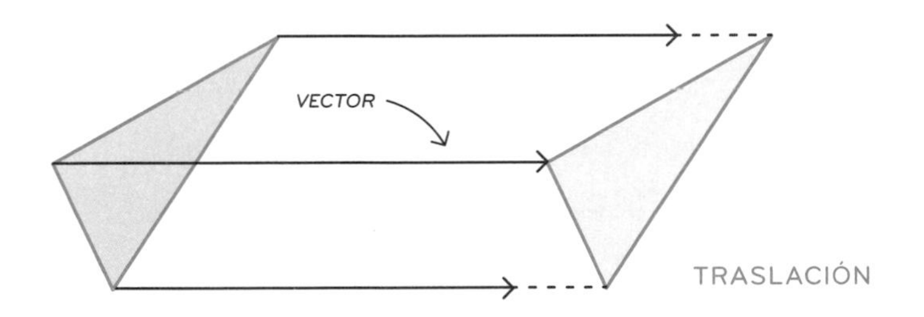

Los hexágonos de un teselado también se pueden relacionar los unos con los otros mediante traslaciones, pero definidas a partir de vectores distintos a los que usábamos con los cuadrados.

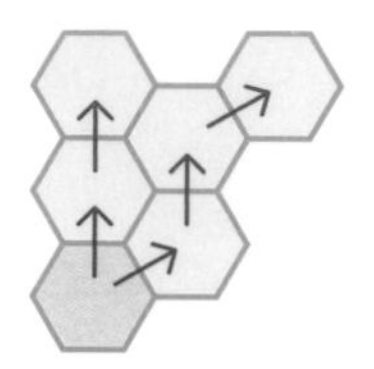

En cambio, para recubrir el plano con triángulos equiláteros no tendremos bastante con las traslaciones. Con ellas podremos construir la mitad del teselado, pero para el resto necesitaremos una nueva transformación. En efecto, la otra mitad de triángulos aparecen volteados respecto a los primeros, como si estuvieran reflejados en un espejo. Por eso, podemos obtenerlos aplicando una *reflexión*.

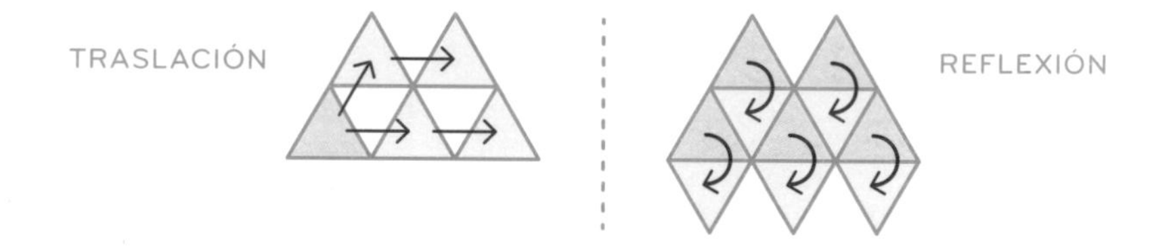

Una reflexión es una transformación que se realiza respecto a una recta que recibe el nombre de *eje*. Para obtener el reflejo de un punto, hay que trazar desde este último una recta perpendicular al eje y escoger el punto situado al otro lado y a una misma distancia. Al aplicar esta transformación a todos los puntos de una figura, obtenemos otra que parece su imagen a través de un espejo imaginario que estuviera situado sobre el eje.

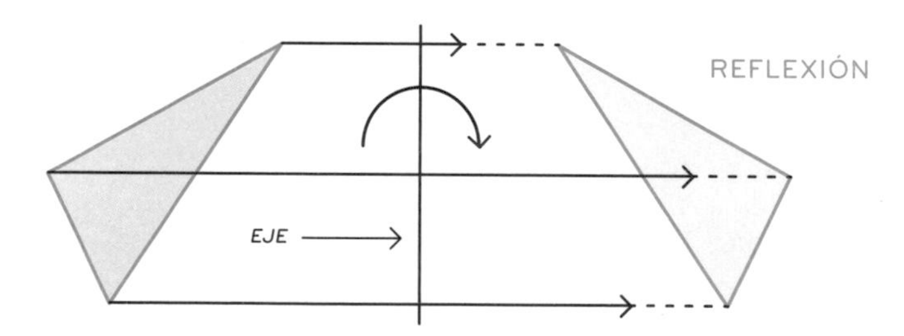

A base de traslaciones y de reflexiones, podemos reproducir una gran cantidad de mosaicos, pero hay algunos para los que aún necesitamos una tercera transformación. Por ejemplo, si utilizamos uno de los elementos recurrentes en los mosaicos de la Alhambra: el *hueso nazarí*. Si partimos de un hueso y lo vamos trasladando, podemos conseguir que los espacios que queden entre las distintas copias sean también huesos nazaríes. Ahora bien, en esos huecos, los huesos aparecen colocados de manera distinta: están girados 90°. Por lo tanto, para obtener las piezas que deben ir allí hay que aplicar una *rotación* al hueso original.

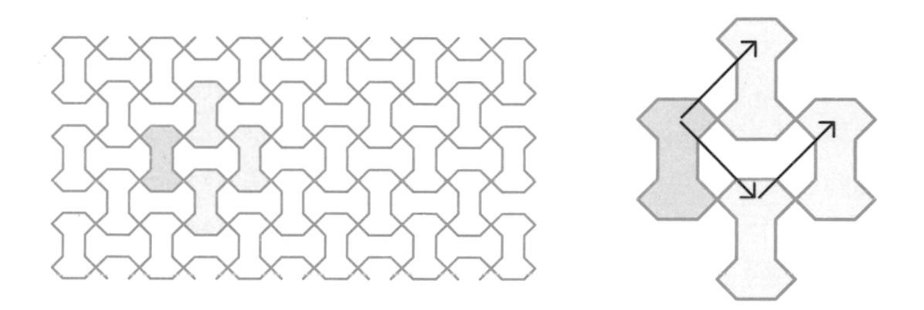

Una rotación es una transformación que se realiza respecto a un determinado punto, llamado *centro de la rotación*. Su efecto sobre cualquier otro punto es hacerlo rotar alrededor de dicho centro un cierto ángulo de nuestra elección, de manera que recorra un arco de circunferencia. Para rotar todo un objeto hay que aplicar la rotación a cada uno de sus puntos. El centro de una rotación puede hallarse fuera o dentro del propio objeto.

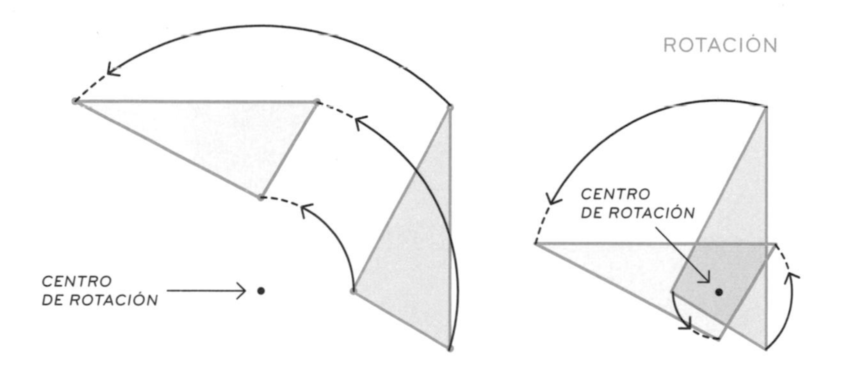

ROTACIÓN

Si a uno de los huesos nazaríes le aplicamos una rotación de 90° alrededor de una de sus puntas, obtenemos el hueso que debe colocarse sobre uno de los huecos contiguos.

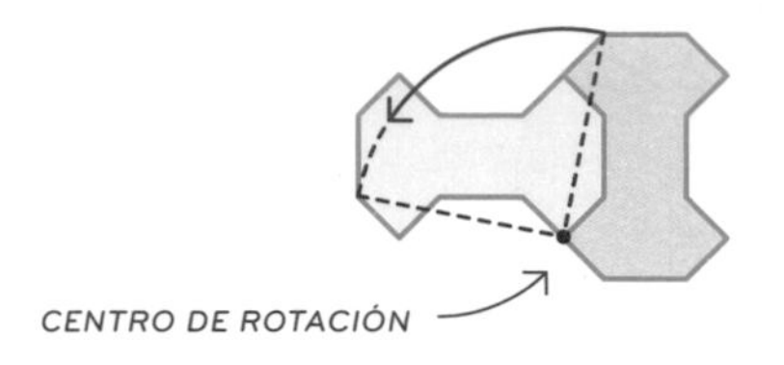

La traslación, la reflexión y la rotación tienen algo en común: no cambian la forma ni el tamaño del objeto sobre el que actúan. Dicho de otra manera: si a dos puntos situados a una cierta distancia el uno del otro les aplicamos una de esas transformaciones, la nueva pareja de puntos que obtenemos guarda entre sí la misma distancia. Por eso, este tipo de transformaciones reciben el nombre de *isometrías,* lo cual, etimológicamente, significa *de igual medida.*

TRANSFÓRMAME, QUE ME QUEDO IGUAL

Aunque pueda sonar extraño, cuando más interesante resulta una transformación geométrica es cuando deja a un objeto inalterado. Por ejemplo, si a un cuadrado le aplicas una reflexión respecto a un eje que corte dos de sus lados opuestos por la mitad, el cuadrado transformado será completamente indistinguible del original.

EJES DE SIMETRÍA

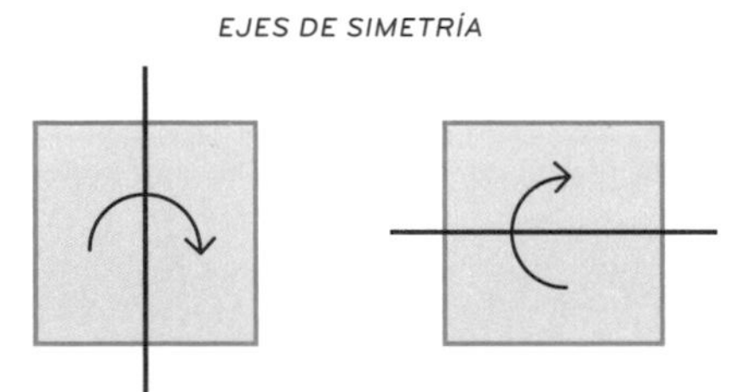

Y lo mismo sucederá si utilizas como eje para la reflexión una recta que pase por dos vértices opuestos.

EJES DE SIMETRÍA

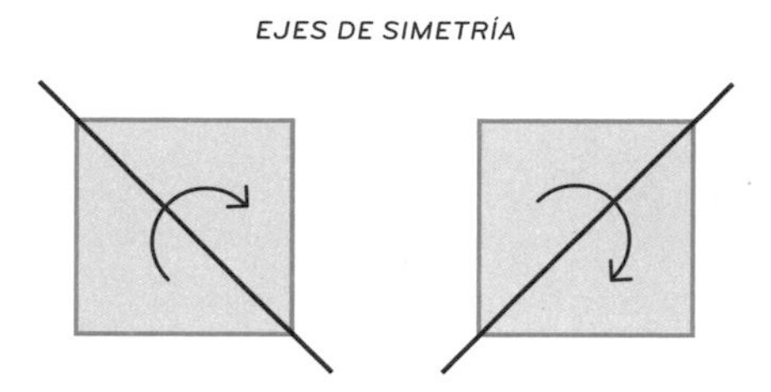

En cambio, si escoges otra recta como eje, podrás distinguir perfectamente el cuadrado inicial de su reflejo.

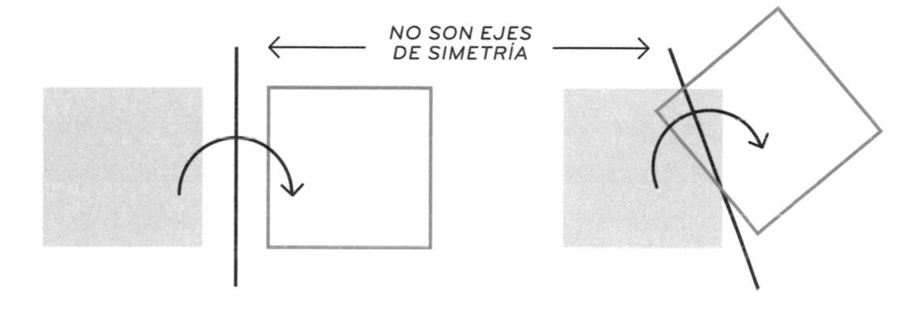

Cuando la reflexión a través de una determinada recta deja una figura invariada, se dice que dicha recta es un *eje de simetría* de esta. Un cuadrado, como hemos visto, tiene cuatro ejes de simetría. Sin embargo, estas no son las únicas transformaciones que no afectan al aspecto de un cuadrado. Si le aplicas una rotación de 90° alrededor de su centro, vuelve a ocurrir lo mismo. Y también si el giro es de 180° o de 270°.

ROTACIONES SIMÉTRICAS

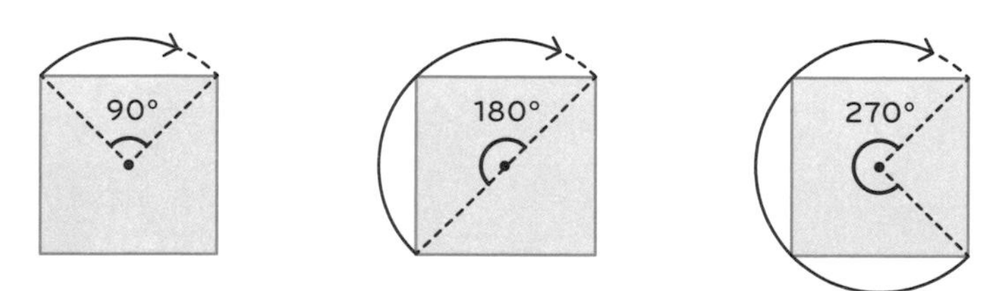

Por el contrario, al escoger otros ángulos o al cambiar el centro de la rotación, el cambio sí se hace visible.

ROTACIONES NO SIMÉTRICAS

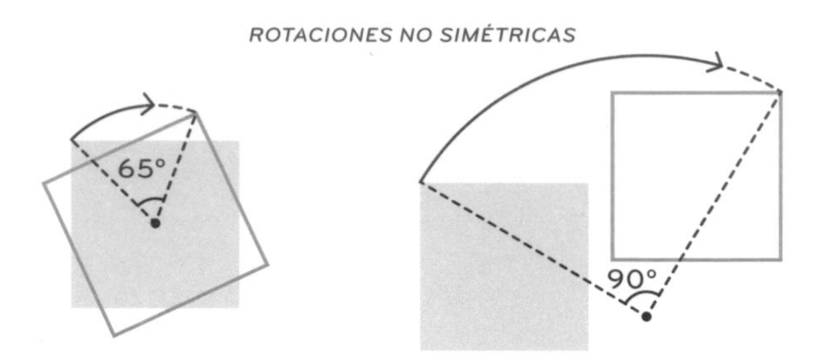

Coloquialmente solemos decir que un objeto es simétrico cuando una mitad es el reflejo de la otra, es decir, cuando hay alguna reflexión que deja al objeto invariado. De manera análoga, si hay alguna rotación que transforma a una figura en sí misma, también se trata de una *simetría*. En el caso de la reflexión hablaremos de *simetría especular*, y en el de la rotación, de *simetría rotacional.* Y tal y como probablemente te estés imaginando, también puede existir una *simetría traslacional*, que aparece cuando una determinada traslación no afecta al objeto sobre el que actúa. Esto es lo que sucede, por ejemplo, en los mosaicos, aunque para comprobarlo debes realizar un pequeño esfuerzo de abstracción: imagina que la superficie no se limita a la pared, sino que se extiende ilimitadamente más allá de sus bordes. En dicho caso, sería posible aplicar algunas traslaciones al conjunto que no cambiarían en absoluto su aspecto.

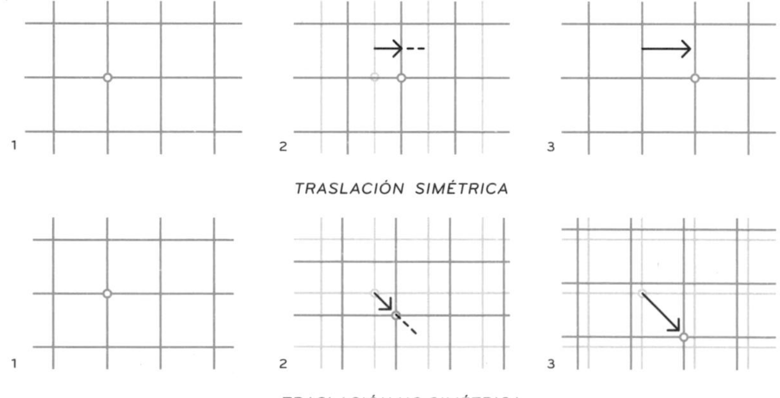

TRASLACIÓN SIMÉTRICA

TRASLACIÓN NO SIMÉTRICA

Los mosaicos pueden tener también otras simetrías: pueden ser invariantes al aplicar ciertas rotaciones o ciertas reflexiones. Por ejemplo, en un teselado de triángulos equiláteros, las rectas que cortan los triángulos por la mitad son ejes de simetría de todo el conjunto; y si aplicamos un giro de 60° tomando como centro el vértice de uno de los triángulos, también dejamos la configuración inalterada.

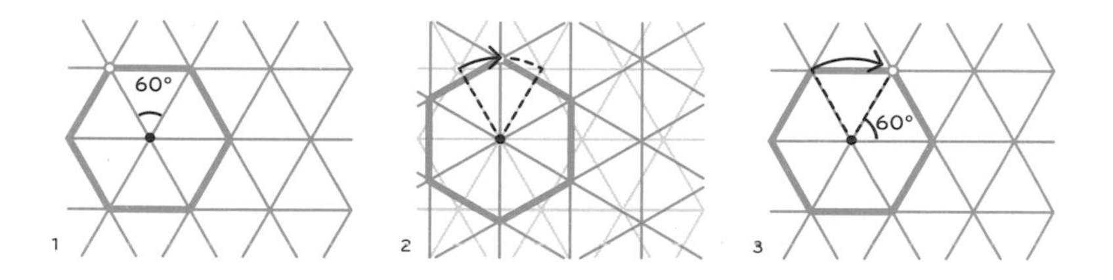

El conjunto de simetrías que poseen los distintos mosaicos es un criterio que se utiliza para clasificarlos. Este es precisamente el tipo de clasificación que utilizó el matemático Yevgraf Fiódorov a finales del siglo XIX para concluir que hay diecisiete tipos de mosaicos, que coinciden con las diecisiete maneras en que se pueden clasificar las estructuras cristalinas bidimensionales.

La existencia de simetrías resulta de gran ayuda en el estudio de la naturaleza. Si sabemos que un determinado objeto tiene simetría especular respecto a un cierto eje, solo nos hace falta conocer su mitad para saber cómo es el resto.

Igualmente, si una figura es invariante bajo rotaciones de 90°, toda la información relevante sobre la misma se concentra en una cuarta parte de ella.

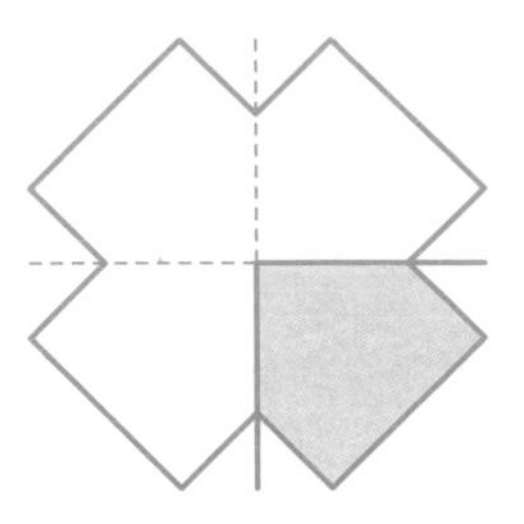

De manera parecida, para estudiar un cristal es suficiente con fijarse en unos cuantos de sus átomos. A nivel microscópico, los cristales son como mosaicos en tres dimensiones: están formados por una unidad básica que se va repitiendo, una y otra vez, en todas las direcciones. Esa simetría traslacional es lo que permite que, una vez comprendido el funcionamiento de una de esas piezas, podamos deducir cómo se comporta todo el conjunto a partir de ella.

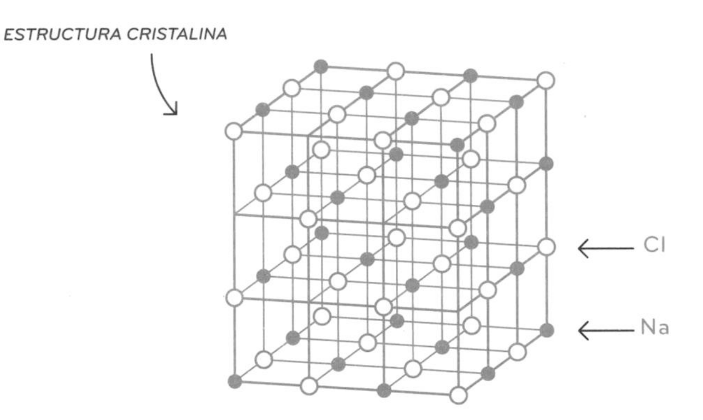

La simetría juega un papel central en la descripción de muchos fenómenos microscópicos, pero también está presente cuando saltamos al extremo opuesto y nos proponemos investigar la estructura a gran escala de nuestro universo. De entrada, no parece que nuestro entorno astronómico sea demasiado uniforme: aquí un planeta, allí otro, más allá una estrella y, en medio, un gran vacío por el que deambulan algunas partículas de polvo y de gas. Sin embargo, si ampliamos nuestra mirada y consideramos escalas mucho mayores, la situación cambia drásticamente. Nuestro Sistema Solar forma parte de una galaxia, la Vía Láctea, constituida por centenares de miles de millones de estrellas; la Vía Láctea es una de las galaxias del llamado Grupo Local, al que también pertenecen la galaxia de Andrómeda, la galaxia del Triángulo y alrededor de cuarenta galaxias más pequeñas; el Grupo Local está contenido dentro del supercúmulo de Virgo, que a su vez se encuentra dentro del supercúmulo de Laniakea, en el que conviven unas cien mil galaxias.

Llegados a este punto, los supercúmulos se organizan en forma de filamentos, confiriendo al universo el aspecto de una gigantesca red cósmica. Al seleccionar dos porciones distintas de dicha red, apenas se observan diferencias entre ellas, lo cual significa que, a estas escalas, existe una gran simetría traslacional. Además, si nos situamos en un punto cualquiera de la red, observemos en la dirección que observemos siempre veremos lo mismo. Eso es equivalente a decir que existe también una completa simetría rotacional. Ambos hechos suelen resumirse diciendo que, a gran escala, el universo es homogéneo e isótropo. Pues bien, estas dos características permiten que los cálculos necesarios para deducir su estructura y su evolución se simplifiquen drásticamente. Gracias a ello, solo hubo que esperar unos pocos años tras la publicación de la teoría de la relatividad general por parte de Einstein para que el ruso Aleksandr Fridman y el belga Georges Lemaître la utilizaran para describir el universo entero y predecir que se hallaba en expansión.

CORTA Y PEGA

Tras haber perdido la orientación contemplando el universo en su conjunto, ha llegado el momento de regresar a la Tierra. Así que vuelves a Laniakea, a Virgo, al Grupo Local y a la Vía Láctea; allí te sumerges en uno de sus brazos, aquel que está dedicado al gigante mitológico Orión, y de entre los millones de estrellas que lo forman escoges una de tamaño mediano y color amarillento, alrededor de la cual orbita un planeta azulado, exactamente a la distancia necesaria para que la vida sea posible en él; y de los más de quinientos millones de kilómetros cuadrados que forman su superficie, escoges una región situada a unos 37° al norte del ecuador y a unos 36° al este del meridiano de Greenwich, que es conocida en todo el mundo por sus majestuosos palacios y por los mosaicos que los decoran; unos mosaicos que ahora mismo estás contemplando con ese placer estético que solo proporciona el conocimiento profundo de una realidad invisible a simple vista.

Esos poemas matemáticos aún pueden sugerirte nuevas preguntas. Por ejemplo, si rellenar el plano con simples figuras geométricas resulta tan complicado ¿cómo es posible hacerlo con tanta naturalidad a base de huesos, hojas y otros elementos más complejos? Efectivamente, los artistas de la Alhambra tenían predilección por los motivos extraídos del mundo natural. Por no hablar de los teselados de Escher, hechos a base de lagartos, pájaros, escarabajos o caballeros. ¿Dónde reside el secreto de estos encajes tan sofisticados?

La clave se halla de nuevo en las transformaciones. A partir de un teselado geométrico simple puedes obtener mosaicos de formas enrevesadas si sabes cómo modificar hábilmente todas sus piezas. Por ejemplo, si de un cuadrado recortas dos trapecios en dos lados opuestos y los colocas, respectivamente, sobre los otros dos lados, obtienes ni más ni menos que un hueso nazarí.

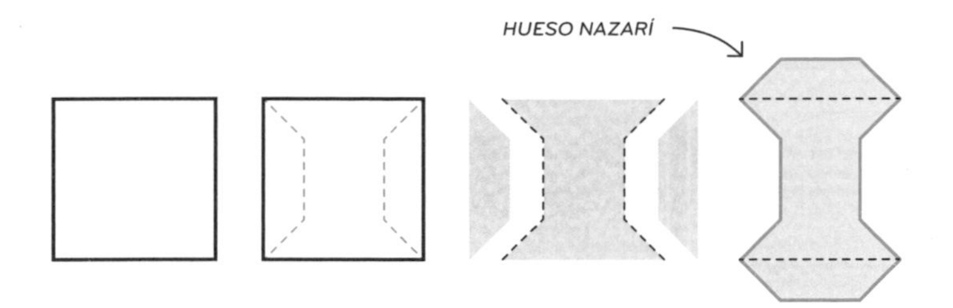

Como los cuadrados te permitían recubrir todo el plano sin dejar espacios, estas nuevas figuras heredan esa misma capacidad. Eso sí, para que encajen correctamente debes aplicar una rotación a la mitad de los huesos, tal y como hemos visto hace un rato. La pajarita y el avión nazaríes se obtienen de manera parecida, a partir de un triángulo y de un cuadrado, y los lagartos de Escher se basan en el uso del hexágono.

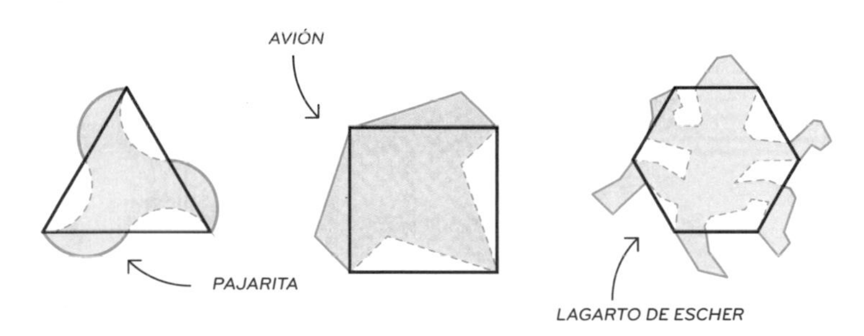

Este corta y pega es un nuevo tipo de transformación bastante diferente a las anteriores. En este caso ya no se preserva la forma de las figuras ni la longitud de su contorno. No se trata, por lo tanto, de una isometría. Sin embargo, sigue habiendo alguna propiedad que sí se mantiene constante, algo que garantiza que si las piezas encajaban cuando eran polígonos perfectos, sigan haciéndolo tras haber experimentado esa metamorfosis. Las nuevas piezas deben ocupar el mismo espacio sobre el plano que las originales: si ocuparan menos, quedarían huecos entre ellas, mientras que, si ocuparan más, ya no entrarían. Al recortar y volver a enganchar partes de una figura bidimensional, lo que se mantiene intacto es su *área*.

EL ÁREA Y EL PERÍMETRO

El área es la medida de la extensión que ocupa una determinada superficie. Se utiliza en múltiples situaciones prácticas y cotidianas: por ejemplo, para calibrar el tamaño de una habitación, de un apartamento o de un terreno donde se quiere edificar. Pero también hace acto de presencia en otros contextos donde quizá no sea tan evidente: para caminar sobre la nieve nos resulta cómodo utilizar raquetas porque así la fuerza de nuestro peso se reparte sobre una superficie de área mayor y eso evita que nos hundamos.

Como con toda magnitud, para medir el área debemos disponer de un método preciso. En el caso de la longitud sabemos que un segmento es más largo que otro si al colocarlo encima lo cubre por completo. Y si dos segmentos se cubren mutuamente, significa que son igual de largos. Entonces, escogiendo un determinado segmento como patrón y contando cuántos de ellos nos hacen falta para recubrir cualquier otro, podemos asignar un valor a la longitud de este último.

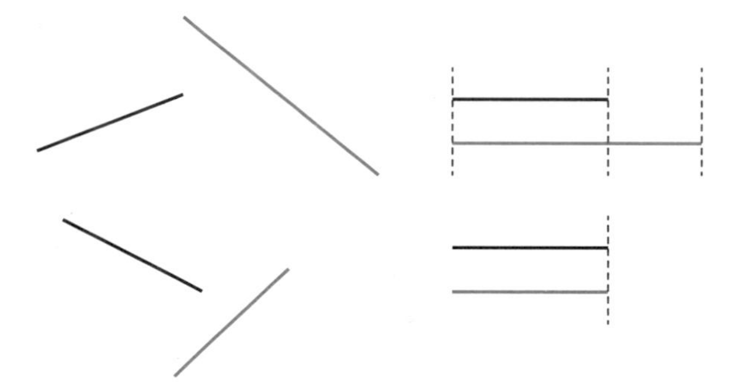

Con el área, podemos proceder de manera parecida: si al colocar una figura plana sobre otra la segunda queda completamente cubierta, entonces significa que la primera ocupa un área mayor. Y si se cubren mutuamente, su área será igual.

Sin embargo, al pasar de una a dos dimensiones, aparecen nuevas complicaciones: según la forma que tengan las figuras, es posible que ninguna de las dos tape completamente a la otra. Por suerte, sabemos que al dividir una figura en trozos la suma de sus áreas es igual al área original, así que podemos utilizar nuestras habilidades de *corta y pega* para deformar las figuras que estemos comparando, hasta conseguir que, por fin, una de ellas eclipse completamente a la otra.

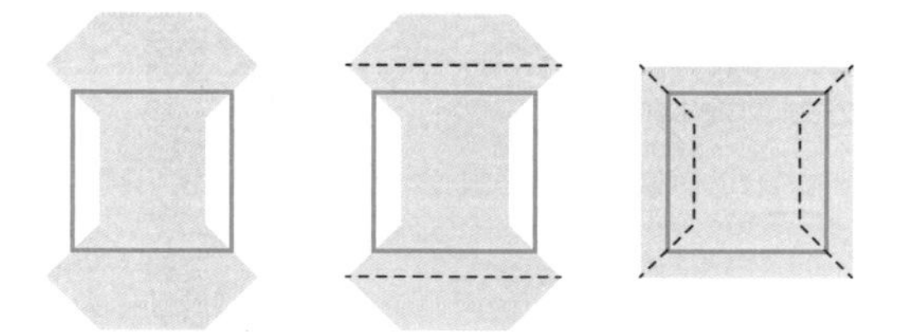

Es importante no confundir el área con el perímetro, que es la longitud de la línea que delimita una figura plana —la suma de las longitudes de los lados si se trata de un polígono—. No solo son magnitudes distintas, sino que, en general, no existe una relación directa entre ambas. Por ejemplo, no es lo mismo enmarcar un cuadro de forma cuadrada que uno rectangular, aunque ambos ocupen la misma área: cuanto más alargado sea el lienzo, mayor será su perímetro y más largo será el marco que necesitemos.

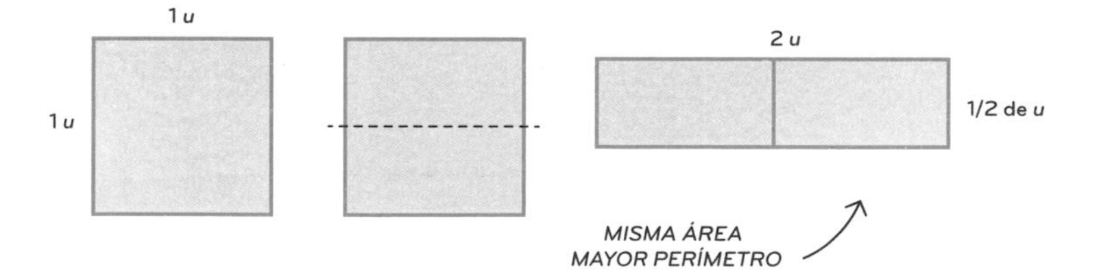

Y también puede suceder lo contrario: que diversas figuras tengan un mismo perímetro pero encierren un área distinta. Eso es lo que explica por qué la forma hexagonal de las celdas de los panales resulta conveniente para las abejas. En efecto, si dibujas un triángulo equilátero, un cuadrado y un hexágono, los tres con idéntico perímetro, el área del último es mayor que la de los otros dos.

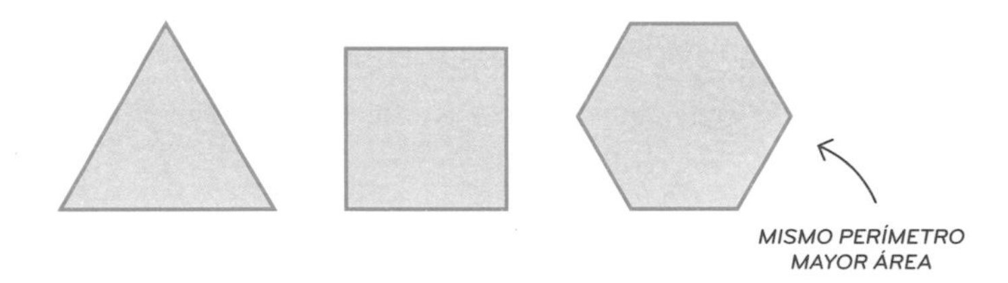

Eso significa que, usando una misma cantidad de cera, se obtienen celdas más espaciosas de seis lados que de cuatro o de tres. Es cierto que hay otras figuras con las que el área encerrada sería aún mayor sin aumentar el gasto de material, pero con ellas no sería posible teselar el plano y las celdas del panal no quedarían adheridas las unas a las otras.

DE LA LONGITUD AL ÁREA

Obviamente, no siempre es posible superponer las dos superficies que se quiere comparar. Imagina, por ejemplo, que estás buscando un trastero para guardar tu extensa colección de obras de arte y que te dan a escoger entre dos salas: una corta y ancha y otra más larga y estrecha. Afortunadamente, como los dos cuartos tienen el suelo recubierto por un mismo tipo de baldosas, te basta con contar cuántas hay en cada cuarto para determinar que el alargado es más espacioso.

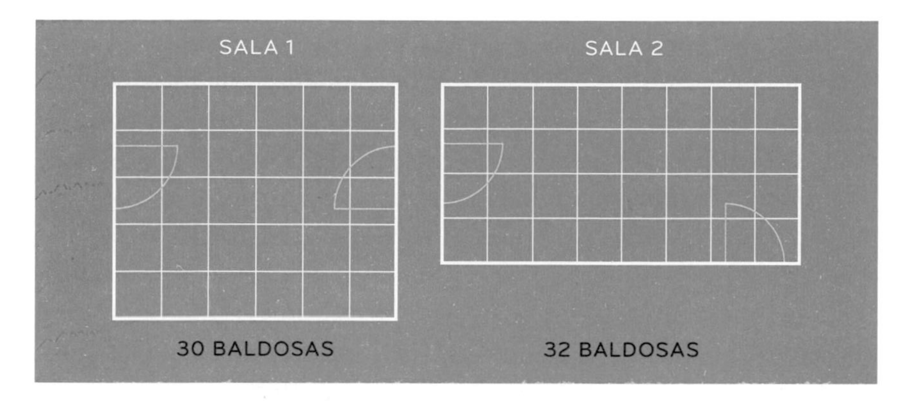

Fíjate en que acabas de utilizar la baldosa como patrón de referencia, es decir, como *intermediario* para comparar dos áreas de manera indirecta. Además, de esta manera, has conseguido asignar un número exacto al área de cada superficie. Tu comparación, por lo tanto, se ha vuelto más cuantitativa: no solo sabes que el cuarto alargado tiene un área mayor, sino también que su área supera en *dos baldosas* a la del otro cuarto.

Si no hay baldosas que contar, siempre puedes definir tu propio patrón de medida. Puedes escoger uno de cualquier forma y tamaño, pero la verdad es que utilizar patrones cuadrados ofrece ciertas ventajas, tal y como ahora comprobarás. Una opción bastante natural es que si para medir longitudes utilizamos el metro como unidad, entonces para el área utilicemos un cuadrado de un metro de lado, es decir, un *metro cuadrado* (1 m^2). Puedes recortar unos cuantos metros cuadrados de papel y llevarlos siempre contigo. Así, cuando necesites medir el área de una superficie, simplemente deberás irlos colocando sobre ella y contar cuántos te hacen falta para recubrirla por completo.

Sin embargo, este método se hace largo y engorroso y hay maneras más eficientes de contar cuántas unidades cuadradas caben en una superficie. De hecho, apuesto a que en el caso anterior de las baldosas no te has puesto a contarlas una por una, sino que has contado el número de filas y el número de columnas y los has multiplicado. Siempre que quieres medir el área de una superficie rectangular, puedes obtenerla midiendo la longitud de sus lados. Si un lado mide, por ejemplo, ocho metros, significa que a lo largo del mismo puedes colocar ocho de tus unidades de un metro cuadrado; y si el otro lado mide cinco metros, allí te caben cinco de esas unidades. Por lo tanto, tienes cinco filas de un metro de alto y ocho columnas de un metro de ancho, así que, en total, te caben $8 \cdot 5 = 40$ cuadrados de un metro de lado, es decir, 40 m^2.

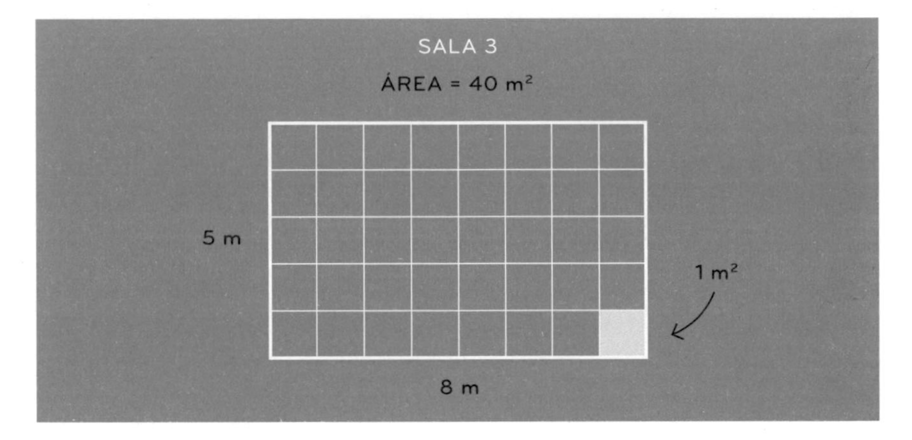

Además de hacerte ganar rapidez y eficiencia, esta forma de proceder encierra otra gran ventaja. Fíjate en que has convertido la medida de un área en una medida de longitudes, por lo que ya no hace falta que vayas cargando con tus metros cuadrados de papel: tienes suficiente con una cinta métrica. Con ella puedes medir los dos lados de un rectángulo y, al multiplicar sus longitudes, obtener el valor del área de manera indirecta.

Esto se puede resumir mediante una fórmula matemática: si indicamos las longitudes de ambos lados con las letras a y b, entonces el área es igual al resultado de multiplicar $a \cdot b$. Y si da la casualidad de que el rectángulo tiene todos sus lados iguales, entonces se tratará de un cuadrado. En ese caso, para obtener el área, las dos longitudes multiplicadas serán iguales y, por consiguiente, podremos expresar la operación en forma de potencia, $a·a=a^2$. Este es el origen de que, en lugar de *elevar a dos*, se acostumbre a decir *elevar al cuadrado*.

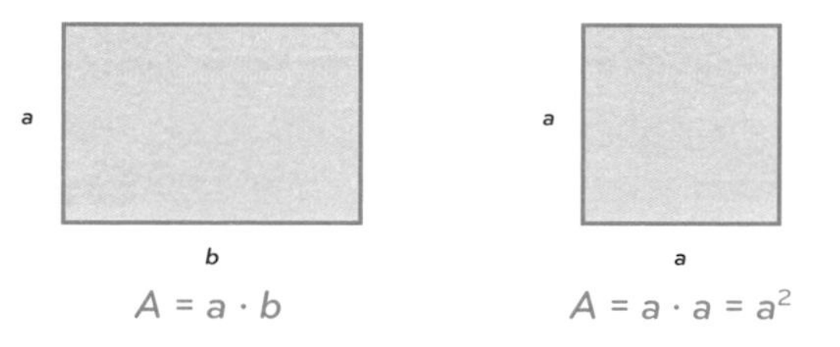

A partir de la fórmula del rectángulo es posible deducir otras para calcular el área del resto de figuras geométricas. Por ejemplo, un romboide siempre se puede convertir en un rectángulo. Para ello, basta con trazar un segmento que salga de uno de sus vértices y que corte perpendicularmente uno de sus lados opuestos. A este segmento lo llamaremos *altura* (*a*), y al lado sobre el que va a parar lo llamaremos *base* (*b*).

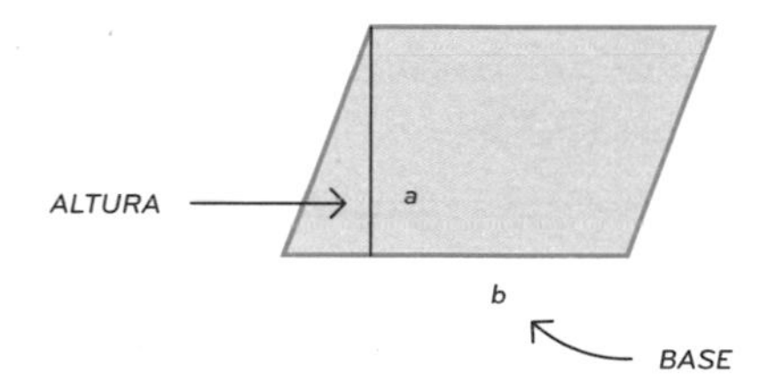

Resulta que, si cortamos el triángulo sobrante y lo enganchamos al otro lado de la figura, obtenemos un rectángulo cuya área es igual a la del romboide original. Como ya sabemos, el área del rectángulo se obtiene multiplicando las longitudes de sus lados, que coinciden con las longitudes de la altura y de la base del romboide. Por lo tanto, podemos concluir que el área del romboide es el resultado de multiplicar la longitud de su base por la longitud de su altura.

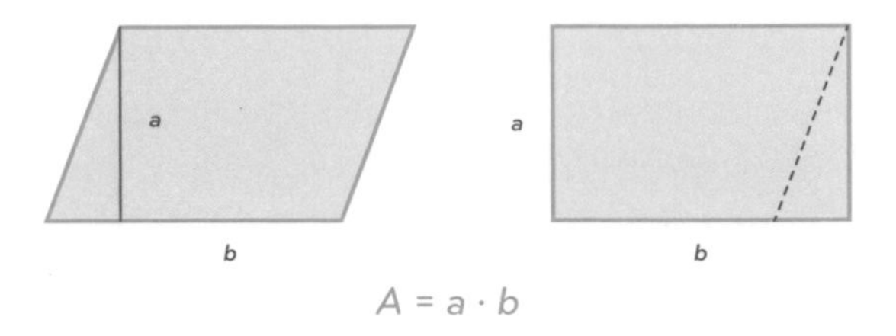

Una vez tenemos al romboide bajo control, podemos enfrentarnos al triángulo. En este caso, también podemos definir una base (*b*) —uno cualquiera de sus tres lados— y una altura (*a*) —el segmento que va a parar perpendicularmente a ese lado desde el vértice opuesto—.

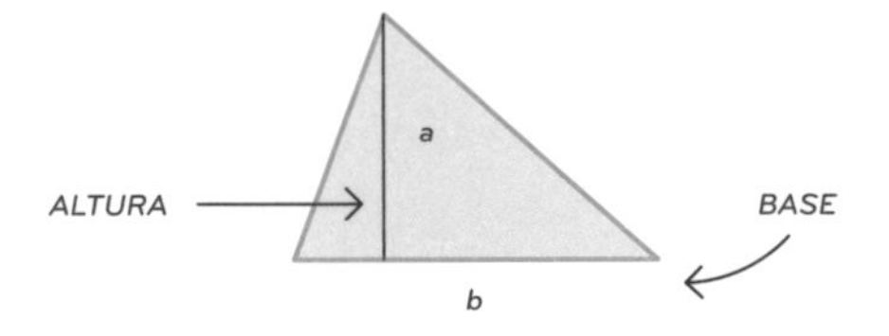

Ahora, en lugar de recortar, vamos a crear una copia de la figura; luego le aplicamos una rotación de 180° —operación que tampoco altera el valor del área— y la engancharemos junto al triángulo original. Así, obtendremos un romboide, cuya altura y cuya base coinciden con las del triángulo y cuya área debe ser el doble que la de este, ya que está formado por dos copias idénticas del mismo. Es decir, el área del triángulo debe ser la mitad del área del romboide, que, como acabamos de ver, se obtiene multiplicando la longitud de su base por la de su altura. De aquí se desprende que el área del triángulo es igual a la mitad de su base por su altura, tal y como ya habrás oído miles de veces.

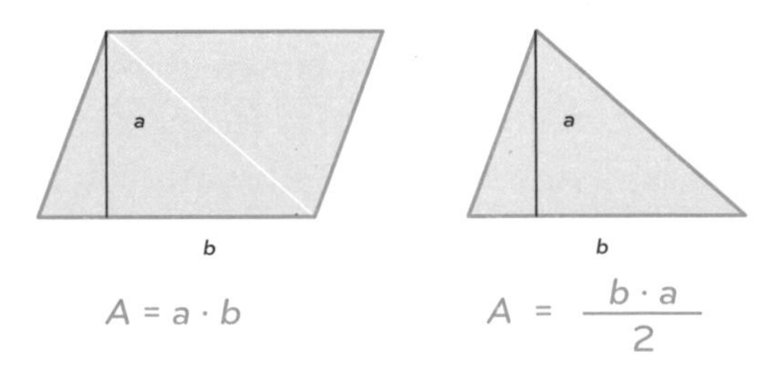

Aunque se pueden deducir otras fórmulas para otras figuras geométricas, en realidad, saber calcular el área de un triángulo ya te abre muchísimas puertas. En efecto, cualquier otro polígono se puede descomponer siempre en dos o más triángulos. Eso permite que, a partir de sus respectivas bases y alturas, puedas obtener sus áreas, cuya suma es igual al área de la figura completa.

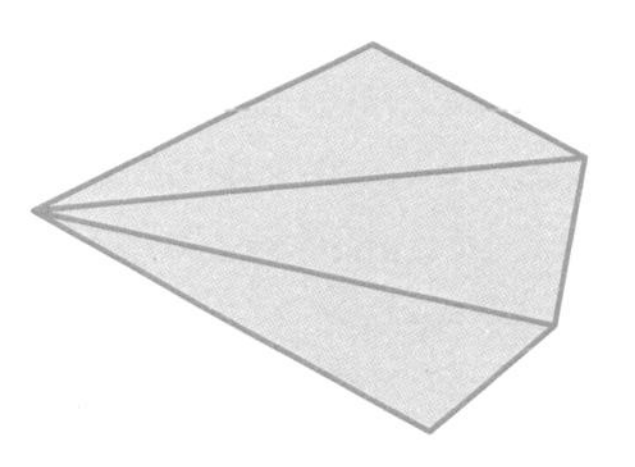

En el fondo, lo más importante no es memorizar una gran cantidad de fórmulas, sino desarrollar esta capacidad de aplicar transformaciones y relaciones entre figuras para acabar deduciendo aquello que nos interesa.

DEL ÁREA AL VOLUMEN

El área es una magnitud importante cuando uno se dedica a la pintura, disciplina artística que se realiza sobre superficies. En cambio, para dedicarte a la escultura deberás dar el salto a las tres dimensiones y familiarizarte también con el *volumen*, que es la extensión de espacio tridimensional ocupada por un cuerpo sólido.

La relación existente entre el volumen y el área de un objeto tridimensional se parece a la que existía entre el área y el perímetro de una figura plana. Tal y como recordarás, al cortar en dos partes una figura plana, el área total se mantenía igual, mientras que la suma de los perímetros de los dos trozos era mayor que el perímetro de la figura original. De manera análoga, si un cuerpo sólido se rompe en diversos fragmentos, el volumen ocupado por todos ellos será igual al volumen original, mientras que el área de las superficies que los delimitan habrá aumentado. Para convencerte de ello, piensa en la cantidad de papel que necesitas para empaquetar diez libros juntos o para envolverlos uno a uno por separado.

También sucede que dos sólidos pueden estar delimitados por superficies con la misma área pero ocupar volúmenes distintos. Nos lo explica muy bien Galileo en su *Discursos y demostraciones matemáticas en torno a dos nuevas ciencias*. Allí nos habla de un fenómeno relacionado con los recipientes que se usaban en la época para trasladar el trigo. Se trataba de sacos fabricados con una tela rectangular y con una base de madera. Galileo muestra que la cantidad de trigo que cabe en el recipiente depende de si el lado largo de la tela se utiliza como altura del saco o como contorno de la base. Es algo que puedes comprobar con la ayuda de una hoja de papel rectangular. Forma con ella un tubo enganchando dos de sus lados y rellénalo de arroz. Luego repite la misma operación, pero uniendo la otra pareja de lados. Verás que en ambos casos no cabe la misma cantidad de arroz.

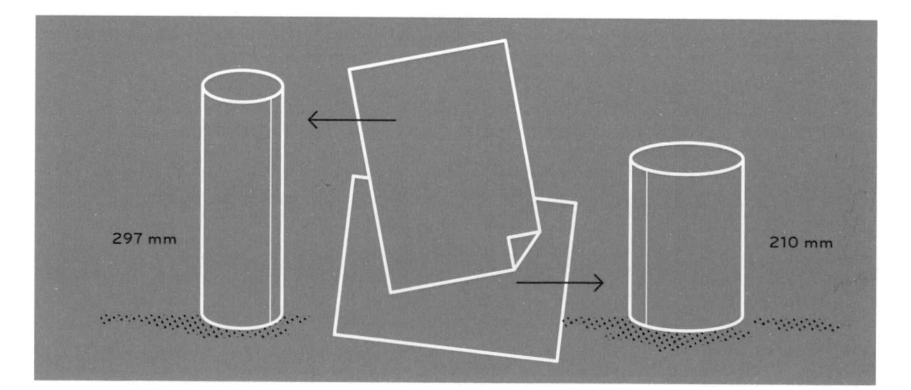

De este ejemplo extraemos una primera pista: para medir el volumen de un cuerpo, podemos medir cuánta cantidad de una cierta sustancia cabe en él. Claro que esto solo nos sirve en el caso de que se trate de un recipiente que esté hueco por dentro y que podamos rellenar. De ser así, más que de volumen *ocupado* se tratará de volumen *ocupable*. Por eso solemos hablar de la *capacidad* de un recipiente, aunque no deje de ser un volumen: el volumen que puede contener.

Ahora bien, si lo que quieres medir es el volumen ocupado por un objeto macizo, como un gran bloque de hormigón, puedes recurrir a la estrategia contraria: si el agua no entra en el bloque, el bloque entrará en el agua. En efecto, si sumerges el bloque en un tanque lleno de agua, este pasa a ocupar ahora una parte del espacio que antes ocupaba el líquido y, por lo tanto, su nivel sube. Si en lugar del bloque introduces en el tanque una bola de billar, el nivel del agua también sube, pero lo hace menos que antes, puesto que ocupa un volumen menor.

No obstante, no todos los objetos se hunden en el agua; además, al mojarlos podrían estropearse. Por eso conviene disponer también de técnicas de medida indirecta que nos permitan obtener el volumen de un sólido a partir de las longitudes de sus líneas características, tal y como hicimos en el cálculo de áreas de figuras planas. Para ello, antes debemos definir un patrón de medida: si para el área utilizábamos un cuadrado de un metro de lado, ahora podemos emplear un cubo de un metro de arista, es decir, un *metro cúbico* (1 m^3).

Entonces, aunque solo sea de manera imaginaria, podemos rellenar un sólido con estos cubitos y contar cuántos de ellos han cabido. Si el sólido es un ortoedro, es decir, un poliedro formado por seis caras rectangulares, no hace falta contar los cubitos uno a uno, sino que podemos calcular cuántos caben multiplicando la longitud de sus tres aristas.

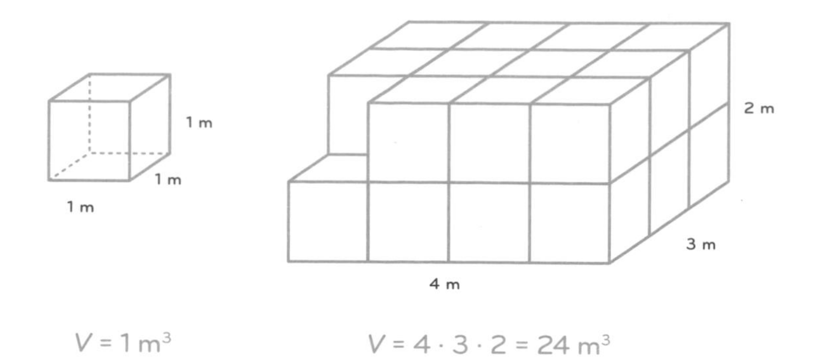

De nuevo, esta relación también se puede expresar como una fórmula matemática. Si indicamos la longitud de las tres aristas de un ortoedro con las letras *a*, *b* y *c*, entonces el volumen es igual a *a* por *b* por *c*. Y si las tres aristas son igual de largas, el ortoedro será un cubo y su volumen será igual a la longitud de su arista elevada a tres o, dicho de otro modo, elevada *al cubo*. A partir de estas fórmulas básicas se pueden ir deduciendo muchas otras para el volumen de otros cuerpos sólidos, siempre a través del arte de las transformaciones geométricas.

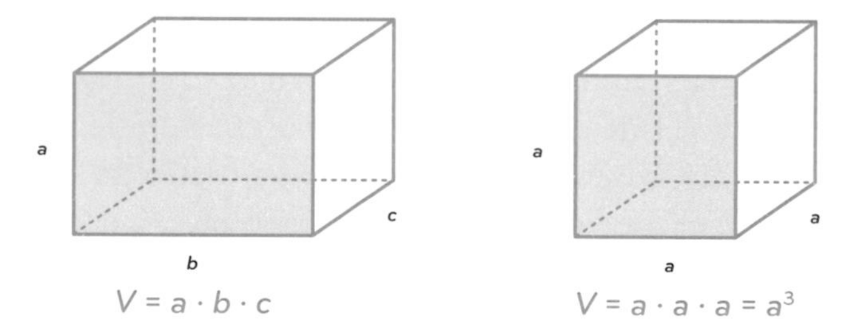

EL CUADRADO Y EL CUBO

La longitud, el área y el volumen son tres magnitudes relacionadas con el espacio, pero de naturaleza distinta. Eso hace que no se comporten siempre de la misma manera cuando aplicamos transformaciones geométricas. Por ejemplo, al cortar una figura tridimensional en dos o más trozos, su volumen no cambia, mientras que el área total y las longitudes de sus aristas sí lo hacen. Y si lo que hacemos es ampliar o reducir la figura, la diferencia en el comportamiento de esas tres magnitudes se vuelve aún más evidente.

Empecemos por un ejemplo bidimensional, una fotografía de carnet de 3 cm × 4 cm. Imagina que decides ampliarla para obtener una foto de retrato que mida 6 cm × 8 cm. Las longitudes de los lados del rectángulo se han duplicado, así que podrías pensar que vas a necesitar el doble de papel y el doble de tinta. Sin embargo, esa estimación es demasiado optimista. El área de la foto original es de 3·4=12 cm^2, mientras que la de la foto ampliada es de 6·8=48 cm^2, es decir, cuatro veces mayor. Eso significa que la cantidad de material que vas a necesitar también se multiplicará por cuatro.

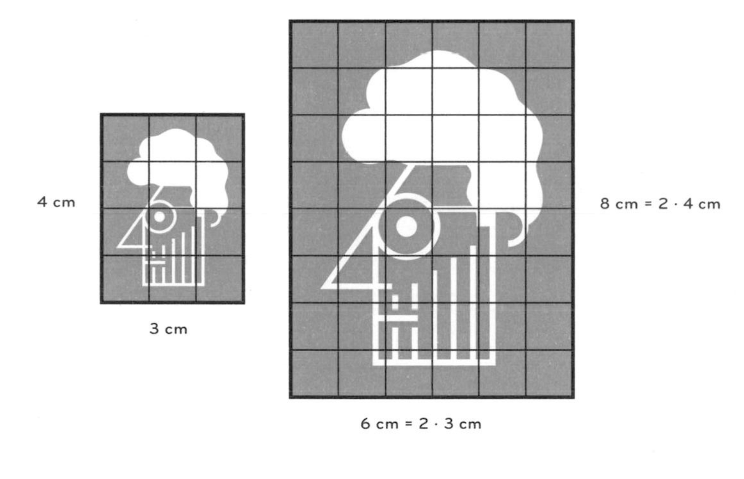

Cuando la longitud de todos los lados de un rectángulo se multiplica por dos, su área lo hace por cuatro. Una manera de entenderlo es fijándonos en que el área del rectángulo es igual al resultado de multiplicar las longitudes de dos lados, de manera que, si estas se multiplican por un cierto factor, el área se multiplica por dicho factor dos veces, lo cual es lo mismo que decir que se multiplica por dicho factor elevado al cuadrado.

$$A = \underbrace{2} \cdot 3\ \text{cm} \cdot \underbrace{2} \cdot 4\ \text{cm} = \underbrace{2^2} \cdot 3\ \text{cm} \cdot 4\ \text{cm} = 48\ \text{cm}^2$$

Por lo tanto, si la longitud de los lados se multiplica por tres, el área se multiplica por $3 \cdot 3 = 3^2 = 9$; y si la longitud se multiplica por 10, el área lo hace por $10^2 = 100$.

En general, si multiplicamos o dividimos la longitud de los lados de una figura plana por una cierta cantidad, entonces su área se multiplica o divide por dicha cantidad elevada al cuadrado. Este hecho nos ayuda a entender la relación entre las unidades de superficie y sus múltiplos y submúltiplos. Como sabes, un centímetro es igual a diez milímetros, pero un centímetro cuadrado no es igual a diez milímetros cuadrados, sino a cien. Para entender por qué, hay que tener muy claro el significado de cada una de estas unidades. Un centímetro cuadrado es un cuadrado cuyo lado mide un centímetro, mientras que un milímetro cuadrado es un cuadrado cuyo lado mide un milímetro. Por lo tanto, al pasar de un milímetro cuadrado a un centímetro cuadrado, la longitud de los lados se está multiplicando por diez. Y eso, como acabamos de ver, implica que el área se multiplica por cien. Por lo tanto, 1 cm^2 ocupa un área cien veces mayor que 1 mm^2. Y, de manera análoga, 1 m^2 equivale $100^2 = 10\,000$ cm^2 y 1 km^2 a $1000^2 = 1\,000\,000$ m^2.

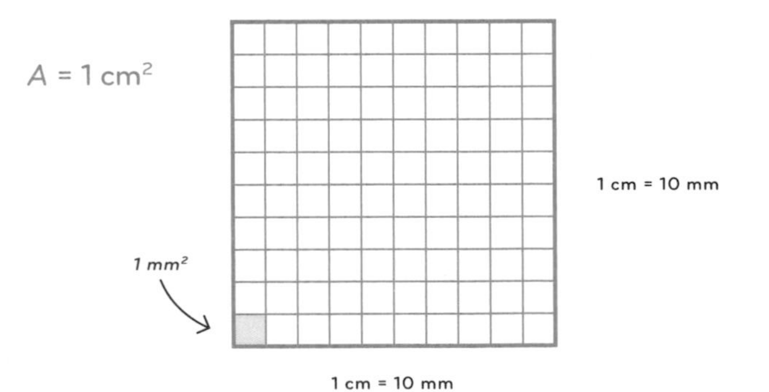

Ahora regresemos a las tres dimensiones y consideremos, por ejemplo, un cubo. Tal y como acabamos de ver, si duplicamos sus aristas, el área de sus caras se multiplica por cuatro. Así que si el cubo en cuestión es una caja de regalo, necesitas cuatro veces más papel para envolverlo. Pero ¿qué ocurre con su volumen? ¿Se multiplicará por dos o por cuatro? Pues ni una cosa ni la otra. Como el volumen de un cubo se puede obtener elevando la longitud de su arista al cubo, si esta última se duplica, el volumen se multiplica tres veces por dos, es decir, por 2^3, que es igual a ocho. Y si en lugar de duplicar las aristas las multiplicamos por diez, el volumen se multiplica por diez elevado al cubo, esto es, por mil. Ese es el motivo por el cual en un 1 m^3 hay 10^3=1000 dm^3 y 100^3=1 000 000 cm^3.

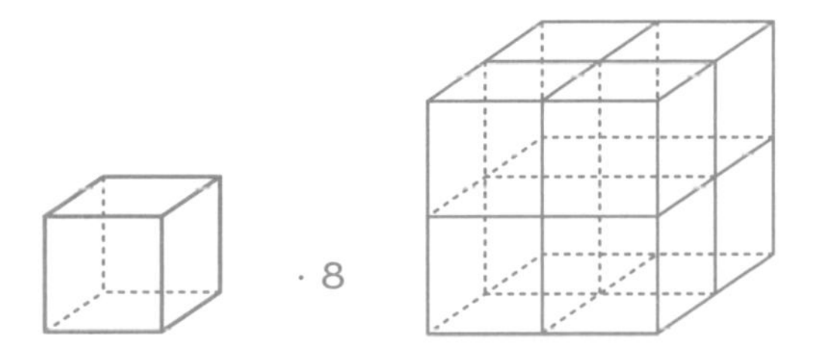

Esto que es cierto para el cubo lo es también para cualquier otro objeto tridimensional: siempre que multiplicamos todas las longitudes de un cuerpo por una misma cantidad, el área de sus superficies se multiplica por dicha cantidad elevada al cuadrado, mientras que su volumen se multiplica por dicha cantidad elevada al cubo. Esta diferencia en el ritmo de crecimiento del área y del volumen se conoce como *ley cuadrático-cúbica* y también fue Galileo quien habló de ella por primera vez, en su *Diálogo acerca de dos nuevas ciencias*. Es una ley que tiene múltiples aplicaciones en ingeniería, en física o en biología. Sirve, por ejemplo, para explicar por qué no pueden existir gigantes de aspecto humano. En efecto, si multiplicaras por diez tu altura, manteniendo intactas todas las proporciones de tu cuerpo, tu volumen y, por lo tanto, tu peso, se multiplicarían por mil. En cambio, la superficie de tus huesos, de la cual depende su resistencia, solo se multiplicaría por cien, lo cual haría imposible que pudieran sostenerte. Así que ya lo sabes, si quieres enfrentarte con gigantes en algún momento de tu vida, deberás conformarte con aquellos imaginarios que habitan el mundo del arte y de la literatura.

Arte, ciencia y matemáticas dialogan y se entrelazan una y otra vez. Al fin y al cabo se trata de vías complementarias para aproximarnos a la realidad. Una realidad que parece debatirse continuamente entre dos principios esenciales: el cambio y la permanencia, el ser y el devenir. El tiempo pasa sin cesar, hasta convertir en polvo a las personas más ilustres y las ciudades más prósperas; y, sin embargo, la Tierra, la Luna y el Sol no cesan de repetir, una y otra vez, una misma cíclica danza; los seres vivos nacen, crecen y mueren, pero, si además se reproducen, algo de ellos permanece en las generaciones futuras, escondido en las entrañas del código genético.

La belleza del estudio de las transformaciones geométricas reside precisamente en su capacidad para sintetizar esas dos pulsiones y para identificar aquello que se mantiene cuando se han producido cambios. Esas conservaciones asociadas a simetrías son las que nos sirven de guía para conocer el funcionamiento del universo y son también las que nos permiten condensar, en un mosaico, lo único y lo múltiple.

Cuando me pongo a pensar en todo esto, me viene a la cabeza aquella máxima lampedusiana que decía que lo importante es permitir que todo cambie para que todo siga igual.

CAPÍTULO

15

MEDIR LO INALCANZABLE

Para llegar allá donde no alcanzan nuestros sentidos necesitamos un instrumento simple y afilado: el triángulo.

— CON LA PRESENCIA DE —

PITÁGORAS

ARNAL & BAGÉS

FERMAT

EN ESTE CAPÍTULO:

- Presentaremos uno de los teoremas más famosos de la historia de las matemáticas: el teorema de Pitágoras.
- Utilizaremos triángulos para medir objetos inaccesibles.
- Comprenderemos cómo se mide la distancia a las estrellas.

•

¿Cómo se mide la distancia a una estrella? Es algo que siempre me había preguntado pero que no me preocupé de descubrir hasta mucho después de tener los conocimientos necesarios para ello. Y, sin embargo, me parece una pregunta fascinante. ¿Cómo demonios podemos conocer algo que está tan fuera de nuestro alcance?

En el momento de escribir estas líneas, el punto más alejado de la Tierra al que ha llegado el ser humano lo alcanzó la tripulación de la misión Apolo 13 en 1970. Y fue por error. Tras la explosión de un tanque de oxígeno, tuvieron que abortar la misión e improvisar un plan para regresar a casa. Decidieron dejarse arrastrar por la gravedad lunar, realizar una órbita alrededor de nuestro satélite y volver a encender los motores en el momento en que estuvieran apuntando hacia la Tierra: la Luna convertida en un gigantesco tirachinas. Durante esa vuelta, llegaron a estar a unos 400 000 km de la Tierra. Puede parecer mucho, pero no llega ni a un 0,3 % de la distancia que nos separa del Sol.

También hemos enviado al espacio objetos no tripulados. Los que van en cabeza son las sondas Voyager, dos naves que tenían por objetivo estudiar los planetas exteriores del Sistema Solar, pero que después han seguido alejándose de nosotros. Ambas llevan consigo un disco de oro con mensajes y sonidos de nuestro planeta dirigidos a posibles formas de vida extraterrestre. Partieron en 1977, pero todavía no han abandonado nuestro Sistema

Solar,[1] el cual, a su vez, no es más que un puntito «en la periferia brillante de una galaxia mediana», tal y como cantan Maria Arnal y Marcel Bagés.

¿Cómo es posible entonces que sepamos tantas cosas sobre objetos situados a millones de años luz de distancia? ¿Cómo podemos conocer con tanto detalle algo a lo que jamás tendremos acceso directo?

Para responder estas preguntas, antes debemos plantearnos cuál es la materia prima con la que trabaja la astronomía. La respuesta es que se trata de algo que procede de los rincones más remotos del universo y que lleva consigo una huella del lugar donde surgió: la luz.[2] La luz y en general toda la radiación electromagnética que nos llega del exterior. Analizando su color, su intensidad y la dirección en la que viaja podemos saber de qué están hechas las estrellas, cuál es su temperatura y a qué distancia se encuentran de nosotros. Para ello, utilizamos telescopios, filtros y espectroscopios, pero el *instrumento* definitivo para medir lo inalcanzable son las poderosas relaciones matemáticas.

CUESTIÓN DE TRIANGULACIÓN

En el fondo no hace falta mirar hacia fuera para encontrarnos con medidas imposibles. Medir la distancia a las estrellas, al menos a las más cercanas, no es demasiado distinto de medir la altura de una montaña o la anchura de un río. Todos estos problemas cuentan con un aliado común...

---

1 En la página web de la NASA se puede consultar toda la información relativa a las sondas Voyager: https://voyager.jpl.nasa.gov/

2 Desde el año 2015 hemos abierto otra ventana al universo mediante la detección de ondas gravitacionales, que pueden proporcionarnos información complementaria a la de la luz.

La idea es la siguiente: los lados y los ángulos de las figuras geométricas guardan relaciones entre sí. Esto hace que a menudo podamos obtener el valor de alguno de ellos a partir del resto, sin necesidad de medirlo directamente. Entonces, si en nuestro entorno somos capaces de reconocer esas figuras y patrones geométricos, podremos utilizarlos para deducir ángulos y distancias a los cuales no tengamos acceso.

Una de las propiedades más conocidas de los triángulos es que la suma de sus ángulos internos vale 180°. Esto garantiza que si conocemos dos de los ángulos de un triángulo, podemos deducir inmediatamente el tercero, que debe valer lo necesario para llegar a 180°. He aquí un primer ejemplo de medida indirecta.

De entre todos los triángulos, probablemente el que más ventajas ofrece es el *triángulo rectángulo*, aquel que tiene un ángulo recto, es decir, de 90°. Por lo que acabamos de decir, eso implica automáticamente que los otros dos ángulos deben sumar 90°: si uno es de 45°, el otro también; si uno es de 30°, el otro de 60°, etc.

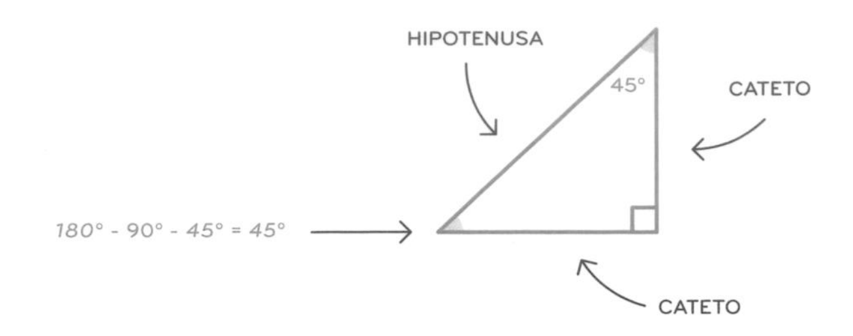

Los triángulos rectángulos son tan importantes que sus lados tienen nombre propio: los que forman el ángulo recto se llaman *catetos*, que etimológicamente significa *que cae perpendicularmente*; mientras que el tercer lado, y el más largo y opuesto al ángulo recto, es la *hipotenusa.*

Es posible que al oír *cateto* e *hipotenusa* en tu cabeza resuene el nombre de Pitágoras y empieces a ver cuadrados por todas partes. Si es así, estupendo, porque a eso vamos. Y si no sabes muy bien de qué te estoy hablando, te invito igualmente a acompañarme a la corte de la antigua isla de Samos, en pleno mar Egeo, hace más de 2500 años.

TRIÁNGULOS Y CUADRADOS

Te encuentras en el palacio de Polícrates, el tirano de la ciudad. Te dedicas a las matemáticas, la ciencia, la política y la filosofía. Has sido alumno de Tales de Mileto y de su discípulo Anaximandro, y de ellos has heredado el interés por las matemáticas y la astronomía. Has viajado por Egipto, Fenicia, Arabia, Babilonia y la India para conocer de primera mano los últimos avances científicos. Ahora, de vuelta en tu ciudad natal, has sido convocado por Polícrates para discutir sobre los avances militares de Cambises II, rey de Persia. Tu nombre es Pitágoras, Pitágoras de Samos.

Mientras esperas a recibir audiencia en un amplio salón del palacio, te distraes observando las lujosas baldosas cuadradas que recubren el pavimento. Entonces te das cuenta de que si cortas una baldosa en dos a lo largo de su diagonal, obtienes dos triángulos rectángulos iguales. Si a continuación dibujas un cuadrado sobre la hipotenusa de uno de los triángulos, ocupa cuatro mitades de baldosa, es decir, un área equivalente a la de dos baldosas. Por otra parte, si dibujas un cuadrado sobre cada uno de los dos catetos, ocupan exactamente una baldosa cada uno.

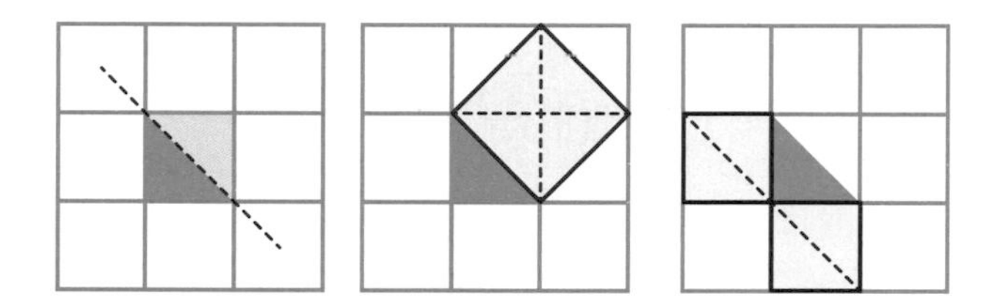

Eso significa que el cuadrado construido sobre la hipotenusa ocupa la misma área que los dos cuadrados construidos sobre los catetos juntos. ¡Eureka! Bueno, no, esa expresión en realidad es de Arquímedes y no la pronunciará hasta dos siglos más tarde. Pero, realmente, es para estar entusiasmado: acabas de realizar un descubrimiento capital en la historia de las matemáticas, que tendrá múltiples aplicaciones y que acompañará a cientos de generaciones de estudiantes de secundaria.

En realidad, la historia no fue del todo así. El teorema de Pitágoras no es de Pitágoras, sino que ya era conocido por diversas civilizaciones desde al menos mil años antes. Así lo atestigua una tablilla de arcilla hallada entre las ruinas de una antigua ciudad mesopotámica. En ella aparece el cálculo de la longitud de la diagonal de un cuadrado a partir de sus lados. Esto es equivalente a obtener la hipotenusa de un triángulo rectángulo a partir de sus catetos, que es lo que permite hacer el teorema de Pitágoras. Al parecer fueron los discípulos de Pitágoras, los pitagóricos, los que atribuyeron el hallazgo a su maestro. Ya lo ves, en ocasiones las evidencias se obstinan en mostrarnos los hechos tal y como fueron y no como debieron haber sido.

MIL CASOS NO HACEN UN TEOREMA, UNA DEMOSTRACIÓN SÍ

De todas maneras, quizá nos hayamos precipitado un poco. Siendo rigurosos, el ejemplo de las baldosas solo nos permite afirmar que, en un triángulo rectángulo isósceles, es decir, con dos lados iguales, se verifica una cierta relación entre sus lados. En matemáticas, que algo se cumpla en un solo caso no nos asegura que se vaya a cumplir siempre. Y no es suficiente comprobarlo en dos, tres o diez situaciones distintas, siempre podríamos encontrar una nueva que invalidara nuestra afirmación. Para tener un teorema necesitamos una demostración general, basada en argumentos lógicos o en otros resultados previamente aceptados.

Afortunadamente, no hay una, sino cientos de demostraciones del teorema de Pitágoras; hay quien afirma que son más de mil. Algunas se basan en relaciones algebraicas, otras utilizan argumentos geométricos y otras más juegan con propiedades físicas como la capacidad de unos recipientes o el peso de unos bloques de madera. Una simple búsqueda en internet te permitirá encontrar demostraciones para todos los gustos y colores.[3]

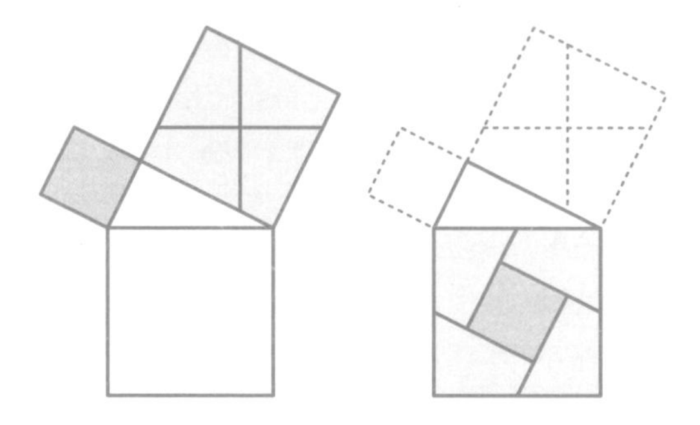

3 En el siguiente enlace se pueden ver diversas demostraciones animadas del teorema de Pitágoras: https://www.geogebra.org/m/BnPMKV3z

En la imagen tienes una de ellas. Como ves, los cuadrados construidos sobre los catetos se pueden descomponer en trozos con los que rellenar perfectamente el cuadrado construido sobre la hipotenusa. Este triángulo no es tan especial como el de antes; si lo sustituimos por cualquier otro triángulo rectángulo, seguiremos pudiendo aplicar la misma (de)construcción y eso hace que la demostración sea completamente general. Así que, ahora sí, podemos afirmar que en un triángulo rectángulo el área del cuadrado construido sobre la hipotenusa es igual a la suma de las áreas de los cuadrados construidos sobre los dos catetos. ¡Ya tenemos teorema!

EN BUSCA DEL LADO DESCONOCIDO

El teorema de Pitágoras es una herramienta ideal para efectuar medidas indirectas. Al estar relacionadas las áreas de los tres cuadrados, también lo están las longitudes de los lados del triángulo. Eso significa que si sabemos cuánto miden dos de los lados de un triángulo rectángulo, podemos determinar automáticamente cuánto mide el tercero.

Supón, por ejemplo, que debes instalar un cable de sujeción para asegurar una antena que mide 9 m de altura. El cable debe ir desde un gancho situado en el suelo a 12 m de la base de la antena hasta su extremo superior. ¿Cuántos metros de cable te hacen falta? La grúa no llega hasta mañana, y para entonces ya tienes que haber adquirido todo el material, así que vas a tener que calcularlo indirectamente. Para ello te fijas en que la antena debe ser perpendicular al suelo y, por lo tanto, formará, con este y con el cable, un flamante triángulo rectángulo.

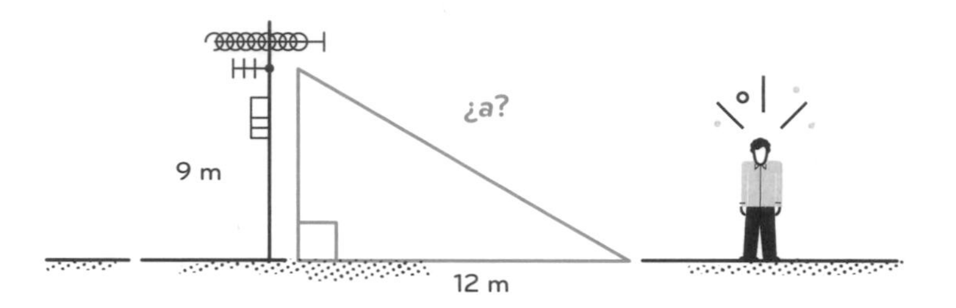

Como conoces la longitud de los dos catetos y buscas la longitud de la hipotenusa, es el momento de desenfundar el teorema de Pitágoras. Dibujas un cuadrado sobre cada uno de los lados del triángulo y te pones a calcular.

Primero calculas el área de los cuadrados construidos sobre los catetos y obtienes que son de 81 m^2 y 144 m^2, respectivamente. A continuación entra en juego el teorema de Pitágoras. La suma de esas dos áreas es igual al área del cuadrado construido sobre la hipotenusa: 81+144=225 m^2. Eso significa que el cable debe medir una longitud que elevada al cuadrado dé como resultado 225, esto es, 15 m. Como ves, los cuadrados del teorema te han servido de intermediarios para obtener una longitud desconocida —la de la hipotenusa— a partir de dos longitudes conocidas —las de los catetos—.

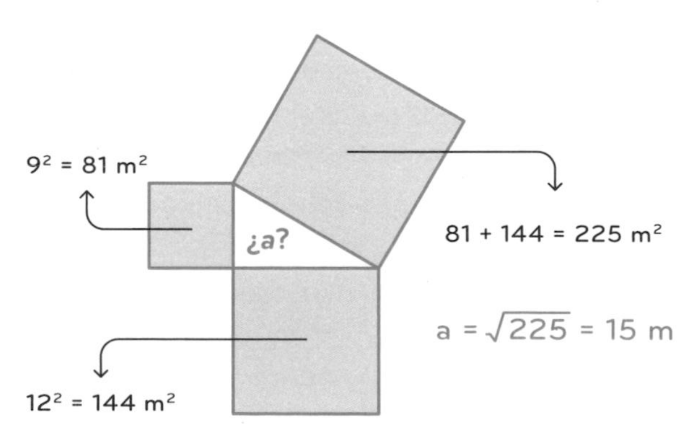

En la práctica no hace falta ni siquiera dibujar los cuadrados, sino que uno puede utilizar directamente la relación numérica entre las longitudes de los tres lados. Si, por ejemplo, llamamos *a* a la hipotenusa y *b* y *c* a los dos catetos, el teorema de Pitágoras se traduce en una igualdad algebraica con la cual se puede obtener cualquiera de los tres lados a partir de los otros dos.

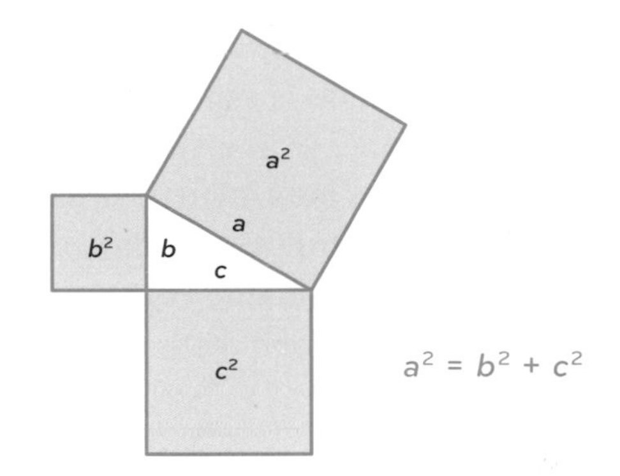

ALCANZANDO EL HORIZONTE

Quizá te estés preguntando por qué has acabado instalando antenas si tu propósito inicial era medir distancias imposibles. No te impacientes, porque ahora vamos a hacerlo y, además, a lo grande.

Dime si no qué puede haber más inalcanzable que el propio horizonte. Como decía Eduardo Galeano, tú caminas dos pasos y este se aleja dos pasos, caminas diez pasos y se aleja diez pasos más. Y, aun así, podemos saber exactamente a qué distancia se encuentra de nosotros.

La existencia del horizonte es una consecuencia directa de la forma esférica de la Tierra. Si te sitúas frente al mar y vas observando puntos cada vez más alejados, llegará un momento en que tu línea de visión pase rozando la superficie terrestre, es decir, en que sea *tangente* a la superficie. ¡Allí está el horizonte! Si miras en otra dirección, obtendrás otro punto igual, situado a la misma distancia. Y en otra dirección, otro más. Todos esos puntos forman, a tu alrededor, una circunferencia, que es tanto mayor cuanto más alto está el punto desde donde observas.

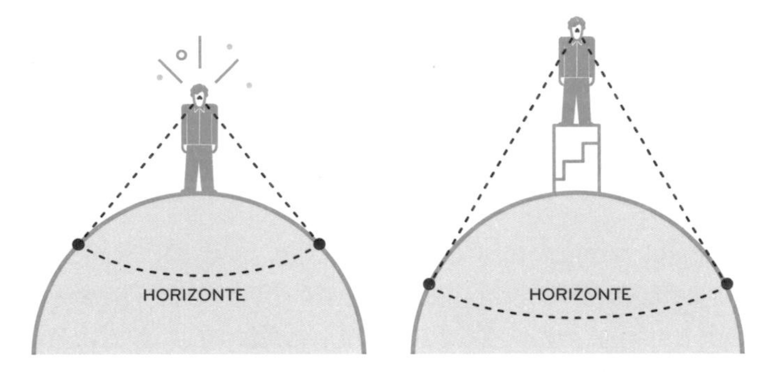

Para calcular la distancia hasta el horizonte basta con considerar una única dirección de observación, ya que, como acabamos de ver, todas son equivalentes. De nuevo, vamos a buscar algún triángulo en el que aplicar el teorema de Pitágoras.

El centro de la Tierra, el punto de observación desde nuestros ojos y el punto de tangencia forman un triángulo. Los lados son: el radio terrestre que conecta el centro de la Tierra con el punto de tangencia (c); la línea de visión, que va desde nuestros ojos al punto de tangencia (b); y la línea que conecta el centro de la Tierra con nuestros ojos (a).

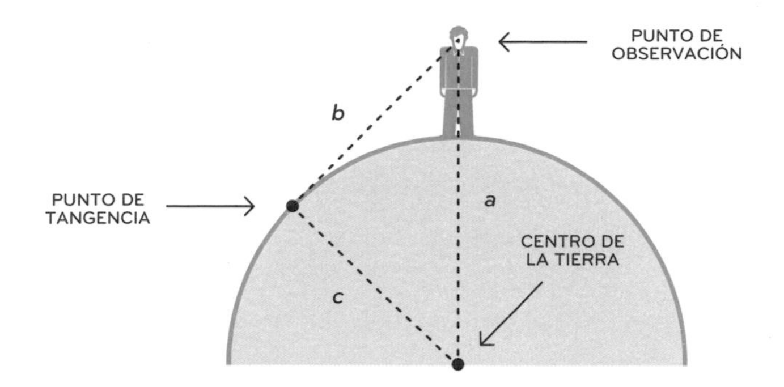

Resulta, además, que hay un teorema geométrico que nos asegura que una recta tangente a una circunferencia es siempre perpendicular al radio que sale desde el punto de tangencia. Eso significa que el triángulo que hemos dibujado es un triángulo rectángulo. Uno de sus catetos tiene la longitud del radio terrestre, la hipotenusa es igual a esa longitud más la altura del observador y la medida del otro cateto es precisamente la distancia al horizonte que queremos descubrir.

En el ejemplo de la antena que resolvimos previamente conocíamos los dos catetos y buscábamos la hipotenusa. Ahora, en cambio, el lado desconocido es uno de los catetos, así que debemos invertir la relación pitagórica. Si el cuadrado de la hipotenusa es equivalente a la suma de los cuadrados de los dos catetos, entonces el cuadrado de uno de los catetos debe ser equivalente al cuadrado de la hipotenusa menos el cuadrado del otro cateto:

$$a^2 = b^2 + c^2 \quad \leftrightarrow \quad b^2 = a^2 - c^2$$

Por lo tanto, este es el procedimiento a seguir: calculamos el cuadrado de la hipotenusa, le restamos el cuadrado del cateto conocido y extraemos la raíz cuadrada del resultado.

$$b = \sqrt{a^2 - c^2}$$

El radio terrestre mide 6371 km, lo cual equivale a 6 371 000 m. Por otra parte, podemos suponer que nuestros ojos están a 1,5 m de altura, lo cual implica que la hipotenusa mide 6 371 000+1,5= 6 371 001,5 m. Con esto y con la ayuda de Pitágoras, ya podemos obtener la longitud del otro cateto.

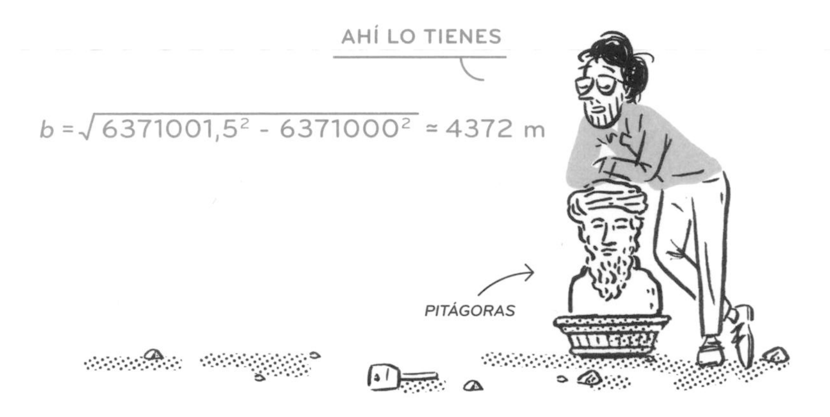

Desde una altura de un metro y medio puedes ver una distancia de algo más de 4 km. De entrada puede parecer una distancia considerable, pero a escala planetaria es prácticamente insignificante: la circunferencia terrestre mide alrededor de 40 000 km, de manera que 4 km representan tan solo una diezmilésima parte de esa longitud, es decir, un 0,01 %.

UN LADO MENOS, UN TRIÁNGULO MÁS

El triángulo rectángulo es, sin duda, un gran aliado para realizar medidas indirectas, puesto que se puede obtener la longitud de uno de los lados a partir de los otros dos. Pero voy a subir la apuesta: ¿qué ocurre si solo podemos medir directamente uno de los lados de un triángulo? Eso es algo que puede interesarte, por ejemplo, si te propones conocer la altura de un edificio en un día soleado.

Resulta que te han encargado diseñar una pancarta publicitaria que cubra toda la fachada, pero no te han especificado las medidas. Has estado llamando a las oficinas, pero, como es domingo, están cerradas, así que no te queda más remedio que dirigirte al edificio, con tu larguísima cinta métrica, e ingeniártelas para obtener la información por tus propios medios.

Mientras le das vueltas al asunto, un sol de justicia no te deja concentrarte, así que decides buscar cobijo bajo la sombra del edificio. Eso hace que se te ocurra una idea: el edificio y su sombra son perpendiculares y forman parte de un triángulo rectángulo, cuya hipotenusa es ese rayo de luz que pasa rozando la parte superior del edificio hasta llegar al suelo.

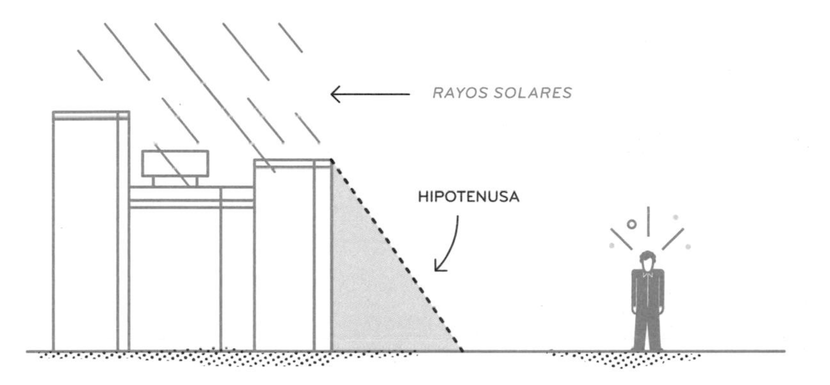

Entonces ya lo tienes: si hay un triángulo rectángulo, deberías poder aplicar el teorema de Pitágoras, ¿no es así? Lamentablemente, tras la euforia inicial, te das cuenta de que la cosa no va a ser tan fácil como creías, ya que solo puedes medir directamente uno de los lados del triángulo, el cateto horizontal, que es la sombra del edificio, pero no tienes acceso ni a la hipotenusa ni al otro cateto. Parece que estás de vuelta en la casilla de salida.

Desanimado, te alejas del edificio para tomar algo de perspectiva y te apoyas sobre el panel publicitario de una parada de autobús. Mientras piensas en lo cómodo que sería que tu pancarta tuviera que ir colocada allí, te das cuenta de que el panel también proyecta su propia sombra. «Mira, otro triángulo rectángulo. Se parece bastante al del edificio. ¿Podría estar ahí la clave para resolver mi problema?»

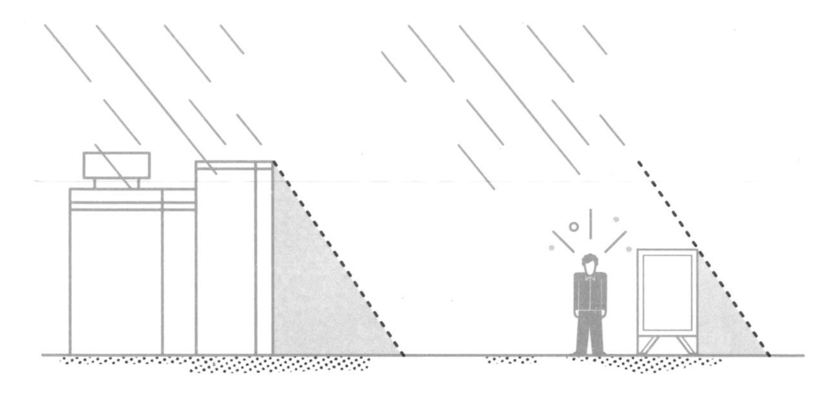

Efectivamente, los dos triángulos tienen una forma parecida. No es que sean iguales, porque su tamaño es distinto, pero es como si uno fuera la ampliación del otro. Cuando esto ocurre, decimos que los triángulos son *semejantes*. Para que dos triángulos sean semejantes, deben tener todos los ángulos iguales. Esto es lo que hace que la forma sea la misma, más allá del tamaño. En nuestro ejemplo, tanto el edificio como el panel están colocados perpendicularmente al suelo, es decir, que ambos forman un ángulo recto con sus respectivas sombras: primer ángulo igual. Como el Sol está muy lejos, los rayos que inciden sobre el edificio y los que lo hacen sobre el panel son prácticamente paralelos y, por lo tanto, tienen la misma inclinación respecto a la horizontal. Eso significa que los ángulos formados por los respectivos rayos y las respectivas sombras también son iguales: segundo ángulo igual. Y como los ángulos de un triángulo siempre deben sumar 180°, si los triángulos tienen dos ángulos iguales, entonces el tercero también debe serlo. Ya podemos afirmar, sin tapujos, que nuestros dos triángulos imaginarios tienen los tres ángulos iguales y que, por lo tanto, son semejantes.

Dos triángulos semejantes son proporcionales entre sí. Esto significa que la razón entre los lados se mantiene: si en un triángulo un cateto es el doble del otro, lo mismo ocurre en el segundo triángulo. Esta propiedad te va a resultar muy útil para hallar la altura del edificio, puesto que podrás relacionar las medidas del triángulo pequeño con las del triángulo grande. Pongamos que el panel mide dos metros y que su sombra mide medio metro, entonces, la razón entre ambas longitudes es igual a cuatro, lo cual significa que por cada metro de sombra hay cuatro metros de panel.

$$\frac{\text{ALTURA PANEL}}{\text{LONGITUD SOMBRA PANEL}} = \frac{2}{0{,}5} = 4$$

Y como el triángulo formado por el edificio es semejante al que forma el panel, en él debe darse esa misma relación: por cada metro de sombra del edificio debe haber cuatro metros de edificio. Así que, si la sombra del edificio mide diez metros, el edificio debe medir cuarenta metros.

$$\text{ALTURA EDIFICIO} = 4 \cdot \text{LONGITUD SOMBRA} = 4 \cdot 10 = 40 \text{ m}$$

Parece que al final lo has conseguido. Has obtenido el cateto de un triángulo rectángulo del cual solo conocías uno de los lados. Aunque, para ser sinceros, también has tenido que recurrir a otro triángulo semejante de dimensiones conocidas.

RELACIONES UNIVERSALES

La verdad es que ha sido una suerte que ese panel publicitario estuviera allí. De lo contrario, quién sabe cómo habrías resuelto el problema. Aunque, pensándolo bien, ¿tenía ese panel algo de especial? ¿Su forma o su tamaño han sido determinantes? ¿O podrías haber conseguido lo mismo con cualquier otro objeto que tuvieras a mano y que proyectara una sombra, como, por ejemplo, un bastón?

Si utilizas un bastón más bajo que el panel, su sombra también es más corta, mientras que si el bastón es más alto, su sombra también se alarga. Sin embargo, la razón entre ambas longitudes, la del bastón y la de su sombra, vale siempre lo mismo y es igual a la razón entre la altura del panel y la longitud de su sombra, que a su vez es igual a la razón entre la altura del edificio y la longitud de su sombra.[4]

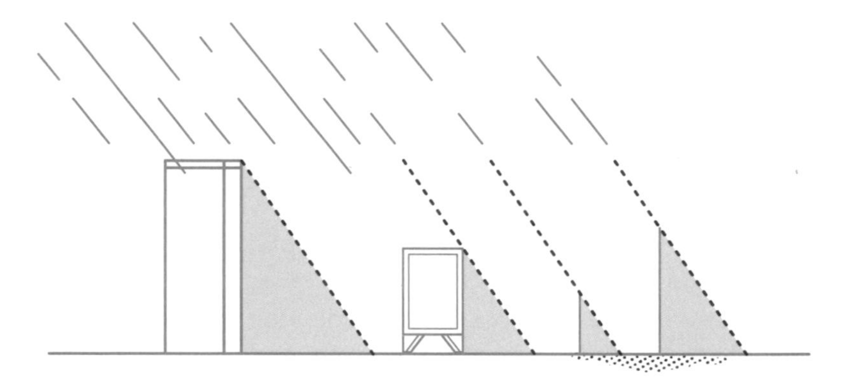

Mientras no cambien los ángulos de un triángulo, por mucho que lo ampliemos o lo reduzcamos las razones entre sus lados son siempre las mismas. Por lo tanto, parece que dichas razones no son una propiedad de un triángulo concreto, sino de sus ángulos. Dicho de otra manera, mientras los ángulos del triángulo no cambien, sus lados guardan siempre la misma relación entre sí. En el ejemplo anterior, los ángulos valían, respectivamente, 90°, 76° y 14°, así que si alguna vez te vuelves a encontrar con un triángulo que tenga estos mismos ángulos, ya sabrás de antemano que la razón entre sus dos catetos debe ser igual a cuatro.

Esta relación entre triángulos semejantes también te resulta muy útil otro día en que has de medir un nuevo edificio, pero las nubes no te permiten aplicar el *método de las sombras*. Por suerte,

---

4 Siempre que todas las medidas se tomen el mismo día a la misma hora para que los rayos del Sol tengan idéntica inclinación.

esta vez llevas contigo un *kit básico de medidas imposibles*, que incluye una cinta métrica, un puntero láser, un transportador para medir ángulos, papel y lápiz.

Una vez junto al edificio, te alejas una cierta distancia, que mides debidamente con la cinta, apoyas el láser en el suelo y lo apuntas hacia el extremo superior del edificio. Acabas de construir un nuevo triángulo rectángulo, cuyos catetos son el edificio y el tramo de suelo que te separa de él y cuya hipotenusa es el rayo luminoso que emite el aparato.

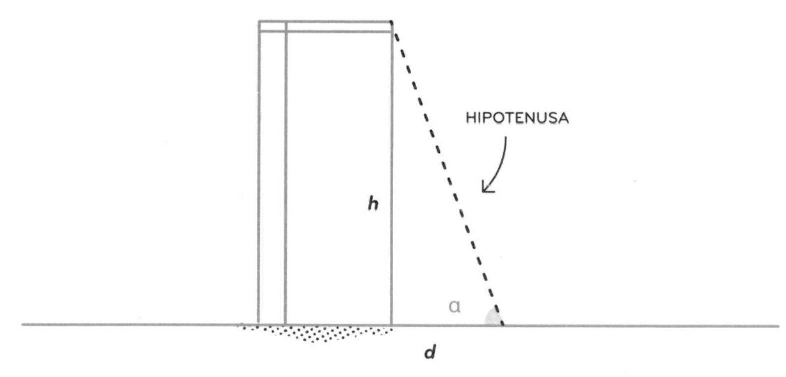

Igual que en el ejemplo anterior, solo has podido medir directamente uno de los lados —el cateto horizontal—, así que para completar tu cometido necesitarías un triángulo semejante en el que puedas medir los demás lados. Como no hay sol ni sombras ha llegado el momento de utilizar el resto de tu arsenal. Mides el ángulo que forman el láser y el suelo con la ayuda del transportador y, a continuación, dibujas sobre el papel un triángulo semejante al formado por el edificio. Eso te asegura que la razón entre los dos catetos dibujados vale lo mismo que la razón entre la altura del edificio y la distancia que te separa de él. Así que puedes medir esos dos catetos sobre la hoja de papel y utilizar la razón entre ambas longitudes para obtener la altura del edificio.

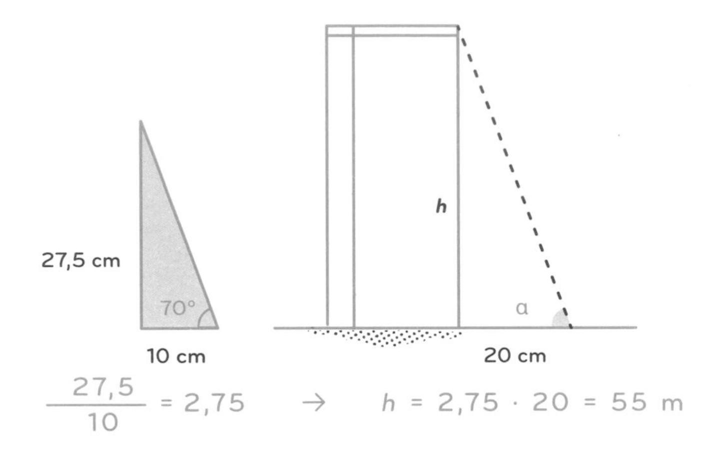

Este procedimiento no es complicado, pero resulta largo y tedioso. Sería mucho más cómodo que, en lugar de tener que dibujar cada vez un nuevo triángulo sobre el papel, existiera un servicio telefónico que se encargara de realizar todos esos pasos por ti. Tú llamarías y dirías: «Hola, buenos días, tengo un triángulo rectángulo con un ángulo de setenta grados y uno de veinte grados, ¿me podría usted decir la razón entre los catetos?». Y entonces, al otro lado del auricular, alguien dibujaría rápidamente el triángulo, mediría los lados, calcularía la razón y te diría: «Por supuesto, es 2,75, que tenga usted un buen día». Pues bien, te informo de que ya existe un servicio como ese y de que está completamente al alcance de cualquiera. Las razones entre los lados de cualquier triángulo rectángulo son bien conocidas desde hace siglos y están almacenadas en todas las calculadoras científicas.

Si tomas como referencia uno de los ángulos agudos de un triángulo rectángulo —por ejemplo, el de 70° en el ejemplo anterior—, la razón entre el cateto opuesto y el cateto adyacente se llama *tangente*[5] del ángulo y se suele indicar mediante el símbolo

---

5 Si bien ambos conceptos están relacionados, no hay que confundir la tangente (razón trigonométrica) con la recta tangente a una curva, que es aquella recta que «roza» a la curva en un solo punto.

tan o *tg*. Si utilizas una calculadora para evaluar cuánto vale la tangente de 70°, obtendrás, aproximadamente, 2,75, que es justo la razón que hemos obtenido antes a partir de los lados del dibujo.

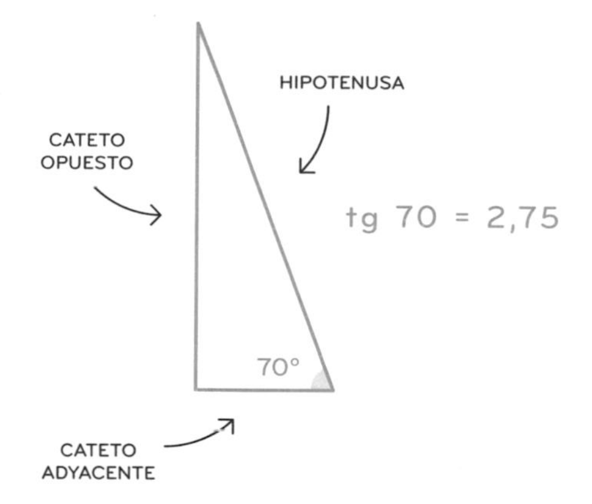

La tangente de un ángulo te dice, por lo tanto, cuántas unidades de cateto opuesto hay por cada unidad dc cateto adyacente. Por eso si multiplicas la tangente de un ángulo por la longitud del cateto adyacente, obtienes la longitud del cateto opuesto. Viceversa, si lo que conoces es la longitud dcl cateto opuesto a un cierto ángulo, dividiéndola entre el valor de su tangente obtienes la longitud del cateto adyacente.

A veces, los lados involucrados en nuestro procedimiento de medida pueden no ser los dos catetos, sino la hipotenusa y uno de los catctos. Las razones entre estas otras parejas de lados se llaman *seno* y *coseno* y también se pueden evaluar directamente con una calculadora.

$$\text{tg } \alpha = \frac{\text{CATETO OPUESTO}}{\text{CATETO ADYACENTE}}$$

$$\cos \alpha = \frac{\text{CATETO ADYACENTE}}{\text{HIPOTENUSA}}$$

$$\text{sen } \alpha = \frac{\text{CATETO OPUESTO}}{\text{HIPOTENUSA}}$$

A POR LAS ESTRELLAS

Ahora que ya dominas esto de la *triangulación*, podemos apuntar, por fin, hacia las estrellas. Una vez más, vamos a analizar antes un ejemplo algo más cercano que nos ayude a captar la idea general. En concreto, vas a medir la anchura de un río que no puedes atravesar. Para ello tomas como referencia un árbol que se encuentra en la otra orilla y te sitúas exactamente frente a él: en este momento, tu línea de visión es perfectamente perpendicular a la dirección del río y, por consiguiente, a la propia orilla. Clavas un palo en el lugar donde te encuentras y, a continuación, caminas en paralelo al río una cierta distancia, que anotas debidamente en tu libreta. Cuando te detienes, vuelves a observar el árbol: ahora tu línea de visión ya no es perpendicular a la orilla, sino que forma un ángulo agudo con ella. Como tienes dos puntos de referencia —el palo que has dejado clavado y el propio árbol—, puedes usar un teodolito para medir dicho ángulo.

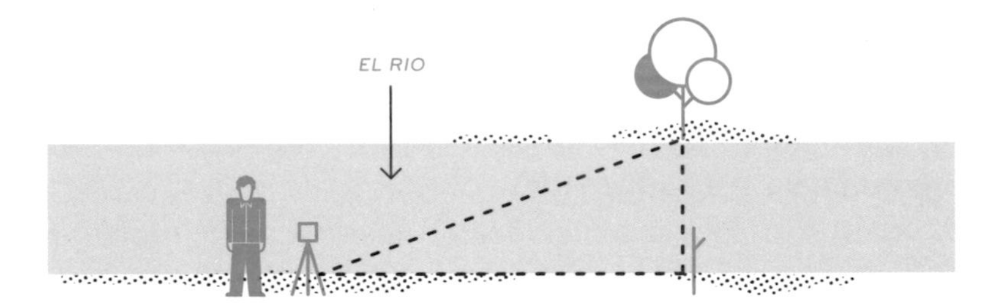

Parece que ya lo has vuelto a hacer: ahí tienes un nuevo triángulo rectángulo. Conoces un ángulo y la longitud del cateto adyacente, que es la distancia que has recorrido a lo largo de la orilla. En cambio, querrías conocer la longitud del cateto opuesto, que es precisamente la anchura del río. Sabes perfectamente cómo debes proceder: la calculadora te da el valor de la tangente del ángulo medido y, al multiplicarla por la longitud del cateto adyacente, obtienes la longitud del cateto opuesto.El método para medir la distancia a una estrella se parece mucho a lo que acabas de hacer, aunque con algunas salvedades. La primera es que, normalmente, los triángulos imaginarios que uno utiliza en las medidas astronómicas no son rectángulos. Eso no resulta demasiado problemático, ya que existen relaciones matemáticas parecidas a las que hemos visto aquí, pero aplicables a cualquier tipo de triángulo.

No obstante, más allá de estos detalles técnicos, existe una dificultad de tipo físico: para que el método anterior funcione, la separación entre los dos puntos de observación debe ser suficientemente grande en comparación con la distancia que pretendemos medir. Para entendernos, en el caso del río, si tras clavar el palo te desplazaras solo un milímetro, te resultaría muy difícil dibujar un triángulo rectángulo, ya que desde la segunda posición la línea de visión seguiría siendo prácticamente perpendicular a la orilla. Como la anchura del río es de unos cuantos metros, necesitas que la distancia entre los dos puntos de observación sea también de algunos metros. Esto supone un problema cuando queremos medir la distancia de objetos que están a billones de kilómetros de nosotros.

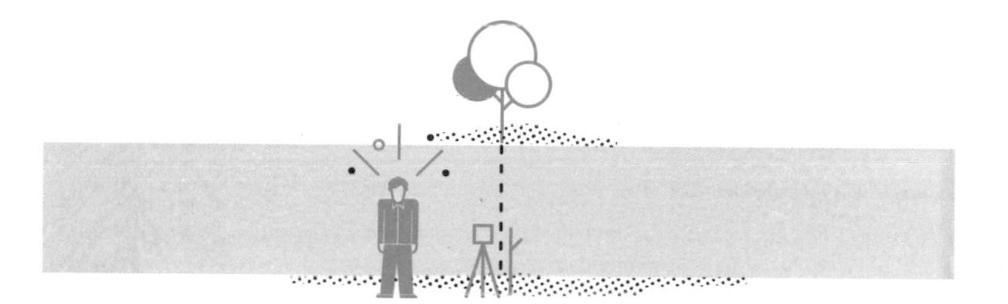

¿Cuál es la máxima separación con la que podemos efectuar dos observaciones de una misma estrella desde la Tierra? Podemos escoger dos puntos del planeta situados en las antípodas. De esta manera, la separación es igual al diámetro terrestre. Pero aún podemos conseguir una separación mayor si recordamos que, como dice la canción de Jorge Drexler, «estamos vivos porque estamos en movimiento».

Nuestro planeta describe alrededor del Sol una órbita cuyo radio mide unos 150 millones de kilómetros. Por lo tanto, si observamos una estrella con seis meses de diferencia, lo hacemos desde dos posiciones separadas por unos 300 millones de kilómetros. En realidad, esta separación sigue siendo muy pequeña en comparación con la distancia de las estrellas, pero es suficiente para estudiar los astros más cercanos.

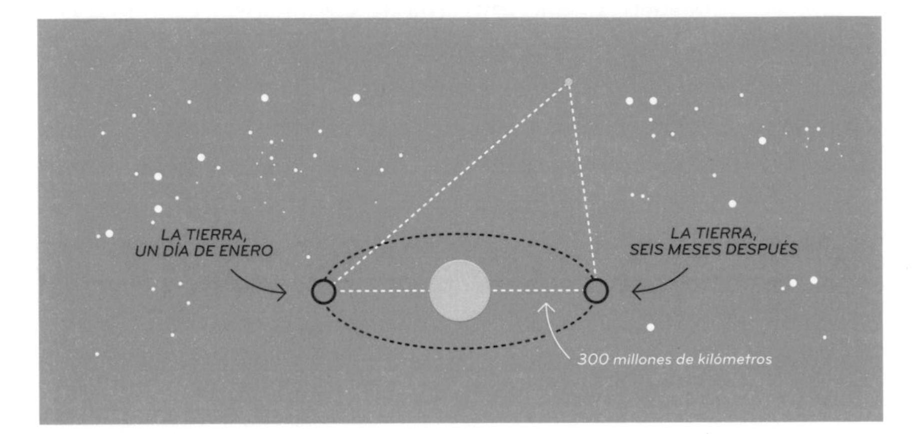

Así que un día de enero te diriges al observatorio más cercano y, desde allí, mides la inclinación de una determinada estrella en el firmamento. Seis meses después, en una noche cálida del mes de julio repites exactamente la misma medición. Entonces construyes un triángulo imaginario, formado por la estrella y por dos posiciones opuestas de la Tierra en su órbita. Con los datos recabados puedes deducir los ángulos de ese triángulo. Además, sabes que uno de los lados coincide con el diámetro de la órbita, que mide 300 millones de kilómetros. A partir de estas magnitudes es posible deducir la longitud de los otros lados, que es, precisamente, la distancia que separa a la estrella de nuestro planeta.[6]

---

6 Aunque en el dibujo no lo parezca, como la distancia de la estrella es tan grande respecto al diámetro de la órbita terrestre, los dos lados desconocidos del triángulo miden prácticamente lo mismo.

Los métodos que el ser humano ha ingeniado para medir de forma indirecta las distancias astronómicas son auténticas obras de arte del pensamiento y la observación. Las relaciones y leyes matemáticas son las naves espaciales que nos permiten alcanzar los lugares más recónditos de nuestro universo. Se trata de un proceso de descubrimiento paulatino y en el que cada nueva medida sirve de punto de apoyo para las siguientes. A partir de la distancia a la Luna se deduce la distancia al Sol; con esta, la distancia a las estrellas más cercanas; y después es el turno de las estrellas más lejanas y de otras galaxias hasta alcanzar los límites del universo observable.

Algo parecido ocurre en el universo matemático. El teorema de Pitágoras fue la inspiración que llevó al matemático francés Pierre Fermat a formular una famosa conjetura sobre números enteros en el siglo XVII.[7] La demostración de ese resultado no llegó hasta el año 1995 y en el proceso hubo que desarrollar nuevos conceptos matemáticos que, hoy en día, todavía se están investigando.

Alguien podría pensar que, más que ir reduciendo nuestra ignorancia, con cada nuevo descubrimiento incrementamos la lista de problemas por resolver, y que eso convierte la odisea del conocimiento en una quimera sin sentido. Yo, en cambio, doy gracias cada día de que no dejen de aparecer nuevas preguntas, porque sin ellas la vida me parecería terriblemente aburrida.

---

7 El teorema de Fermat-Wiles afirma que, si n es un número entero mayor o igual que 3, no es posible hallar tres números enteros x, y y z tales que se cumpla la igualdad: $x^n+y^n=z^n$.

CAPÍTULO

16

LA MAGIA DE LA PREDICCIÓN

Para predecir el movimiento de los planetas, para calcular los impuestos en una factura o simplemente por el mero placer de razonar, ¡resuelve una ecuación!

— CON LA PRESENCIA DE —

POTTER

LE VERRIER

MR. X

EN ESTE CAPÍTULO:

- Aprenderemos a deducir cantidades desconocidas a partir de una igualdad.
- Calcularemos el importe bruto de una factura a partir del importe neto.
- Analizaremos cómo es posible predecir la existencia de planetas, ondas y partículas elementales a partir de ecuaciones matemáticas.

La madrugada del 23 de septiembre de 1846, el astrónomo alemán Johann Gottfried Galle se encontraba inspeccionando el cielo nocturno desde el observatorio de Berlín junto a su ayudante Heinrich Louis d'Arrest. Andaban buscando un punto luminoso no catalogado en una región del firmamento que el francés y también astrónomo Urbain Le Verrier les había indicado.

Le Verrier pretendía resolver el problema de las anomalías observadas en la órbita del planeta Urano, que no acababa de ajustarse a lo predicho por la ley de la gravitación de Newton. Usando esta misma ley, había deducido que todo quedaría explicado si existiese un octavo planeta, nunca antes observado, más allá de la órbita de Urano. No solo había sido capaz de imaginar su existencia, sino que había predicho su masa, su distancia respecto al Sol y la dirección en que sus colegas berlineses debían apuntar el telescopio para sorprender in fraganti a ese *octavo pasajero* desconocido.

Galle y d'Arrest habían empezado sus observaciones alrededor de la medianoche. Galle había recitado mecánicamente las coordenadas de todas las estrellas que observaba desde el telescopio y, cada vez, d'Arrest había reaccionado, previo cotejo de las cartas astronómicas, con un lacónico «estrella conocida».

Cuando se acercaba la una de la madrugada, Galle cantó la posición de la siguiente estrella, pero en esta ocasión no obtuvo respuesta. Al cabo de unos segundos se oyó el ruido de una silla al caer al suelo. Galle miró en dirección a su joven colaborador y vio cómo este se acercaba a toda prisa agitando los mapas celestes. Al llegar a su lado, d'Arrest proclamó: «¡La estrella no está en el mapa! ¡No está en el mapa!». Acababan de descubrir el planeta Neptuno.

Este es uno de los episodios estelares que el astrofísico Marcus Chown describe con todo lujo de detalles en su libro *El instante mágico* (Blackie Books). Todas las historias que allí se narran hablan de grandes predicciones científicas que se han realizado sobre un papel a partir de cálculos matemáticos y que, más adelante, los experimentos se han encargado de confirmar. Esta capacidad humana de prever la existencia de planetas, partículas y ondulaciones del espaciotiempo tiene, desde luego, algo de mágico.

La física sirve para explicar cómo funciona el universo, pero también permite formular predicciones. La naturaleza no se comporta de manera caprichosa, sino que se rige por determinadas leyes, como las de Newton para el movimiento o las de Maxwell para el electromagnetismo. Estas leyes, a diferencia de las de un código civil, no se escriben con preámbulos, artículos y disposiciones transitorias, sino en forma de ecuaciones matemáticas.

JUGAR A SER ADIVINOS

Cuando pregunto a personas alejadas del ámbito científico qué es para ellas una ecuación, suelen responder que «es aquello de despejar la *x*».

Me parece un buen ejemplo de cómo a veces los árboles nos impiden ver el bosque. Así que, puestos a dar definiciones absurdas, déjame que contraataque diciendo que en realidad una ecuación es una forma de ejercer el antiguo y noble arte de la adivinación, tal y como ahora comprobaremos.

Probablemente hayas sido víctima alguna vez de uno de esos juegos en que te piden que pienses en un número y entonces te van diciendo que apliques una serie de operaciones: «súmale esto», «réstale esto otro», «multiplícalo por tanto», etc. Al final debes decir el resultado que has obtenido y, a partir del mismo, el adivino deduce cuál era la cantidad de partida.

Veamos si eres capaz de hacerlo. Empiezo por escoger un número. A continuación le añado cinco unidades, luego multiplico por cuatro y, a lo que obtengo, le resto veinte unidades. El resultado final es treinta y nueve. ¿Qué número he pensado inicialmente?

Puedes plantear la situación de la siguiente forma: hay una cantidad desconocida que quieres adivinar y sabes que si realizas una serie de operaciones sobre ella, obtienes exactamente treinta y nueve. Es decir, conoces el resultado de las operaciones, pero ignoras uno de los números que intervienen en ellas.

Por lo tanto, se trata de determinar qué valor debe tener ese número para que toda la expresión a la izquierda del signo de igualdad valga treinta y nueve. Para ello puedes ir deshaciendo la madeja: sumar lo que he restado, dividir entre la cantidad por la que he multiplicado y restar lo que he sumado. Sin embargo, esto puede resultar largo y laborioso si lo que pretendes es ejecutarlo de golpe y dejar boquiabierta a la víctima de tu truco. Afortunadamente, con un par de cálculos podemos facilitar el proceso.

La expresión a la izquierda del signo de igualdad se puede simplificar. En primer lugar, hay un paréntesis, cuyas operaciones tienen prioridad respecto al resto, pero como lo que contiene es una suma entre una cantidad desconocida, *n*, y una conocida, 5, no podemos hacer demasiado. Por lo tanto, pasamos a la multiplicación. La propiedad distributiva nos dice que podemos multiplicar el 4 por cada una de las cantidades que hay dentro del paréntesis. Así que multiplicamos y, entonces, nos quedan dos cantidades numéricas que se eliminan la una a la otra.

Efectivamente, la expresión ha quedado bastante simplificada. Ahora nos dice que el número que yo te he dado al final de la secuencia de operaciones —el 39— es el cuádruple del que había pensado al principio. Por lo tanto, para completar tu actuación debes encontrar un número que, multiplicado por cuatro, dé como resultado treinta y nueve o, dicho de otra manera, debes dividir treinta y nueve entre cuatro: n=39/4=9,75. Puedes comprobar que, efectivamente, si sumas cinco a este número, multiplicas por cuatro y restas veinte, acabas obteniendo treinta y nueve.

Quizá me estés maldiciendo por haber escogido un número tan poco ortodoxo, pero tal vez no hayas caído en que 9,75 es lo mismo que 9 y ¾ y ese es ni más ni menos que el número de andén desde el cual Harry Potter toma el tren que conduce al colegio Hogwarts de Magia y Hechicería: sin duda, un lugar a tener en cuenta ahora que te has iniciado en el arte matemático de la adivinación.

¿CUÁNTO DEBO PONER PARA QUE ME DÉ...?

Descubrir cantidades desconocidas que satisfagan una cierta condición tiene también interesantes aplicaciones prácticas en el ámbito de la contabilidad. Una de las consultas que recibo más a menudo tiene que ver con los distintos importes que hay que consignar en una factura. Por ejemplo: «¿Qué importe bruto debo poner para que me queden 1000 € netos teniendo en cuenta que la retención de IRPF es del 15 %?».

Se trata de buscar una cantidad tal que al restarle su 15 % obtengamos como resultado 1000 €. De entrada, la tentación es calcular el 15 % de los 1000 € y sumarlo. Esto puede llevar a una divertida contradicción cuya causa suele costar entender: el 15 % de 1000 € son 150 €; al sumar esa cantidad a los 1000 €, se obtiene un importe bruto de 1150 €; pero si ahora calculamos el 15 % de

1150 € el resultado es de 172,50 €, de manera que, al descontarlos, nos quedan 977,50 € en lugar de los 1000 € que queríamos. Parece que hemos hecho un mal negocio. Obviamente, el problema es que lo que hemos restado al importe bruto no es lo que le habíamos sumado al importe neto.

El error es que a los 1000 € no hay que añadirles su 15 %, sino el 15 % de una cantidad que todavía no conocemos. Así que, más que ir calculando las distintas cantidades paso a paso, vamos a plantear la condición matemática que deben cumplir todas ellas y, a partir de ahí, deduciremos lo que andamos buscando. La cantidad desconocida es el importe bruto (*b*). La retención de IRPF es el 15 % del valor bruto, es decir, $0{,}15 \cdot b$. Lo que queremos *imponer* es que el importe bruto menos su 15 % sea igual a 1000 €, y eso en lenguaje algebraico se traduce como:

$$b - 0{,}15b = 1000$$

Por supuesto, calcular una cantidad menos su 15 % es equivalente a multiplicarla directamente por su 85 %, lo cual nos permite simplificar la igualdad anterior:

$$0{,}85 \cdot b = 1000$$

Como la división es la operación inversa de la multiplicación, para encontrar el número que multiplicado por 0,85 da como resultado 1000, podemos dividir 1000 entre 0,85, lo cual da como resultado un importe bruto de 1176,50 €.

$$b = 1000 \text{ €} / 0{,}85 = 1176{,}50 \text{ €}$$

Si ahora calculamos el 15 % de esa cantidad, obtenemos que el IRPF es de 176,50 €.

$$0{,}15 \cdot 1176{,}5 \text{ €} = 176{,}50 \text{ €} \leftarrow \text{IRPF}$$

Y esa es exactamente la cantidad necesaria para que nos queden 1000 € netos.

DEDUCIR MÁS QUE DESPEJAR

No sé si eres consciente de ello, pero tanto en la adivinanza numérica como en el problema de la factura hemos resuelto una ecuación. Una ecuación no es más que una igualdad matemática en la que aparecen cantidades desconocidas, que llamamos *incógnitas*. Resolver una ecuación significa determinar qué valor o valores deben tener las incógnitas para que la igualdad sea cierta. A menudo, lo que hace que cunda el pánico al ver una ecuación es simplemente la forma en la que está escrita. Leer $3x-7=5$ suele generar rechazo, pero la cosa cambia si se ve lo mismo representado con dibujos o, simplemente, con una caja vacía en lugar de la x.

Sin embargo, al margen de cómo lo expresemos, el reto no cambia: se trata de descubrir una cantidad desconocida, tal que, si la multiplicamos por tres y luego restamos siete, obtenemos cinco. La manera en que representemos la cantidad desconocida es lo de menos, podríamos llamarla simplemente *cosa*. El matemático y poeta persa Omar Jayam utilizaba el término árabe *shay*, que significa precisamente *cosa* o *algo*. Cuando su obra se tradujo al castellano, se transcribió como *xay* y de ahí derivó el uso de la letra *x* para designar las incógnitas. Y esto, a su vez, ha hecho que llamemos *Mr. X* a un personaje inquietante y desconocido o *rayos X* a un tipo de radiación nunca antes detectada.

En cualquier caso, resolver una ecuación no consiste en *despejar la x*, sino en descubrir el valor de una cantidad desconocida, que debe cumplir una cierta relación de igualdad. Para ello podemos emplear distintas estrategias. Por ejemplo, podemos aplicar las relaciones entre operaciones inversas:

*Si al restar 7 de 3*x *obtenemos 5,*
*al sumarle el 5 al 7 debemos obtener 3*x*:*

$$3x - 7 = 5 \rightarrow 5 + 7 = 3x \rightarrow 12 = 3x$$

Y si 12 es el triple de x*,*
entonces x *es la tercera parte de 12:*

$$12 = 3x \rightarrow x = 12 / 3 = 4$$

Para saber si el valor obtenido es correcto,
podemos comprobar si con él se cumple la
igualdad original:

Hay muchos ejemplos de ecuaciones que parecen complicadas pero que son bastante abordables si nos enfrentamos a ellas paso a paso, hasta estrechar el cerco alrededor de la incógnita.

Si la ecuación es:

$$2x^2 + 3 = 53$$

$2x^2$ debe ser igual a 50, para que al sumarle 3, nos dé 53.

$$2x^2 = 50$$

x^2 debe ser igual a 25, para que el doble valga 50.

$$x^2 = 25$$

Si x es igual a 5, al elevarlo al cuadrado obtenemos 25. Y si x es igual a –5, también.

$$x = \pm 5$$

ECUACIONES VISUALES

Hay ocasiones en que el camino para hallar el valor de la incógnita de una ecuación no resulta tan evidente como en los ejemplos anteriores. Entonces conviene aplicar procedimientos más metódicos y sistemáticos. Para ver cómo funcionan, empecemos por el siguiente ejemplo: un número multiplicado por cinco más una unidad debe ser igual a ese mismo número multiplicado por tres más seis unidades:

$$5x + 1 = 3x + 6$$

El hecho de que en este caso la incógnita aparezca a ambos lados de la igualdad es lo que dificulta un poco más la resolución de la ecuación. Por supuesto, siempre tenemos la posibilidad de ir probando distintos valores de x hasta obtener un ajuste perfecto. A veces, esto enseguida da buenos resultados, mientras que otras resulta poco eficiente:

x	$5x + 1$	$3x + 6$	¿SON IGUALES?
1	$5 \cdot 1 + 1 = \mathbf{6}$	$3 \cdot 1 + 6 = \mathbf{9}$	NO
2	$5 \cdot 2 + 1 = \mathbf{11}$	$3 \cdot 2 + 6 = \mathbf{12}$	NO
3	$5 \cdot 3 + 1 = \mathbf{16}$	$3 \cdot 3 + 6 = \mathbf{15}$	NO

Para darle algo más de sentido a la ecuación y conseguir alguna pista sobre cómo resolverla, conviene representarla de una manera más visual. Por ejemplo, podemos imaginar que las cantidades representan bloques de distintas alturas apilados los unos sobre los otros. La relación de igualdad impone que ambas columnas deben tener la misma altura.

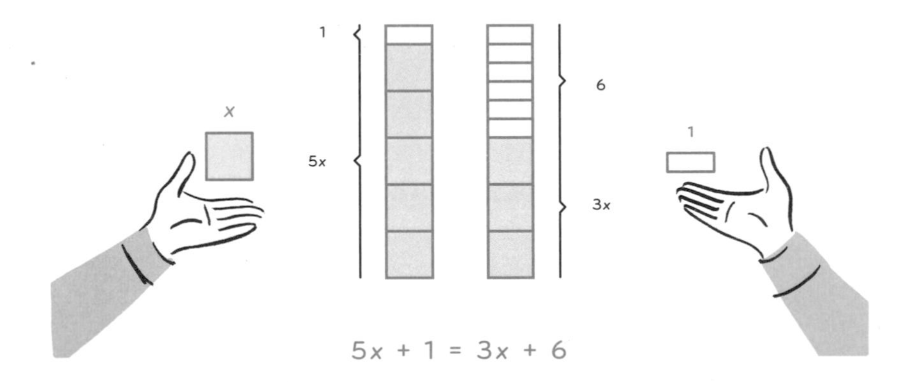

A partir de aquí podemos ir transformando las dos columnas hasta que el valor de x aparezca como por arte de magia. Lo primero que hacemos es quitarnos de en medio los tres bloques de x que se repiten en la base de cada columna. Esto hace que la altura de las dos pilas cambie, pero no dejan de ser iguales entre sí.

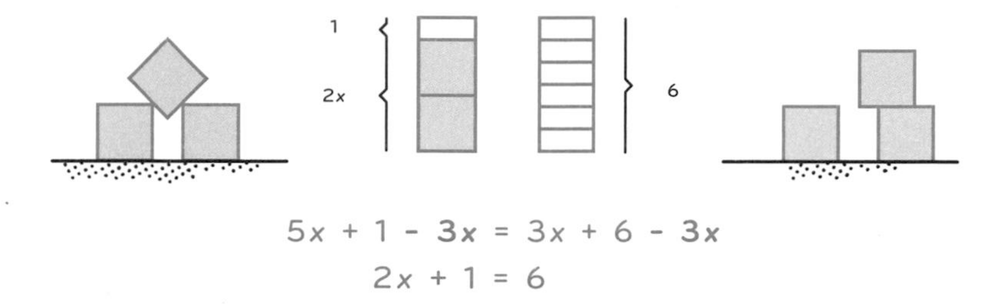

$$5x + 1 - \mathbf{3x} = 3x + 6 - \mathbf{3x}$$
$$2x + 1 = 6$$

De esta manera convertimos la ecuación original en una distinta pero equivalente. A pesar de tener un aspecto diferente, la solución de esta nueva ecuación es la misma que la de la original. Dicho de otro modo: si los bloques x tienen la altura necesaria para que estas dos columnas sean iguales, también harán que las dos columnas iniciales sean iguales entre sí.

Por otro lado, en la parte superior también hay un bloque que se repite, así que, de nuevo, podemos eliminarlo de ambas columnas:

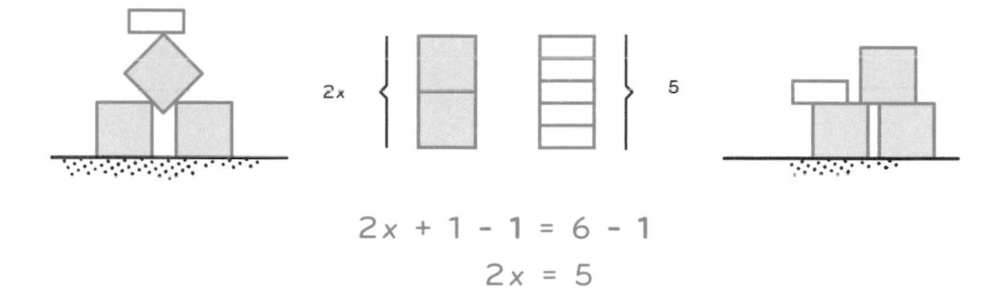

$$2x + 1 - 1 = 6 - 1$$
$$2x = 5$$

Ahora ya no hay nada repetido, pero como en la columna izquierda tenemos dos bloques correspondientes a la incógnita y solo queremos conocer el valor de uno de ellos, podemos aplicar una decisión salomónica y partirlo todo por la mitad.

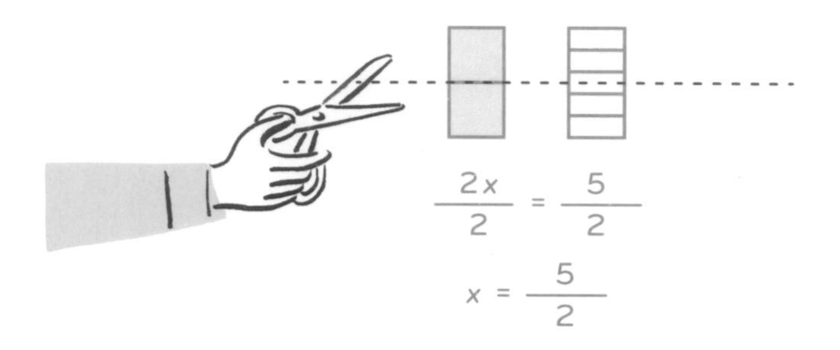

¡Et voilà! Para que la igualdad original sea cierta, el valor de x debe ser la mitad de cinco, es decir, cinco mitades o 2,5. Efectivamente, si multiplicas 2,5 por cinco y le sumas uno, obtienes lo mismo que si lo multiplicas por tres y le sumas seis, tal y como requería la ecuación inicial.

MANTENER EL EQUILIBRIO

Como todos los modelos, este de las dos columnas también tiene sus limitaciones. Por ejemplo, si en la ecuación aparece alguna cantidad negativa, no está claro cómo podríamos representarla. Por eso, en lugar de igualar alturas, también podemos equilibrar el peso de los platos de una balanza.

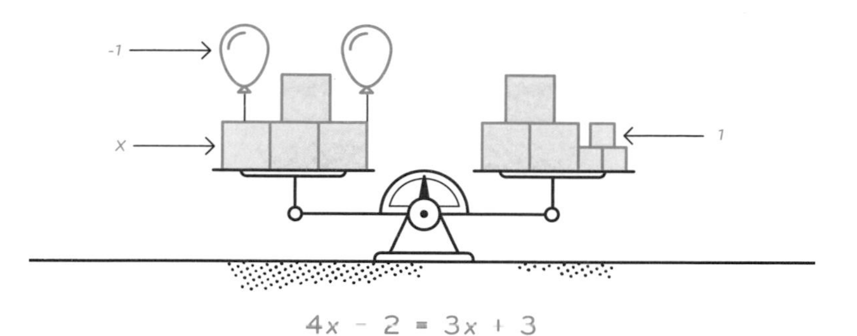

$$4x - 2 = 3x + 3$$

En este modelo hay bloques de peso conocido, que representan los números positivos de la ecuación, y bloques de peso desconocido, que representan la incógnita. La novedad es que las cantidades negativas se pueden representar como globos de helio que realizan el efecto opuesto al de un peso: en lugar de empujar hacia abajo, tiran hacia arriba. Si en un plato coinciden un globo y un bloque de una unidad de peso, sus efectos se contrarrestan, ya que sumar uno y menos uno da como resultado cero.

Para resolver la ecuación podemos quitar o añadir los objetos que queramos, lo importante es que hagamos lo mismo en ambos platos para garantizar que la balanza sigue equilibrada. El objetivo es que en uno de ellos nos quede un único bloque correspondiente a la incógnita y, así, poder leer directamente su valor en el otro plato. Veámoslo paso a paso.

En el ejemplo que he propuesto hay tres bloques de peso desconocido repetidos en ambos platos, así que podemos quitarlos sin desequilibrar el conjunto.

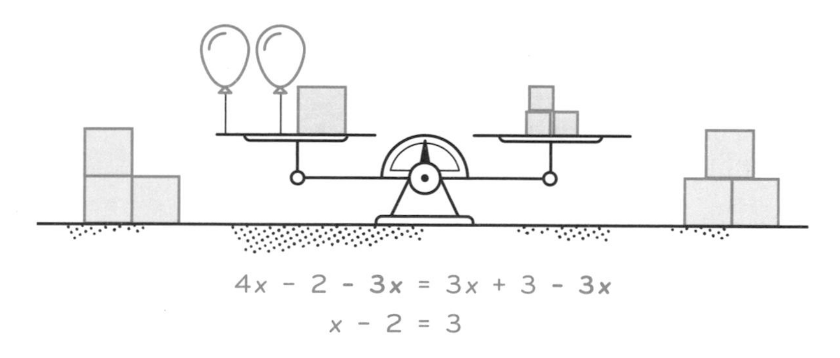

$$4x - 2 - \mathbf{3x} = 3x + 3 - \mathbf{3x}$$
$$x - 2 = 3$$

Ahora ya no hay nada repetido, así que para eliminar los globos necesitamos añadir al primer plato dos bloques de una unidad que compensen su tracción hacia arriba. Entonces, para que se mantenga el equilibrio en la balanza, hay que añadir también dos bloques iguales en el plato de la derecha.

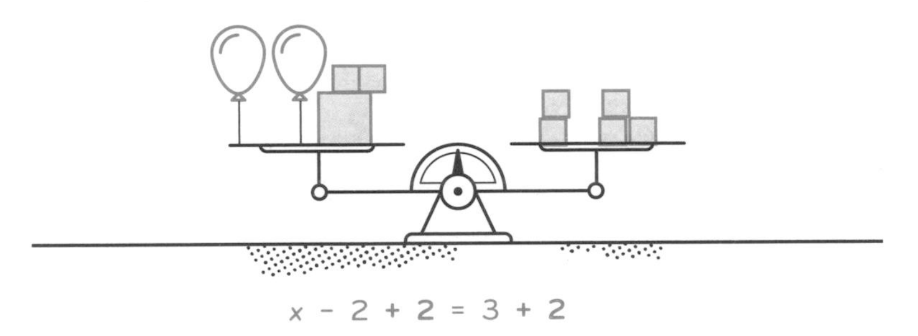

$$x - 2 + 2 = 3 + 2$$

De esta manera, el bloque de la incógnita del primer plato se queda solo y ya podemos saber cuánto vale su peso.

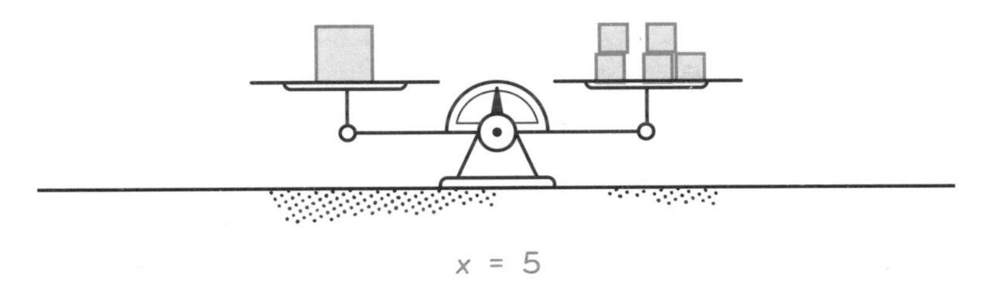

$$x = 5$$

Añadir o quitar objetos en las columnas apiladas o en los platos de una balanza equivale a sumar o restar cantidades en la igualdad algebraica. E igual que sumamos y restamos, también podemos multiplicar o dividir. Lo crucial es que siempre debemos realizar la misma operación a ambos lados de la igualdad. Esto nos permite ir transformando la ecuación original hasta que conseguimos que solo nos quede la incógnita igualada a su valor, es decir, hasta que la x nos quede bien *despejada*.

Quizás alguna vez te explicaron aquello de que «en una ecuación, un número pasa al otro lado cambiado de signo». En mi humilde opinión, cuando se dice eso, es el principio del fin. Este tipo de reglas mecánicas y sin justificación convierten la resolución de ecuaciones en algo arbitrario y sin sentido. No es que la afirmación sea rotundamente falsa, pero enmascara lo que de verdad significa resolver una ecuación, ya que «pasar al otro lado» no es ninguna operación matemática. Lo que hacemos cuando queremos eliminar una determinada cantidad de un lado de la igualdad es añadirle la cantidad opuesta. Y para que la igualdad se siga manteniendo, agregamos lo mismo al otro lado del signo de igualdad. El efecto final de todos estos pasos es que parece que la cantidad original haya saltado al otro lado del igual y que, al hacerlo, haya cambiado de signo.

No hay nada de malo en utilizar técnicas que ayuden a agilizar el cálculo, pero es mejor no empezar por allí. Deberíamos llegar a ellas por nuestra propia cuenta, a base de probar una y otra vez y de observar que todo el rato pasa lo mismo y que, por lo tanto, podemos obviar algunos pasos intermedios. Descubrir cantidades desconocidas mediante ecuaciones puede parecer algo mágico, pero eso no significa que debamos aplicar recetas crípticas y misteriosas como si fuéramos realmente unos hechiceros.

DOS SON MULTITUD

¿Y qué ocurre si en una ecuación aparece más de una incógnita? Por ejemplo, imagina que en nuestra balanza aparecen dos tipos de pesos desconocidos: tres cuadrados en un plato y dos triángulos en el otro. Como, en principio, ambas figuras pueden tener pesos distintos, utilizaremos la letra *x* para referirnos al del cuadrado y la letra *y* para referirnos al del triángulo. Entonces equilibrar esta balanza correspondería a resolver la ecuación $3x=2y$.

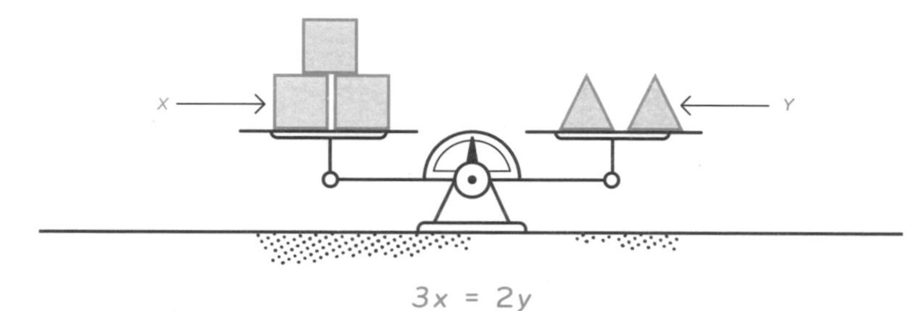

Para resolver esta ecuación hay que encontrar una pareja de valores, *x* e *y*, que garanticen que la balanza se mantenga en equilibrio. Podría ser, por ejemplo, que el cuadrado pesara 2 kg y el triángulo 3 kg. Pero también hay otras opciones: que el cuadrado pese 4 kg y el triángulo 6 kg, que el cuadrado pese 1 kg y el triángulo 1,5 kg, etc.

3x = 2y	
x	y
2	3
4	6
1	1,5
6	9

Como ves, hay más de una solución; de hecho, hay infinitas. Eso no significa que las dos incógnitas puedan tomar dos valores cualesquiera: si el cuadrado vale 2 kg, el triángulo no puede valer 5 kg. Sin embargo, dado un valor de *x*, siempre podemos encontrar un valor correspondiente de *y* que haga que se cumpla la igualdad.

Ahora bien, si ese cuadrado y ese triángulo son objetos concretos, deben tener unos pesos bien definidos. Lo que ocurre es que una única balanza en equilibrio no nos proporciona suficiente información para determinarlos de manera unívoca. La cosa cambia si una segunda balanza nos indica que el cuadrado y el triángulo pesan, conjuntamente, 10 kg. Eso se traduce en una nueva ecuación, formada por las dos incógnitas: $x+y=10$.

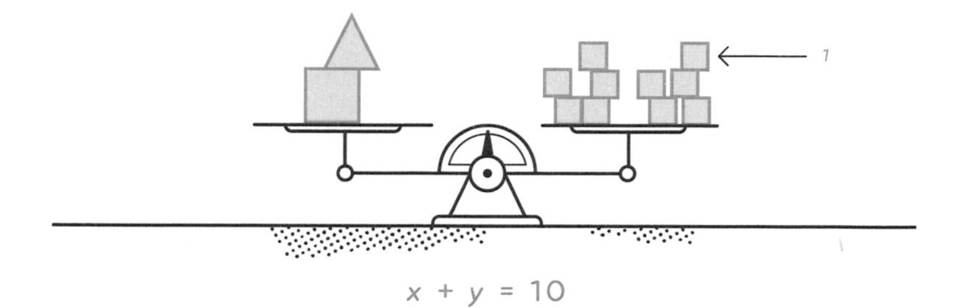

En este caso, también hay infinitas maneras de satisfacer la igualdad: que las dos figuras pesen 5 kg, que el cuadrado pese 4 kg y el triángulo 6 kg, que el cuadrado pese 7 kg y el triángulo 3 kg, etc. Pero no todas ellas cumplen también la otra igualdad. Si queremos que ambas balanzas se mantengan en equilibrio, solo hay una opción: que el cuadrado pese 4 kg y que el triángulo pese 6 kg.

$3x = 2y$	
x	y
2	3
4	6
1	1,5

$x + y = 10$	
x	y
5	5
4	6
7	3

Cuando buscamos valores de cantidades incógnitas que satisfacen simultáneamente más de una ecuación, resolvemos un *sistema de ecuaciones*. A veces, resulta suficiente con listar algunas de las posibles soluciones de cada una de las ecuaciones e identificar cuál de ellas se repite. En cambio, en muchos otros casos hay que aplicar procedimientos sistemáticos algo más complicados. No obstante, más allá de las dificultades técnicas, el significado sigue siendo el mismo: hallar un conjunto de valores que cumplan, al mismo tiempo, más de una condición.

¿DÓNDE Y CUÁNDO?

La capacidad de deducir cantidades desconocidas a partir de una determinada igualdad matemática es lo que hace de las ecuaciones una herramienta ideal para realizar predicciones sobre el comportamiento de la naturaleza. Si sueltas una bola de plomo desde una cierta altura, esta no se moverá de cualquier manera, sino que caerá a un ritmo bien definido según una ley física. Este comportamiento se traduce en una ecuación que relaciona la distancia recorrida y el tiempo empleado. Mediante esta ecuación puedes deducir cuánto tardará la bola en impactar con el suelo a partir de la altura desde donde la sueltas.

Si hay dos objetos en movimiento, tendrás dos ecuaciones. Por ejemplo, imagina que has detectado un asteroide de grandes dimensiones que se dirige peligrosamente hacia la Tierra. Conoces la ecuación que describe su movimiento y, gracias a ella, puedes prever con exactitud cuándo se va a producir el impacto. Sin embargo, no piensas aguardar al desastre de brazos cruzados, sino que has ideado un plan para aniquilar la gigantesca roca lanzándole una potente carga explosiva que la desintegre antes de que entre en la atmósfera terrestre. El desplazamiento de tu proyectil y el tiempo transcurrido desde el lanzamiento también están ligados por una ecuación, de manera que puedes saber dónde se encontrará en cualquier momento o, viceversa, cuánto tardará en llegar a cualquier punto de su trayectoria.

Obviamente, para que se produzca la colisión, ambos cuerpos deben pasar por un mismo punto del espacio, pero con eso no basta: si el asteroide está en un determinado lugar a las tres de la madrugada y el explosivo no llega allí hasta las cinco de la tarde, no hay contacto alguno. El choque tiene lugar si los dos objetos se encuentran en el mismo sitio al mismo tiempo. Como la ubicación y el tiempo de cada uno se rigen por sendas ecuaciones, debes determinar una pareja de valores que sea simultáneamente solución de ambas, es decir, debes resolver un sistema de ecuaciones.

Y si sustituyes esos dos cuerpos por una estrella y ocho planetas orbitando a su alrededor, el número de ecuaciones aumentará, y también lo hará su complejidad, pero la esencia seguirá siendo la misma. Resolviendo esas ecuaciones podrás anticipar dónde y cuándo debe encontrarse cada planeta para provocar determinados efectos sobre sus compañeros. Así predijo Urbain Le Verrier dónde había que enfocar el telescopio la madrugada del 23 de septiembre de 1846 para encontrar un nuevo planeta. Y así es como actualmente se intenta encontrar un hipotético *planeta nueve* más allá de la órbita de Neptuno.[1]

¡No es magia, son ecuaciones! Lo que permite que la ciencia explique la realidad de manera tan detallada y que realice predicciones contrastables mediante mediciones precisas es su estructura matemática. La idea fundamental es siempre la misma: una determinada igualdad entre distintas magnitudes físicas permite deducir una de esas magnitudes a partir del conocimiento de las otras.

Las ecuaciones que describen el comportamiento de la naturaleza surgen de la experiencia, pero, a partir de allí, tienen vida propia. Cuando nos ponemos a resolverlas y a buscar todas sus soluciones, podemos encontrarnos con sorpresas que ni siquiera habíamos imaginado, como la existencia de ondas electromagnéticas o la expansión del universo.[2]

---

1 Villaver, E., «Planeta 9 o Planeta X: ¿Un nuevo miembro en el club del Sistema Solar?», *El País*. https://elpais.com/ciencia/2021-09-14/planeta-9-o-planeta-x-un-nuevo-miembro-en-el-club-del-sistema-solar.html

2 En su libro *El instante mágico*, Marcus Chown también nos explica cómo el descubrimiento de estos fenómenos estuvo precedido por una predicción teórica basada en cálculos matemáticos.

Otras veces, en cambio, esas mismas ecuaciones nos conducen a resultados que carecen de sentido físico. En la mayoría de casos no se trata de un error, sino de un aviso de que hemos alcanzado los límites de nuestro conocimiento actual del universo. Para ir más allá, tenemos que desarrollar nuevas teorías, que también se podrán expresar en forma de ecuaciones y que harán que la magia vuelva a comenzar.

CAPÍTULO

17

RELACIONES MODÉLICAS

Bajo un universo de aspecto múltiple y diverso laten un conjunto de leyes universales que podemos modelizar mediante funciones matemáticas.

— CON LA PRESENCIA ESTELAR DE —

HUBBLE

LEAVITT

SLIPHER

EN ESTE CAPÍTULO:

- Identificaremos patrones en conjuntos de datos numéricos.
- Compararemos el coste de servicios con una parte fija y una parte variable.
- Describiremos fenómenos físicos y biológicos mediante funciones matemáticas.
- Reconoceremos los mismos modelos matemáticos tras fenómenos aparentemente muy dispares.

Un agujero negro es, sin duda, uno de los objetos más fascinantes e increíbles del universo. Se trata de una concentración desmesurada de energía que da lugar a una región del espacio en la que la atracción gravitatoria es tan intensa que nada, ni siquiera la luz, puede escapar de ella. La superficie que encierra dicha región es lo que se conoce como *horizonte de sucesos*. Cualquier cosa que lo atraviesa ya no puede volver a salir de él nunca más. Por eso llamamos a este objeto *agujero negro*, porque no hay nada del mismo que pueda llegar hasta nosotros y, por lo tanto, solo podemos percibirlo como una sombra.

Esto hace que los agujeros negros sean muy difíciles de detectar y de estudiar. Durante años, solo hemos tenido noticia de ellos a partir de efectos indirectos, como los movimientos anómalos de algunas estrellas o la radiación procedente del centro de la Vía Láctea.[1] La primera observación directa de un agujero negro es la imagen de la sombra proyectada por el gigantesco agujero que se encuentra en el centro de la galaxia M87.

Para entender cómo funcionan estos objetos tan misteriosos se pueden estudiar otros fenómenos con los que comparten algunas características.

---

1 Para profundizar sobre agujeros negros y sobre su detección recomiendo el libro del premio Nobel estadounidense Kip S. Thorne *Agujeros negros y tiempo curvo*, Crítica, 2010.

En 1981, el físico canadiense William Unruh se dio cuenta de que las fórmulas de la teoría gravitatoria tenían una forma muy similar a las que describen el comportamiento de los líquidos. Eso le llevó a pensar que, igual que la luz no puede escapar si la gravedad es demasiado intensa, el sonido no podría avanzar a través de un líquido que se moviera en sentido contrario a una velocidad suficientemente elevada. Así surgió la idea de que podían existir *agujeros negros sónicos* o *agujeros mudos*, y en el año 2009 se crearon por primera vez en un laboratorio.

En física hay muchas analogías de este tipo que permiten describir fenómenos aparentemente dispares mediante modelos matemáticos comunes. Por ejemplo, existe un paralelismo entre la corriente eléctrica y el flujo de un caudal de agua a través de una tubería. También tienen una estructura similar las fórmulas que describen la fuerza que se ejercen dos cargas eléctricas y la fuerza de atracción gravitatoria entre dos cuerpos con masa.

Esta universalidad de ciertas estructuras matemáticas no solo concierne a la física. En ámbitos como la biología, la economía o la demografía también se observan fenómenos muy diversos que siguen patrones similares. Por ejemplo, la propagación de una enfermedad, el crecimiento de una población o la evolución de un capital al que se le aplica un interés compuesto se pueden describir mediante el mismo modelo matemático.

Por este motivo, para comprender el mundo que nos rodea, desde lo más prosaico y cotidiano hasta el origen mismo del universo, conviene que te familiarices con los principales modelos matemáticos que se utilizan para relacionar magnitudes.

A RITMO CONSTANTE

En este libro ya hemos encontrado antes alguno de estos modelos multiusos, por ejemplo, aquel que nos dice cuántos gramos de pasta hay que echar a hervir según las personas que vienen a cenar. Se trata del mismo modelo que relaciona la distancia recorrida y el tiempo transcurrido en un viaje a velocidad constante. Recibe el nombre de *función de proporcionalidad directa*.

TIEMPO (t)	0 s	1 s	2 s	3 s	4 s
DISTANCIA (d)	0 m	2 m	4 m	6 m	8 m

Si te mueves a una velocidad de dos metros por segundo, significa que el primer segundo avanzas dos metros; durante el siguiente segundo, dos metros más, y así sucesivamente.

Es decir, en tiempos iguales, recorres distancias iguales y, por consiguiente, en el doble o triple de tiempo recorres el doble o el triple de distancia. Al representar la distancia y el tiempo en una gráfica, este aumento a ritmo constante se traduce en una línea recta.

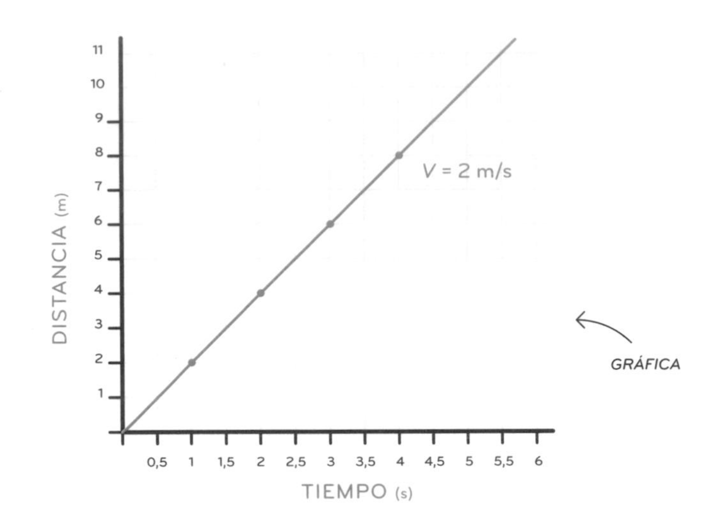

Cuando dos magnitudes son directamente proporcionales, la razón entre ambas se mantiene constante. En el caso de tu movimiento a velocidad constante, la distancia recorrida dividida entre el tiempo transcurrido es siempre igual a dos metros por segundo, que es, precisamente, la velocidad a la que te estás desplazando. En un segundo recorres dos metros; en dos segundos, cuatro metros; y en *t* segundos, recorres $2 \cdot t$ metros. De esta manera, se puede expresar la relación entre la distancia y el tiempo en forma de *ecuación*. Con ella puedes obtener una de las dos magnitudes a partir de la otra.

$$\frac{d}{t} = 2 \quad \rightarrow \quad d = 2 \cdot t$$

ECUACIÓN

Si viajas a otra velocidad, has de multiplicar el tiempo por ese nuevo valor para obtener la distancia. La gráfica correspondiente vuelve a ser una recta, pero cambia su inclinación: a mayor velocidad, mayor distancia recorrida en un mismo tiempo, y, por lo tanto, mayor inclinación de la gráfica.

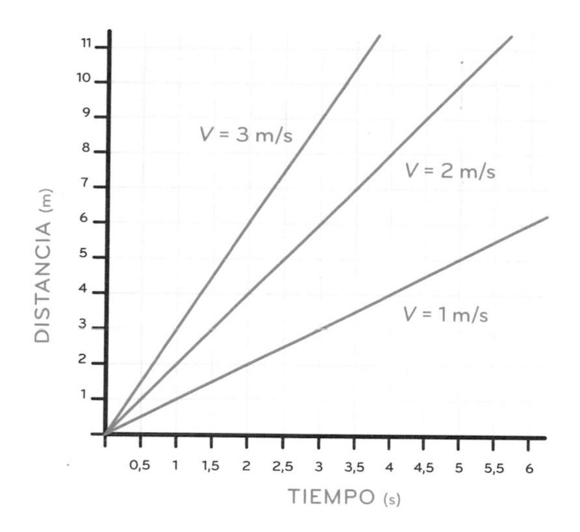

Esta relación entre dos cantidades variables es lo que llamamos *función*. Una función se puede representar de distintas maneras: mediante un enunciado —*recorres dos metros cada segundo*—, con una tabla de datos, con una gráfica y con una ecuación. Cada forma de representación resulta más o menos útil según el propósito y aporta su grano de arena a la comprensión del fenómeno estudiado.

UN MODELO, MÚLTIPLES FENÓMENOS

El mismo tipo de función que describe tu movimiento a velocidad constante vuelve a aparecer cuando te sumerges bajo la superficie del mar. La presión que ejerce el agua aumenta proporcionalmente a la profundidad. Por eso la gráfica que relaciona ambas magnitudes vuelve a ser una recta. El ritmo al que aumenta la presión con la profundidad depende de dos características físicas: la densidad del líquido y la intensidad de la gravedad.

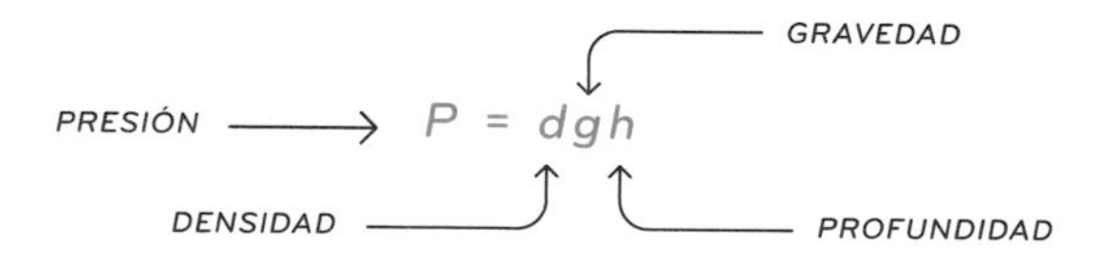

Mientras te limitas a estudiar los mares terrestres, estas dos magnitudes tienen valores fijos, ya que el líquido es siempre agua salada y la gravedad de nuestro planeta es aproximadamente la misma en cualquier lugar. Por lo tanto, la recta que representa la relación entre presión y profundidad en la Tierra siempre es la misma.

En cambio, si te trasladas a Titán, el mayor satélite de Saturno, la gravedad es siete veces inferior a la de la Tierra, y los lagos no están llenos de agua, sino de metano líquido, cuya densidad no llega ni a la mitad. Entonces, cuando multiplicas ambas magnitudes obtienes un resultado menor que antes, lo cual significa que, en Titán, la presión sube a un ritmo más bajo al aumentar la profundidad. Por eso su gráfica es una recta menos inclinada.

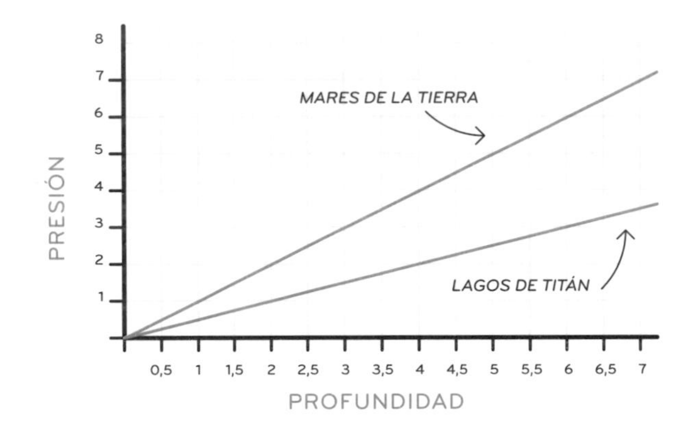

Y si ahora vuelves a la superficie y alzas la vista hacia las estrellas lejanas con la ayuda de un buen telescopio, te encontrarás de nuevo con una función de proporcionalidad, tal y como le ocurrió al astrónomo estadounidense Edwin Hubble en los años veinte del siglo pasado.

Hubble se dedicaba, por aquel entonces, a observar unos objetos borrosos del firmamento conocidos como *nebulosas espirales*. Desde hacía unos cuantos años existía un debate entre la comunidad astronómica sobre si esos puntos luminosos y difuminados eran nuevos sistemas solares en formación dentro de la Vía Láctea o si, por el contrario, se trataba de otras galaxias alejadas de la nuestra. Hubble consiguió medir la distancia a la que se halla una de esas nebulosas aplicando un método que había desarrollado la también astrónoma estadounidense Henrietta Leavitt. Al hacerlo, resultó que aquel objeto estaba mucho más allá de los límites de la Vía Láctea y, por lo tanto, se trataba de otra galaxia, la galaxia de Andrómeda para ser exactos. De pronto, el universo se había vuelto mucho más grande.

Tras aquel éxito, Hubble decidió emplear el mismo método para medir la distancia a otras nebulosas y, cuando tuvo unas cuantas catalogadas, intentó relacionar sus medidas con otros datos conocidos. Otro estadounidense, Vesto Slipher, se había dado cuenta de que la mayoría de esas nebulosas se alejan de nosotros y había conseguido medir a qué velocidad lo hacen. A Hubble se le ocurrió investigar si existía alguna relación entre las distancias de las nebulosas y su velocidad de alejamiento. Al representar ambas magnitudes en una misma gráfica, los astros parecieron alinearse.[2]

2 Los datos originales de los que disponía Hubble eran menos precisos que los actuales y no daban lugar a un conjunto de puntos tan claramente alineados como los de la gráfica que aquí presentamos.

La distancia y la velocidad de alejamiento de las galaxias guardan entre sí una relación de proporcionalidad directa. Si una galaxia se aleja a una determinada velocidad de la nuestra, otra que esté el doble de lejos se alejará el doble de rápido. Esta relación se expresa mediante la ecuación $v=H_0 \cdot D$, que se conoce como *ley de Hubble*: v representa la velocidad de alejamiento de una galaxia, D, su distancia, y H_0 es una cantidad fija, conocida como *constante de Hubble*. La ley de Hubble es una de las principales evidencias de que el universo se expande. Su descubrimiento dio inicio a la cosmología moderna y es el germen de las teorías actuales del *Big Bang*.

Así que ahí lo tienes, el movimiento de un cuerpo a velocidad constante, la presión del agua bajo la superficie del mar o la expansión del universo se describen mediante un mismo modelo matemático: la función de...

La ecuación correspondiente a esta función tiene siempre una misma estructura: $y=mx$. Las letras x e y representan las magnitudes relacionadas: la distancia y el tiempo, la presión y la profundidad o la velocidad de alejamiento de las galaxias y su distancia de nosotros. La m, en cambio, es lo que se conoce como un *parámetro*, es decir, una cantidad que en cada situación toma un determinado valor y se mantiene fija: la velocidad a la que nos movemos, el producto de la densidad del agua por la gravedad o el ritmo de expansión del universo.

CUOTA INICIAL

A la hora de comprar es muy habitual que aparezca la función de proporcionalidad directa: si un kilo de tomates cuesta tres euros, dos kilos cuestan el doble, y tres kilos, el triple. Y, por supuesto, cero kilos cuestan cero euros, ¡no te van a cobrar por mirarlos!

Ocurre lo mismo si contratas un servicio de reparación: el precio de la mano de obra es directamente proporcional a la horas de trabajo. Sin embargo, en este caso, también suele haber una parte de gasto fijo.

Por ejemplo, si contratas una empresa de fontanería para arreglar la cisterna, además de la mano de obra, debes añadir el coste de las piezas averiadas. Este importe no te lo ahorras en ningún caso, ni siquiera si al final decides encargarte personalmente de la reparación con la ayuda de un vídeo de YouTube.

Por lo tanto, el coste total (C), consta de dos partes: una fija, correspondiente al precio del material (M), y una variable, el coste de la mano de obra. La parte variable se calcula multiplicando el tiempo de trabajo expresado en horas (t) por el precio de cada hora (p). Por ejemplo, si el material ha costado 120 € y el precio por hora de la mano de obra es de 50 €/h, la fórmula para obtener el coste total es C=120+50·t.

PARTE FIJA

$$C = \overbrace{M} + \underbrace{p \cdot t} \qquad C = \overbrace{120} + \underbrace{50 \cdot t}$$

PARTE VARIABLE

Como es lógico, al incrementarse el número de horas, el importe total de la reparación aumenta, pero entre ambas magnitudes no hay una relación de proporcionalidad. Por ejemplo, al duplicar el número de horas, el coste total no se duplica. La parte variable, 50·t, que corresponde a la mano de obra, sí que es proporcional al número de horas, pero al añadirle la cantidad fija de 120 €, desaparece la relación de proporcionalidad.

AY, AY, AY...

TIEMPO	0 h	1 h	2 h	3 h	4 h
COSTE TOTAL	120 €	170 €	220 €	270 €	320 €

+50 € +50 € +50 € +50 €

Resumiendo, el precio de la reparación consta de una parte fija —el coste de las piezas— y de una parte variable que es proporcional al número de horas. Esto hace que, a partir de una cierta cantidad inicial, el precio aumente siempre al mismo ritmo, al incrementarse el tiempo de trabajo. La gráfica correspondiente a estos datos es una línea recta, que no empieza desde el origen de coordenadas. Ya no es cierto que cero horas impliquen cero euros, puesto que hay un importe *inicial* que no puedes quitarte de encima.

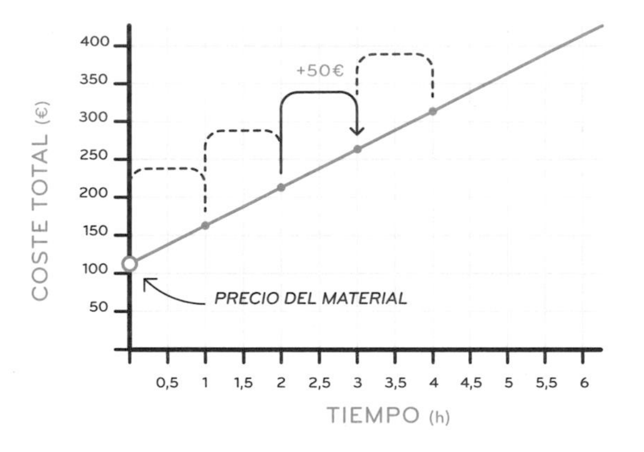

Hay muchos servicios que constan de una parte fija y de una parte variable proporcional a otra magnitud distinta. Las ofertas que recibimos en nuestro día a día suelen jugar con esos dos importes. Por ejemplo, la típica noche en que quedas con un grupo de amigos y dudáis a qué discoteca ir: en una, la entrada cuesta quince euros y cada consumición cinco euros; en la otra, la entrada vale solo ocho euros pero por cada consumición os cobran seis euros y medio. ¿Cuál de las dos os conviene escoger?

Como sucede a menudo, la respuesta correcta es...

Si vais a beber poco, os conviene la segunda opción porque, aunque los precios de la barra sean algo más elevados, tendréis suficiente margen con lo que os ahorraréis de la entrada. En cambio, si sois de beber mucho, es mejor que escojáis la primera opción porque, a la larga, el ahorro en cada consumición compensará lo que hayáis pagado de más para entrar. Lo que no está tan claro es dónde está la frontera. ¿A partir de cuántas consumiciones os sale más a cuenta la opción 1?

CONSUMICIONES (c)	0	1	2	3	4	5	6
PRECIO DISCOTECA 1 (P_1)	15	20	25	30	35	40	45
PRECIO DISCOTECA 2 (P_2)	8	14,5	21	27,5	34	40,5	47

Esta situación es muy parecida a la de la fontanería: el precio de cada discoteca está formado por una parte fija —la entrada— y por una parte variable —el precio de las bebidas—. Por lo tanto, la relación algebraica entre lo que os gastáis en cada caso y el número de consumiciones tiene la misma estructura que antes y, en consecuencia, las respectivas gráficas son de nuevo rectas. Si las dibujas, comprobarás que hasta la cuarta consumición sale más a cuenta la discoteca 2, porque la recta correspondiente está por debajo. En cambio, a partir de la quinta consumición los papeles se invierten.

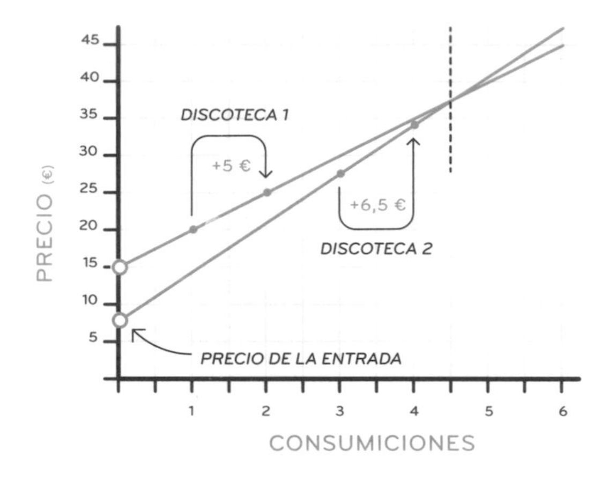

A esta relación matemática, en la que a una parte fija se le añade una parte variable que evoluciona siempre a un mismo ritmo, se la conoce como *función afín*. La ecuación correspondiente tiene la forma $y=n+mx$, donde x e y representan las magnitudes relacionadas; n representa el valor fijo o inicial; y m indica el ritmo al que cambia la variable y a medida que aumenta la variable x. La gráfica correspondiente es una línea recta que, en general, no pasa por el origen de coordenadas.[3]

Este modelo no solo sirve para calcular precios de servicios, sino también para modelizar diversos fenómenos físicos, como la relación entre la longitud de una barra metálica y su temperatura o la evolución de la velocidad de un vehículo a lo largo de una frenada.

3 La función de proporcionalidad directa, cuya gráfica correspondiente es una recta que pasa por el origen de coordenadas, puede considerarse un caso particular de función afín en el que el valor fijo o inicial n vale cero.

A DECRECER

Hasta ahora solo hemos considerado ejemplos en que al aumentar una magnitud la otra también aumentaba, lo cual daba lugar a gráficas siempre crecientes. Sin embargo, hay muchas situaciones en que el aumento de una magnitud produce que otra decrezca: la temperatura atmosférica disminuye al aumentar la altura sobre el nivel del mar; la atracción gravitatoria entre dos cuerpos es menor cuanto mayor es la distancia que los separa, etc. Para describir estos fenómenos nos hacen falta *funciones decrecientes*.

En el caso de la temperatura atmosférica, se calcula que esta desciende 1 °C por cada 154 m de ascenso, es decir, que a cada metro la temperatura disminuye $1/154$ grados. Eso significa que para conocer la temperatura a 1 m de altura, hay que restar $1/154$ grados a la temperatura a nivel del mar; para saber la temperatura a 2 m de altura, hay que restar dos veces esa cantidad, y así sucesivamente. Entonces, para conocer la temperatura a una altura cualquiera (*a*), hay que restar *a* veces esos $1/154$ grados. Si al nivel del mar estamos, por ejemplo, a 25 °C, la relación entre temperatura y altura queda descrita por la ecuación $T=25-1/154 \cdot a$. De nuevo, se trata de una función afín, pero la diferencia respecto a los casos anteriores es que ahora la parte variable es negativa. Eso hace que la recta descienda de izquierda a derecha, lo cual refleja el hecho de que la temperatura decrece a un ritmo constante a medida que la altura aumenta.

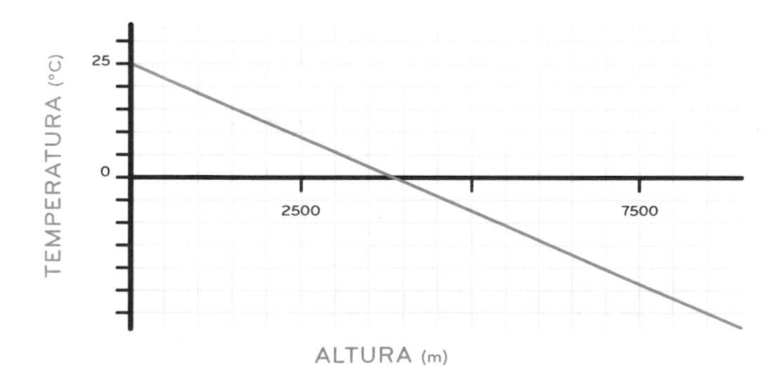

Obviamente, no todo decrecimiento se produce a un ritmo constante. Imagina, por ejemplo, que queréis comprar un regalo común para una amiga entre unas cuantas personas. Pongamos que se trata de un póster de un agujero negro que vale 12 €. Dependiendo de cuántas personas participéis en el regalo, os tocará pagar más o menos dinero por cabeza: si sois cuatro personas pagaréis 3 € cada una; si sois seis, pagaréis 2 €, etc. Así, para un número cualquiera de personas (*n*), obtendréis el precio por cabeza dividiendo los 12 € entre *n*: $P=12/n$

Esta también es una relación decreciente, ya que, a mayor número de participantes, menos dinero por cabeza. Pero ahora el ritmo de decrecimiento no es constante: al pasar de dos a tres *contribuyentes*, el precio disminuye 2 €, mientras que al pasar de cinco a seis solo disminuye 0,2 €.

n	1	2	3	4	5	6
P	12 €	6 €	4 €	3 €	2,2 €	2 €

-6 € -2 € -1 € -0,8 € -0,2 €

Por eso, la gráfica ya no es una línea recta, sino que tiene un aspecto curvado, y su pendiente se va haciendo cada vez menos pronunciada. A este tipo de línea se la conoce como *hipérbola.*

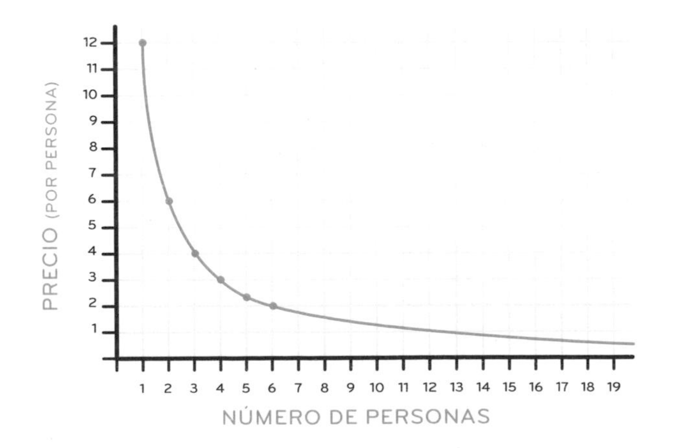

La clave para entender la relación entre el precio por persona y el número de personas es tener presente que, al multiplicar ambas cantidades, obtienes siempre los 12 € que vale el regalo: $P \cdot n = 12$ €. Eso significa que si el número de personas se duplica, el precio por persona se reduce a la mitad; si el número de personas se triplica, el precio por persona se queda en una tercera parte, etc. Es decir, que, si una de las magnitudes se multiplica por una cierta cantidad, la otra se divide entre esa misma cantidad. Cuando se da una relación de este tipo, decimos que las magnitudes son *inversamente proporcionales* y a la función que las relaciona la llamamos *función de proporcionalidad inversa*. Hay muchos otros ejemplos de magnitudes inversamente proporcionales: la aceleración de un objeto al que le aplicamos una fuerza y su masa; el tiempo que tardamos en recorrer una cierta distancia y la velocidad a la que nos movemos, o la altura de un rectángulo y su base siempre que mantengamos el área fija.

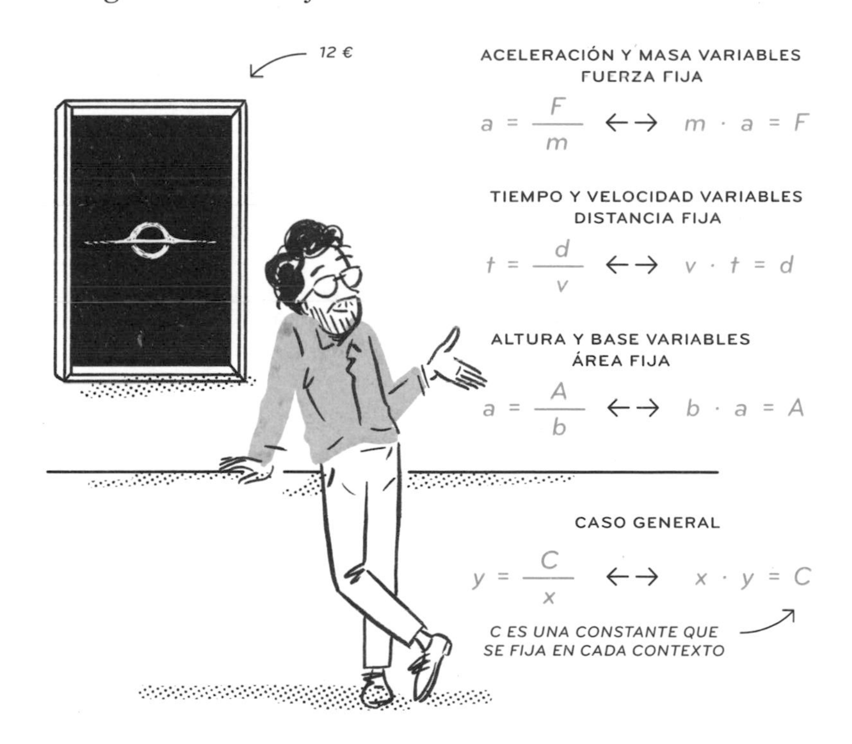

PISA EL ACELERADOR

Igual que existen distintas formas de decrecer, también hay diversas maneras de crecer. Por ejemplo, el área de un cuadrado aumenta al incrementarse la longitud del lado, pero no lo hace de manera directamente proporcional: si el lado se duplica, al área no le ocurre lo mismo, sino que se multiplica por cuatro; y si el lado se triplica, el área no se multiplica por tres, sino por nueve. Es decir, el área es proporcional al lado elevado al cuadrado, y por eso la relación entre ambas magnitudes es un ejemplo de *función cuadrática*.

En una función cuadrática, el crecimiento no sigue siempre un mismo ritmo: cuando la longitud del lado de un cuadrado pasa de dos a tres unidades, su área aumenta en cinco unidades, mientras que cuando la longitud pasa de cuatro unidades a cinco, el área se incrementa en nueve unidades.

LONGITUD DEL LADO (l)	0	1	2	3	4	5	6
ÁREA (A)	0	1	4	9	16	25	36

Por eso la pendiente de la gráfica va aumentando progresivamente y da lugar a una forma curvada, que recibe el nombre de *parábola*.

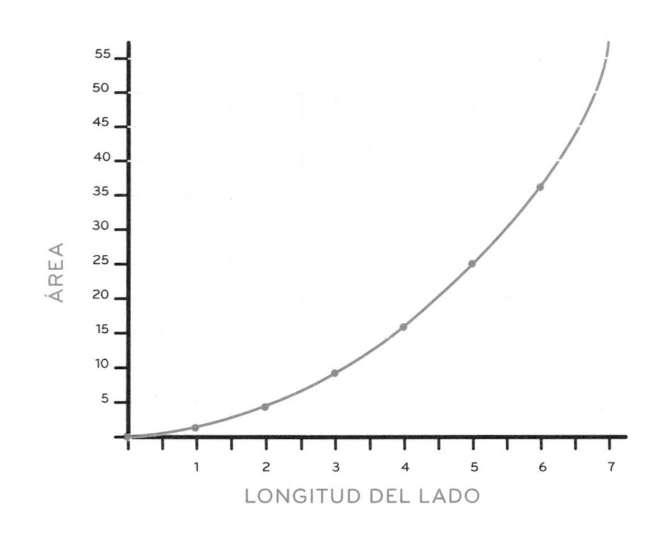

Sin embargo, hay algo que sí se mantiene constante en todo momento: la variación de las variaciones. Aunque suene a trabalenguas, lo que eso significa es que la velocidad de crecimiento no es constante, pero sí lo es el ritmo al que la velocidad va aumentando. Dicho de otra manera, el crecimiento se acelera, pero siempre con una misma aceleración.

También poseen una aceleración constante los objetos que caen por efecto de la gravedad. Su velocidad se incrementa en unos 10 m/s (36 km/h) a cada segundo que pasa. Tal y como acabamos de ver, a un crecimiento con aceleración constante le corresponde una función cuadrática. De ahí que la distancia recorrida por un objeto en caída libre sea proporcional al tiempo transcurrido elevado al cuadrado.

GRAVEDAD

DISTANCIA → $$d = \frac{1}{2} g t^2$$

TIEMPO

En esta ecuación, la letra *g* indica la aceleración de la gravedad, cuyo valor es de 10 m/s^2 mientras no decidas abandonar la Tierra. Así que la próxima vez que se te escape algo de las manos y observes, con resignación, cómo se precipita hacia el suelo, recuerda que en ese trayecto que va desde el descuido hasta el desastre se esconde, en realidad, una función cuadrática.

RITMO EXPONENCIAL

A menudo, cuando queremos expresar que una cierta cantidad aumenta a un ritmo cada vez mayor, decimos que *crece exponencialmente*. Sin embargo, en muchas ocasiones esta expresión no es nada afortunada. Como acabamos de ver, el área de un cuadrado o la distancia recorrida por un objeto en caída libre crecen cada vez más rápido, pero eso no significa que lo hagan de manera exponencial.

Quienes sí lo hacen son las células, a medida que se van duplicando mediante el proceso de la *mitosis*. Pongamos, por ejemplo, que una determinada célula se duplica una vez al día. Si inicialmente había una célula, un día después habrá dos; dos días después, cuatro...,

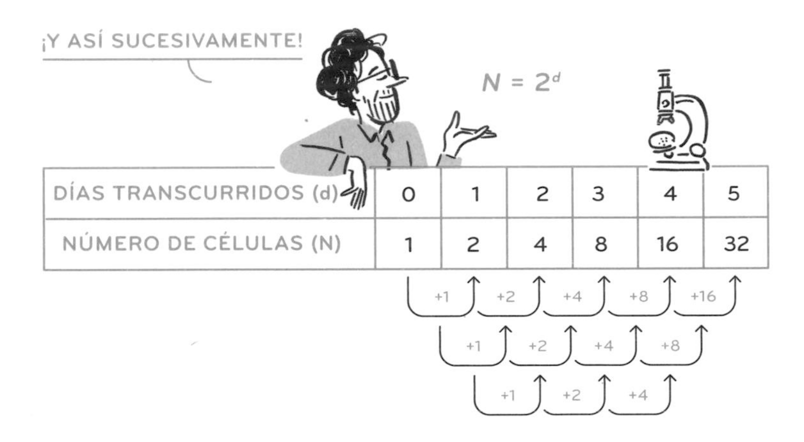

DÍAS TRANSCURRIDOS (d)	0	1	2	3	4	5
NÚMERO DE CÉLULAS (N)	1	2	4	8	16	32

Cada nuevo día que pasa, el número de células se multiplica por dos, hecho que se puede representar cómodamente con la ayuda de potencias: al cabo del primer día hay 2^1 células; el segundo día, 2^2 células; al final del tercero, 2^3 células y, en general, al cabo de d días, hay 2^d células.

El número de células aumenta cada vez más rápido, pero, a diferencia de lo que ocurría en el caso de la función cuadrática, ahora la aceleración no es constante, es decir, la velocidad también se incrementa cada vez más rápido. El ritmo de crecimiento coincide en cada momento con el número de *individuos* que hay en ese instante, ya que cada célula, al duplicarse, da lugar a una nueva célula. Por lo tanto, cuantas más células hay, más duplicaciones se producen y mayor es la velocidad de crecimiento.[4] Esto es lo que llamamos un *crecimiento exponencial.*

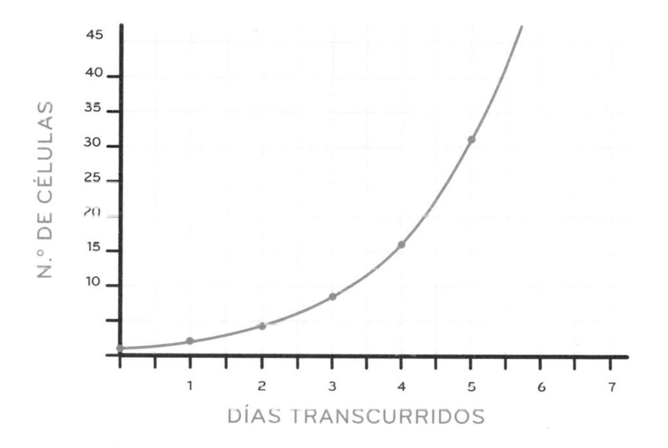

Un decrecimiento también puede ser exponencial. Es lo que sucede cuando los átomos de sustancias radiactivas se desintegran. Cada cierto tiempo, algunos de esos átomos emiten espontáneamente partículas subatómicas y se convierten en otros tipos de átomos. El resultado es que cada vez hay menos átomos de la sustancia original. Este proceso no se produce de manera irregular, sino que sigue un determinado patrón: cada cierto tiempo, llamado *período de semidesintegración,* se desintegran alrededor de

---

4 En otras situaciones de crecimiento exponencial, puede que la velocidad de aumento en un cierto momento no coincida exactamente con el número de individuos que hay en dicho instante, pero ambas cantidades siempre serán proporcionales entre sí.

la mitad de los átomos que había inicialmente. Por lo tanto, cada vez que transcurre un período de semidesintegración, el número de átomos de la sustancia radiactiva queda dividido entre dos o, equivalentemente, se multiplica por ½.

Supongamos, por ejemplo, que el período de semidesintegración de una determinada sustancia es de una hora y que tomamos una muestra en la que inicialmente hay un millón de átomos. Al cabo de una hora, quedará medio millón de átomos; a las dos horas, 250 000 átomos, etc.

HORAS (t)	0	1	2	3
ÁTOMOS (n)	1 000 000	500 000	250 000	125 000

He aquí otra forma de decrecimiento, diferente a la de una recta o a la de una función de proporcionalidad inversa.

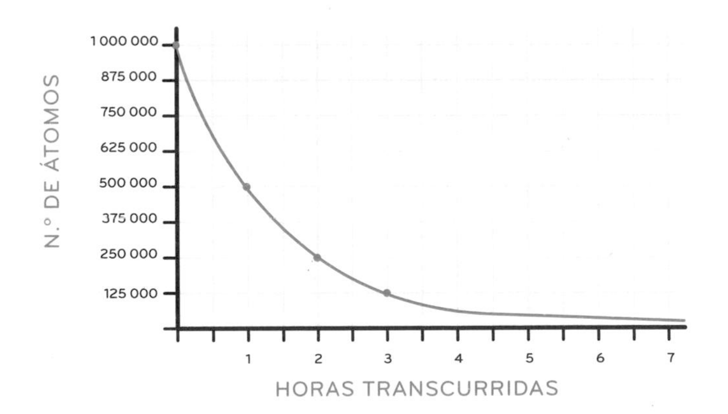

En general, las funciones matemáticas solo se ajustan a los datos reales de manera aproximada, ya que no son más que idealizaciones de aquello que pretenden describir.

Sin embargo, estos modelos nos ayudan a separar lo esencial de lo accidental, y a reconocer similitudes entre fenómenos que, a primera vista, no parecen demasiado relacionados.

Por ejemplo, la fuerza de la gravedad, que gobierna el comportamiento de nuestro Sistema Solar, comparte una misma estructura matemática con la fuerza electrostática, la encargada de dar forma a átomos y moléculas. Ambas son proporcionales a cierta propiedad intrínseca de los cuerpos que interactúan —la masa en el caso de la gravedad; la carga eléctrica en el caso de la fuerza electrostática— y ambas decrecen proporcionalmente al cuadrado de la distancia entre los cuerpos, es decir, si duplicamos la distancia, la fuerza queda reducida a una cuarta parte.

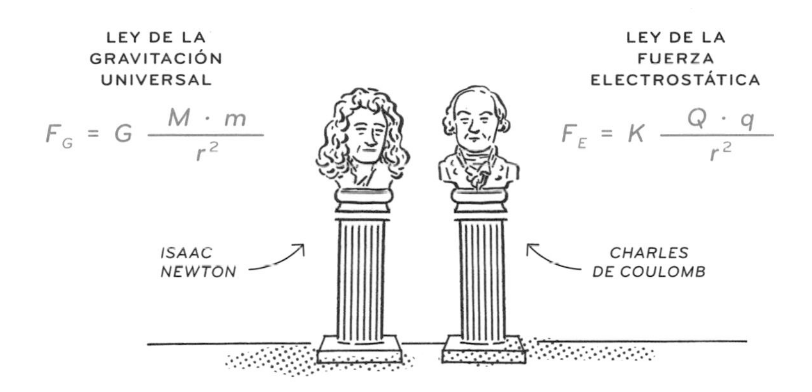

Al observar cómo se van repitiendo los mismos patrones matemáticos en los contextos más disparatados, es lógico que nos preguntemos si se trata de una mera consecuencia de nuestro empeño en imponer una estructura racional a un universo que, en realidad, es caótico y diverso o si, efectivamente, existe un orden que fluye bajo la capa de aparentes irregularidades. Si Platón no llevara muerto más de dos mil años, podríamos incluso creer que, en el fondo, los fenómenos físicos no son más que manifestaciones sensibles e incompletas de unos modelos matemáticos perfectos, que solo existen en el inmutable mundo de las ideas.

A MODO DE EPÍLOGO

•

Parece que por fin has llegado al final de esta aventura. Pasas, una a una, las últimas páginas del libro, cierras lentamente su contracubierta y lo dejas en posición horizontal, sobre la mesita situada frente a ti. A lo largo de diecisiete etapas has recorrido los lugares más emblemáticos del territorio matemático. Quizás hayas derrotado a algún terrible monstruo que te perseguía desde hace años; o puede que te hayas reencontrado con aquel antiguo amor que permanecía olvidado en el fondo de tu memoria. Mientras contemplas el cadáver de tinta y de papel que reposa, todavía caliente, sobre la mesa, te consuelas pensando que al final de un viaje hay siempre otro viaje a punto de comenzar y decides salir inmediatamente a por otro libro con el que seguir aprendiendo.

El navegador de tu teléfono móvil te indica que la librería más cercana se encuentra a unos cuatro kilómetros de distancia. De entrada no tienes demasiado claro si eso es mucho o es poco, pero recuerdas haber leído en algún sitio que un ser humano camina, en promedio, a una velocidad de cinco kilómetros por hora. Eso implica que para recorrer un kilómetro hace falta la quinta parte de una hora, es decir, unos doce minutos. Por consiguiente, para caminar cuatro kilómetros necesitas el cuádruple de ese tiempo, es decir, cuarenta y ocho minutos, que son más de tres cuartos de hora. Como ahora mismo no dispones de tanto tiempo, decides tomar el transporte público.

Ya estás en la parada del autobús. ¿Cuántas veces te habrás sentado ahí a esperar? ¿Centenares? ¿Millares? Suena a *problema de Fermi*. Igual que cuando te preguntas cuál es la probabilidad de encontrar un asiento libre al subir a bordo. Si la memoria no te traiciona, dirías que, en nueve de cada diez ocasiones te toca ir de pie, así que la probabilidad de sentarte no debe de superar el 10 %. Sin embargo, parece que hoy es tu día de suerte, ya que, tras validar el billete, enseguida localizas con la mirada un sitio libre junto a una de las ventanas. ¿Habrán tenido algo que ver tus nuevos conocimientos matemáticos? En realidad, sabes perfectamente que no: las matemáticas proporcionan numerosos superpoderes, pero entre ellos no se encuentra la capacidad de controlar el azar.

Una vez en tu cómodo asiento, diriges la mirada a través del cristal y observas los vehículos que se desplazan junto a ti. Algunos lo hacen a ritmo constante; otros de manera acelerada. Automáticamente, como si se tratara de hologramas de una película de ciencia ficción, ves surgir en tu mente las líneas rectas de distinta inclinación y las parábolas de distinta curvatura, que permiten representar gráficamente todos esos movimientos.

Y, como si de una premonición se tratara, al volver la vista hacia la pantalla instalada en el centro del habitáculo, tropiezas con más y más gráficas. La primera es una línea irregular y puntiaguda, que representa la evolución de cierto índice bursátil y cuyo último tramo descendente suscita cierta preocupación: al parecer corren malos tiempos para las bolsas, aunque el efecto está claramente acentuado por el hecho de que la gráfica está sesgada y no comienza desde cero. Por suerte, tú siempre te fijas en esos detalles para no dejarte manipular.

En la noticia siguiente, otra gráfica, esta vez de barras, representa las valoraciones obtenidas por los distintos líderes políticos en el último estudio de opinión. La presidenta del gobierno apenas alcanza el aprobado, pero el portavoz de su partido lo justifica diciendo que, al tratarse de una personalidad que genera opiniones muy polarizadas, las puntuaciones que obtiene son o bien muy altas o bien muy bajas y eso hace que el promedio sea bastante modesto.

El noticiario se cierra con una previsión meteorológica repleta de números positivos y negativos, que indican dónde van a aumentar y dónde van a disminuir las temperaturas en los próximos días. A continuación arranca la pausa publicitaria, hecho que te hace perder el interés por la pantalla y volver a mirar por la ventana. Ahora te fijas en un peatón situado junto a un paso de cebra unos cuantos metros más adelante y que mira en dirección a tu autobús. Parece estar dudando sobre qué hacer, pero finalmente decide cruzar a pesar de tener el semáforo en rojo.

Al verlo, piensas que, aunque ese anónimo personaje no sea consciente de ello, en su cabeza se acaba de producir un razonamiento de una gran complejidad en poco menos de un segundo. En efecto, primero ha estimado la velocidad del autobús y la distancia a la que este se encontraba; a partir de esos datos ha deducido cuánto tardaría en llegar hasta su posición; luego ha calculado el tiempo que él mismo necesitaría para llegar a la otra acera, ha comparado ambas cantidades y ha decidido que cruzar de inmediato era una opción segura. Para abordar una situación como esta de manera exacta y rigurosa, habría que plantear y resolver unas cuantas ecuaciones. Sin embargo, el ser humano parece disponer de una habilidad innata para realizar todos esos cálculos de manera inconsciente y automática. Dicha habilidad debe de haber supuesto algún tipo de ventaja evolutiva para nuestra especie, bien para dar alcance a las presas, bien para escapar de los depredadores. ¿Quién sabe si, de aquí a cientos de miles de años, existirán especies capaces de colonizar toda la galaxia y equipadas con una capacidad innata parecida para deducir a ojo la distancia de las estrellas, sin necesidad de realizar largos cálculos trigonométricos?

Mientras todos estos pensamientos te sumergen en un estado de agradable ensoñación, notas cómo el autobús se detiene de pronto y apaga el motor. Es una señal inequívoca de que ha llegado al final de su trayecto y de que a ti se te ha pasado la parada. Por lo tanto, una vez abajo, no te queda más remedio que consultar el plano situado tras la marquesina para saber cómo llegar hasta la librería. La escala indica que medio palmo equivale a cien metros, así que, como la calle a la que te diriges está a unos tres palmos, vas a tener que caminar unos seiscientos metros.

Al cabo de unos minutos ya casi has alcanzado tu destino, pero un semáforo en rojo, que parece durar una eternidad, se interpone todavía en tu camino. Para engañar a la impaciencia te entretienes observando el imponente edificio renacentista que se alza frente a ti y que debe de albergar algún organismo de la administración pública que ahora no recuerdas. Su fachada está dotada de una gran simetría, como si una mitad fuera el reflejo de la otra, y reconoces en ella todo tipo de figuras geométricas: triángulos, cuadrados, rectángulos y círculos... Esos círculos inquietantes que simbolizan la perfección y la eternidad y que, al mismo tiempo, cobijan en sus entrañas los misterios irracionales del número pi.

El monumento llama tanto tu atención que decides hacerle una fotografía con tu teléfono móvil. La imagen tomada es nítida y detallada y en ella se aprecia perfectamente la inscripción de la parte superior de la fachada, que contiene una fecha expresada en números romanos. La situación te hace sonreír: un sistema de numeración —el romano— representado mediante otro sistema de numeración —el sistema binario de los ceros y unos que codifica la información de tu dispositivo inteligente—.

Toda esa información se puede transmitir a otros dispositivos encriptada de forma segura mediante enormes números primos. Eso es precisamente lo que le ha sucedido al mensaje que acabas de recibir. Una amiga te envía un nuevo enigma matemático sobre fresas, plátanos y piñas, cuyo valor hay que descubrir gracias a una serie de relaciones algebraicas entre ellas. Otra amiga ya ha aventurado una respuesta, pero parece que se ha confundido a la hora de aplicar la jerarquía de las operaciones, hecho que te hace sonreír de nuevo.

Cuando por fin llegas a la librería, en el escaparate te aguarda una buena noticia: todos los libros tienen un descuento del 10 %.

Eso significa que te ahorrarás 10 € por cada 100 € o, equivalentemente, 0,10 € por cada euro. En definitiva, una décima parte del precio del libro.

Sin embargo, la alegría te dura poco porque ahora debes enfrentarte a un nuevo problema: una estantería repleta de títulos sugerentes y desafiantes que no te va a poner nada fácil la elección. Ahí los tienes, ordenados alfabéticamente según sus autores: Claudi Alsina; Anabel Forte; Carlo Frabetti; Martin Gardner, con sus paradojas, juegos y desafíos matemáticos; Clara Grima, que consigue que las matemáticas siempre nos acompañen; Mickaël Launay; Mario Livio; Juan Medin; Adrián Paenza, que siempre hace que nos pongamos a pensar; John Allen Paulos, que nos alerta sobre los riesgos de la incultura matemática; Clifford A. Pickover; Eduardo Saenz de Cabezón, que nos invita a descubrir al matemático o matemática que llevamos dentro; Marcus du Satoy; Ian Stewart; Steven Strogatz; Daniel Tammet; Kil Yates...

Leyendo los lomos de todos esos libros, las matemáticas parecen estar en todas partes: *La magia de los números, Los números de la vida, La poesía de los números, Amor y matemáticas...* Y el más contundente: *17 ecuaciones que cambiaron el mundo,* de Ian Stewart (sí, 17, como los capítulos de este libro). En su portada aparecen distintas fórmulas matemáticas entre las que reconoces el teorema de Pitágoras o la archiconocida relación de equivalencia entre la masa y la energía de Albert Einstein: $E=mc^2$. Ahora que sabes cómo funciona el lenguaje algebraico y que eres consciente de su potencial, esas tres letras ya no te parecen símbolos abstractos y sin sentido, sino que eres capaz de captar toda su potencia estética: algo así bien podría estar en la sección de libros de arte.

También hay todo un apartado dedicado a novelas en las que las matemáticas juegan un papel relevante: *Planilandia, La fórmula preferida del profesor, El tío Petros y la conjetura de Goldbach, El diablo de los números, El hombre que calculaba, El teorema del loro* o *La soledad de los números primos,* son solo algunos de los ejemplos. La verdad es que con tanta oferta no sabes por dónde empezar. ¿Deberías investigar a fondo la razón áurea y todas sus manifestaciones? ¿O adentrarte en territorios menos conocidos como el de los fractales o el de la teoría de grafos?

Mientras recorres una y otra vez con la mirada todos los estantes, preguntándote cómo demonios vas a tomar una decisión, la respuesta aparece de pronto frente a ti, en forma de vocal: la *E* de *Elementos*, la *E* de *Euclides*, la *E* de *Eureka* (aunque eso lo dijera Arquímedes). En matemáticas, como en la música o en la literatura, siempre es bueno volver a los clásicos. Además, seguro que a ninguno de sus compañeros de estantería les importará esperar a tu próxima visita, sabiendo que te dejan en tan buena compañía.

Así que, una vez de vuelta en casa, te preparas una bebida caliente, te acomodas en la mejor de tus butacas, silencias el móvil para asegurarte de que nada ni nadie te vaya a molestar y abres la edición de los *Elementos* que acabas de adquirir. Tu viaje matemático ya puede continuar.

A MODO DE MANUAL

•

Las matemáticas son también un lenguaje. Como tal, tienen la ventaja de ser sintéticas y precisas: un simple símbolo puede sustituir toda una frase y una sola fórmula puede encerrar el secreto sobre el funcionamiento del universo. Sin embargo, a veces la terminología y la notación, es decir, la manera en que escribimos y representamos los distintos conceptos, pueden convertirse en una barrera para la comprensión y dar una apariencia complicada a ideas que en realidad son simples e intuitivas. Por eso, para hacer algo más amable la lectura, aquí tienes algunas pistas rápidas sobre símbolos y palabrejas que irán apareciendo a lo largo de los capítulos.

GLOSARIO

Abscisa: En un sistema de ejes cartesianos, la coordenada que se representa en el eje horizontal.
Arco de circunferencia: Porción de circunferencia delimitada por dos de sus puntos.
Arista: Cada uno de los segmentos que delimitan las caras de un poliedro.
Base: En una potencia, número que debe multiplicarse tantas veces como indique el exponente.

Cara de un poliedro: Cada uno de los polígonos que delimitan un poliedro.
Cateto: En un triángulo rectángulo, cada uno de los lados que forman el ángulo recto.
Circunferencia: Línea curva formada por todos los puntos que se encuentran a una misma distancia de un punto externo llamado centro.
Círculo: Superficie encerrada por una circunferencia.
Cociente: Resultado de una división.
Coeficiente: Parte numérica de una expresión algebraica. Cuando no hay número, se sobreentiende que es un 1.
Conjetura: Afirmación que se cree cierta pero que no ha sido probada ni refutada hasta la fecha.
Denominador: En una fracción, el número que se escribe por debajo de la línea.
Diagonal: En un polígono, segmento que une dos vértices no consecutivos.
Diámetro: Segmento que une dos puntos de una circunferencia y que pasa por su centro.
Diferencia: Resultado de una resta. A veces, a dicho resultado también se le llama resta.
Exponente: En una potencia, cantidad de copias de la base que deben multiplicarse. Se escribe en forma de superíndice, a la derecha de la base.
Expresión algebraica: Combinación de números y letras ligados por las operaciones matemáticas.
Extremos de un segmento: Cada uno de los puntos que lo delimitan.
Hipotenusa: En un triángulo rectángulo, el lado opuesto al ángulo recto.
Numerador: En una fracción, el número que se escribe por encima de la línea.
Número opuesto: Número con el mismo valor absoluto, pero signo distinto que el número dado. La suma de dos números opuestos siempre es igual a cero.

Número recíproco: Número que, multiplicado por el número dado, da como resultado la unidad. El número recíproco de una fracción se obtiene intercambiando su numerador y su denominador. El número recíproco de un número entero es una fracción con dicho número en el denominador y el numerador igual a uno.
Orden de magnitud: Potencia de diez más cercana al número.
Ordenada: En un sistema de ejes cartesianos, la coordenada que se representa en el eje vertical.
Poliedro: Región cerrada del espacio delimitada por polígonos.
Polígono: Región cerrada del plano delimitada por segmentos.
Postulado: Afirmación que se asume como cierta sin necesidad de ser demostrada.
Propiedad asociativa: Propiedad por la que al repetir una misma operación dos o más veces seguidas no importa por qué pareja de números se empiece.
Propiedad conmutativa: Propiedad por la que el orden en que se escriben los números en una operación no altera su resultado.
Propiedad distributiva: Propiedad por la que la multiplicación de un número por la suma de otros dos es equivalente a multiplicar dicho número por cada uno de los sumandos y luego sumar los resultados.
Producto: Resultado de una multiplicación.
Radio: Segmento que une el centro de una circunferencia con cualquiera de sus puntos. También se usa para referirse a la longitud de dicho segmento.
Razón: Comparación de dos cantidades mediante su cociente.
Recta numérica: Recta utilizada para representar los números reales. A cada número real le corresponde un punto de la recta y a cada punto de la recta le corresponde un número real.
Sector circular: Porción de círculo delimitada por dos de sus radios.
Segmento: Línea recta delimitada por dos puntos.
Suma: Resultado de una adición. También se utiliza como sinónimo de adición.
Teorema: Afirmación que se puede demostrar a partir de otras ya demostradas o que se asumen ciertas.

Término: Expresión algebraica elemental que puede contener números y/o letras, multiplicados o divididos.
Triángulo acutángulo: Polígono de tres lados con los tres ángulos agudos.
Triángulo equilátero: Polígono de tres lados con los tres lados y los tres ángulos iguales.
Triángulo escaleno: Polígono de tres lados con los tres lados distintos.
Triángulo isósceles: Polígono de tres lados con dos lados y dos ángulos iguales.
Triángulo obtusángulo: Polígono de tres lados con un ángulo obtuso.
Triángulo rectángulo: Polígono de tres lados con un ángulo recto.
Valor absoluto: Valor de un número independientemente de su signo.
Variable: Cantidad no definida que puede tomar distintos valores y que se suele representar mediante una letra.
Vértice: Punto donde se encuentran dos o más líneas. Por ejemplo, los vértices de un polígono son los puntos donde se encuentran dos lados consecutivos.

NOTACIÓN

El lenguaje matemático busca ser lo más preciso posible. Por eso, hay una serie de convenios más o menos aceptados por el conjunto de la comunidad científica y matemática. Sin embargo, como en toda actividad humana y en todo acto comunicativo, hay lugar para las excepciones, los gustos y las arbitrariedades. Así que no te tomes los siguientes criterios como verdades absolutas, sino simplemente como una leyenda con la que interpretar el mapa de este libro.

La **multiplicación** se puede indicar con unas aspas o con un punto. En este libro utilizaremos sobre todo el punto, pero es posible que a veces lo hagamos de la otra manera. Cuando se multiplican entre sí letras y números o solo letras no se suele poner ni siquiera el punto.

$$3 \times 4 = 3 \cdot 4 \qquad 3 \cdot a = 3a \qquad v \cdot t = vt$$

La **división** se puede indicar de muchas maneras distintas: con dos puntos (:); con un símbolo formado por dos puntos y una línea horizontal, llamado óbelo (÷); con una barra oblicua (/), y también se puede escribir en forma de fracción. Aquí optaremos casi siempre por la primera y la cuarta opción.

$$12 : 4 = 12 \div 4 = 12 / 4 = \frac{12}{4}$$

Para **separar** la parte entera de un número de su parte **decimal**, se permite utilizar un punto o una coma. Aquí, optamos siempre por lo segundo. En cambio, no es correcto utilizar ninguno de los dos signos para separar de tres en tres las cifras de la parte entera.

CORRECTO	3,14	3.14	300 000	✓
INCORRECTO	3'14	300.000	300,000	✗

Para expresar un **número negativo** escribimos un signo *menos* delante de las cifras. Para un **número positivo** podemos escribir un signo *más* delante, o no escribir nada, que es lo que hacemos casi siempre en este libro. Para calcular el **valor absoluto** de un número lo escribimos entre dos líneas verticales.

$$+4 = 4 \qquad -7 \qquad |-7| = 7$$

Los **números periódicos** se suelen escribir con una barra o una línea curva sobre las cifras del período, que es la parte que se repite indefinidamente.

$$0{,}045454545454545\ldots = 0{,}0\overline{45} = 0{,}0\overset{\frown}{45}$$

En **geometría**, los puntos se indican con una letra mayúscula, las **líneas** con una letra minúscula y los **ángulos** con una letra griega. Los **segmentos**, a pesar de ser líneas, a menudo se indican mediante las dos letras correspondientes a sus extremos con una línea encima.

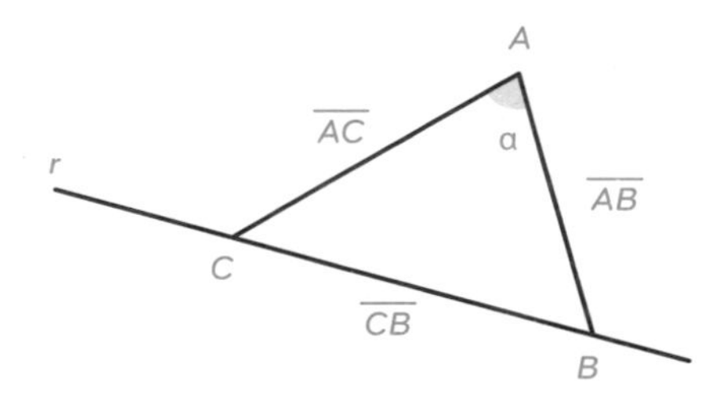

GRACIAS

•

En primer lugar, quiero agradecerle a Jan Martí que un día me convocara a las oficinas de Blackie Books para comunicarme que ya era hora de que me pusiera a escribir un libro y que si era de matemáticas, mucho mejor. Ese día también conocí a Laia Longan, mi editora, la que me ha acompañado durante cuatro años, en el largo proceso de gestación que ha supuesto la escritura de este libro. A ella quiero agradecerle su paciencia y todos los buenos consejos que me ha dado. Muchas gracias también a los excelentes profesionales que han participado en la revisión del libro, en su diseño y en su difusión. Gracias muy especialmente a Luis Paadín por darle vida al texto con su talento y con su creatividad, hasta el punto de convertirlo en una obra a cuatro manos.

Debo reconocer que la mayoría de las ideas que aparecen en este libro no son mías, sino que las he tomado prestadas: algunas de los profesores y profesoras que me enseñaron qué eran las matemáticas y por qué había que amarlas; otras, de un inmenso equipo de referentes en didáctica y en divulgación de las matemáticas a los que leo y a los que sigo a través de las redes: Pablo Beltrán, Belén Palop, Daniel Ruiz, Laura Morera, Cecilia Calvo, Julio Mulero, David Virgili, David Barba, Jordi Font, Manel Martínez, Abraham de la Fuente, Anton Aubanell, Dan Meyer, Lluís Mora, Joan Jareño, Sílvia Margeli, Sergio Martínez, David Arso, Pablo J. Triviño, Antonio Omatos, Anabel Forte y un largo etcétera. Así que gracias también a todos ellos. Y gracias, por supuesto, a todos aquellos estudiantes que, con sus dudas y su curiosidad, me han obligado a comprender mejor aquello que pretendía explicarles.

Escribir un libro no es solo un reto intelectual, sino que representa también una batalla constante contra las dudas, las inseguridades y el desasosiego. Afortunadamente yo he podido contar en todo el proceso con el apoyo incondicional de mi familia biológica —hijos, padres, hermanos— y también con el de esa otra familia escogida, hecha de amigos y amigas, que nunca olvidan incluir la pregunta «¿Y el libro cómo va?», en el orden del día de nuestros encuentros familiares. Así que, desde estas páginas, un sincero agradecimiento a todos ellos en general. Y en particular, gracias a Albert Comelles por haber sido mi primer lector y gracias a Mariona Trullàs por haberme obligado a ajustar el listón de mis explicaciones y por haberme ayudado a encontrar un final ligero y feliz.

No puedo acabar esta página de agradecimientos sin darte las gracias a ti también, lector o lectora, que sostienes ahora mismo este libro entre tus manos. Gracias por darme la oportunidad de explicarte mi particular historia sobre qué son las matemáticas y sobre por qué no deberíamos desperdiciar la oportunidad de aprenderlas y de disfrutar de ellas. Espero que algún día, en algún lugar, no sé cómo ni sé con qué pretexto, tengamos la ocasión de seguir hablando de ello.

PUES YO CREO
QUE HA QUEDADO
35TUP3ND0